微机原理与接口技术

——嵌入式系统描述

姚琳　万亚东　汪红兵　编著

清华大学出版社

北京

内 容 简 介

本书内容全面、重点明确、表述简洁，注重将微机接口控制器的基本原理和实际操作相结合，突出软硬件设计中的计算思维模式。全书共12章，内容包括微机原理及基本概念、Cortex-M3处理器体系结构、ARM汇编、嵌入式系统开发基础、GPIO控制器、NVIC及EXTI中断控制器、定时器、USART总线、IIC总线、SPI总线、ADC以及低功耗控制，并配套基于STM32L15x系列的实验教程。

本书适合作为非计算机专业微机原理及接口技术的教材，也可作为计算机类嵌入式系统课程的参考教材。

图书在版编目（CIP）数据

微机原理与接口技术：嵌入式系统描述/姚琳，万亚东，汪红兵编著.—北京：清华大学出版社，2019
（2021.1重印）
ISBN 978-7-302-52859-3

Ⅰ. ①微… Ⅱ. ①姚… ②万… ③汪… Ⅲ. ①微型计算机－理论 ②微型计算机－接口技术 Ⅳ. ①TP36

中国版本图书馆CIP数据核字(2019)第082374号

责任编辑：谢　琛
封面设计：常雪影
责任校对：焦丽丽
责任印制：沈　露

出版发行：清华大学出版社
　　　　网　　　址：http://www.tup.com.cn, http://www.wqbook.com
　　　　地　　　址：北京清华大学学研大厦A座　　　　　　邮　　编：100084
　　　　社 总 机：010-62770175　　　　　　　　　　　邮　　购：010-83470235
　　　　投稿与读者服务：010-62776969, c-service@tup.tsinghua.edu.cn
　　　　质量反馈：010-62772015, zhiliang@tup.tsinghua.edu.cn
　　　　课件下载：http://www.tup.com.cn, 010-83470236
印 装 者：三河市君旺印务有限公司
经　　销：全国新华书店
开　　本：185mm×260mm　　　印　　张：25.5　　　字　　数：589千字
版　　次：2019年8月第1版　　　　　　　　　　　印　　次：2021年1月第2次印刷
定　　价：69.00元

产品编号：083063-01

前言

随着智能制造、物联网、大数据技术的推进和应用,以及新工科建设的需求,数据的采集和感知成为这些技术应用不可或缺的重要环节,各种物联网大赛、创新创业大赛都对软硬件系统设计能力提出了很高的要求,需要学生具有数据感知、处理、传输和分析的综合能力;此外,随着计算思维在计算机基础教学方面的不断推进,思维能力培养已成为教育教学界的共识,计算机硬件系统结构中包含大量计算思维的知识点,如 RISC、CISC、哈佛体系结构、Cache 分层存储、中断处理及优化机制、流水线、串行并行总线技术等,是计算思维培养非常有效的一门课程。微机原理与接口技术是非计算机专业计算机硬件教育的重要课程,本教材以嵌入式系统为对象,对微机的基本原理、ARM 微处理器的接口技术进行梳理,结合大量实验培养学生计算机硬件素养和计算思维能力,提高学生在计算机软硬件系统设计、调试和创新方面的能力,适用于本科非计算机专业学生。

本书选用 Cortex-M3 处理器内核的 STM32L152 系列低功耗微控制器对 ARM 嵌入式系统的体系结构进行讲述,教材以计算机硬件体系涉及的计算思维为主线,第 1 章阐述微型计算机的基本概念、内部架构和嵌入式系统概念;第 2 章以 ARM Cortex-M3 的处理器工作模式、流水、中断等为案例具体阐述硬件设计的方法;第 3 章介绍汇编指令编码、寻址技术并对启动代码进行了分析;第 4 章简述了嵌入式开发流程及 C 语言基础;第 5~11 章对常用外围控制器 GPIO、EXTI、Timer、USART、IIC、SPI、ADC 的一般性工作原理、STM32L1 系列处理器的具体实现和特色、寄存器级别和库函数级别两个层次的程序设计方法进行了详细阐述;第 12 章对低功耗设计进行了介绍。教材内容兼顾嵌入式处理器及外围控制器原理讲解和应用程序设计,让读者理解 Cortex-M3 处理器的特性,各种控制器的工作原理及使用方法,理解嵌入式处理器架构。

本教材目标定位为软硬件协同设计思维,而不仅仅是会使用和开发嵌入式系统,结合实验设计,让学生必须理解 ARM 架构、外围控制器的工作原理和设计思路,能够进行应用系统设计。

本书适用于工科非计算机专业微机接口技术、嵌入式系统课程,也可作为计算机专业嵌入式开发课程的教材。

作 者
2019 年 4 月

目录

第 1 章　微型计算机与嵌入式系统概论

【导读】　嵌入式系统属于微型计算机范畴,本章首先介绍微型计算机的基本组成,核心部件微处理器的发展历史,然后对微处理器工作原理的一些基本概念:组成架构、总线、输入输出、存储系统等进行了介绍。微处理器应用于微机,属于通用计算机系统;而与应用场景结合,形成专用计算系统,称为嵌入式系统,本章对嵌入式系统的概念、组成和典型应用进行介绍,并列举了目前典型的开源嵌入式开发硬件和软件平台。通过本章学习,建立微机系统的整体构成和微处理器设计的相关计算思维方法,对嵌入式系统的概念及软硬件系统有总体的认识。

1.1　微型计算机概述

微型计算机是针对小型计算机、大型计算机和超级计算机而言的,是根据规模和性能进行计算机分类的。一般来说,微型计算机是一种小型的、相对便宜的、以微处理器作为 CPU 的计算机。这类计算机由印制电路板、微处理器、存储器和输入输出电路组成,占用很少的物理空间。随着集成电路技术的发展,微型计算机在 20 世纪 80 年代开始流行,获得广泛的应用。目前我们使用的个人计算机(台式机、笔记本计算机、平板计算机、智能手机、计算器等)、家用娱乐设施(游戏机、智能电视、智能音箱、电子书阅读器等)以及路由器、交换机等通信设备均是微型计算机系统。

1.1.1　微型计算机系统的组成

一个完整的微型计算机系统由硬件系统和软件系统两部分组成,如图 1.1 所示。

计算机硬件部分包括中央处理器(CPU)、存储器、输入和输出设备。

(1) 微型计算机的中央处理器也称为微处理器(Micro Processor Unit,MPU)。计算机利用 CPU 处理数据,利用存储器存储数据。CPU 是计算机硬件的核心,主要包括运算器和控制器两大部分,控制着整个计算机系统的工作。计算机的性能主要取决于 CPU 的性能。

运算器又称为算术逻辑单元(Arithmetic Logic Unit,ALU),控制器的主要作用是使整个计算机系统能够自动运行。控制器从存储器取出数据,运算器进行算术运算或逻辑运算,

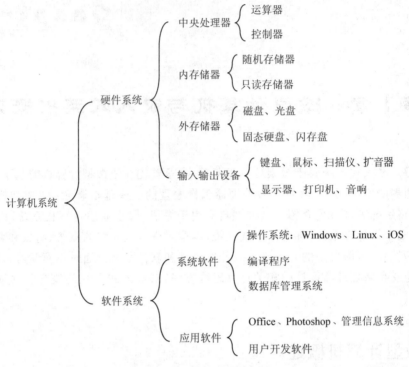

图 1-1　计算机的系统组成

并把处理后的结果送回存储器。执行程序时,控制器从主存中取出相应的指令和数据,然后向其他功能部件发出指令所需的控制信号,完成相应的操作,再从主存中取出下一条指令执行,如此循环,直到程序结束。

(2) 存储器是计算机中的存储部件。存储器分为主存(内存储器)和辅存(外存储器)两大类。在计算机系统中,习惯上把内存、CPU 合称为主机。内存储器分为随机读写存储器(RAM)、只读存储器(ROM)和高速缓冲存储器(Cache)三类。通常生活中的内存一般指的是 RAM。外存储器主要包括硬盘、光盘、U 盘和移动硬盘等。

(3) 输入输出设备主要包括键盘、鼠标、显示器和打印机等。

硬件是组成计算机的基础,软件是计算机的灵魂。计算机的硬件系统上只有安装了软件后,才能发挥其应有的作用,使用不同的软件,计算机可以完成各种不同的工作。微型计算机系统的软件分为两大类,即系统软件和应用软件。

系统软件是指为管理计算机系统的硬件和支持应用软件运行而提供的基本软件,最常用的有操作系统、程序设计语言编译器、数据库管理系统、联网及通信软件等。操作系统是微机最基本、最重要的系统软件,它负责管理计算机系统的各种硬件资源(例如 CPU、内存空间、磁盘空间、外部设备等),并且负责将用户对机器的管理命令转换为机器内部的实际操作。典型的操作系统有 Linux、Mac OS、Windows 7、Windows 10、iOS 等。

应用软件是指除了系统软件以外,利用计算机为解决某类问题而设计的程序的集合,主要包括信息管理软件、辅助设计软件、实时控制软件等。

1.1.2　微处理器的发展

微型计算机系统的核心是微处理器,微处理器的发展直接影响着微型计算机系统的应用。

1.1.2.1　微处理器发展史

1) 早期微处理器

第一款微处理器是美国军方研制的中央空气数据计算机(Center Air Data Computer,CADC),由 6 颗晶片组成,用于 F-14 雄猫战机的大气数据测量与控制。1971 年,Intel 公司发布的 4004 是世界上第一款商用处理器,主频 108kHz,4004 和 Intel 开发出的 4001(动态内存 DRAM)、4002(只读存储器 ROM)、4003(寄存器 Register)可架构出一台微型计算机硬件系统。

2) 8 位微处理器时期

1972 年,Intel 公司推出的 8008 微处理器是第一款 8 位处理器,主频 0.5MHz。1974 年,Intel 公司推出 8080 处理器,主频 2MHz,16 位地址总线、8 位数据总线,内部集成 7 个 8 位寄存器,支持 16 位内存,同时也包含了 些输入输出端口。

此时,微处理器的优势已被业界所认同,更多公司开始进入微处理器设计,仙童、AMD、摩托罗拉以及 Zilog 等公司均开始研发微处理器,摩托罗拉 1974 年发布了 MC6800,工作主频 1MHz,1976 年 Zilog 公司发布了 Z80,性能比 8080 更强大。

3) 16 位微处理器时期

1978 年,Intel 公司首次生产出 16 位的微处理器,命名为 8086,同时还生产出与之相配合的数学协处理器 8087,这两种芯片使用相互兼容的指令集,即后来 PC 使用的 X86 指令集。

1979 年,Intel 公司推出了 8088 芯片,主频 4.77MHz,地址总线为 20 位,寻址范围 1MB 内存。8088 内部数据总线都是 16 位,外部数据总线是 8 位(8086 是 16 位)。1981 年 8088 芯片首次用于 IBM PC 中,开创了全新的微机时代。

1979 年,Zilog 发布了其第一款 16 位处理器 Z8000,摩托罗拉发布 16 位处理器 MC68000(16 位计算单元,32 位数据总线)。

1982 年,Intel 公司推出 80286 芯片,它比 8086 和 8088 都有了飞跃式的发展,虽然它仍旧是 16 位结构,时钟频率 20MIIz。其内部和外部数据总线皆为 16 位,地址总线 24 位,可寻址 16MB 内存。

4) 32 位微处理器时期

世界上第一块单片 32 位微处理器是 1982 年 AT&T(贝尔)实验室的 BELLMAC-32A。

1985 年,Intel 公司发布了 80386,首次在 X86 处理器中实现了 32 位系统,集成 80387 数字辅助处理器增强浮点运算能力,首次采用外置的高速缓存(Cache)解决内存速度瓶颈问题。工作频率也从 12.5MHz 逐步提高到 20MHz、25MHz、33MHz,直至最后的 40MHz。

图 1-2　Intel 早期 4 位、8 位、16 位处理器

1985 年摩托罗拉推出了 MC68020,增加了 32 位数据和地址总线,在 UNIX 超级微机市场上获得巨大成功,后续又生产了 MC68030(集成了内存管理)、MC68040(集成浮点运算器)。

1986 年 MIPS 推出 R2000 处理器,1988 年推出 R3000 处理器,采用精简指令集(RISC)设计,成为 RISC 微处理器的代表。

1987 年 Sun 公司推出了第一款 32 位的 SPARC 86900 Sunrise 处理器,这款处理器采用 SPARC V7 架构,采用 $0.8\mu m$ 工艺,主频 16MHz,主要用于 SUN 工作站(Solaris 系统)。

1989 年 Intel 公司发布 80486,支持虚拟存储管理技术,虚拟存储空间 64TB(支持 48 位的有效虚拟地址)。片内集成有浮点运算部件和 8KB 的 Cache,同时也支持外部 Cache。整数处理部件采用精简指令集 RISC 结构,提高了指令的执行速度。此外,80486 微处理器还引进了时钟倍频技术和新的内部总线结构,从而使主频可以超出 100MHz。

之后,Intel 公司陆续发布了 Pentium 系列处理器 Pentium(超标量)、Pentium Pro(动态执行)、Pentium Ⅱ(MMX 指令集)、Pentium Ⅲ(SIMD)、Pentium 4、Pentium M(低功耗)、Pentium D(双核)、酷睿 Core 等一系列处理器。目前,酷睿系列(Core M、Core I3、Core I5、Core I7、Core I9)已经经过了 8 代的发展。

1991 年,ARM 发布了自己的第一款 RISC 处理器核 ARM6,1993 年推出 ARM7,一直到目前的 ARM11 和 Cortex,在嵌入式微处理器市场占据了大量份额。

5) 64 位微处理器时期

1991 年,MIPS 推出第一款 64 位商用微处理器 R4000,之后又陆续推出 R8000、R10000 和 R12000 等型号,2007 年,中科院计算所龙芯获得 MIPS 处理器 32 位和 64 位的授权。

1992 年,DEC 发布了 64 位的 Alpha 处理器,主要用于工作站和服务器,后 DEC 将 Alpha 技术出售给康柏公司,最终康柏公司将 Alpha 的技术出售给 Intel 公司。

1995 年,Sun 公司推出了 64 位 UltraSPARC Ⅰ 微处理器。UltraSPARC I 革新了微处理器的可扩展性和带宽等工业标准,其频率达 143MHz,采用 $0.5\mu m$ 工艺技术。

2001 年,Intel 公司推出了 IA64 架构的 Itanium 系列处理器,其指令系统与 X86 不兼容,用于服务器市场。

2003 年,AMD 提出了 X86 的 64 位扩展指令集 AMD64,用于服务器市场的 64 位处理器进入到 PC 领域,后来 Intel 公司最终采用了 AMD64。

ARM 于 2011 年发布了 ARMv8 64 位架构,ARMv8 使用了两种执行模式:AArch32 和 AArch64,处理器在运行中可以无缝地在两种模式间切换。这意味着 64 位指令的解码器是全新设计的,不用兼顾 32 位指令,而处理器依然可以向后兼容。

1.1.2.2　微控制器发展史

微控制器(Micro Controller Unit,MCU)是一种采用超大规模集成电路技术把具有数据处理能力的微处理器 MPU、随机存储器 RAM、只读存储器 ROM、多种 I/O 接口和中断系统、定时器/计数器等功能集成到一块硅片上构成的一个小而完善的微型计算机系统。

早期的微控制器称作单片机(Single Chip Microcomputer,SCM),主要实现单片系统集成,随着嵌入式应用的扩展,系统各种外围接口电路日趋复杂,系统的智能化控制能力凸显,各种电气、控制和电子技术厂家开始进入微处理器的设计和生产,结合 SoC(System on Chip)技术,单片机进入微控制器阶段。

1976 年 Intel 公司推出了第一款单片机 MCS-48。此后,GI 推出了 PIC1x 系列 8 位单片机,摩托罗拉推出了 MC6800 处理器为核心的 M6800 系列单片机,Zilog 推出了 Z8 系列单片机。

1990 年,Intel 公司推出了 MCS-51,MCS-51 采用经典的 8 位单片机的总线结构,包括 8 位数据总线、16 位地址总线、控制总线及具有很多机通信功能的串行通信接口,并授权给其他厂家使用,Intel、Atmel、Philips 和 STC 等推出了一系列 MCS-51 核心的单片机,从此成为 8 位单片机的主流,直到现在还在大量应用。此外,8 位单片机的主流架构还有 Atmel 公司的 AVR 系列,凌阳科技的 SPMC65 系列等。

8 位单片机占据了较大的市场,16 位单片机由于 8 位单片机的市场地位和 32 位单片机的快速发展,相对发展空间较小,典型的芯片包括 Intel 的 MCS-96 系列单片机,TI 的 MSP430 系列,摩托罗拉的 68HC12/16 系列以及 MicoChip 的 PIC24 系列。

随着嵌入式系统应用的爆发,单片机的运算处理性能和外设通信能力等无法满足复杂应用的计算需求,由此催生了 32 位微控制器。32 位微控制器多采用 RISC 指令集,典型的代表有 MIPS、ARM、摩托罗拉的 68K 系列等。目前,微控制器基本已被 ARM 占据,随着物联网应用的发展,芯片厂家的主要在低功耗、低电压、大容量存储和高性能计算上对微控制器进行优化。

1.1.2.3　CISC 和 RISC 设计方法

按照指令系统分类,计算机大致可以分为两类:复杂指令系统计算机(Complex Instruction Set Computer,CISC)和精简指令系统计算机(Reduced Instruction Set Computer,RISC)。CISC 是 CPU 的传统设计模式,其指令系统的特点是指令数目多而复杂,每条指令的长度不尽相等;而 RISC 则是 CPU 的一种新型设计模式,其指令系统的主要特点是指令条数少且简单,指令长度固定。

1) CISC 指令集

计算机的指令系统最初只有很少的一些基本指令,而其他的复杂指令全靠软件编译时通过简单指令的组合来实现。后来,越来越多的复杂指令被加入到了指令系统中,可用硬件实现复杂的运算。但是,一个指令系统的指令条数受到指令操作码位数的限制,如果操作码为 8 位,那么指令条数最多为 256 条,而指令的宽度则是很难增加的。操作码扩展可以解决这个问题,在指令格式中,操作码后面跟的是地址码,而有些指令是用不到地址码或只用少量位数的地址码的,那么就可以把操作码扩展到地址码的位置,使操作码的位数得以增加。例如,一个指令系统的操作码为 2 位,那么可以有 00、01、10、11 四条不同的指令。现在把 11 作为保留,把操作码扩展到 4 位,那么就可以有 00、01、10、1100、1101、1110、1111 七条指令,其中 1100、1101、1110、1111 这四条指令的地址码部分必须减少两位。为了达到减少地址码这一操作码扩展的先决条件,设计者提出了各种各样的寻址方式,如基址寻址、相对寻址等,以最大限度地压缩地址码长度,为操作码留出空间。

由此,大量的复杂指令、可变的指令长度、多种寻址方式形成了 CISC 指令集。CISC 指令集的复杂性大大增加了译码的难度,早期计算机运算能力差,译码相对时间较短,现代计算机运算速度大大提升,导致译码上所浪费的时间过长,严重影响了计算机性能。

2) RISC 指令集

1975 年,IBM 对 IBM 370 CISC 系统的研究发现,发现其中仅占总指令数 20% 的简单指令却在程序调用中占据了 80%,而占指令数 80% 的复杂指令却只有 20% 的机会被调用到,即符合经济学中的 80/20 法则,由此提出了 RISC 的概念。20 世纪 80 年代末开始,各家公司的 RISC CPU 大量出现,其中典型代表为 MIPS 和 ARM。

RISC 体系结构的基本思想:针对 CISC 指令系统指令种类太多、指令格式不规范、寻址方式太多的缺点,通过减少指令种类、规范指令格式、简化寻址方式,方便处理器内部的并行处理,提高处理器内部器件的使用效率,从而大幅度地提高处理器的性能。

RISC 的目标决不是简单地缩减指令系统,而是使处理器的结构更简单、更合理,具有更高的性能和执行效率,同时降低处理器的开发成本。由于 RISC 指令系统仅包含最常用的简单指令,因此,RISC 技术可以通过硬件优化设计,把时钟频率提得很高,从而实现整个系统的高性能。同时,RISC 技术在 CPU 芯片上设置大量寄存器,用来把常用的数据保存在这些寄存器中,大大减少对存储器的访问,用高速的寄存器访问取代低速的存储器访问,从而提高系统整体性能。

RISC 的典型特征包括:

(1) 指令种类少,指令格式规范:RISC 指令集通常只使用一种或少数几种格式,指令长度单一(一般 4 字节),并且在字边界上对齐,字段位置(特别是操作码的位置)固定。

(2) 寻址方式简化:几乎所有指令都使用寄存器寻址方式,其他更为复杂的寻址方式,如间接寻址等,则由软件利用简单的寻址方式来合成。

(3) 大量利用寄存器间操作:RISC 指令集中大多数操作都是寄存器到寄存器的操作,只有取数指令、存数指令访问存储器。

(4) 简化处理器结构:使用 RISC 指令集,可以大大简化处理器中的控制器和其他功能单元的设计,不必使用大量专用寄存器,特别是允许以硬连线方式来实现指令操作,以期更快的执行速度,而不必像 CISC 处理器那样使用微程序来实现指令操作。因此,RISC 处理器不必像 CISC 处理器那样设置微程序控制存储器,从而能够快速地直接执行指令。

（5）加强处理器的并行能力：RISC 指令集非常适合于采用流水线、超流水线和超标量技术，从而实现指令级并行操作，提高处理器的性能。目前常用的处理器的内部并行操作技术，基本上都是基于 RISC 体系结构而逐步发展和走向成熟的。

（6）RISC 技术的复杂性在于它的优化编译程序，因此软件系统开发时间比 CISC 机器要长。

RISC 与 CISC 的主要特征对比如表 1-1 所示。

表 1-1　RISC 与 CISC 的主要特征对比

比 较 项 目	CISC	RISC
指令系统	复杂、庞大	简单、精简
指令数目	一般大于 200	一般小于 100
指令格式	一般大于 4 种	一般小于 4 种
寻址方式	一般大于 4 种	一般小于 4 种
指令字长	不固定	定长
指令执行时间	慢	快
程序代码长度	短	长

1.2　微型计算机的基本原理

1.2.1　冯·诺依曼体系结构

现代计算机基本沿用冯·诺依曼体系结构，其基本设计思想包括以下三点。

1）计算机系统的组成

运算器、存储器（主存）、控制器、输入设备和输出设备五大部件组成一个完整的计算机系统，如图 1-3 所示。

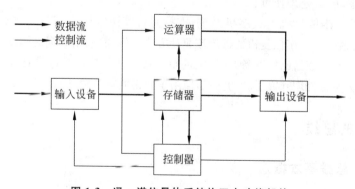

图 1-3　冯·诺依曼体系结构五大功能部件

2）采用二进制形式表示数据和指令

数据和指令都是以二进制形式存储在存储器中，从存储器存储的内容来看两者并无区别，都是由 0 和 1 组成的代码序列，只是各自约定的含义不同。计算机在读取指令时，把从计算机读到的信息看作指令；而在读取数据时，把从计算机读到的信息看作操作数。数据和指令在软件编制中就已加以区分，所以正常情况下两者不会产生混乱。我们通常把存储在存储器中的数据和指令统称为数据，因为程序本身也可以作为被处理的对象进行加工处理，例如对照程序进行编译，就是将源程序当作被加工处理的对象。

3）采用存储程序方式

事先编制程序，将程序（包含指令和数据）存入主存储器中，计算机在运行程序时就能自动地、连续地从存储器中依次取出指令且执行。这是计算机能高速自动运行的基础。计算机的工作体现为执行程序，计算机功能的扩展在很大程度上也体现为所存储程序的扩展。

冯·诺依曼机的这种工作方式，可称为指令流驱动方式，即按照指令的执行序列，依次读取指令，然后根据指令所含的控制信息，调用数据进行处理。因此，在执行程序的过程中，始终以控制信息流为驱动工作的因素，而数据信息流则是被动地被调用处理。为了控制指令序列的执行顺序，设置一个程序（指令）计数器 PC(Program Counter)，让它存放当前指令所在的存储单元的地址。如果程序现在是顺序执行的，每取出一条指令后 PC 内容加 1，指示下一条指令该从何处取得。如果程序将转移到某处，就将转移的目标地址送入 PC，以便按新地址读取后继指令。所以，PC 就像一个指针，一直指示着程序的执行进程，也就是指示控制流的形成。由于多数情况下程序是顺序执行的，所以大多数指令需要依次地紧挨着存放，除了个别即将使用的数据可以紧挨着指令存放外、一般将指令和数据分别存放在该程序区的不同区域内。

冯·诺依曼型计算机从本质上讲是采取串行顺序处理的工作机制，即使有关数据已经准备好，也必须逐条执行指令序列。而提高计算机性能的根本方向之一是并行处理。因此，近年来人们谋求突破传统冯·诺依曼体制的束缚，这种努力被称为非诺依曼化，主要表现在以下三个方面。

- 在冯·诺依曼体制范畴内，对传统冯·诺依曼机进行改造，如采用多个处理部件形成流水处理，依靠时间上的重叠提高处理效率；又如组成阵列机结构，形成单指令流多数据流，提高处理速度。
- 用多个冯·诺依曼机组成多机系统，支持并行算法结构。
- 从根本上改变冯·诺依曼机的控制流驱动方式。例如，采用数据流驱动工作方式的数据流计算机，只要数据已经准备好，有关的指令就可并行执行。这是真正非诺依曼化的计算机，它为并行处理开辟了新的前景，但由于控制的复杂性，仍处于实验探索之中。

1.2.2 微机的总线

1.2.2.1 总线基本概念

冯·诺依曼机的五大功能部件之间是通过总线(Bus)进行连接的。总线是用于连接多个设备的数据通道,是计算机各种功能部件之间传送信息的公共通信干线,它是由导线组成的传输线束,一根线路在同一时间内仅能传输一比特,因此,必须同时采用多条线路才能传送更多数据,总线可同时传输的数据数就称为总线宽度(Bus Width),以比特为单位,总线宽度愈大,传输性能就越高。总线频率是总线工作速度的一个重要参数,总线频率是指一秒钟传输数据的次数,工作频率越高,速度越快。总线频率通常用 MHz 表示,如 33MHz、100MHz、400MHz、800MHz 等。总线的带宽(Bandwidth),即单位时间内可以传输的总数据数,指的是总线本身所能达到的最高数据传输速率。总线带宽＝频率×宽度,单位为 B/s。

　　总线上传送的信息包括数据信息、地址信息和控制信息,因此,总线按功能分三种:数据总线(Data Bus,DB)、地址总线(Address Bus,AB)和控制总线(Control Bus,CB),如图 1-4 所示。

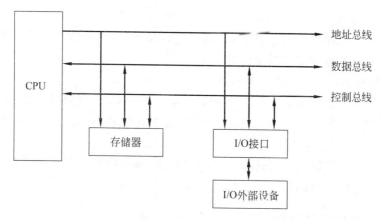

图 1-4　微机系统总线

　　数据总线用于传送数据信息(包括指令和数据)。数据总线是双向三态总线,既可以把 CPU 的数据信息传送到存储器或 I/O 接口等其他部件,也可以将其他部件的数据信息传送到 CPU。数据总线的位数是微型计算机的一个重要指标,通常与微处理器的字长一致。例如 Intel 8086 微处理器字长 16 位,其数据总线宽度也是 16 位。数据的含义是广义的,它可以是真正运算需要的数据,也可以指令代码或状态信息,有时甚至是一个控制信息,因此,在实际工作中,数据总线上传送的并不一定仅仅是运算数据。

　　地址总线是专门用来传送地址的,由于地址只能从 CPU 传向外部存储器或 I/O 端口,所以地址总线总是单向三态的。地址总线的位数决定了 CPU 可直接寻址的内存空间大小,比如地址总线为 16 位,则其最大可寻址空间为 $2^{16}=64$KB,地址总线为 20 位,其可寻址空间为 $2^{20}=1$MB。一般来说,若地址总线为 n 位,则可寻址空间为 2^n 个地址空间(存储单元)。例如,我们常用的 32 位处理器多采用 32 位址总线,可以寻址的最大主存空间为 4GB。

　　控制总线用来传送控制信号和时序信号。控制信号中,有的是微处理器送往存储器和 I/O 接口电路的,如读写信号、片选信号、中断响应信号等;也有其他部件反馈给 CPU 的,如中断申请信号、复位信号、总线请求信号等。因此,控制总线的传送方向由具体控制信号而定,一般是双向的。控制总线的位数要根据系统的实际控制需要而定,实际上控制总线的具体情况主要取决于 CPU。

1.2.2.2　总线的分类

总线按照功能可以分为数据总线、地址总线和控制总线,按照层次、传输方式等不同的角度可以有不同的分类。

总线在各个层次上提供部件之间的连接和信息交换通路,按不同的层次分为 3 种。

- 内部总线:指芯片内部连接各元件的总线。例如 CPU 芯片内部,在各个寄存器、ALU、指令部件等各元件之间有总线相连。
- 系统总线:指连接 CPU、存储器和各种 I/O 模块等主要部件的总线,又称为板级总线或板间总线。
- 局部总线:处理器-主存专用总线、高速 I/O 总线等,这类总线用于主机和 I/O 设备之间或计算机系统之间的通信。

按总线的数据传输方式可以分为两种。

- 串行总线:在数据线上按位进行传输,只需一根数据线,线路成本低,适合于远距离数据传输。串行总线早期为慢速总线,连接慢速设备,目前已出现了大量高速串行总线,如 USB、1394、DP 等。
- 并行总线:在数据线上同时有多位一起传送,每一位有一根数据线,故需多根数据线,速度比串行总线快,如 ATA、PCI 等。

1.2.2.3　串行和并行传输

1) 串行传输

当信息以串行方式传输时,只需要一条传输线,且采用脉冲传送。在串行传送时,按顺序传送表示一个数码的所有二进制位(bit)的脉冲信号,每次一位,通常以第一个脉冲信号表示数码的最低有效位,最后一个脉冲信号表示数码的最高有效位。串行传输如图 1-5所示。

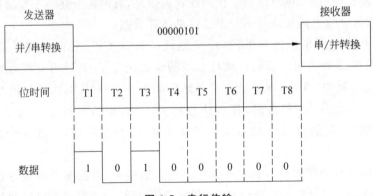

图 1-5　串行传输

当串行传输时,有可能按顺序连续传送若干个 0 或若干个 1。为了确定究竟传送了多少个连续的 0 或连续的 1,通常采用的方法是指定"位时间",即指定一个二进制位在传输线上占用的时间长度,"位时间"通常用一个时钟信号来控制,时钟的频率决定了串行传输的速度。

在串行传输时,被传送的数据需要在发送部件进行并/串变换,而在接收部件又需要进行串/并变换。串行传输的主要优点是只需要一条传输线,这一点对长距离传输尤其重要,不管传送多少数据量都只需要一条传输线,成本比较低廉。

2) 并行传输

用并行方式传输二进制信息时,对应于每个数据位都需要一条单独的传输线,信息由多少二进制位组成,就需要多少条传输线,从而使得二进制数 0 或 1 在不同的线上同时进行传输,如图 1-6 所示。

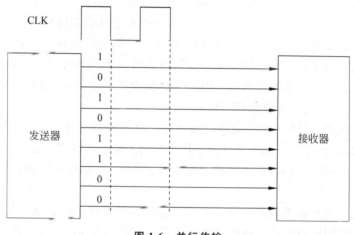

图 1-6　并行传输

很明显,并行通信的速度要比串行通信的速度要快,效率更高,费时更少。早期 I/O 为了提高效率多采用并行总线。但随着总线时钟的提高,在高速状态下,并行口的数据线之间存在串扰,且并行口需要信号同时发送同时接收,任何一根数据线的延迟都会引起问题。而串行只有一根数据线,还可以采用差分信号传输提高抗干扰性,所以可以实现更高的传输速率;因此尽管并行可以一次传多个数据位,但是时钟远远低于串行,所以目前串行传输是 CPU 和外设高速传输的首选方案。

1.2.2.4　总线的连接方式

总线的排列布置以及总线与其他各类部件的连接方式,对计算机系统性能有重要影响。根据连接方式的不同,微机系统中采用的总线结构可分成三种基本类型:单总线结构、双总线结构和三总线结构。

1) 单总线结构

在一些微机系统中,使用一条系统总线来连接 CPU、主存和 I/O 设备,称为单总线结构,如图 1-7 所示。

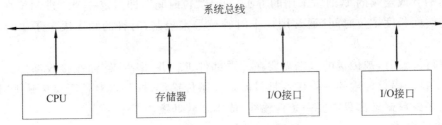

图 1-7 单总线结构

在单总线结构中,要求连接到总线上的逻辑部件都必须高速运行,以便在某些设备需要使用总线时能够迅速获得总线控制权,当不再使用总线时也能迅速放弃总线控制权。否则,由于一条总线由多个功能部件共用,有可能导致很大的时间延迟。

在单总线结构中,当 CPU 取一条指令时,首先把程序计数器(PC)中的地址同控制信息一起送至总线上。该地址不仅送至主存,同时也送至总线上的所有外围设备,只有与总线上的地址相对应的设备才执行数据传送操作。取指令情况下的地址是主存地址,因此该地址所指定的主存单元中的指令被传送给 CPU,CPU 检查指令中的操作码,确定对数据执行什么操作,以及数据是流进还是流出 CPU。

在单总线系统中,对输入输出设备的操作与主存的操作方法完全一样。当 CPU 把指令的地址字段送到总线上时,如果该地址字段对应的地址是外围设备地址,则外围设备予以响应,从而在 CPU 和对应的外围设备之间发生数据传送,数据传送的方向也由指令操作码决定。

单总线结构的优点在于容易扩展成多 CPU 系统,只要在系统总线上挂接多个 CPU 即可。但是,在单总线结构中,由于所有逻辑部件都挂在同一个总线上,因此总线只能分时工作,即某一个时间只能允许一对部件之间传送数据,这就使信息传送的吞吐量受到限制。

2)双总线结构

图 1-8 为双总线结构,这种结构保持了单总线系统简单、易于扩充的优点,但又在 CPU 和主存之间专门设置了一组高速的存储总线,使 CPU 可通过专用的存储总线与存储器交换信息,以减轻系统总线的负担,同时主存仍可通过系统总线与外设进行 DMA(Direct Memory Access)操作,而不必经过 CPU。

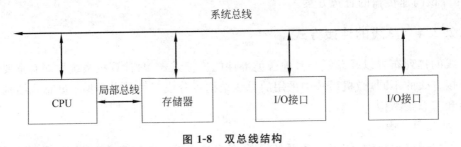

图 1-8 双总线结构

3）三总线结构

图 1-9 为三总线结构。三总线结构是在双总线系统的基础上增加 I/O 总线形成的,其中系统总线是 CPU、主存和 I/O 通道处理机(IOP)之间进行数据传送的公共通路,而 I/O 总线则是多个外围设备与通道之间进行数据传送的公共通路。

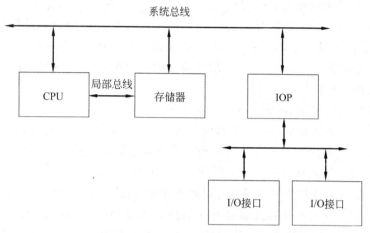

图 1-9　三总线结构

通道实际上是一台具有特殊功能的处理器,又称为 IOP(I/O Processor),它分担了 CPU 的一部分功能,实现对外设的统一管理,完成外设与主存之间的数据传送。这一思想与基于总线的网络将集线器(Hub)转换成交换机(Switch)以提高通信速率的思想是一致的。显然,由于增加了 IOP,整个系统的工作效率可以大大提高。

1.2.2.5　典型总线

1）工业标准结构总线(Industry Standard Architecture,ISA)

ISA 总线是由 IBM PC/XT 和 PC/AT 使用的 8 位总线发展而来的总线标准。ISA 是 8/16 位兼容总线,因此 I/O 插槽有 8 位和 8/16 位两种类型:8 位扩展槽由 62 个引脚组成,其中包括 20 条地址线和 8 条数据线,用于 8 位数据传输;8/16 位扩展槽除了一个 8 位 62 线的连接器外,还有一个附加的 36 线连接器,这种扩展插槽既可以支持 8 位插接板,也可支持 16 位插接板(24 条地址线和 16 条数据线)。ISA 总线的应用范围很广,一般用于连接中、低速 I/O 设备。

2）外部设备连接总线(Peripheral Component Interconnect,PCI)

PCI 总线是 1991 年由 Intel、IBM、Compaq、Apple 等几家公司联合推出的。PCI 是一个与处理器无关的高速外围总线,又是至关重要的层间总线,可支持 10 台外部设备,它采用同步时序协议和集中式仲裁策略,并具有自动配置能力。PCI 总线体系结构中有三种桥接器:HOST 桥、PCI-PCI 桥、PCI-LEGACY 桥。桥接器是一个总线连接和转换部件,可以把一条总线的地址空间映射到另一条总线的地址空间上,从而使系统中任意一个总线主设备都能看到同样的一份地址表。HOST 桥是 PCI 总线控制器和仲裁器。

3) PCI Express 总线

随着 Pentium 4 前端总线频率的迅速提高(高达 1GHz 以上),原有的 PCI 总线标准已难以适应新的要求。PCI Express 是一种基于串行技术、高带宽连接点、芯片到芯片连接的新型总线技术。有别于 PCI 并行技术,PCI Express 的一个通道采用 4 根信号线,两根差分信号线用于接收,另外两根差分信号线用于发送;信号频率 2.5GHz,采用 8/10 位编码;定义了用于多种通道的连接方式,如×1、×4、×8、×16 以及×32 通道的连接器,分别对应于 500MB/s、2GB/s、4GB/s、8GB/s 和 16GB/s 的带宽。采用 PCI Express 总线标准的最大意义在于其通用性和兼容性,通过与 PCI 软件模块的完全兼容,可以确保现有设备和驱动程序不用修改仍能正常工作。

4) 通用串行总线(Universal Serial Bus,USB)

USB 总线是连接计算机系统与外部设备的一种串口总线标准,也是一种输入输出接口的技术规范,被广泛地应用于个人计算机和移动设备等信息通信产品,并扩展至摄影器材、数字电视(机顶盒)、游戏机等其他相关领域。

USB 最初是由英特尔公司与微软公司倡导发起,其最大的特点是支持热插拔和即插即用。当设备插入时,主机枚举到此设备并加载所需的驱动程序,因此在使用上远比 PCI 和 ISA 总线方便。USB 的设计为非对称式的,它由一个主机控制器和若干通过集线器设备以树形连接的设备组成。一个控制器下最多可以有 5 级 Hub,包括 Hub 在内,最多可以连接 128 个设备,一台计算机可以同时有多个控制器。USB 1.1 的最大传输带宽为 12Mb/s,USB 2.0 的最大传输带宽为 480Mb/s,USB 3.0 为 5Gb/s。最新一代是 USB 3.1,传输速度为 10Gb/s,三段式电压 5V/12V/20V,最大供电 100W,另外除了旧有的 Type-A、B 接口之外,新型 USB Type-C 接头不再分正反。

5) SATA 总线

SATA(Serial Advanced Technology Attachment)是一种替代并行 ATA 的总线技术。SATA 总线使用嵌入式时钟信号,具备了更强的纠错能力,与以往相比其最大的区别在于能对传输指令(不仅仅是数据)进行检查,如果发现错误会自动矫正,这在很大程度上提高了数据传输的可靠性。串行接口还具有结构简单、支持热插拔的优点。SATA 分别有 SATA 1.5Gb/s、SATA 3Gb/s 和 SATA 6Gb/s 三种规格,是目前 PC 硬盘连接的主流总线。

1.2.3 哈佛体系结构

冯·诺依曼结构只有一个存储器,数据和指令存储在同一个存储器中,使用同一组地址线进行数据和指令的读写。代表性的处理器有 Intel 8086 及后续系列和 ARM7 等。

哈佛架构(Harvard Architecture)是一种将程序指令和数据分开的存储器结构。程序指令储存和数据储存具有独立的总线接口,数据和指令的访问可以同时进行。

哈佛架构的微处理器通常具有较高的执行效率,程序指令和数据指令分开组织和储存的,可以实现指令预取。目前,大多数处理器采用这种独立信号通路的结构。

如图 1-10 所示,纯冯·诺依曼架构下的 CPU 可以读取指令或读写主存数据,指令和数据分时共享相同的总线。使用哈佛结构的 CPU，即使没有缓存的情况下，也可以读取指令的同时进行数据访问，因此，哈佛结构的计算机可以在相同的电路复杂度下有更好的性能表现，哈佛架构拥有不同的代码和数据的地址空间：即指令的零地址和数据的零地址是不同的。

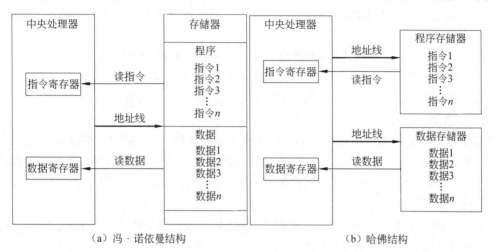

（a）冯·诺依曼结构　　　　　　　　　　　　（b）哈佛结构

图 1-10　冯·诺依曼结构与哈佛结构的区别

现代高性能 CPU 芯片在设计上融合了哈佛结构和冯·诺依曼结构的特点，一种典型的方式是将 CPU 的缓存分为指令缓存和数据缓存两部分，CPU 访问缓存时使用哈佛体系结构；然而当缓存未命中时，数据从主存储器中读取，此时并不分为独立的指令和数据部分。

哈佛结构主要用于数字信号处理器（DSP）和微控制器。DSP 一般执行高度优化的音频或视频处理算法，通常采用单指令多数据流（SIMD）和超长指令字（VLIW）等架构，一般具有多套总线实现数据的并行读写，例如 TI 的 TMS320 C55x 处理器，具有多个并行数据总线（双写、三读）和指令总线。

微控制器的特点是具有少量的程序存储器（闪存）和数据存储器（SRAM），较少有缓存，大多利用哈佛架构的并行高速处理指令和数据的访问。分开存储的程序和数据存储器可能具有不同的位宽，例如使用 16 位指令和 8 位宽的数据，如 Atmel 的 AVR 和 Microchip 的 PIC 系列。

1.2.4　微处理器的内部结构

1.2.4.1　基本结构

传统上，CPU 由控制器和运算器这两个主要部件组成。随着集成电路技术的不断发展和进步，新型 CPU 纷纷集成了一些原先置于 CPU 之外的分立功能部件，如浮点处理器、高速缓存等，在大大提高 CPU 性能指标的同时，也使得 CPU 的内部组成日益复杂化。

1. 控制器

控制器是整个计算机系统的指挥中心。在控制器的指挥控制下，运算器、存储器和输入输出设备等部件协同工作。

控制器根据程序预定的指令执行顺序,从主存取出一条指令,按照该指令的功能,控制计算机内各功能部件的操作,协调和指挥整个计算机实现指令的功能。

控制器通常由程序计数器(PC)、指令寄存器(IR)、指令译码器(ID)和操作控制器组成。其主要功能包括:

(1) 从主存中取出一条指令,并指出下一条指令在主存中的位置;

(2) 对指令进行译码,并产生相应的操作控制信号,以便启动规定的动作;

(3) 指挥并控制 CPU、主存和输入输出设备之间数据流动的方向。

2. 运算器

运算器是计算机中用于实现数据加工处理功能的部件,它接受控制器的命令,负责完成对操作数据的加工处理任务,其核心部件是算术逻辑单元 ALU。运算器接受控制器的命令而进行动作,即运算器所进行的全部操作都是由控制器发出的控制信号来指挥的,所以它是执行部件。

运算器由算术逻辑单元(ALU)、寄存器、程序状态寄存器等组成。它有两个主要功能:

(1) 执行所有的算术运算;

(2) 执行所有的逻辑运算,并进行逻辑测试。

3. 寄存器

在 CPU 中至少要有五类寄存器:指令寄存器(IR)、程序计数器(PC)、地址寄存器(AR)、数据寄存器(DR)、程序状态寄存器(PSR)。这些寄存器用来暂存一个计算机的字,其数目可以根据需要进行扩充。

1) 数据寄存器(Data Register,DR)

数据寄存器又称数据缓冲寄存器,其主要功能是作为 CPU 和主存、外设之间信息传输的中转站,用于弥补 CPU 和主存、外设之间操作速度上的差异。

数据寄存器用来暂时存放由主存储器读出的一条指令或一个数据字;反之,当向主存存入一条指令或一个数据字时,也将它们暂时存放在数据寄存器中。

数据寄存器的作用:

• 作为 CPU 和主存、外围设备之间信息传送的中转站;

• 弥补 CPU 和主存、外围设备之间在操作速度上的差异。

2) 指令寄存器(Instruction Register,IR)

指令寄存器用来保存当前正在执行的一条指令。当执行一条指令时,首先把该指令从主存读取到数据寄存器中,然后再传送至指令寄存器。

指令包括操作码和操作数/地址码两个字段,为了执行指令,必须对操作码进行测试,识别出所要求的操作,指令译码器(Instruction Decoder,ID)用于完成这项工作。指令译码器对指令寄存器的操作码部分进行译码,以产生指令所要求操作的控制电位,在时序部件定时信号的作用下,产生具体的操作控制信号。

3) 程序计数器(Program Counter,PC)

程序计数器用来指出下一条指令在主存储器中的地址。在程序执行之前,首先必须将程序的首地址,即程序第一条指令所在主存单元的地址送入 PC。当执行指令时,CPU 能自动递增 PC 的内容,使其始终保存将要执行的下一条指令的主存地址,为取下一条指令做好准备。若为单字节指令,则 PC+1;若为双字节指令,则 PC+2,以此类推。

但是,当遇到转移指令时,下一条指令的地址将由转移指令的地址码字段来指定,即 PC 寄存器的值由指令所带的地址决定而非通过顺序递增 PC 的内容来取得。

4) 地址寄存器(Address Register,AR)

地址寄存器用来保存 CPU 当前所访问的主存单元的地址。由于在主存和 CPU 之间存在操作速度上的差异,所以必须使用地址寄存器来暂时保存主存的地址信息,直到主存的存取操作完成为止。当 CPU 和主存进行信息交换,即 CPU 向主存存入数据/指令或者从主存读出数据/指令时,都要使用地址寄存器和数据寄存器。如果我们把外围设备与主存单元进行统一编址,那么,当 CPU 和外围设备交换信息时,我们同样要使用地址寄存器和数据寄存器。

5) 程序状态寄存器(Program Status Register,PSR)

程序状态寄存器用来保存由算术/逻辑指令运行或测试的结果所建立起来的各种条件码内容,如运算结果进/借位标志(C)、运算结果溢出标志(O)、运算结果为零标志(Z)、运算结果为负标志(N)、运算结果符号标志(S)等。除此之外,程序状态寄存器还用来保存中断和系统工作状态等信息,以便 CPU 和系统及时了解机器运行状态和程序运行状态。

1.2.4.2　流水线

早期的计算机采用的是串行处理,计算机的各个操作只能串行地完成,即任一时刻只能进行一个操作。并行处理使得多个操作能同时进行,从而大大提高了计算机的速度。并行处理的主要方法包括如下。

(1) 时间并行技术:时间并行指分时,即让多个处理过程在时间上相互错开,轮流重叠地使用同一套硬件设备的各个部分,以加快硬件周转而赢得速度。分时并行的实现方式就是流水线,目前的高性能计算机几乎无一例外地使用了流水线技术。

(2) 空间并行技术:空间并行指硬件资源重复,即以多个相同的硬件来大幅度提高计算机的处理速度。空间并行技术主要体现在多核处理器、多处理器系统,超算就是典型的空间并行技术。

(3) 时间空间并行技术:即综合使用了分时和硬件并行,高性能微处理器一般都采用时间空间并行技术。

计算机的流水线(Pipeline)工作方式就是将一个计算任务细分成若干子任务,每个子任务都由专门的功能部件进行处理,一个计算任务的各个子任务由流水线上各个功能部件轮流进行处理,最终完成工作。这样,不必等到上一个计算任务完成,就可以开始下一个计算任务的执行。

流水线的硬件基本结构如图 1-11 所示。流水线由一系列串联的功能部件(Si)组成,各个功能部件之间设有高速缓冲寄存器(L),以暂时保存上一功能部件对子任务处理的结果,同时又能够接受新的处理任务。在一个统一的时钟(C)控制下,计算任务从功能部件的一个功能段流向下一个功能段。在流水线中,所有功能段同时对不同的数据进行不同的处理,各个处理步骤并行地操作。

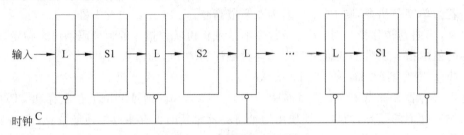

图 1-11　流水线的硬件基本结构

理想情况下,每步需要一个时钟周期。当流水线完全装满时,每个时钟周期平均有一条指令从流水线上执行完毕,输出结果。当指令流不能按流水顺序执行时,流水过程会中断(即断流)。在一个流水过程中,流水线的性能取决于流水部件中最慢的部件,因此实现各个子过程的各个功能段所需要的时间应该尽可能保持相等,以避免产生瓶颈。

假设一个指令的执行周期包含取指(IF)、译码(ID)、执行(EX)、访存(MEM)、写回(WB)5 个过程,最慢的部件执行时间记为一个单位时间,在不采用流水线时的执行过程如图 1-12 所示。上一条指令的 5 个子过程全部执行完毕后才能开始下一条指令,每隔 5 个单位时间才有一个输出结果,15 个单位时间完成 3 条指令,每条指令平均用时 5 个单位时间。

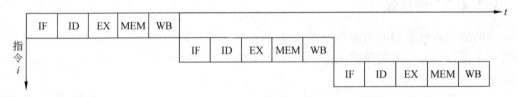

图 1-12　非流水顺序执行过程

采用 5 级流水线后指令的执行过程如图 1-13 所示,上一条指令与下一条指令的 5 个子过程在时间上可以重叠执行,当流水线满载时,每一个单位时间就可以输出一个结果。因此,9 个单位时间完成了 5 条指令,每条指令平均用时 1.8 个单位时间。虽然每条指令的执行时间并未缩短,但 CPU 运行指令的总体速度却能成倍提高。

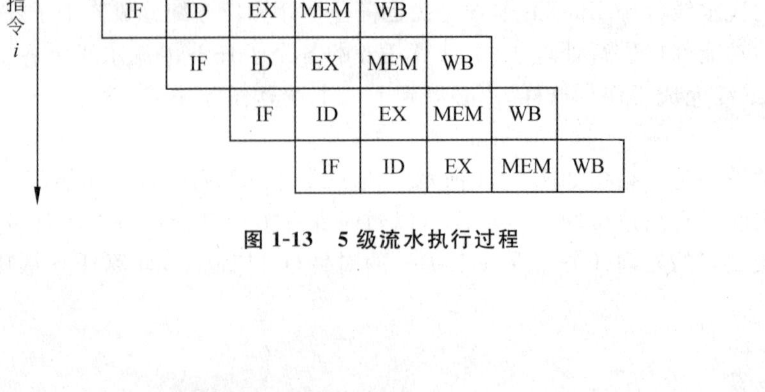

图 1-13　5 级流水执行过程

流水线的每个阶段的计算结果在周期结束以前都要发送到阶段之间的缓冲器上,以供下一个阶段使用。所以,单位时间就是由以上几个阶段中的耗时最长的那个决定的。假设耗时最长的阶段耗时为 s 秒,那么时钟频率最多就只能设计到 $1s/Hz$。要提高时钟频率,一种最简单的办法,就是将每个阶段再进行细分成更小的步骤,细分后的每个阶段,单个阶段的运算量小了,单位耗时 s 也就减少,这样实际上就是提高了时钟频率。这种将标准流水线细分的技术,就是超级流水线技术。比如,Pentium M 有 14 级流水线,Pentium 4 有 31 级流水线。

只有一条指令流水线的计算机称为标量流水计算机,如果计算机具有两条以上的流水线,称为超标量计算机,图 1-14 表示超标量流水计算机的时空图。当流水线满载时,每一个时钟周期可以执行 2 条以上的指令。超标量流水计算机是时间并行技术和空间并行技术的综合应用。

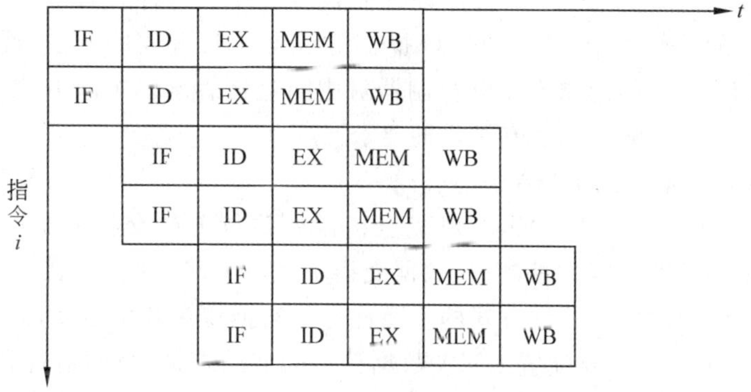

图 1-14　超标量流水线执行

要使流水线发挥高效率,就要使流水线连续不断地流动,尽量不出现断流。然而,流水线中的各条指令之间存在一些相关性,即第二条指令的执行必须要使用第一条指令的执行结果,使得指令的执行受到影响,断流不可避免;此外,跳转指令也会引起流水线断流,现代计算机通常采用乱序执行和分支预测等进行执行优化,以降低断流引起的性能损失。

【思考题:硬件多线程是什么? 属于空间并行还是时间并行?】

1.2.5　I/O 接口技术

一般而言,CPU 管理外围设备的输入输出控制方式有 5 种:查询方式、中断方式、DMA方式、通道方式、外围处理机方式。第一种方式由软件实现,后四种方式需要特殊硬件的支持才能实现。目前微机系统中常用的是查询方式、中断方式和 DMA 方式。

1) 查询方式

程序查询方式是早期计算机中使用的一种方式,CPU 与外围设备的数据交换完全依赖于计算机的程序控制。在进行信息交换之前,CPU 要设置传输参数、传输长度等,然后启动外设工作,与此同时,外设则进行数据传输的准备工作;相对于 CPU 来说,外设的速度是比较低的,因此外设准备数据的时间往往是一个漫长的过程,而CPU不知道数据何时准备好,在这段时间里,CPU除了循环检测外设是否已准备好之外,不能处理其他业务,只能一直等待,直到外设完成数据准备工作,CPU才能开始进行信息交换。

查询方式的优点是CPU的操作和外围设备的操作能够完全同步,不需要额外硬件。但是,由于外围设备的动作通常很慢,程序进行循环查询浪费CPU时间,数据传输效率低下,CPU利用率很低。在当前的实际应用中,除了简单的嵌入式系统应用之外,已经很少使用程序查询方式了。

【思考题:从用户和操作系统的角度分别考虑,CPU利用率高好还是低好?】

2) 中断方式

中断是外围设备用来主动通知CPU,准备发送或接收数据的一种方式。当一个中断发生时,CPU暂停其现行程序,转而执行中断处理程序,完成数据I/O工作;当中断处理完毕后,CPU又返回到原来的任务,并从暂停处继续执行程序。这种方式节省了CPU时间,实现了外设和CPU的并行工作,是管理I/O操作的一个比较有效的方法,现代计算机中,中断是必不可少的I/O机制,通常有中断控制器对中断进行管理。中断方式一般适用于随机出现的服务请求,并且对响应速度有一定的要求。

3) 直接存储器存取方式DMA

直接存储器存取方式(DMA)是一种完全由硬件执行I/O交换的工作方式。DMA控制器从CPU完全接管对总线的控制权,数据交换不经过CPU而直接在主存和外围设备之间进行,以便高速传送数据。这种方式的主要优点是数据传送效率很高,传送速率仅受限于主存的访问时间,CPU只需要配置DMA数据传输的起始地址,目的地址和数量,数据的传输完全由DMA控制总线完成,并通过中断方式通知CPU。与程序中断方式相比,这种方式需要特殊的硬件支持,适用于主存和高速外围设备之间大批量数据交换的场合。

4) 通道方式

DMA方式的出现减轻了CPU对I/O操作的控制,使得CPU的效率显著提高,而通道的出现则进一步提高了CPU的效率。通道分担了CPU的一部分功能,可以实现对外围设备的统一管理,完成外围设备与主存之间的数据传送。

5) 外围处理机方式

外围处理机(Peripheral Processor Unit,PPU)方式是通道方式的进一步发展。PPU基本上独立于主机工作,它的结构更接近于一般的处理机,甚至就是微小型计算机。在一些系统中,设置了多台PPU,分别承担I/O控制、通信、维护诊断等任务,从某种意义上说,这种系统已经变成了分布式多机系统。

1.2.6　存储器

冯·诺依曼计算机以存储器为中心,必须先把有关程序和数据装到存储器中,程序才能开始运行。在程序执行过程中,CPU所需的指令、运算器所需的数据要从存储器中取出,运算结果必须在程序执行完毕之前全部写到存储器中,各种输入输出设备也直接与存储器交换数据。因此,在计算机运行过程中,存储器是各种信息存储和交换的中心。

1. 存储器指标

存储器用于存储二进制数据,其最小的存储单位是一比特,基于地址总线宽度和存储代价的考虑,计算机系统中以 8 个二进制位即一字节(Byte)作为存储的基本单元,存储器的容量以字节为单位。对于大容量的存储,常用 KB、MB、GB、TB 来表示。

【思考题:以 Byte 作为基本存储单位合理吗?】

CPU 向存储器读写数据时,通常以字(Word)为单位,字由若干个字节组成,一个字到底等于多少个字节取决于计算机的字长,对于 32 位机,1 Word＝4Byte＝32bit。

衡量存储器的指标主要包括以下几点。

1) 存储容量

在一个存储器中可以容纳的存储单元的总数称为存储容量。在按字节寻址的计算机中,存储容量的最大字节数可由地址码的位数来确定。例如,一台计算机的地址码为 n 位,则可产生 2^n 个不同的地址码,则其最大容量为 2^n 字节。一台计算机设计定型以后,其地址总线、地址译码范围也已确定,因此其最大存储容量是确定的,通常情况下主存储器的实际存储容量小于理论上的最大容量。

【思考题:对于辅存,如硬盘,存储容量和地址线有何关系?】

2) 存取时间

存取时间 V 称为存储器访问时间或读写时间,是指从启动一次存储器操作到完成该操作所经历的时间。从一次读操作命令发出到该操作完成,将数据读入数据缓冲寄存器为止所经历的时间,为存储器读取时间。存储器从接受写命令到把数据从存储器数据寄存器的输出端传送到存储单元所需的时间,即为存储器的写入时间。

3) 存储周期

存储周期又称为访问周期,是指连续启动两次独立的存储器操作所需间隔的最小时间,它是衡量主存储器工作性能的重要指标。存储周期通常略大于存取时间。

【思考题:参考 DRAM 的特点,为何存储周期通常大于存取时间?】

4) 存储器带宽

存储器带宽是指单位时间里存储器所存取的信息量,是衡量数据传输速率的重要指标,通常以位/秒(b/s)或字节/秒(B/s)为单位,与存储器接口的数据总线宽度和存储周期有关。例如,总线宽度为 32 位,存储周期为 250ns,则存储器带宽＝32b/250ns＝128Mb/s。

2. 存储器分类

根据存储介质,存储器分为半导体存储器、磁盘存储器和光盘存储器等。按照存取方式可分为随机存储和顺序存储。按存储器的读写功能可分为只读存储器(Read Only Memory,ROM)和随机读写存储器(Random Access Memory,RAM)。

1) 随机读写存储器

存储单元的内容可按需随意取出或存入,且存取的速度与存储单元的位置无关的存储器。这种存储器在断电时将丢失其存储内容,故主要用于存储短时间使用的程序。按保存数据的机理,随机存储器又分为静态随机存储器(Static RAM,SRAM)和动态随机存储器

(Dynamic RAM,DRAM)。

静态随机存储器(SRAM)：只要不断电信息就不会丢失。静态存储器的集成度低,成本高,功耗较大,通常作为 Cache 的存储体。

动态随机存储器(DRAM)：采用 MOS 管和电容存储电荷来保存信息,使用时需要不断给电容充电才能保持信息。动态存储器电路简单,集成度高,成本低,功耗小,但需要反复进行刷新操作,工作速度较慢,适合作为主存储器的主体部分。

2) 只读存储器

只读存储器 ROM 是一种存储固定信息的存储器,其特点是在正常工作状态下只能读取数据,不能随时修改或重新写入数据。只读存储器电路结构简单,且存放的数据在断电后不会丢失,特别适合于存储永久性的、不变的程序代码或数据。只读存储器包括不可重写只读存储器和可重写只读存储器(PROM)两大类。我们目前在微机系统里常用的可重写只读存储器主要包括电擦除可编程 ROM(EEPROM)和闪存(Flash ROM)两种。

Flash ROM 中的内容或数据不像 RAM 一样需要电源支持才能保存,但又像 RAM 一样具有可重写性：在某种低电压下,其内部信息可读不可写,类似于 ROM,而在较高的电压下,其内部信息可以更改和删除,类似于 RAM。由于单片 Flash 存储容量大,易于修改,Flash ROM 也常用于数码相机、U 盘以及固态硬盘中。

按存储器在计算机系统中的作用分,存储器可分为主存储器和辅助存储器。CPU 能直接访问的存储器称为内存储器(简称内存),或主存储器。CPU 不能直接访问的存储器称为外存储器(简称外存)或辅助存储器,外存的信息必须调入内存才能被 CPU 使用。

高速缓冲存储器(Cache)是计算机系统中的一个高速、小容量的半导体存储器,通常采用 SRAM,它位于高速的 CPU 和低速的主存之间,用于匹配两者的速度,达到高速存取指令和数据的目的。和主存相比,Cache 的存取速度快,但存储容量小。

内存储器用来存放计算机正在执行的大量程序和数据。

外存储器用于存放系统中的程序、数据文件及数据库。与内存相比,外存的特点是存储容量大,位成本低,但访问速度慢。

3. 分级存储体系

计算机对存储器的要求是容量大、速度快、成本低,需要尽可能地同时兼顾这三方面的要求。但是一般来讲,存储器速度越快,价格也越高,因而也越难满足大容量的要求。目前通常采用多级存储器体系结构,使用高速缓冲存储器、主存储器和外存储器,如图 1-15 所示。

由 Cache 和主存储器构成的 Cache-主存系统,其主要目标是利用与 CPU 速度接近的 Cache 来高速存取指令和数据以提高存储器的整体速度,从 CPU 角度看,Cache-主存的存储体系的访存速度接近 Cache,而容量是主存的容量。由主存和外存构成的虚拟存储器系统,其主要目的是增加存储系统的容量,从整体上看,其速度接近于主存的速度,其容量则接近于外存的容量。计算机存储系统的这种多层次结构,很好地解决了容量、速度、成本三者之间的矛盾。这些不同速度、不同容量、不同价格的存储器,用硬件、软件或软硬件结合的方式连接起来,形成一个系统。这个存储系统对应用程序员而言是透明的,在应用程序员看来

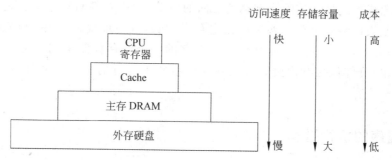

图 1-15 分层存储体系

它是一个存储器,其速度接近于最快的那个存储器,存储容量接近于容量最大的那个存储器,单位价格则接近最便宜的那个存储器。

1）Cache 缓存技术

设计和开发系统程序和应用程序时,程序员通常采用模块化的程序设计方法。某一模块的程序,往往集中在存储器逻辑地址空间中很小的一块范围内,且程序地址分布是连续的。也就是说,CPU 在一段较短的时间内,是对连续地址的一段很小的主存空间频繁地进行访问,而对此范围以外地址的访问较少,这种现象称为程序访问的局部性。

Cache 技术就是利用程序访问的局部性原理,把程序中正在使用的部分(活跃块)存放在一个小容量的高速 Cache 中,使 CPU 的访存操作大多针对 Cache 进行,从而解决高速 CPU 和低速主存之间速度不匹配的问题,使程序的执行速度大大提高。

Cache 是主存的缓冲存储器,由高速的 SRAM 组成,所有控制逻辑全部由硬件实现,对程序员而言是透明的。随着半导体器件集成度的不断提高,当前有些 CPU 已内置 Cache,并且出现了两级以上的多级 Cache 系统。

CPU 与 Cache 之间的数据交换是以字为单位的,而 Cache 与主存之间的数据交换则是以块为单位的。一个块由若干字组成。当 CPU 读取主存中的一个字时,该字的主存地址被发给 Cache 和主存,此时,Cache 控制逻辑依据地址判断该字当前是否存在于 Cache 中:若在,该字立即被从 Cache 传送给 CPU;若不在,则用主存读周期把该字从主存读出送到 CPU,同时把含有这个字的整个数据块从主存读出送到 Cache 中,并采用一定的替换策略将 Cache 中的某一块替换掉,替换算法由 Cache 管理逻辑电路来实现。

2）虚存技术

由于工艺和成本的原因,主存的容量受到限制。然而,计算机系统软件和应用软件的功能不断增强,程序规模迅速扩大,要求主存的容量越大越好,为此,操作系统将部分外存作为主存使用,即一个程序的部分地址空间在主存,另一部分在外存,当所访问的信息不在主存时,则由操作系统来安排 I/O 指令,把信息从外存调入主存。从效果上来看,好像为用户提供了一个存储容量比实际主存大得多的存储器,用户无需考虑所编程序在主存中是否放得下或放在什么位置等问题,这种存储器称为虚拟存储器。虚拟存储器只是一个容量非常大的存储器的逻辑模型,不是任何实际的物理存储器。虚拟存储技术中程序指令采用虚拟地址(或者叫逻辑地址),程序运行时,CPU 以虚拟地址来访问主存,由辅助硬件找出虚拟地址和实际物理地址之间的对应关系,并判断这个虚拟地址指示的存储单元内容是否已装入主存。如果已在主存中,则通过地址变换,CPU可直接访问主存的实际单元;如果不在主存中,则把包含这个字的一个外存存储块调入主存后再由CPU访问。如果主存已满,则由替换算法从主存中将暂不运行的一块调回外存,再从外存调入新的一块到主存。

1.2.7　程序的执行过程

CPU的基本工作是执行预先存储的指令序列。程序的执行过程实际上是不断地取出指令、分析指令、执行指令的过程。

CPU从存放程序的主存储器里取出一条指令,译码并执行这条指令,保存执行结果,紧接着又去取指令,译码,执行指令……如此周而复始,反复循环,使得计算机能够自动地工作,直到遇到停止指令,其过程如图1-16所示。

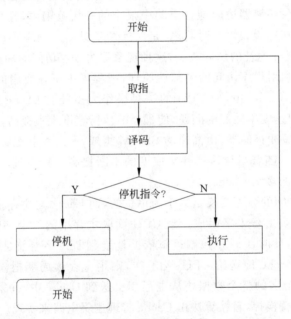

图 1-16　程序执行流程

CPU是在时钟的驱动下工作的,时钟周期是处理操作的最基本时间单位,由机器的主频决定。机器内部各种操作大致可归属为CPU内部操作和对主存的操作两大类。从内存读取一条指令字的最短时间定义为CPU周期(也叫机器周期),由于CPU内部操作速度较快,CPU访问一次内存所花的时间较长,CPU周期包含若干个时钟周期。CPU取出一条指令并执行该指令所需的时间,称为指令周期,指令周期的长短与指令的复杂程度有关,一般是若干个CPU周期。时钟周期、机器周期和指令周期之间的关系如图1-17所示。

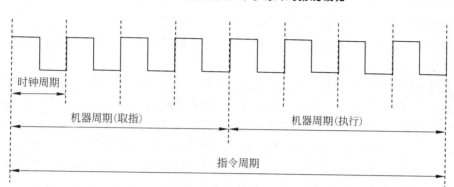

图 1-17 指令周期、机器周期和时钟周期关系

在计算机执行指令的过程中,计算机内各部件的每一个动作都必须严格遵守时间规定,这些部件的协调是用时序信号来控制的,时序信号由时序发生器来产生。时序发生器是产生控制指令周期的时序信号的部件,当 CPU 开始取指令并执行指令时,操作控制器利用时序发生器产生的定时脉冲的顺序和不同的脉冲间隔,提供计算机各部件工作所需的各种定时控制信号,有条理、有节奏地指挥机器各个部件按规定时间动作。

1.3 嵌入式系统概述

当前,计算机技术已经进入后 PC 时代。人们使用的计算机系统已经不再只是工作于传统的桌面 PC,很多的应用系统更多地工作在各种嵌入式平台上,如手机、智能洗衣机、智能手表以及数据采集器、智能定位装置和实时图像处理等各种嵌入式系统。

嵌入式系统是一种嵌入受控器件内部,为特定应用而设计的专用计算机系统。例如,智能洗衣机的智能洗涤程序及其平台构成的一个典型的嵌入式系统,该系统嵌入到洗衣机中并控制洗衣机的工作。区别于个人计算机系统,嵌入式系统通常执行的是带有特定要求和环境约束的任务,如要求极快的系统响应时间、较高的工作温度、极低的系统能耗和特别的安全性能。例如,应用于炼钢生产的天车定位装置,因为天车的快速移动要求具有极快的系统响应时间,而钢水辐射要求设备能工作在较高的环境温度。但是,个人计算机系统大多是通用计算机,具有通用的软硬件平台并安装有常用的应用软件,如现在大多数 PC 系统都是基于 Wintel 架构,即 Microsoft 公司的 Windows 操作系统与 Intel 公司的 CPU 所组成的个人计算机系统。

嵌入式系统一般针对一项特殊的任务,系统设计人员能够根据需要选择合适的硬件和软件平台,也可以减小系统尺寸或降低系统成本。实际上,很多嵌入式系统都会大量生产并广泛应用,嵌入式系统的成本就成为一个关键的设计问题。例如手机作为一种嵌入式系统,其价格作为未来市场推广成功与否一个关键要素。

嵌入式系统没有公认的明确定义,通常意义上,嵌入式系统可以描述为:以计算机技术为基础,面向特定应用,软件和硬件均可根据需要进行定制和裁剪,在系统可靠性、成本和功耗等方面有着严格要求的专用计算机系统。

通用计算机系统和嵌入式系统相比较,嵌入式系统具有以下的显著特点:

1) 专用性强

嵌入式系统大多面向特定的应用。因此,对嵌入式系统的硬件和软件系统都必须进行高效的设计和开发,尽可能去除不必要的冗余,保证面向应用的最为合适的运算能力。而且,在功耗、配置、内核处理能力、外围电路选择、系统响应时间和系统可靠性等方面具有明显的要求。例如,手机和智能手表等消费类产品要求具有良好的图形处理能力并有一定的容错能力,而航天军工和工业控制等工业类产品要求具有良好的实时计算能力且不允许出现错误,对系统的可靠性要求极高,也同时要求具有快速的系统响应。

2) 实时性高

嵌入式系统对实时任务有很强的支持能力,能完成多任务并且有较短的中断响应时间。一般来说,需要优化中断控制器以及实时操作系统任务调度保障实时性。

3) 种类繁多

嵌入式系统的多样性,集中体现为嵌入式微处理器和操作系统两个方面。

从嵌入式微处理器角度来说,已知的嵌入式微处理器大约有 1000 多种。嵌入式微处理器由通用计算机中的微处理器发展而来。与通用计算机的微处理器不同的是,在实际嵌入式应用中,只保留和嵌入式应用紧密相关的功能硬件,去除其他的冗余功能部分,因此其体积小、重量轻、功耗低、成本低及可靠性高。同时,嵌入式微处理器把 CPU、ROM、RAM 及 I/O 等元件以及各种外设集成到同一个芯片上,也称为单片机或微控制器。对于通用计算机系统来说,芯片基本上由 Intel 和 AMD 几家公司垄断,以 X86 和 AMD64 架构为主,操作系统软件方面,Microsoft 公司的 Windows 几乎占据了 90% 的市场,可以说近代的通用计算机系统就是 Wintel 架构的垄断系统。但与全球 PC 市场不同的是,嵌入式微控制器约超过 1000 多种,体系架构有 ARM、MIPS、PowrPC、X86、68K 等 30 多个系列,以 32 位的嵌入式微控制器为例,Frescale、TI、ST、AVR、Atmel 等公司就有 100 种以上的嵌入式微控制器。从目前市场看,ARM 32 位微控制器架构占据垄断地位。

4) 开发环境复杂

传统的通用计算机系统的开发环境与运行环境基本一致。例如,在一台计算机的 Windows 操作系统中开发一个学生管理系统,可能运行在另一台计算机的 Windows 操作系统上。

而对于嵌入式系统的开发来说,一般使用交叉开发模式,即将通用计算机与目标嵌入式系统进行连接,在通用计算机搭建开发环境,所开发的嵌入式代码"下载"到目标嵌入式系统进行运行。这种交叉开发模式无疑增加了系统开发的难度。

5) 成本极其敏感

由于嵌入式系统往往大规模应用于各种生产、监测或消费等环境,往往使用量巨大。例如,遥控器、点菜机、温度监测设备、噪声监测设备甚至最近流行的智能手表、智能血糖仪等,都会有非常庞大的使用量。因此,每一个部件的成本都非常关键,总体成本或价格因素往往决定着产品的推广使用。

1.4　嵌入式系统架构

与通用计算机系统类似,嵌入式系统包括嵌入式硬件平台、嵌入式操作系统和嵌入式应用软件,如图 1-18 所示。

对于嵌入式系统来说,软件大多存储在只读存储器(ROM)中,一般不需要辅助存储器。

由于嵌入式系统面对的硬件种类多样,将开发者从繁琐的硬件细节中解放出来一直是嵌入式系统工业界面临的挑战。硬件抽象层(Hardware Abstraction Layer,HAL)是嵌入式系统开发中的一个重要中间件,硬件抽象层将微处理器的底层操作进行封装,隐藏了特定平台的硬件接口细节,为操作系统和应用软件提供虚拟硬件平台,使其具有硬件无关性,可在多种平台上进行移植。带有硬件抽象层的嵌入式系统结构,如图 1-19 所示。硬件抽象层的出现大大改进了嵌入式操作系统的通用性,硬件抽象层的定义一般由微处理器的生产厂家提供。

图 1-18　嵌入式系统组成

图 1-19　带硬件抽象层的嵌入式系统

板级支持包(Board Support Package,BSP)是介于主板硬件和操作系统中驱动层程序之间的一层,一般认为它属于操作系统一部分,主要是实现对操作系统的支持,为上层的驱动程序提供访问硬件设备寄存器的函数包,使之能够更好地运行于硬件主板。BSP 是相对于操作系统而言的,不同的操作系统对应于不同定义形式的 BSP,例如 VxWorks 的 BSP 和 Linux 的 BSP 相对于某一 CPU 来说尽管实现的功能一样,可是写法和接口定义是完全不同的。BSP 主要功能是屏蔽硬件细节,提供硬件驱动,具体功能包括:

(1) 硬件初始化,主要是 CPU 的初始化,为整个软件系统提供底层硬件支持;

(2) 为操作系统提供设备驱动程序和系统中断服务程序;

(3) 定制操作系统的功能,为软件系统提供一个实时多任务的运行环境;

(4) 初始化操作系统,为操作系统的正常运行做好准备。

嵌入式操作系统(Embedded Operating System,EOS)是指用于嵌入式系统的操作系统。嵌入式操作系统是一种用途广泛的系统软件,通常包括与硬件相关的底层驱动软件、系统内核、设备驱动接口、通信协议、图形界面、标准化浏览器等。嵌入式操作系统负责嵌入式系统的全部软、硬件资源的分配、任务调度,控制、协调并发活动。与 PC 操作系统相比,具有可剪裁、体积小、强调实时性、与应用程序紧密耦合等特点。目前在嵌入式领域广泛使用的操作系统有：嵌入式实时操作系统 μC/OS-Ⅱ、嵌入式 Linux、Windows Embedded、VxWorks 等，以及应用在智能手机和平板电脑的 Android、iOS 等。在很多简单应用中，一般不需要操作系统，应用程序直接通过硬件抽象层对硬件资源进行控制。

如图 1-20 所示，嵌入式系统的硬件层中包含嵌入式微控制器、外扩存储器（SDRAM、ROM、Flash 等）、设备 I/O 接口等。在一片嵌入式微控制器基础上添加电源电路、时钟电路和存储器电路，就构成了一个嵌入式核心控制模块，操作系统和应用程序都可以固化在 ROM 中。

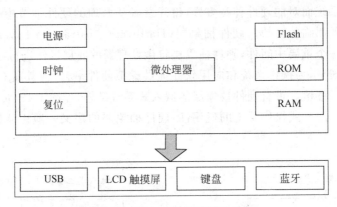

图 1-20　嵌入式系统的硬件组成

嵌入式微控制器是嵌入式系统的核心部件，一般采用 RISC 架构，嵌入式微控制器虽然在功能上和通用计算机的微处理器基本一致，但在可靠性、能耗、工作环境温度和抗电磁干扰等方面做了很多增强内部集成了 ROM、RAM 和大量外设接口，对于简单的应用，无需外扩存储，单片微控制器即可构成最小系统。

1.5　嵌入式系统的典型应用

1）工业控制

基于嵌入式芯片的工业自动化设备已经大量地应用于实际生产。很多 8 位、16 位和 32 位嵌入式微控制器应用于工业过程监控，如工业生产过程控制、数字机床、电力系统、电网设备监测和石油化工生产等，大大地减少了人力资源投入。就传统的工业控制产品而言，低端型采用的往往是 8 位单片机。随着嵌入式技术的发展，32 位甚至 64 位的微处理器逐渐成为工业控制设备的核心，在未来几年内必将获得长足的发展。

一款基于 ARM9 内核和 Windows CE 操作系统的工业计算机，如图 1-21 所示。该产品以 ARM9 低功耗嵌入式 CPU 为核心，主频为 400MHz，嵌入式操作系统采用 Windows CE 6.0，提供高性能嵌入式人机界面。

2）汽车电子

嵌入式系统在汽车和交通行业的应用主要表现为车辆导航、流量控制、信息监测和汽车服务等。内嵌 GPS/北斗和 GSM、3G/4G 模块的移动定位终端已经在各种运输行业获得了成功的使用。由于 GPS 设备价格低廉,已经从尖端产品进入了普通百姓的家庭。一款基于 ARM11 内核的导航仪,如图 1-22 所示。该导航仪拥有分辨率 800×480 的 7 英寸高清数字屏,采用 ARM11 内核,主频 600MHz,内置 GPS,标配 4G SD(Secure Digital Memory Card)卡,支持 16G U 盘、32G SD 卡及硬盘扩展。

图 1-21　基于 ARM9 内核和 Windows CE 的工业计算机

图 1-22　基于 ARM11 内核的导航仪

3) 信息家电

信息家电是嵌入式系统最大的应用领域。冰箱、空调、洗衣机和电饭煲等家用电器的网络化和智能化将引领人们的生活步入一个崭新的空间。即使用户不在设备身边,也可通过网络进行远程控制。一款基于 ARM Cortex 内核和 Android 操作系统的电视盒,如图 1-23 所示。该款电视盒采用当今移动互联设备上 ARM Cortex-A9 1.2 GHz 核心处理器,内置 3D 图形处理器 Mali-400,搭配 512MB DDR3(Double Data Rate)大容量内存,性能超强,相当于通用计算机的高速运算能力,具有流畅的高清视频和游戏体验。同时采用 Google Android 4.0 操作系统,不但在系统稳定性有了进一步的保证,还可以随意安装使用 Google Market 数百万计的应用程序和游戏。

图 1-23　基于 ARM Cortex 内核和 Android 操作系统的电视盒

4) 环境监测

在很多环境恶劣、地况复杂的地区,嵌入式系统将实现无人值守 24 小时不间断监测,如水文资料实时监测、水土质量监测、地震监测、实时气象信息监测、水源和空气污染监测等。

一款基于 ARM 内核的物联网监测系统,如图 1-24 所示。搭配各种传感器的 ZigBee 节点用于测量温度、湿度、光照或气体成分等,ARM9 内核的通信网关支持 RS-232、USB 和

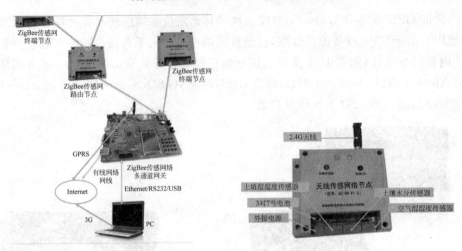

图 1-24   基于 ARM 内核的物联网监测系统

GPRS 等各种通信方式与上位机监控系统进行互联。

5) 健康管理

嵌入式系统已经应用到健康管理的方方面面,如智能血压计、智能脉搏计和智能血糖仪等。嵌入式系统在健康管理方面的应用,必将成为未来最具有前景的应用领域之一。一款支持 iOS 或 Android 操作系统智能血压计,如图 1-25 所示。智能血压计可通过蓝牙连接智能手机传输数据,并生成图表,让用户更好地了解自己的血压状况。该智能血压计设计十分简洁,支持 iOS 及 Android 设置。不需要任何专业的医疗技巧,只需将尼龙腕带绑在手臂上,单击开始按键,就可以监测血压。

图 1-25   支持 iOS 或 Android 操作系统智能血压计

6) 机器人

嵌入式芯片的发展将使机器人在微型化、智能化方面的优势更加明显,同时会大幅度降低机器人的价格,使其在工业领域和服务领域获得更为广泛的应用。一款基于 ARM 内核和 μC/OS-Ⅱ 操作系统的家庭机器人,如图 1-26 所示。该机器人集红外、超声波、湿度、温度、烟雾和煤气等多种传感器于一体,具有对外无线通信的功能,使用了嵌入式领域应用广泛、处理能力极强的 32 位 ARM 处理器,软件采用实时性操作系统 μC/OS-Ⅱ,来协调机器人自身复杂的机械控制及处理周围复杂未知的环境因素。

图 1-26 基于 ARM 内核和 μC/OS-Ⅱ 操作系统的家庭机器人

1.6 典型嵌入式开源硬件和软件系统

1.6.1 开源硬件平台

由于嵌入式产品都有相似的微处理器内核及通用外围功能单元,将它们集合起来,可做成一个供众多嵌入式产品个性化开发的产品平台。最引人注目的是由树莓派(Raspberry Pi)引发的智能化通用板级开源硬件。

最早推出的 Raspberry Pi 是为学习计算机编程而设计的一个只有信用卡大小的板级微型电脑,配置了 Linux 操作系统。由于低价位、功能强大、有众多的外围电路与 I/O 端口、易开发的软件配置,树莓派迅速成为板级开源硬件的理想化通用产品平台。到目前为止,已出现了香蕉派、Arduino、BeagleBoard 等一系列开源硬件平台,其中三大主流平台位 Arduino、BeagleBoard 和 Raspberry Pi,它们已建立了完整的硬件、软件生态。

1) 树莓派

树莓派(Raspberry Pi)由英国的树莓派基金会所开发,目的是以低价硬件及自由软件刺激学校的基础计算机科学教育,如图 1-27 所示。树莓派配备一枚 700MHz 博通出产的 ARM 架构 BCM2835 处理器,256MB 内存(B 型已升级到 512MB 内存),使用 SD 卡当作存储媒体,且拥有一个 Ethernet,两个 USB 接口,以及 HDMI(支持声音输出)和 RCA 端子输出支持。操作系统采用开源的 Linux 系统,比如 Debian、ArchLinux,自带的 Iceweasel、KOffice 等软件能够满足基本的网络浏览、文字处理以及计算机学习的需要。树莓派基金会提供了基于 ARM 架构的 Debian、Arch Linux 和 Fedora 等的发行版供大众下载,以 Python 作为主要编程语言,支持 BBC BASIC、C 语言和 Perl 等编程语言。树莓派基金会于 2016 年 2 月发布了树莓派 3,较前一代树莓派 2,树莓派 3 的处理器升级为了 64 位的博通 BCM2837,并首次加入了 Wi-Fi 无线网络及蓝牙功能,而售价仍然是 35 美元,目前已发布树莓派 4。

2）Arduino

Arduino 是一个开放源代码的单芯片微计算机，由一个欧洲开发团队于 2005 年冬季开发。它使用了 Atmel AVR 单片机，采用了基于开放源代码的软硬件平台，构建于开放源代码 simple I/O 接口板，并且具有使用类似 Java、C 语言的 Processing/Wiring 开发环境。

Arduino 能通过各种各样的传感器来感知环境，通过控制灯光、马达和其他的装置来反馈、影响环境。Arduino 包括一个硬件平台（Arduino Board）和一个开发工具（Arduino IDE）。两者都是开放的，既可以获得 Arduino 开发板的电路图，也可以获得 Arduino IDE 的源代码。Arduino Board 提供了基本的接口和 USB 转串口模块，如图 1-28 所示。使用者只需要用一个 USB 线就可以连接计算机和 Arduino Board，完成编程和调试。Arduino 使用一种简单的专用编程语言，使用者不必掌握汇编语言和 C 语言等复杂技术就可以进行开发。IDE 可免费下载，并开放源代码，跨平台，极为便利。

图 1-27　树莓派 B2　　　　　　　　　图 1-28　Arnduino 开发板

3）BeagleBoard

BeagleBoard 是开源硬件领域知名社区 BeagleBoard.org 推出的、全球第一款开源的 ARM 开发板，如图 1-29 所示。不同于热门的开源平台 Arduino，BeagleBoard 的功能更强大、应用更复杂。BeagleBoard 跨越了台式机和嵌入式计算机的界限，同时与开源社区展开创建全新应用的协作，为开源社区提供成本更低、更新、更出色的开发平台。BeagleBone 是 BeagleBoard 的升级版本，只集成了一些必不可少的接口功能，如 USB、以太网口。继 BeagleBone 之后，德州仪器推出的 BeagleBone Black，采用 TI 最新 Cortex-A8 架构 Sitara 处理器，主频可提升至 1GHz。

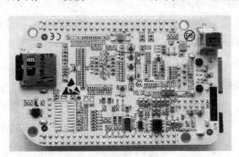

图 1-29　BeagleBone

1.6.2　嵌入式开源操作系统

嵌入式操作系统是嵌入式应用系统的核心软件平台,目前常见的嵌入式操作系统有:eCos、μC/OS、VxWorks、pSOS、Nucleus、ThreadX、Rtems、QNX、INTEGRITY、OSE、C Executive、CMX、SMX、emOS、Chrous、VRTX、RTX、FreeRTOS、LynxOS、ITRON、Symbian、RT-thread,以及 Linux 家族的各种版本(如 μClinux、Android 等),还有微软家族的 WinCE、Windows Embedded、Windows Mobile 等。

1) Linux

Linux Torvalds 在 1991 年发表的 Linux 开放操作系统,是由互联网上的志愿者们开发的,它吸引了许许多多忠实的追随者。自 1999 年稳定的 2.2 版本发布以来,Linux 不仅已经在服务器和台式机上取得了巨大的成功,也正在嵌入式系统中大放异彩。许多人认为,Linux 之所以获得嵌入式市场的广泛认可,关键是得益于 Linux 极高的质量和极强的生命力。当然,能够给 Linux 开发人员提供充分的灵活性和开放的源码,不收取运行许可使用费也是开发者选择 Linux 的极好理由。与商业软件授权方式不同的是,开发者可以自由地修改 Linux,能最大地满足他们的应用需要。在技术上,因为基于 UNIX 技术,Linux 提供广泛的功能强大的操作系统功能,包括内存保护、进程和线程,以及丰富的网络协议。Linux 与 POSIX 标准兼容,从而提高了应用的可移植性。Linux 支持多种微处理器、总线架构和设备,通常情况下,芯片公司的驱动程序、应用相关的中间件、工具和应用程序都是先为 Linux 开发,后来才移植到其他 OS 平台的。这些特性都非常适合于嵌入式系统应用。

2) MontaVista Linux

MontaVista Linux 不只是一个通用的 Linux 发行版,更是为嵌入式系统所需的可靠性和实时性(通过对 2.4 内核加入实时补丁)而精心设计的,支持高端嵌入式系统使用的处理器架构 x86、ARM、PowerPC 和 MIPS,以及一系列的驱动程序和板级支持包。它有一整套的开发工具、闪存和固态存储文件系统,还有很容易监视系统完整性和性能的各种工具。MontaVista Linux 在通信基础设备、智能手机、数字电视机和机顶盒等各种嵌入式系统中得到广泛应用。

3) eCos

eCos 全称是 Embedded Configurable Operating System,它诞生于 1997 年,eCos 最大的特点是模块化,内核可配置。它是一个针对 16/32/64 位处理器的可移植开放源代码的嵌入式 RTOS。eCos 提供的 Linux 兼容的 API 能让开发人员轻松地将 Linux 应用移植到 eCos。eCos 的核心具备一般 OS 功能,如驱动和内存管理、异常和中断处理、线程的支持,还具备实时操作系统的特点,如可抢占、最小中断延迟、线程同步等。eCos 支持大量外设、通信协议和中间件,如以太网、USB、IPv4/IPv6、SNMP、HTTP 等。

4) Android

Android 是谷歌公司开发的一个针对高端智能手机的操作系统。其实 Android 不仅仅是一个操作系统,也是一个软件平台,可以应用在更加广泛的设备中。在实际应用中,

Android 是一个在 Linux 上的应用架构,优势是能够帮助开发者快速地布置应用软件。Android 的开发主要还是集中在移动终端上,在其他的市场上 Android 也潜力巨大。比如智能电视、消费电子产品、通信、汽车电子产品、医疗仪器和智能家居应用等。

5)μC/OS-Ⅱ

μC/OS-Ⅱ 由 Micrium 公司提供,是一个可移植、可固化、可裁剪、抢占式多任务实时内核,它适用于多种微处理器、微控制器和数字处理芯片(已经移植到超过 100 种以上的微处理器应用中)。该系统源代码开放、整洁、注释详尽。μC/OS-Ⅱ 可管理多达 63 个应用任务,并可以提供如下服务:信号量、互斥信号量、事件标识、消息邮箱、消息队列、任务管理、固定大小内存块管理、时间管理另外,在 μC/OS-Ⅱ 内核之上还可以选增、μC/FS 文件系统模块、μC/GUI 图形软件模块、μC/TCP-IP 协议栈模块、μC/USB 协议栈模块等。

6)μCLinux

μCLinux 表示 micro-control Linux. 即"微控制器领域中的 Linux 系统",是 Lineo 公司的主打产品,同时也是开放源码的嵌入式 Linux 的典范之作。μCLinux 主要是针对目标处理器没有存储管理单元 MMU(Memory Management Unit)的嵌入式系统而设计的,是唯一可以在低端 MCU 上运行的 Linux,可以在特定的 Cortex-M3、M4 和 M7 等型号上运行。μClinux 的 RAM 和 ROM 资源需求较多,需要 MCU 内置存储器控制器,使用外部扩展 DRAM 芯片来满足内存要求。现在 μClinux 已被并入到主线 Linux 内核中。

7)FreeRTOS

FreeRTOS 这是一个开源的项目,属于轻量级内核,API 比较全,支持 AVR、ARM、MSP430 等处理器,同时有移植好的 TCP/IP 协议栈 μIP。

8)ARM Mbed

ARM 面向物联网的操作系统针对小巧、电池供电的物联网端点,这些端点在 Cortex-M 系列 MCU 上运行,可能只有 8KB 内存。mbend 提供了多线程和实时操作系统支持,在设计当初就针对无线通信,可通过 Mbed Device Connector 来安全地提取数据的云服务。

除以上开源嵌入式操作系统以外,微软的 Windows CE、Windows Phone、苹果的 iOS 都是典型主流嵌入式操作系统,老牌的嵌入式操作系统代表为风河公司的 VxWorks。

VxWorks 是由支持多核、32/64 位嵌入式处理器、内存管理的 Vxworks、workbench 开发工具(包括多种 C/C++ 编译器和调试器)、连接组件(USB、IPv4/IPv6、多种文件系统等)、网络协议和图像多媒体等模块组成。除了通用平台外,VxWorks 还包括支持工业、网络、医疗和消费电子等的特定平台产品。风河公司的 VxWorks 以其高可靠性和优异的实时性被广泛应用在通信、军事、航空航天、工业控制等领域。比如在美国的 F-16、FA-18 战斗机、B-2 隐形轰炸机和爱国者导弹上都有使用,最为著名的是 1997 年 4 月在火星表面登陆的火星探测器、2008 年 5 月登陆的凤凰号和 2012 年 8 月登陆的好奇号火星车,也都使用到了 VxWorks。

第2章　Cortex-M3微处理器的体系结构

【导读】　ARM Cortex-M3是目前低成本嵌入式系统使用最为广泛的CPU内核,本章首先回顾ARM微处理器的发展,重点介绍Cortex-M3处理器的内核结构、工作模式、存储映射等基本原理,然后以ST公司的STM32L152为例,对该微控制器的结构、引脚说明、时钟控制、存储等进行详细介绍,为指令系统和后续I/O接口的学习奠定基础。

2.1　ARM微处理器系列介绍

ARM的全拼是Advanced RISC Machines,中文的意思为先进的精简指令集机器,是一家总部位于英国剑桥的半导体微处理器公司。目前,ARM在手机处理器市场占据了超过90%的份额,在平板电脑处理器市场占据了超过80%的份额。

表2-1为ARM的系列处理器代号及其处理器架构版本。ARM处理器大约有6个流行的产品系列,分别为ARM7、ARM9、ARM10、ARM11、SecureCore和Cortex。其中,ARM7、ARM9、ARM10和ARM11是早期的处理器命名方式,每个系列提供可配置的不同性能的处理器版本;SecureCore系列主要面向安全设备设计;ARM11之后,所有处理器均以Cortex系列命名,根据不用的市场包括三个子系列,分别是Cortex-A、Cortex-M和Cortex-R。其中,Cortex-A系列面向复杂操作系统和用户应用,支持ARM、Thumb和Thumb-2指令集;Cortex-R系列面向嵌入式或实时系统,也支持ARM、Thumb和Thumb-2指令集;Cortex-M系列面向成本敏感的嵌入式应用,只支持Thumb-2指令集。

ARM系列处理器有三种指令集:

(1) ARM指令集:ARM指令集为32位指令集,可以实现ARM架构下的所有功能。

(2) Thumb指令集:Thumb指令集是针对代码存储密度的需求对32位ARM指令集的改进,其目标是实现更高的代码密度。具体做法是将32位ARM指令集的部分指令压缩成16位的编码方式,而当指令执行时,再解码成相应的32位ARM指令功能。这种经过压缩-解码方式,以牺牲部分处理器性能换取了代码密度的提升。相对于ARM指令集,Thumb指令集在代码密度方面大约提升了30%,但Thumb不是一个完整的指令集,部分32位指令无法压缩,Thumb需要和ARM指令集配合使用,两种指令执行时处理器需要在不同的状态切换。

(3) Thumb-2指令集:Thumb-2指令集是在Thumb指令集的基础上发展而来16位/

32 位混合指令集,增加了一些 16 位 Thumb 指令来改进程序的执行流程,增加一些新的 32 位 Thumb 指令来实现 ARM 指令的专有功能,因此,Thumb-2 指令集中有两类不同长度的指令,不兼容 ARM 指令集,并且采用了新方法实现 16 位和 32 位指令的执行,无需进行 Thumb 和 ARM 指令的压缩解压转换,也无需在 ARM 和 Thumb 状态进行来回切换,大大提升了运算效率。

Cortex-M 系列是基于 ARMv7 架构。ARMv7 架构是在 ARMv6 架构的基础上发展而来。ARMv7 架构采用 Thumb-2 技术,Thumb-2 技术比纯 32 位代码少使用大约 31% 的内存,却比基于 Thumb 技术的代码在性能上提高大约 38%。ARM 处理器代号与指令集架构之间的关系如表 2-1 所示。

表 2-1   ARM 处理器与对应的架构

ARM 处理器内核代号	架 构
ARM1	ARMv1
ARM2	ARMv2
ARM2As,ARM3	ARMv2a
ARM6,ARM600,ARM610,ARM7,ARM700,ARM710	ARMv3
StrongARM,ARM8,ARM810	ARMv4
ARM7TDMI, ARM710T, ARM720T, ARM740T, ARM9TDMI, ARM920T, ARM940T	ARMv5T
ARM9E-S,ARM10TDMI,ARM1020E	ARMv5TE
ARM1136J(F)-S,ARM1176JZ(F)-S,ARM11,MPCore	ARMv6
ARM1156T2(F)-S	ARMv6T2
ARM Cortex-M,ARM Cortex-R,ARM Cortex-A	ARMv7、ARMv8

第一款采用 ARMv7-M 架构的处理器架构是 Cortex-M3,随后 ARM 针对嵌入式市场的需求,形成了系列 M 处理器架构。

Cortex-M0、M0+、M1 系列:Cortex-M0 是目前最小的 ARM 处理器,该处理器支持 ARMv6-M 架构,芯片面积非常小,能耗极低,且编程所需的代码占用量很少,这就使得开发人员可以直接跳过 16 位系统,以接近 8 位系统的成本开销获得 32 位系统的性能。Cortex-M0+ 是以 Cortex-M0 处理器为基础,保留了全部指令集和数据兼容性,同时进一步降低了能耗,提高了性能,两级流水线,性能效率可达 1.08DMIPS/MHz。Cortex-M1 是第一个专为 FPGA 中的实现设计的 ARM 处理器。

Cortex-M3:ARMv7-M 架构,改为 3 级流水哈佛结构,是目前 M 系列中应用最广泛的处理器架构。Cortex-M4 在 Cortex-M3 基础上增加了 DSP 支持和单精度浮点运算加速,用以满足需要有效且易于使用的控制和信号处理功能混合的数字信号控制市场。Cortex-M7 具有六级流水线、灵活的系统和内存接口、缓存(Cache)、DSP 和双精度浮点运算加速。Cortex-M 系列核心的比较如表 2-2 所示。

表 2-2　Cortex-M 系列核心的对比

类　　别	Cortex-M0	Cortex-M3	Cortex-M4	Cortex-M7
体系结构	ARMv6-M	ARMv7-M	ARMv7-M	ARMv7-M
ISA 指令集	Thumb,Thumb-2	Thumb,Thumb-2	Thumb,Thumb-2	Thumb,Thumb-2
DSP 扩展	—	—	支持	支持
浮点单元	—	—	单精度浮点	双精度浮点
DMISP 性能	0.9	1.25	1.25	2.5
内存保护	—	MPU	MPU	MPU

2.2　ARM Cortex-M3 体系结构

Cortex-M3 微处理器是一个高性能的 32 位处理器,主要面向微控制器市场。它集成了名为 CM3Core 的中央处理器内核和高效的总线,实现了内置的中断控制、存储器保护以及系统的调试和跟踪功能。具有快速中断处理机制、高效的内核运算性能和多种低功耗睡眠模式,支持 Thumb-2 指令集,确保较高的代码密度和较低的存储要求。

2.2.1　总体架构

Cortex-M3 处理器的内部架构如图 2-1 所示,其主要包括 5 个功能部件。

(1) 处理器内核 CM3Core,Cortex-M3 处理器的中央处理核心。

(2) 中断控制器(Nested Vectored Interrupt Controller, NVIC)。NVIC 是一个在 Cortex-M3 中内建的中断控制器,支持中断嵌套,采用向量中断机制,在中断发生时,它会自动取出对应的中断服务例程入口地址,并且直接调用,无需软件判定中断源,由此缩短了中断延时。

(3) 总线矩阵 BusMatrix,总线矩阵是 Cortex-M3 内部总线系统的核心,它是一个 AHB 总线互连网络,可以让数据在不同的总线之间并行传送(相当于网络交换机功能)。

(4) 存储保护单元 MPU(可选单元),其主要功能是把存储器分成不同区域分别予以保护,让某些区域在用户模式下变成只读,特权模式下可读写,从而实现关键数据的保护。

(5) 处理器跟踪和调试接口,包括 FPB(Flash 修补和断点单元)、DWT(数据观察点和触发单元)、ITM(指令跟踪宏单元)、ETM(嵌入式跟踪宏单元)和 TPIU(跟踪端口接口单元)和一个串行线调试端口(SW-DP)/串口线 JTAG 调试端口(SWJ-DP)。ETM、TPIU、SW/JTAG-DP 和 ROM 表是可选的。

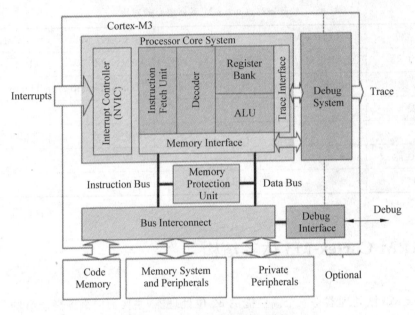

图 2-1   Cortex-M3 处理器内核架构

1. 处理器内核

Cortex-M3 中央内核采用哈佛架构,指令和数据各使用一条总线。内核流水线分 3 个阶段:取指、译码和执行。当遇到分支指令时,译码阶段也包含指令预取,提高执行速度。Cortex-M3 内核包含 Thumb 和 Thumb-2 指令译码器、支持硬件乘法和除法的 ALU、控制逻辑和用于连接处理器其他部件的接口。Cortex-M3 处理器是一个 32 位处理器,带有 32 位宽的数据路径,寄存器和存储器接口。其中有 13 个通用寄存器,两个栈指针,一个链接寄存器,一个程序计数器和一系列包含编程状态寄存器的特殊寄存器。Cortex-M3 处理器支持两种工作模式(线程模式和异常处理模式)和两个等级的访问形式(有特权或无特权),实现对操作系统安全保护的支持。

2. NVIC 中断控制器

Cortex-M3 集成了一个可配置的嵌套向量中断控制器 NVIC。NVIC 支持 256 个中断和 256 种中断优先级,与处理器核心紧密耦合,提供中断服务程序(Interrupt Service Routine,ISR)的快速执行。其主要特性包括:

(1) CPU 内部占用 16 个中断,提供给处理器厂家的外部中断可配置为 1~240 个,中断可屏蔽,同时也支持一个不可屏蔽中断(Non-Maskable Interrupt,NMI)。

(2) 优先级的种类可配置,支持最少 8 种,最多 256 种不同的优先级,支持中断嵌套。

(3) 支持优先级分组,中断优先级可动态地重新配置。

(4) 支持末尾连锁(tail-chaining)和迟到(late arrival)中断技术,提高响应速度。

(5) 处理器状态在进入中断时自动保存,在保存状态的同时从存储器中取出异常向量,实现更加快速地进入 ISR(中断服务程序),中断返回时自动恢复,无需多余的指令。

3. 总线矩阵

总线矩阵用于配置 Cortex-M3 处理器核心和系统总线、存储器以及调试单元之间的总线连接,其支持的总线包括:

(1) ICode 总线,该总线用于从代码空间取指令和向量,是 32 位 AHBLite 总线。

(2) DCode 总线,该总线用于对代码空间进行数据加载/存储以及调试访问,是 32 位 AHBLite 总线。

(3) AHB 系统总线,该总线用于对系统空间执行取指令和向量,数据加载/存储以及调试访问,是 32 位 AHBLite 总线。

(4) PPB 私有外围设备总线,该总线用于对 PPB 空间(处理器集成的调试单元)进行数据加载/存储以及调试访问,是 32 位 APB 总线。

2.2.2　操作模式

Cortex-M3 处理器有两种工作状态:

(1) Thumb-2 状态:Thumb-2 指令的正常执行状态。

(2) 调试状态:处理器停机调试时进入该状态。

Cortex-M3 处理器支持两种工作模式:线程模式和异常处理模式。

(1) 线程模式(Thread Mode):处理器工作在线程模式,用于执行应用程序,在复位时处理器进入线程模式,异常返回时也会进入该模式。

(2) 异常处理模式(Handler Mode):处理器工作在异常处理模式,用于处理异常事件和中断。出现异常时处理器进入异常处理模式,当完成了异常处理之后,处理器将返回到线程模式。

Cortex-M3 处理器的程序代码运行级别分为特权级执行和非特权级执行(也称用户级执行)。

非特权级别执行时对有些资源的访问受到限制或不允许访问(如 CPS 指令、系统控制空间的大部分寄存器等),特权级别执行可以访问所有资源。当处理器工作在异常处理模式下时始终是特权访问,工作在线程模式下可以是特权访问,也可以是非特权访问。

Cortex-M3 在线程模式下,控制寄存器 CONTROL 用于决定处理器处于特权级别还是非特权级别。程序在特权级别下可通过 MSR 指令将 CONTROL 寄存器的最低位 CONTROL[0]置 0,配置为非特权(用户)访问,但在非特权访问级别,本身不能主动回到特权访问。

【思考题:如何让用户级的程序主动进入特权级?】

根据 Cortex-M3 处理器的工作模式和特权等级,可以将 Cortex-M3 处理器划分为三种工作状态:特权级异常处理模式、特权级线程模式和非特权级线程模式,工作状态之间的转换,如图 2-2 所示。

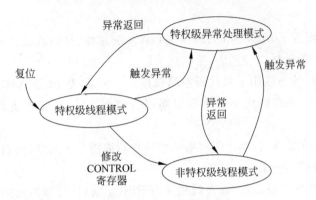

图 2-2　处理器工作状态的切换

由图 2-2 可见,只有处于特权级才可以通过改写控制寄存器 CONTROL 来改变处于线程模式的程序的特权等级,即可以由特权级线程模式直接过渡到非特权级线程模式,反之,则不能由非特权级线程模式通过修改控制寄存器 CONTROL 直接过渡到特权级线程模式。处于非特权线程模式的程序,只有进入异常处理模式才具有特权执行权限,此时可以通过修改 CONTROL 寄存器让程序在中断服务执行完成后回到特权级线程模式。

三种状态之间的切换示例如图 2-3 所示。

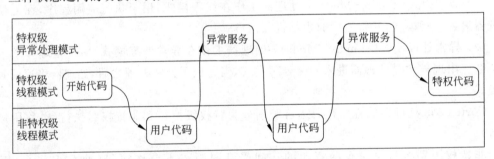

图 2-3　特权级别和非特权级别的转换示例

把代码按特权级和用户级分开,主要是操作系统的需求,操作系统工作在特权级,用户程序工作在非特权级,当用户代码出问题时,不会影响整个系统的运行。结合 MPU,可以防止用户代码访问不属于它的内存区域。

2.2.3　寄存器

Cortex-M3 处理器寄存器堆中寄存器如表 2-3 所示,包括了通用寄存器、特殊功能寄存器以及状态寄存器。不同的寄存器要求在不同特权等级下进行访问,例如,PRIMASK 优先权屏蔽寄存器只能在特权级下才能进行访问。

表 2-3　Cortex-M3 处理器中的寄存器

寄 存 器		访 问 类 型	要求的特权等级	重 置 值
R0～R12		RW	特权级或非特权级	不确定
R13	MSP	RW	特权级	不确定
	PSP	RW	特权级或非特权级	不确定
LR(R14)		RW	特权级或非特权级	0xFFFFFFFF
PC(R15)		RW	特权级或非特权级	不确定
PSR	APSR	RW	特权级或非特权级	不确定
	IPSR	RO	特权级	0x00000000
	EPSR	RO	特权级	0x01000000
PRIMASK		RW	特权级	0x00000000
FAULTMASK		RW	特权级	0x00000000
BASEEPRI		RW	特权级	0x00000000
CONTROL		RW	特权级	0x00000000

如图 2-4 所示,Cortex-M3 的 16 个通用寄存器 R0～R15,分为通用寄存器 R0～R12,特殊寄存器 R13～R15。

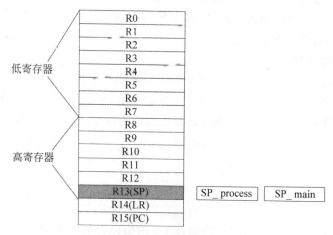

图 2-4　寄存器堆

1. 通用寄存器 R0～R12

通用寄存器 R0～R12 可以被大多数指令使用,按照 16 位和 32 位指令的划分,通用寄存器分为两段:

- 低组寄存器 R0～R7:可以被所有的指令访问。
- 高组寄存器 R8～R12:可以被所有 32 位指令访问,不能被 16 位指令访问。

【思考题:寄存器为何要分为两段?】

2. 栈指针寄存器 R13

为了避免操作系统的栈因应用程序的错误使用而毁坏,应用程序和操作系统的栈不共享栈指针,即 R13 寄存器(也记作 SP)在特权模式和用户模式下分别对应不同的栈指针寄存器,这两个栈指针在特权级别变化时自动切换。Cortex-M3 处理器的两个栈指针分别为:

(1) 主栈指针 SP_main,记作 MSP(Main Stack Pointer)。这是默认的栈指针,它由 OS 内核、异常服务例程以及所有需要特权访问的应用程序代码来使用。

(2) 进程栈指针 SP_process,记作 PSP(Process Stack Pointer),用于应用程序代码。

异常处理模式下始终使用 MSP,而线程模式可配置为 MSP 或 PSP。处理器复位后,处于特权级线程模式,所有代码都使用主栈 MSP。异常处理模式,异常处理程序 ISR 可以通过改变其在退出时使用的 EXC_RETURN 值来指定返回到线程模式时使用的栈。此外,在线程模式中,使用 MSR 指令对控制寄存器的第二位 CONTROL[1]执行写 1 操作也可以从主栈切换到进程栈。因此,栈指针 R13 是分组寄存器,在 SP_main 和 SP_process 之间切换。在任何时候,进程栈和主栈中只有一个是可见的,由 R13 指示。

栈指针寄存器 R13 中存放的是当前栈的地址,PUSH 和 POP 指令会自动对 R13 进行操作,其最低两位 R13[1:0]被强制置零,即它保存的地址是 4 字节对齐的。

3. 链接寄存器 R14

R14 链接寄存器(也记作 LR)用来保存返回地址。当主函数调用一个子函数时,就将主函数的下一条指令的地址(即子程序完成后的返回地址)保存到 LR,当子函数调用结束时返回到该地址便可继续执行主调函数;在发生异常中断时,LR 也用于特殊用途。其他任何时候都可以将 R14 看作一个通用寄存器。

4. 程序计数器 R15

R15 程序计数器(也记作 PC)指向下一条将要被执行的指令地址,该寄存器的最低位始终为 0,因此,指令始终与字或半字边界对齐,即指令是 16 位或 32 位的。如果向 PC 中写入地址,就会引起一次程序的跳转。读取 PC 将返回当前指令地址+4 的值,例如:

```
0x1000: MOV R0, PC
```

则

```
R0 = 0x1004
```

【思考题:读取 PC 将返回当前指令地址+4 的值原因是什么?】

5. 特殊功能寄存器组

Cortex-M3 的特殊功能寄存器包括:程序状态寄存器组 xPSR、中断屏蔽寄存器组(PRIMASK、FAULTMASK 以及 BASEPRI)和控制寄存器(CONTROL),这些寄存器只能通过状态寄存器操作指令 MSR 和 MRS 在特权级别下访问。

(1) xPSR 程序状态寄存器由 3 个独立的状态寄存器组合而成,分别为应用程序状态寄存器(Application Program Status Register,APSR)、中断程序状态寄存器(Interrupt Program Status Register,IPSR)和执行程序状态寄存器(Execution Program Status

Register,EPSR)。其中,27~31 位为 APSR 所用,9~26 位为 EPSR 所用,0~8 位为 IPSR 所用。

APSR 是应用程序状态寄存器,用来保存条件代码标志。APSR 寄存器的有效域定义如图 2-5 所示。

图 2-5 APSR 寄存器定义

N:负数或小于标志,1 表示结果为负数或小于,0 表示结果为整数或大于。

Z:零表示,1 表示结果为 0,0 表示结果非 0。

C:进位标志,1 表示有进位,0 表示没有进位。

V:溢出标志,1 表示有溢出,0 表示没有溢出。

Q:黏着饱和(sticky saturation)标志。

(2) 中断状态寄存器 IPSR,用于存放当前激活的异常的 ISR 编号。IPSR 的有效域定义如图 2-6 所示。

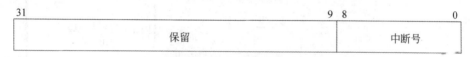

图 2-6 IPSR 寄存器定义

该寄存器的 0~8 位有效,用于表示中断服务编号,该域的值为 0 表示无中断,2 表示非屏蔽中断 NMI,16~255 表示 240 个外部中断。

(3) 执行状态寄存器 EPSR,该寄存器的 24~26 位,10~15 位有效,用于保存多寄存器连续加载过程中产生中断的相关信息。

3 个寄存器分别使用 32 位的不同区域,3 个寄存器可以单独访问,也可以 2 个或 3 个一起访问,在处理器进入异常时,处理器将 3 个状态寄存器组合的信息压入栈进行保存。

(4) 中断优先权屏蔽寄存器 PRIMASK 只有一个有效位,最低位为 1 时,关闭所有可屏蔽中断,只响应不可屏蔽中断 NMI 和硬件错误异常。

(5) 异常屏蔽寄存器 FAULTMASK 只有一个有效位,最低位为 1 时,关闭所有除不可屏蔽中断 NMI 外的所有异常。

(6) 中断优先级基准寄存器 BASEPRI 用来定义优先级的阈值,所有优先级大于该值的中断被关闭(优先级号越大,优先级越低)。

(7) 控制寄存器 CONTROL 只有两位有效,分别用于控制所使用的栈指针以及处理器工作在线程模式时的特权等级。CONTROL 的 bit[0]为 0 表示程序执行在特权级,bit[0]为 1 表示程序执行在非特权级。CONTROL 的 bit[1]为 0,表示选择主栈指针(MSP),bit[1]为 1,表示选择进程栈指针(PSP)。在异常响应模式下,只允许使用 MSP,所以此时不得往该位写 1。

2.2.4　总线

如图 2-7 所示,CM3Core 通过总线矩阵与代码存储器、数据存储器、外设和芯片内部外设的互联。ARM 处理器使用的总线规范是 AMBA,AMBA 规范主要包括 AHB 和 APB 两套总线。

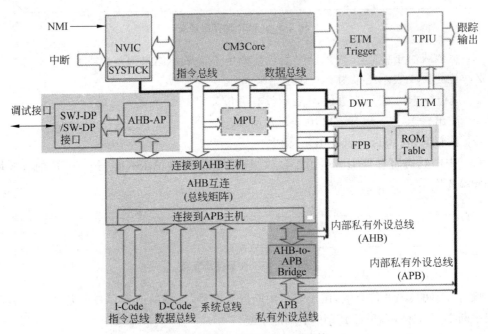

图 2-7　Cortex-M3 内部总线连接

AHB(Advanced High Performance Bus)用于高性能模块(如 CPU、DMA 和 DSP 等)之间的连接,其主要特性有:支持突发传输、分段传输,支持多个主控制器,可配置 32~128 位总线宽度等。AHB 是一套主从控制的总线,整个 AHB 总线上的传输都由主模块发出,由从模块负责回应,多个主从设备之间的数据通信由总线仲裁器进行管理。

AHB-Lite 是 AHB 总线的一个简化版本,只支持一个主模块,且没有总线仲裁器,简化了总线的复杂度。

APB(Advanced Pripheal Bus)总线主要用于低带宽的周边外设之间的连接,例如串口、USB 等,总线控制逻辑简单,只支持一个主模块 AHB/APB 桥接器,AHB 和 APB 通过桥接器进行数据连接和信号转换。

I-Code 总线和 D-Code 总线是 Cortex-M3 哈佛结构取指令和存取数据的两条基于 AHB-Lite 协议的 32 位总线,两条总线的地址访问范围均为 0x00000000~0x1FFFFFFF。I-Code 是指令总线,对于 16 位 Thumb 指令,一次可取两条指令;D-Code 是 32 位数据总线。

系统总线也是一条基于 AHB-Lite 总线协议的 32 位总线,负责在 0x20000000~0xDFFF_FFFF 和 0xE0100000~0xFFFFFFFF 两段地址空间的所有数据传送。

外部私有外设总线 PPB 是一条基于 APB 总线协议的 32 位总线。此总线用于 TPIU、ETM 以及 ROM 表等调试接口及外设。

一个典型的 Cortex-M3 和外部设备的总线连接实例如图 2-8 所示。

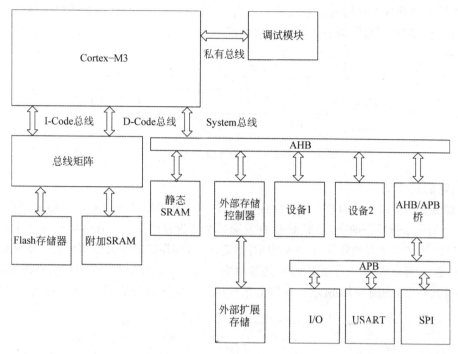

图 2-8　典型的总线连接结构

代码存储器既可以由指令总线(I-Code)访问,也可以被数据总线(D-Code)访问,总线矩阵可以实现指令和数据总线的分离。通过 AHB 总线矩阵把取指和数据访问分开后,如果指令总线和数据总线在同一时刻访问不同的存储器设备(例如,从 Flash 中取指的同时从附加的 SRAM 中访问数据)。但在一些系统实现时,没有附加 SRAM 或者使用了简化的总线复用器,则数据和指令无法同时进行传输。但微控制器内部集成的静态 RAM 一般连接在系统总线上,此时可以用 I-Code 访问 Flash 存储器、用 D-Code 访问系统总线 AHB 的 SRAM,实现哈佛结构。

为了增加系统的存储空间,可以在 AHB 总线上连接一个外部存储控制器,对外提供外部总线连接接口,实现 RAM 或 Flash 的扩容。

【思考题:为何代码存储器既可以由指令总线访问,也可以被数据总线访问?】

2.2.5　存储器

1. 数据对齐

Cortex-M3 支持 32 位的字、16 位半字和 8 位的字节操作。通常情况下,要求总线上的数据要对齐,即以字为单位进行数据传输,其地址的最低两位必须是 0(地址是 4 的整数倍);以半字为单位的传送,其地址的最低位必须是 0(地址是 2 的倍数)。如果使用了奇数地址,在一些处理器如 ARM7TDMI 中,会产生异常。Cortex-M3 支持非对齐的数据传输,其内部实际是通过把非对齐的访问转换成多个若干对齐的访问实现的,如图 2-9 的非对齐存储,需要通过两次存储器操作才能拿到数据,转换由总线单元完成,对程序员透明,但不是所有的地址空间都可以非对齐访问。一般情况下,我们采用对齐访问的方式,提高 CPU 的执行效率。

	byte3	byte2	byte1	byte0
Address *N*+4				[31:24]
Address *N*	[23:16]	[15:8]	[7:0]	

图 2-9　非对齐数据访问

2. 存储器格式

存储器是一个以字节为单位的线性存储空间,其地址可以从 0 开始向上编号,例如,字节 0~3 存放第一个被保存的字,字节 4~7 存放第二个被保存的字。但在存储半字和字的时候,一个半字或字的高字节和低字节的排列顺序可以不同,即存储器的大端和小端存储模式。

(1) 在小端格式中,一个字中最低地址的字节为该字的最低有效字节,最高地址的字节为最高有效字节,如图 2-10 所示。存储器系统地址 0 的字节与数据线 0~7 相连。

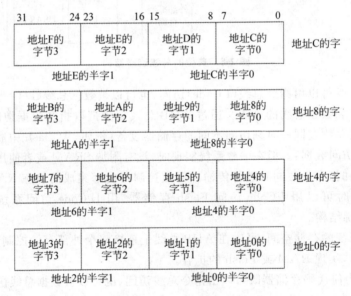

图 2-10　小端存储模式

(2) 在大端格式中,一个字中最低地址的字节为该字的最高有效字节,而最高地址的字节为最低有效字节,如图 2-11 所示。存储器系统地址 0 的字节与数据线 24~31 相连。

Cortex-M3 处理器有一个配置引脚 BIGEND,可以使用它来选择小端格式或大端格式。小端格式是 ARM 处理器默认的存储器格式。Cortex-M3 处理器能够以小端格式或大端格式访

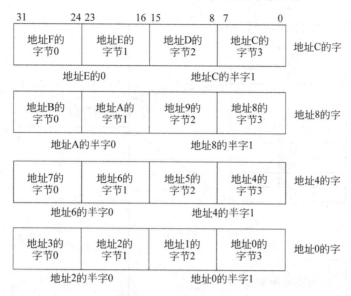

图 2-11　大端存储模式

问存储器中的数据字,而访问代码、系统控制空间 SCS 以及私有外设总线 PPB 空间时必须使用小端格式。

3. 存储器空间分配

Cortex M3 采用统一编址,并对存储器空间分配进行了规范,Flash、SRAM 等起始地址以及 NVIC、MPU 的外设地址规定了具体的起始范围,这样使得不同厂家微控制器芯片的存储映射大体相同,便于在不同厂家微控制器之间的程序移植。

图 2-12 为 Cortex-M3 的存储器映射。

表 2-4 列出了被不同的存储器映射区域寻址的处理器接口。

表 2-4　存储器接口

存储器映射	接　　口
代码	指令取指在 I-Code 总线上执行,数据访问在 D-Code 总线上执行
SRAM	指令取指和数据访问都在系统总线上执行
SRAM_bitband	SRAM 的别名区域,数据访问是别名,指令访问不是别名
外设	指令取指和数据访问都在系统总线上执行
外设_bitband	外设别名区域,数据访问是别名,指令访问不是别名
外部 RAM	指令取指和数据访问都在系统总线上执行
外部设备	指令取指和数据访问都在系统总线上执行
专用外设总线	对 ITM、NVIC、FPB、DWT、MPU 的访问在处理器内部专用外设总线上执行。对 TPIU、ETM 和 PPB 存储器映射的系统区域的访问在外部专用外设总线上执行
系统	厂商系统外设的系统部分

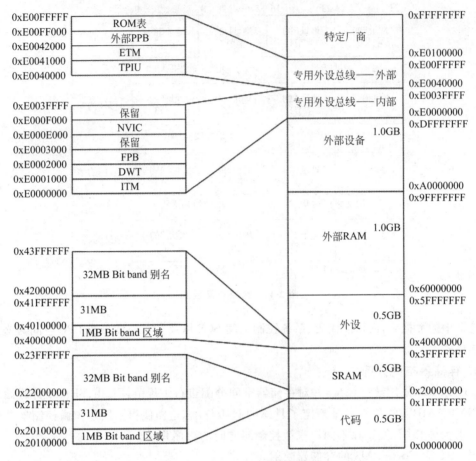

图 2-12　Cortex-M3 存储器映射

4．bit-banding 位带操作

bit-banding 技术是一种实现数据直接进行位操作的加速技术。如图 2-13 所示，存储器

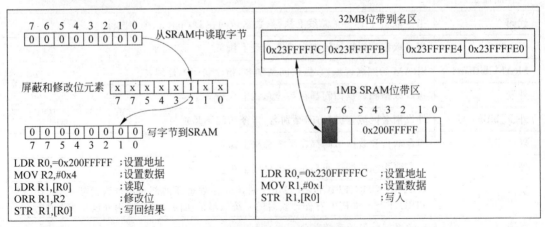

图 2-13　bit-banding 的对比

的最小访问单位是字节，通常情况下，要对一个字节中的某个 bit 进行操作，需要先读出该字节，对其中的某些位进行修改后再将整个字节写入到存储器中。Cortex-M3 的位带是在一段存储空间 A 中，将一个字的每一位(bit)映射到另一个存储空间 B 中的一个字(32bit)，对于 B 中字的操作即是对 A 中字的某一位的操作，从而通过一次读写即可实现对字节内部 bit 的直接操作。位带技术对于外设控制器的寄存器控制是非常有用的。我们把 B 称为位带别名区域。

　　Cortex-M3 存储器映射有 2 个 32MB 别名区，它们分别对应两个 1MB 的 bit-band 区。对 32MB SRAM 别名区的访问映射为对 1MB SRAM bit-band 区的访问。对 32MB 外设别名区的访问映射为对 1MB 外设 bit-band 区的访问。别名区中的字与 bit-band 区中对应的位的映射公式如下：

```
bit_word_offset=(byte_offset×32)+(bit_number×4)
bit_word_addr=bit_band_base+bit_word_offset
```

其中，

- bit_word_offset 为 bit-band 存储区中的目标位的位置；
- bit_word_addr 为别名存储区中映射为目标位的字的地址；
- bit_band_base 是别名区的开始地址；
- byte_offset 为 bit-band 区中包含目标位的字节的编号；
- bit_number 为目标位的位位置(0~7)。

图 2-14 显示了 SRAM 位带别名区和 SRAM 位带区之间映射的一个例子：

　　别名区地址 0x23FFFFE0 的字映射为 0x200FFFFC 的 bit-band 字节的位 0：0x23FFFFE0 =0x22000000+(0xFFFFF * 32)+0 * 4；别名区地址 0x23FFFFEC 的字映射为 0x200FFFFC 的 bit-band 字节的位 7：0x23FFFFFC=0x22000000+(0xFFFFF * 32)+7 * 4。

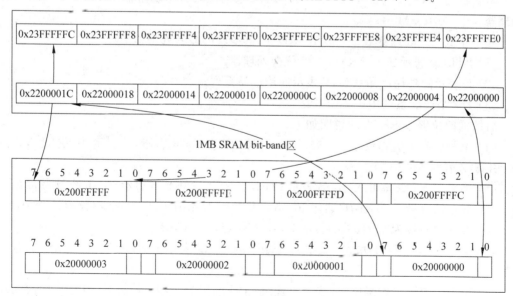

图 2-14　位带映射示例

2.2.6　中断

Cortex-M3 处理器使用一个可以重定位的向量表,表中包含了将要执行的中断服务程序的函数地址。中断被响应后,处理器通过指令总线接口从向量表中获取地址。向量表复位时存储地址为零,通过配置特殊寄存器可以使向量表重新定位。

当异常发生时,程序计数器、状态寄存器、链接寄存器和 R0~R3、R12 等通用寄存器将被压进栈。在数据总线对寄存器压栈的同时,处理器识别并定位异常向量,获取中断服务程序代码的第一条指令。一旦压栈和取指完成,中断服务程序就开始执行,中断服务程序执行完成,压栈的寄存器自动出栈恢复,中断了的程序也因此恢复正常的执行。

NVIC 支持中断嵌套(通过压栈实现),允许通过提高中断的优先级对中断进行提前处理。它还支持中断的动态优先权重置。优先权级别可以在运行期间通过软件进行修改。在两个同级别中断发生的情况中,传统的系统将重复状态保存和状态恢复的过程两次,导致了延迟的增加。Cortex-M3 处理器使用末尾连锁(tail-chaining)技术简化了正在实行和将要执行的中断之间的移动。末尾连锁技术把需要用时 30 个时钟周期才能完成的连续的栈弹出和压入操作替换为 6 个周期就能完成的指令取指,实现了延迟的降低。处理器状态在进入中断时自动保存,在中断退出时自动恢复,比软件执行用时更少,大大提高了系统的性能,NVIC 中断控制器的细节将在第 6 章中断中进行详细介绍。

2.3　STM32L152RET6 微处理器介绍

本教材选用了意法半导体公司的 STM32L 系列超低功耗处理器 STM32L152RET6,该处理器属于 Cortex-M3 系列。

对于超低功耗处理器 STM32L152RET6,其涉及的命名规则如下:

(1) STM32 表示基于 ARM 的 32 位微处理器。

(2) L 表示低功耗产品系列,F 表示通用产品系列。

(3) 152 是产品系列中子类型产品。

后续的四位编号 RET6 的说明如下:

(4) 第一位表示引脚数量: R 表示 64 引脚, T 表示 36 引脚,C 表示 46 引脚,V 表示 100 引脚,Z 表示 144 引脚。

(5) 第二位表示 Flash 大小: B 表示 Flash 容量为 128KB,6 表示 Flash 容量为 32KB,8 表示 Flash 存储容量为 64KB,C 表示 Flash 存储容量为 256KB,D Flash 存储容量 384KB,E 表示 Flash 存储容量为 512KB,G 表示 Flash 存储容量为 1MB。

(6) 第三位表示封装方式: T 表示 LQFP 封装,H 表示 BGA 封装,U 表示 VFQFPN 封装。

(7) 第四位表示工作温度: 6 表示工业级,工作温度为 −40℃~85℃;当为 7 时,表示工作温度为－40℃～105℃。

STM32L152RET6 主要配置包括：512KB 的 Flash、80KB 的 RAM、16KB EEPROM、2 个超低功耗比较器、6 个通用计时器和 2 个基本计时器、2 个 SPI 通信接口、2 个 I2C 通信接口、3 个 USART 通信接口和 1 个 USB 接口、51 个常规输入输出端口（分为 6 组）、1 个 12 位 20 通道的模数转换器、2 个 12 位 2 通道的数模转换器、主频最大为 32MHz、工作电压在 1.8～3.6V 之间。

当然，作为超低功耗处理器 STM32L152RET6，其支持 7 种类低功耗工作模式，待机模式最低功耗可达 290nA，唤醒时间 8uS：

（1）睡眠模式：只有 CPU 停止工作，所有其他外部设备继续运行，当中断或事件发生时可以唤醒 CPU。

（2）低功耗运行模式：内部时钟工作频率为 65kHz，外部使能设备数量受限。

（3）低功耗睡眠模式：在睡眠模式下通过将内部电压调节器设置为低功耗模式以减少电压调节器的工作电流，外部使能设备数量受限。

（4）带 RTC 的停止模式：同时保持 RAM 和寄存器的内容以及实时时钟，低速时钟工作，电压调节器工作在低功耗模式可以由外部中断唤醒。

（5）不带 RTC 的停止模式：保持 RAM 和寄存器的内容，所有时钟均停止工作，电压调节器工作在低功耗模式，可以由外部中断唤醒。

（6）带 RTC 的待机模式：内部电压调节器被关闭。低速时钟仍然运行，RAM 和大多数寄存器的内容丢失；待机模式可由复位（NRST 引脚信号、独立看门狗）、唤醒引脚以及 RTC 事件触发退出。

（7）不带 RTC 的待机模式：内部电压调节器被关闭，所有时钟均停止工作，RAM 和大多数寄存器的内容会丢失。这种待机模式可由外部复位（NRST 引脚信号）或唤醒引脚来触发退出。

2.4　STM32L152RET6 微处理器的系统结构

STM32L152RET6 微处理器的系统结构，如图 2-15 所示。

I-Code 总线将 Cortex-M3 内核与闪存（Flash）指令接口相连接，指令通过该总线传输。D-Code 总线将 Cortex-M3 内核与 Flash 数据接口相连接。System 总线连接 Cortex-M3 内核的 System 总线到总线矩阵，总线矩阵协调 Cortex-M3 内核和 DMA 的访问。DMA 总线将连接 DMA 到总线矩阵。

总线矩阵协调 Cortex-M3 的 System 总线和 DMA 总线之间的访问仲裁。仲裁采用轮换算法。总线矩阵包含五个主动部件，包括 Cortex-M3 的 D-Code 总线、Cortex-M3 的 System 总线、以太网 DMA 总线、DMA1 总线和 DMA2 总线，三个从属部件，包括 Flash 接口、SRAM 和 AHB/APB 桥。

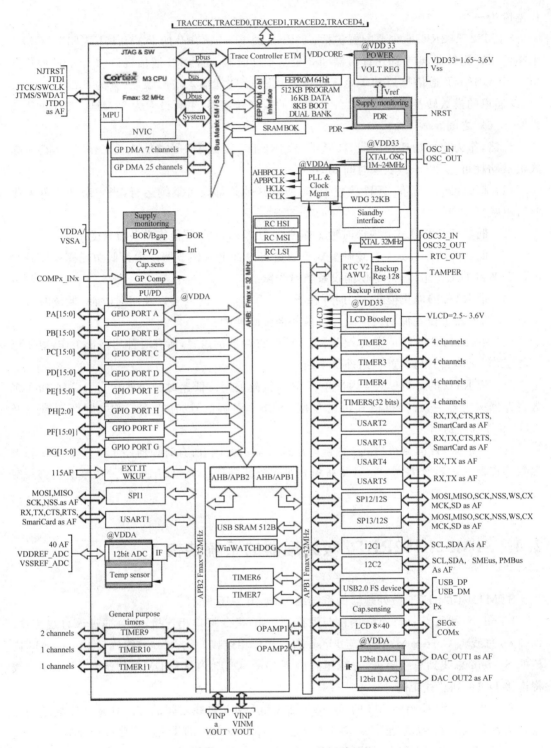

图 2-15   STM32L152RET6 的系统结构

　　两个 AHB/APB 桥在 AHB 和 2 个 APB 总线间提供同步连接。当 APB 进行 8 位或 16 位访问时,该访问会自动转换成 32 位的访问。

　　APB 总线上连接的外设主要有:数模转换器(Digital Analog Converter,DAC)、电源(Power,PWR)、USB(Universal Serial Bus)设备、I2C(Inter Integrate Circuit)总线、USART(Universal Serial Asynchronous Receiver Transmitter)总线、SPI(Serial Peripheral Interface)总线、IWDG(Independent Watchdog)独立看门狗、WWDG(Window Watchdog)窗口看门狗、RTC(Real Time Clock)实时时钟、实时器(Timer)等。

　　I2C 总线是由 PHILIPS 公司开发的两线式串行总线,一条是 SDA(Serial Data)串行数据线,另一条是 SCL(Serial Clock)串行时钟线,用于连接微控制器及其外围设备。I2C 是微电子通信控制领域广泛采用的一种总线标准,是同步通信的一种特殊形式,具有接口线少,控制方式简单,器件封装形式小,通信速率较高等优点。

　　USART 是一种通用串行数据总线,用于异步通信。该总线双向通信,可以实现全双工传输和接收。在嵌入式设计中,USART 用来与 PC 进行通信,包括与监控调试器和其他器件,如 EEPROM 通信。USART 首先将接收到的并行数据转换成串行数据来传输。消息帧从一个低位起始位开始,后面是 7 个或 8 个数据位,一个可用的奇偶位和一个或几个高位停止位。接收器发现开始位时它就知道数据准备发送,并尝试与发送器时钟频率同步。如果选择了奇偶,UART 就在数据位后面加上奇偶位。奇偶位可用来帮助错误校验。接收过程中,UART 从消息帧中去掉起始位和结束位,对进来的字节进行奇偶校验,并将数据字节从串行转换成并行。UART 也产生额外的信号来指示发送和接收的状态。例如,如果产生一个奇偶错误,UART 就置位奇偶标志。

　　SPI 总线是一种高速的、全双工、同步的通信总线,并且在芯片的引脚上只占用四根线,节约了芯片的引脚,同时为 PCB 的布局上节省空间,提供方便。

　　独立看门狗 IWDG 是一个 12 位的向下计数器,其时钟来自于其内部独立的 37kHz 的 RC 振荡器(只用电阻和电容构成的振荡器称为 RC 振荡器)。该看门狗可用于当故障发生时重置设备,还可用于应用超时管理的自激时钟。独立看门狗没有中断。一般主要用于监视硬件错误。

　　窗口看门狗 WWDG 是一个 7 位的向下计数器,可用于当问题发生时重置设备。其时钟来源于主时钟。窗口看门狗有中断。一般主要用于监视软件错误。

　　STM32 的实时时钟(RTC)是一个独立的定时器。STM32 的 RTC 模块拥有一组连续计数的计数器,在相应软件配置下,可提供时钟日历的功能。修改计数器的值可以重新设置系统当前的时间和日期。RTC 模块和时钟配置系统(RCC_BDCR 寄存器)是在后备区域,即在系统复位或从待机模式唤醒后 RTC 的设置和时间维持不变。但是在系统复位后,会自动禁止访问后备寄存器和 RTC,以防止对后备区域(BKP)的意外写操作。所以在要设置时间之前,先要取消备份区域(BKP)写保护。

2.5　STM32L152RET6 微处理器的引脚说明

STM32L152RET6 微处理器的引脚，如图 2-16 所示。

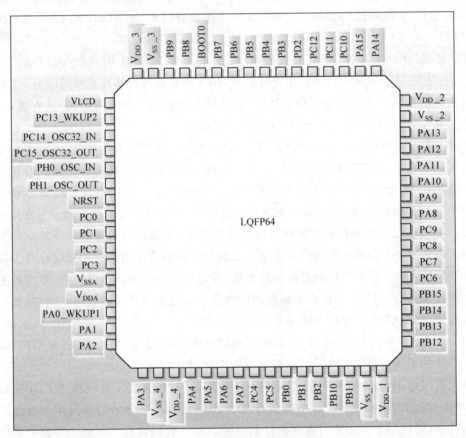

图 2-16　STM32L152RET6 的引脚

各个引脚的具体功能，如表 2-5 所示。其中，引脚类型为 S 表示供电管教，I/O 表示输入输出，I 表示只能输入。I/O 电平 FT 表示可支持 5V 电压，TC 表示支持 3V 电压。

表 2-5　STM32L152RET6 引脚的功能说明

编号	引脚名	引脚类型	I/O 电平	主要功能	附加功能
1	V_{LCD}	S		V_{LCD}	
2	PC13_WKUP2	I/O	FT	PC13	RTC_TAMP1、RTC_TS、RTC_OUT、WKUP2
3	PC14_OSC32_IN	I/O	TC	PC14	OSC32_IN
4	PC15_OSC32_OUT	I/O	TC	PC15	OSC32_OUT

续表

编号	引脚名	引脚类型	I/O电平	主要功能	附 加 功 能
5	PH0_OSC_IN	I/O	TC	PH0	OSC_IN
6	PH1_OSC_OUT	I/O	TC	PH1	OSC_OUT
7	NRST	I/O	RST	NRST	
8	PC0	I/O	FT	PC0	ADC_IN10、COMP1_INP
9	PC1	I/O	FT	PC1	ADC_IN11、COMP1_INP
10	PC2	I/O	FT	PC2	ADC_IN12、COMP1_INP
11	PC3	I/O	TC	PC3	ADC_IN13、COMP1_INP
12	V_{SSA}	S		V_{SSA}	
13	V_{DDA}	S		V_{DDA}	
14	PA0_WKUP1	I/O	FT	PA0	WKUP1、ADC_IN0、COMP1_INP
15	PA1	I/O	FT	PA1	ADC_IN1、COMP1_INP
16	PA2	I/O	FT	PA2	ADC_IN2、COMP1_INP
17	PA3	I/O	FT	PA3	ADC_IN3、COMP1_INP
18	V_{SS_4}	S		V_{SS_4}	
19	V_{DD_4}	S		V_{DD_4}	
20	PA4	I/O	TC	PA4	ADC_IN4、DAC_OUT1、COMP1_INP
21	PA5	I/O	TC	PA5	ADC_IN5、DAC_OUT2、COMP1_INP
22	PA6	I/O	FT	PA6	ADC_IN6、COMP1_INP
23	PA7	I/O	FT	PA7	ADC_IN7、COMP1_INP
24	PC4	I/O	FT	PC4	ADC_IN14、COMP1_INP
25	PC5	I/O	FT	PC5	ADC_IN15、COMP1_INP
26	PB0	I/O	TC	PB0	ADC_IN8、COMP1_INP、VREF_OUT
27	PB1	I/O	FT	PB1	ADC_IN9、COMP1_INP、VREF_OUT
28	PB2	I/O	FT	PB2/BOOT1	
29	PB10	I/O	FT	PB10	
30	PB11	I/O	FT	PB11	
31	V_{SS_1}	S		V_{SS_1}	

续表

编号	引脚名	引脚类型	I/O 电平	主要功能	附加功能
32	V_{DD_1}	S		V_{DD_1}	
33	PB12	I/O	FT	PB12	ADC_IN18、COMP1_INP
34	PB13	I/O	FT	PB13	ADC_IN19、COMP1_INP
35	PB14	I/O	FT	PB14	ADC_IN20、COMP1_INP
36	PB15	I/O	FT	PB15	ADC_IN21、COMP1_INP、RTC_REFIN
37	PC6	I/O	FT	PC6	
38	PC7	I/O	FT	PC7	
39	PC8	I/O	FT	PC8	
40	PC9	I/O	FT	PC9	
41	PA8	I/O	FT	PA8	
42	PA9	I/O	FT	PA9	
43	PA10	I/O	FT	PA10	
44	PA11	I/O	FT	PA11	USB_DM
45	PA12	I/O	FT	PA12	USB_DP
46	PA13	I/O	FT	JTMS_SWDIO	
47	V_{SS_2}	S		V_{SS_2}	
48	V_{DD_2}	S		V_{DD_2}	
49	PA14	I/O	FT	JTCK_SWCLK	
50	PA15	I/O	FT	JTD1	
51	PC10	I/O	FT	PC10	
52	PC11	I/O	FT	PC11	
53	PC12	I/O	FT	PC12	
54	PD2	I/O	FT	PD2	
55	PB3	I/O	FT	JTDO	
56	PB4	I/O	FT	NJRST	
57	PB5	I/O	FT	PB5	
58	PB6	I/O	FT	PB6	
59	PB7	I/O	FT	PB7	
60	BOOT0	I	B	BOOT0	

编号	引脚名	引脚类型	I/O电平	主要功能	附加功能
61	PB8	I/O	FT	PB8	
62	PB9	I/O	FT	PB9	
63	V_{SS_3}	S		V_{SS_3}	
64	V_{DD_3}	S		V_{DD_3}	

2.6　STM32L152RET6 微处理器的复位和时钟控制

STM32L152RET6 微处理器支持三种形式的复位：电源复位、系统复位和备份区域复位。

电源复位是指复位所有寄存器。当发生系统上电、掉电或欠压复位时，发生电源复位，这些复位源都作用在 NRST 引脚，提供给设备的系统复位信号都由 NRST 引脚输出。

系统复位是指设置除时钟控制寄存器和备份区域寄存器外的所有寄存器。系统复位可由如下几种方式产生：①引脚 NRST 低电平；②窗口看门狗计数终止；③独立看门狗计数终止；④软件复位；⑤低功耗管理复位，即通过进入待机模式（Standby）或停止模式（STOP）产生的复位；⑥待机模式退出复位。

备份区域复位仅仅设置备份区域寄存器。有以下两种方式产生：①通过设置备份区域控制寄存器 RCC_BDCR 的 BDRST 位置为 1 产生的软件复位；②电源复位。

STM32L152RET6 微处理器共有 5 个时钟，3 个为内部时钟，分别为高速内部时钟（High Speed Internal clock signal，HSI）、低速内部时钟（Low Speed Internal clock signal，LSI）和多速内部时钟（Multi-Speed Internal clock signal，MSI）。两个为外部时钟，分别为高速外部时钟（High Speed External clock signal，HSE）和低速外部时钟（Low Speed External clock signal，LSE）。STM32L152RET6 微处理器的时钟树，如图 2-17 所示。其中，高速外部时钟 HSE 的频率一般在 1M～24MHz 范围内，低速外部时钟 LSE 的频率一般在 0～1000kHz 范围内，一般取典型值 32.768kHz。

【思考题：为何采用多时钟？】

三种不同的主时钟源可被用来驱动系统时钟（SYSCLK）：

（1）16MHz 的 HSI 内部高速振荡器时钟。

（2）1M～24MHz 的 HSE 外部高速振荡器时钟。

（3）MSI 多速率时钟（7 种可配置时钟速率，65.5kHz、131kHz、262kHz、524kHz、1.05MHz、2.1MHz 和 4.2MHz）。

HSE 和 HSI 可以作为 PLL 锁相环的输入源。PLL 是一个倍频模块，可以把低速率时钟倍频后输出高速率时钟，PLL 锁相环的输出时钟经过分频后可以作为 SYSCLK 的时钟源。

【思考题：什么是 PLL？它的原理是什么？】

两个辅助时钟源可用于驱动 LCD 控制器以及 RTC 等：

（1）32.768kHz 的 LSE 时钟。

（2）37kHz 的 LSI 时钟。

当不使用时，任一个时钟源都可被独立地启动或关闭，由此优化系统功耗。

图 2-17 是 STM32L1xx 系列处理器的时钟树，用户可通过多个预分频器配置 AHB、高速 APB（APB2）和低速 APB（APB1）域的频率。AHB、APB1 和 APB2 域的最大频率是 32MHz，具体取决于芯片的工作电压。所有的外围设备的时钟都由 SYSCLK 主时钟产生，除了以下几种情况：

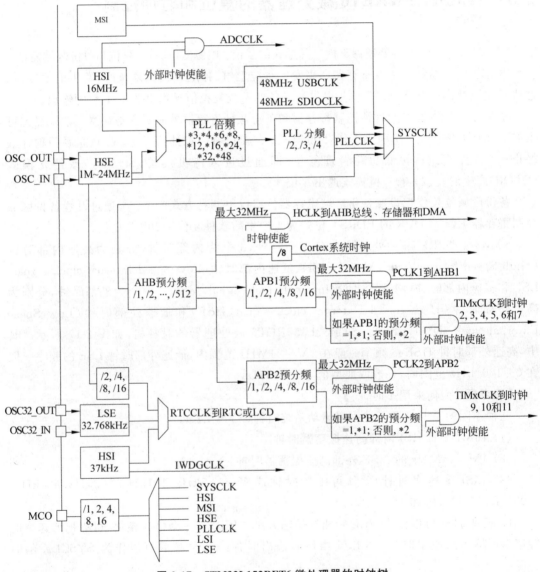

图 2-17 STM32L152RET6 微处理器的时钟树

（1）USB 和 SDIO 的 48MHz 时钟由 PLLVCO 产生。

（2）ADC 由 HIS 时钟 1,2,4 分频产生。

（3）IWDG 由 LSI 时钟提供。

（4）RTC 和 LCD 可以由 LSE、LSI 和 HSE 提供。

时钟由 RCC(Reset and Clock Contorller)控制器进行配置和管理，RCC 的详细介绍见第四章。

2.7　STM32L152RET6 微处理器的存储映射

STM32L152RET6 微处理器的存储映射，如图 2-18 所示。

程序存储器(Flash)、数据存储器(SRAM)、寄存器和输入输出端口(GPIO)统一组织在一个 4GB 的存储区域，即统一编址。如果要访问输入输出端口，就向对应的地址写入数据；如果要设置输入输出端口的属性，就要写信息到相应的寄存器。

代码区始终从地址 0x00000000 开始，且通过 I-Code 和 D-Code 总线访问，而数据区始终从地址 0x2000 0000 开始，且通过系统总线访问。

从地址 0x00000000 到地址 0x1FFFFFFF 共 512MB 空间为块 0，根据 BOOT[1:0]引脚的设置从主闪存存储器(Flash Memory)、系统存储器(System Memory)或内置 SRAM 启动。即 BOOT 的设置将 Flash、System Memory 和 SRAM 映射到 0x00000000 开始的空间。

通过 BOOT[1:0]引脚的设置可以选择三种不同的启动模式，如表 2-6 所示。

表 2-6　STM32L152RET6 的启动模式

BOOT[1:0]引脚设置		启 动 模 式	说　明
BOOT1	BOOT0		
x	0	主闪存存储器(Flash)	主闪存被选为启动区域
0	1	系统存储器(System Memory)	系统存储器被选为启动区域
1	1	内置 SRAM	内置 SRAM 被选为启动区域

对于不同的启动模式，开始访问的地址空间不同。

（1）从主闪存存储器(Flash Memory)启动。主闪存存储器被映射到启动空间地址 0x0000 0000～0x07FF FFFF 中，但仍然能够访问原有的从地址 0x0800 0000 开始的空间；

（2）从系统存储器(System Memory)启动。系统存储器被映射到启动空间地址 0x0000 0000～0x07FF FFFF 中，但仍然能够访问原有的从地址 0x1FF0 0000 开始的空间；

（3）从内置 SRAM 启动。只能在地址 0x2000 0000 开始的空间访问 SRAM。

从地址 0x2000 0000 到地址 0x3FFF FFFF 共 512MB 空间为块 1，为 SRAM 区。

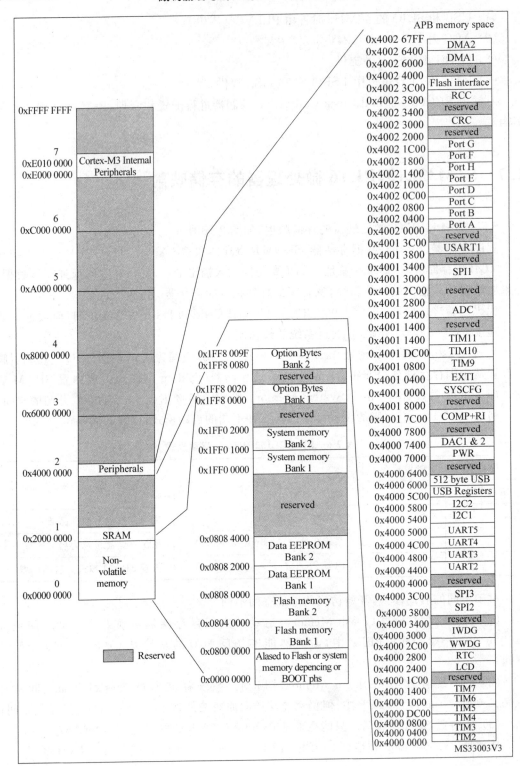

图 2-18　STM32L152RET6 的存储器映射

　　从地址 0x4000 0000 到地址 0x5FFF FFFF 共 512MB 空间为块 2,为外部设备区,相关的寄存器组及地址,如表 2-7 所示。

表 2-7　寄存器组地址

地　址	外　设	总线
0x40000000～0x400003FF	TIM2 定时器	APB1
0x40000400～0x400007FF	TIM3 定时器	APB1
0x40000800～0x40000BFF	TIM4 定时器	APB1
0x40001000～0x400013FF	TIM6 定时器	APB1
0x40001400～0x40001BFF	TIM7 定时器	APB1
0x40002400～0x400027FF	LCD	APB1
0x40002B00～0x40002BFF	RTC	APB1
0x40002C00～0x40002FFF	WWDG 窗口看门狗	APB1
0x40003000～0x400033FF	IWDG 独立看门狗	APB1
0x40003800～0x40003BFF	SPI2	APB1
0x40004400～0x400047FF	USART2	APB1
0x40004800～0x40004BFF	USART3	APB1
0x40005400～0x400057FF	I2C1	APB1
0x40005800～0x40005BFF	I2C2	APB1
0x40005C00～0x40005FFF	USB 寄存器	APB1
0x40006000～0x400061FF	USB 512B	APB1
0x40007000～0x400073FF	PWR 电源控制	APB1
0x40007400～0x400077FF	DAC	APB1
0x40007C00～0x40007EFF	COMP+RI	AHB
0x40010400～0x400107FF	EXTI	APB2
0x40010800～0x40010BFF	TIM9	APB2
0x40010C00～0x40010FFF	TIM10	APB2
0x40011000～0x400113FF	TIM11	APB2
0x40012400～0x400127FF	ADC	APB2
0x40013000～0x400133FF	SPI1	APB2
0x40013800～0x40013BFF	USART1	APB2
0x40020000～0x400203FF	GPIO 端口 A	AHB
0x40020400～0x400207FF	GPIO 端口 B	AHB

地　址	外　设	总线
0x40020800～0x40020BFF	GPIO 端口 C	AHB
0x40020C00～0x40020FFF	GPIO 端口 D	AHB
0x40021400～0x400217FF	GPIO 端口 H	AHB
0x40023000～0x400233FF	CRC	AHB
0x40023800～0x40023BFF	RCC 复位和始终控制	AHB
0x40023C00～0x40023FFF	闪存存储器接口	AHB
0x40026000～0x400263FF	DMA	AHB

第3章 Cortex-M3处理器的指令系统

【导读】 Cortex-M3 处理器支持的指令集包括 ARMv6 的大部分 16 位 Thumb 指令和 ARMv7 的 Thumb-2 指令集。本章给出了指令的一般格式,并详细说明了存储器访问指令、数据处理指令、乘法除法指令、位操作指令和分支控制指令等使用,最后在说明符号定义伪指令、数据定义伪指令、汇编控制伪指令和宏指令的使用方法后,举例说明了汇编程序的编写方法。目前嵌入式开发主要以高级语言为主,汇编语言作为性能调优和底层初始化使用,本章介绍的指令集旨在让读者了解指令的种类、功能和基本使用方法,读懂汇编程序代码。

3.1 Cortex-M3 处理器的指令系统

3.1.1 指令系统基本概念

1. 指令和指令集

冯·诺依曼体系结构采用存储程序的原则,即事先将程序存储到计算机中,程序是由计算机可执行的指令组成的,计算机的控制器根据程序指令控制计算机自动运行,即计算机执行程序的过程就是执行一条条指令的过程。

指令是指 CPU 能直接识别并执行的控制命令,它的表现形式是二进制编码。指令通常由操作码和操作数两部分组成,操作码指出该指令所要完成的操作,即指令的功能,操作数指出参与运算的数据或其存储地址等。

【思考题】:为何指令中要使用数据存储地址而非直接使用数据?】

由于指令与 CPU 紧密相关,不同类型的 CPU 所对应的指令也有所不同, 台计算机所能执行的各种不同指令的全体,称为计算机的指令系统。一般同一系列的 CPU 指令集具有兼容性,即新的指令系统必须包括先前同系列 CPU 的指令系统,这样先前开发的各类程序在新 CPU 上才能正常运行。

机器语言是用来直接描述指令的最佳语言,是 CPU 能直接识别的唯一一种计算机语言,但机器语言书写大规模程序不容易维护。汇编语言使用助记符来代替和表示特定机器语言操作,相对机器语言更容易理解和维护,且汇编语言中可使用标签和符号等代表操作数或功能模块,使得程序更加灵活。一般汇编语言和其特定的机器语言描述的指令集是一一对应的,但 CPU 无法识别汇编语言,因此需要汇编器进行转换。汇编语言目前已不像十几年前被广泛用于程序设计,只在操作系统、驱动程序等底层硬件操作和极高要求的程序优化场合下使用。

指令按照不同的分类可划分不同的种类。按照指令实现的功能,指令可分为:数据传送指令、算术运算指令、逻辑运算指令、程序控制指令、系统控制指令等。数据传送指令用来实现主存与 CPU 寄存器以及寄存器与寄存器之间的数据传输,例如 Thumb-2 的取一个字到寄存器指令 LDR、寄存器数据存储到主存指令 STR,寄存器间数据传送指令 MOV 等。算术运算是计算机能够执行的基本数值计算,算术运算指令包括加法 ADD、减法 SUB、乘法 MUL、除法 DIV 等指令。逻辑运算是对数据进行逻辑操作,包括逻辑与 AND、逻辑或 ORR、逻辑非 MVN 等三种基本操作以及同或、异或等组合逻辑操作。程序控制指令主要包括:转移指令 BL、断点指令 BKRT、分支指令 IT 等。系统控制指令包括休眠指令 WFI、WFE、空操作指令 NOP、开关中断指令 CPSIE、CPSID 等。

按照数据存取方式,指令可分为寄存器-寄存器型、寄存器-存储器型和存储器-存储器型。寄存器-寄存器型将数据存放在寄存器中进行操作,例如 Cortex-M3 的大多数数据传输和算术逻辑运算指令,寄存器-寄存器型指令编码简单、执行速度快,指令周期相近。寄存器-存储器型指令可直接对存储器操作数进行访问,如访存操作 LDR、STR 等,指令周期相差较大,执行速度较慢。存储器-存储器型无需寄存器保存数据,其执行的访存较多,执行速度慢,Cortex-M3 绝大多数指令不采用存储器-存储器结构。

2. Cortex-M3 指令的编码方式

Cortex-M3 支持 16 位和 32 位的 Thumb-2 指令集,一个典型的 16 位指令的编码如图 3-1 所示。

15 14 13 12 11 10	9 8 7 6 5 4 3 2 1 0
opcode	

图 3-1　Thumb-2 16 位指令编码格式

16 位指令的操作码部分通过 6 个 bit 进行分类,如表 3-1 所示,每一类指令根据具体情况进行二次编码,因此,Cortex-M3 的指令操作码部分是不等长的,但可以通过多级译码实现,每一级译码的操作码是等长的,由此实现了指令的灵活性和复杂性的均衡。

表 3-1　opcode 分类定义

操作码 opcode	指令或指令类
00xxxx	立即数寻址移位、加法、减法、送数和比较指令
010000	数据处理指令
010001	特殊的数据、分支和交换指令
01001x	寄存器偏移寻址加载指令
0101xx 011xxx 100xxx	单数据加载/存储指令

操作码 opcode	指令或指令类
10100x	PC 相关寻址类指令
10101x	SP 相关寻址类指令
1011xx	16 位的其他指令
11000x	多寄存器存储治理，如 STM, STMIA, STMEA
11001x	多寄存器加载指令，如 LDM, LDMIA, LDMFD
1101xx	有条件转移、SVC 指令
11100x	无条件转移指令

对于 32 位指令，高 16 位的操作码 opcode 的取值为 11101、11110 和 11111，此时处理器会将下一个 16 位和当前 16 位组合成一个 32 位指令，如图 3-2 所示(即 op1 的取值为 01,10 和 11，当 op1 为 00 时，表明是一条 16 位指令)。

15 14 13 12 11	10 9 8 7 6 5 4 3 2 1 0	15 14 13 12 11 10 9 8 7 6 5 4 3 2 1 0
1 1 1 op1	op2	op

图 3-2　Thumb-2 32 位指令的编码格式

两个寄存器数据的逻辑与 ADD 和逻辑或 ORR 指令编码如图 3-3 所示，从表 3-1 中可以看出逻辑与和逻辑或属于数据处理指令类，数据处理指令又采用了 4 个比特进行了二次编码。

15 14 13 12 11 10 9 8 7 6	5 4 3	2 1 0
0 1 0 0 0 0 0 0 0 0	Rm	Rdn

15 14 13 12 11 10 9 8 7 6	5 4 3	2 1 0
0 1 0 0 0 0 1 1 0 0	Rm	Rdn

图 3-3　逻辑与和逻辑或的 16 位指令编码

【思考题：Thumb2 指令编码是否违反了 RISC 设计思想?】

3.1.2　指令格式

Cortex-M3 不支持 ARM 指令集，支持的指令集包括 ARMv6 的大部分 16 位 Thumb 指令和 ARMv7 的 Thumb-2 指令集。Thumb-2 指令集是一个 16/32 位混合的指令系统。

指令的一般格式如下：

```
<opcode>{<cond>}{S}{.N|.W} <Rd>,<Rn>{,<operand2>}
```

- opcode 是操作码，如 ADD、LDR 和 STR 等，规定所执行的具体操作；

- cond 是可选的条件码,如 EQ、NE 和 CS 等,规定指令执行所满足的条件,条件码的说明见表 3-2;
- S 是可选后缀,若指定 S,则需要根据指令执行结果去更新程序状态寄存器 xPSR 相应的标志位;
- .N 表示 16 位指令,.W 表示 32 位指令,默认为 16 位指令;
- Rd 是目标寄存器;
- Rn 是存放第 1 个操作数的寄存器;
- operand2 是第 2 个操作数。

这里,符号{ }和＜ ＞的含义如下:

- { }表示可选的,例如{＜cond＞}表示条件码是可选的,可以有条件码也可无条件码;
- ＜ ＞表示必需的,例如<Rd>表示必须有目标寄存器。

表 3-2　条件码定义

后　　缀	标　　志	含　　义
EQ	Z=1	相等
NE	Z=0	不相等
CS or HS	C=1	无符号数大于或等于
CC or LO	C=0	无符号数小于
MI	N=1	负的
PL	N=0	正的或为 0
VS	V=1	溢出
VC	V=0	无溢出
HI	C=1 and Z=0	无符号数大于
LS	C=0 or Z=1	无符号数小于或等于
GE	N=V	有符号数大于或等于
LT	N!=V	有符号数小于
GT	Z=0 and N=V	有符号数大于
LE	Z=1 or N!=V	有符号数小于或等于
AL		无条件执行

条件执行是 ARM 处理器的一个优化程序速度的典型方式,可以减少不必要的跳转。如图 3-4 所示的 C 语言代码的 ARM 汇编结果:

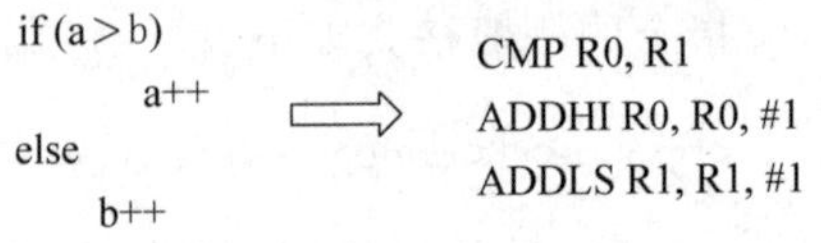

```
if(a>b)              CMP R0, R1
    a++      ⟹       ADDHI R0, R0, #1
else                 ADDLS R1, R1, #1
    b++
```

图 3-4　条件执行汇编指令

3.1.3　寻址方式

寻址方式是根据指令中给出的操作数字段来实现寻找真实操作数的方式,Cortex-M3
支持 8 种寻址方式。

1）寄存器寻址

操作数的值在寄存器中,指令中的地址码字段给出的是寄存器编号,寄存器的内容是操作数,指令执行时直接取出寄存器值操作,例如:

```
MOV  R1,R2      ;R1←R2
SUB  R0,R1,R2   ;R0←R1-R2
```

2）立即数寻址

数据就包含在指令当中,立即寻址指令的操作码字段后面的地址码部分就是操作数本身,取出指令也就取出了可以立即使用的操作数(也称为立即数)。立即数要以"♯"为前缀,表示十六进制数值时以"0x"表示,例如:

```
ADD  R0,R0,#1    ;R0←R0+1
MOV  R0,#0xff00  ;R0←0xff00
```

3）寄存器移位寻址

寄存器移位寻址是把第 2 个寄存器操作数移位之后送给第 1 个操作数,例如:

```
MOV  R0,R2,LSL #3        ;R2 的值左移 3 位,结果放入 R0,即 R0-R2X8。
AND  R1,R1,R2,LSL R3     ;R2 的值左移 R3 位,然后和 R1 相与操作,结果放入 R1。
```

可采用的移位操作如下:

- LSL：逻辑左移(Logical Shift Left),寄存器中字的低端空出的位补 0。
- LSR：逻辑右移(Logical Shift Right),寄存器中字的高端空出的位补 0。
- ASR：算术右移(Arithmetic Shift Right),移位过程中保持符号位不变,即如果源操作数为正数,则字的高端空出的位补 0,否则补 1。
- ROR：循环右移(Rotate Right),由字的低端移出的位填入字的高端空出的位。
- RRX：带扩展的循环右移(Rotate Right extended by 1 place),操作数右移一位,高端空出的位用进位标志 C 的值填充。

4）寄存器间接寻址

指令中的地址码给出的是一个通用寄存器编号,所需要的操作数保存在该寄存器的值作为地址的存储单元中,即寄存器为操作数的地址指针,操作数存放在存储器中,例如:

```
LDR  R0,[R1]   ;R0←[R1](将 R1 的值作为地址,取出此地址中的数据保存在 R0 中)
STR  R0,[R1]   ;[R1]←R0(将 R0 的值写入到以 R1 的值为地址的存储器空间中)
```

5）变址寻址

变址寻址是将基址寄存器的内容与指令中给出的偏移量相加,形成操作数的有效地址,

变址寻址用于访问基址附近的存储单元,常用于查表,数组操作,外设控制器的内部寄存器访问等,例如:

```
LDR   R2,[R3,#4]     ;R2←[R3+4](将 R3 的数值加 4 作为地址,取出此地址的数值保存在 R2 中)
STR   R1,[R0,#-2]    ;[R0-2]←R1(将 R0 的数值减 2 作为地址,把 R1 中的内容保存到此地址的
                     ;存储单元中)
```

6) 多寄存器寻址

采用多寄存器寻址方式,一条指令可以完成多个寄存器值的传送,这种寻址方式用一条指令最多可以完成 16 个寄存器值的传送,例如:

```
LDMIA   R0,{R1,R2,R3,R5}    ;将 R0,R0+4,R0+8,R0+12 地址处的数据分别送到寄存器 R1,R2,
                            ;R3 和 R5 中,R0 的值保持不变
STMIA   R0!,{R1-R7}         ;将 R1~R7 的数据保存到存储器中,存储器指针 R0 在保存第一个值
;之后增加,增长方向为向上增长,即 R1~R7 的值存储在 R0,R0+4,R0+8,R0+12,R0+16,R0+20,R0
;+24 的地址中,指令执行完后,R0 的值变成 R0+24
STMDA   R0!,{R1-R7}         ;将 R1~R7 的数据保存到存储器中,存储器指针 R0 在保存第一个值
;之后减少,增长方向为向下增长,即 R1~R7 的值存储在 R0-24,R0-20,R0-16,R0-12,R0-8,R0-4,
;R0 的地址中,指令执行完后,R0 的值变成 R0-24
```

7) 栈寻址

栈寻址是通过栈指针 R13 进行数据读写的方式,如 POP 和 PUSH 操作等,其数据存储和加载的地址由 SP 寄存器隐含给出,例如:

```
PUSH   {R0-R3}              ;将 R0,R1,R2,R3 四个寄存器的值压入栈中
POP    {R0-R2}              ;将栈顶的数据依次读取到 R0,R1,R2 中
LDMIA  SP!,{R1,R2,R3,R5}    ;将栈顶的数据依次读入到 R1,R2,R3,R5 中
```

8) 相对寻址

相对寻址是变址寻址的一种变通,由程序计数器 PC 提供基准地址,指令中的地址码字段作为偏移量,两者相加后得到的地址即为操作数的有效地址,例如:

```
    LDR   R2,[PC,#4]     ;R2←[PC+4](将 PC 加 4 作为地址,取出此地址的数保存在 R2 中)
    BL  ROUTE1           ;调用到 ROUTE1 子程序,等价于 LDR   PC,[PC,#6]
    BEQ  LOOP            ;条件跳转到 LOOP 标号处,等价于 LDR   PC,[PC,#2]
LOOP
    MOV R2,#2
ROUTE1
    MOV R1,#3
```

3.1.4　数据传送指令

最基本的数据传送指令是寄存器间的数据传送,此外,还包括立即数加载到寄存器,特殊寄存器的读写指令等。数据传送指令包括 MOV、MVN、MRS 和 MSR 等,具体指令格式

及其功能如表 3-3 所示。

表 3-3 数据传送指令

示 例	功 能 描 述
MOV <Rd>，#<immed_8>	将 8 位立即数传到目标寄存器
MOV <Rd>，<Rn>	将寄存器值传给低目标寄存器
MVN <Rd>，<Rm>	寄存器值取反后传给目标寄存器
MOV{S}.W <Rd>，#<immed_12>	将 12 位立即数传送到寄存器中
MOV{S}.W <Rd>，<Rm>{,<shift>}	将移位后的寄存器值传到寄存器
MOVT.W <Rd>，#<immed_16>	将 16 位立即数传送到寄存器的高半字[31:16]
MOVW.W <Rd>，#<immed_16>	16 位立即数传到寄存器的低半字[15:0]，将高半字[31:16]清零
MRS <Rd>，<SReg>	读特殊功能寄存器 SReg 到寄存器 Rd
MSR <SReg>，<Rn>	写 Rn 到特殊功能寄存器 SReg

例如：

```
MOV  R0, #8           ;R0=8
MOV  R1, R0           ;R1=R0=8
MVN  R2, R1           ;R2=0xFFFFFFF7
MOV.W R4, R0 LSL, #2  ;R4=32
MOVW.W R1,#0x1234     ;R1=0x1234
MOVT.W R1,#0x5678     ;R1=0x56781234
MRS  R1 APSR          ;将 R1 的值写入到状态寄存器 APSR
```

3.1.5 存储器访问指令

存储器访问指令包括存储器寄存器传输指令 LDR、STR；多寄存器加载指令 LDM、多寄存器存储指令 STM 以及压栈指令 PUSH 和出栈指令 POP 等。

1) 加载指令 LDR 和存储指令 STR

LDR 实现从存储器中加载操作数到寄存器，STR 实现从寄存器存储数据到存储器。LDR 和 STR 的语法格式为：

语法格式：

```
op {type}{cond} Rt, [Rn{, #offset}]    ;立即偏移
op {type}{cond} Rt, [Rn, #offset]!     ;前变址
op {type}{cond} Rt, [Rn], #offset      ;后变址
```

这里，op 是 LDR 或 STR。type 指定传送的是字节还是半字，缺省为传送一个字。cond 是可选条件码，Rt 是指定的加载或存储的寄存器，Rn 是存储器地址存放的寄存器，

offset 是偏移量。

type 可以是：

- B：传送无符号的字节；
- SB：传送有符号的字节；
- H：传送无符号的半字；
- SH：传送有符号的半字。

LDR 和 STR 指令进行数据加载和存储时,涉及三种寻址方式,分别为立即偏移的基址变址寻址方式、前变址的基址变址寻址方式和后变址的基址变址寻址方式。这里,基址寄存器为 Rn。

- 立即偏移的基址变址寻址方式,例如 LDR R0,[R1,♯4],这种寻址方式是将基址寄存器 R1 的内容和偏移量 4 相加形成操作数的有效地址;操作完成后,基址寄存器 R1 的内容不变。
- 前变址的基址变址寻址方式,例如 LDR R0,[R1,♯4]!,这种寻址方式是将基址寄存器 R1 的内容和偏移量 4 相加形成操作数的有效地址;操作完成后,基址寄存器 R1 的内容更新为新的地址,即 R1=R1+4。
- 后变址的基址变址寻址方式,例如 LDR R0,[R1],♯4,这种寻址方式直接将基址寄存器 R1 的内容作为操作数的有效地址;操作完成后,基址寄存器 R1 的内容更新为原有内容和偏移量之和,即 R1=R1+4。

使用举例：

① LDR R6, [R10]

存储器操作数是寄存器间接寻址方式,直接将 R10 寄存器的内容作为操作数的有效地址,该指令实现将有效地址的存储器操作数加载到 R6 寄存器;

② LDRNE R6, [R5, #960]!

这是带条件码的指令,当程序状态寄存器的 Z 标志位为 0 时才执行该指令。存储器操作数是前变址的基址变址寻址方式,将 R5 寄存器的内容和偏移量 ♯960 相加作为操作数的有效地址,该指令实现将有效地址的存储器操作数加载到 R6 寄存器;操作完成后,R5 寄存器的内容增加 960。

③ STRH R6, [R4], #4

这是一个无符号半字的存储指令。存储器操作数是后变址的基址变址寻址方式,直接将 R4 寄存器的内容作为操作数的有效地址,该指令实现将有效地址的存储器操作数(无符号半字)加载到 R6 寄存器;操作完成后,R4 寄存器的内容增加 4。

如果需要对双字进行存取,指令的格式为：

```
opD {cond} Rt, Rt2, [Rn{, #offset}]      ;立即偏移,双字指令
opD {cond} Rt, Rt2, [Rn, #offset]!       ;前变址,双字指令
opD {cond} Rt, Rt2, [Rn], #offset        ;后变址,双字指令
```

　　其中,op 为 STM 或 LDR,Rt 和 Rt2 为双字存取的寄存器,Rn 为地址寄存器,例如:STRD R1,R2,[R8],#-16,这是一个双字存储指令。存储器操作数是后变址的基址变址寻址方式,将 R1 的内容存储到 R8 寄存器所指定的有效地址中,将 R2 的内容存储到 R8 寄存器的内容+4 所指定的有效地址中;操作完成后,R8 寄存器的内容减少16。存储器访问指令的指令格式和功能详见表 3-4。

表 3-4　存储器数据加载和存储指令

示　　例	功 能 描 述
LDRB Rd,[Rn,#offset]	从地址 Rn+offset 处读取一个字节送到 Rd
LDRH Rd,[Rn,#offset]	从地址 Rn+offset 处读取一个半字送到 Rd
LDR Rd,[Rn,#offset]	从地址 Rn+offset 处读取一个字送到 Rd
LDRD Rd1,Rd2,[Rn,#offset]	从地址 Rn+offset 处读取一个双字(64 位整数)送到 Rd1(低 32 位)和 Rd2(高 32 位)中
STRB Rd,[Rn,#offset]	把 Rd 中的低字节存储到地址 Rn+offset 处
STRH Rd,[Rn,#offset]	把 Rd 中的低半字存储到地址 Rn+offset 处
STR Rd,[Rn,#offset]	把 Rd 中的低字存储到地址 Rn+offset 处
STRD Rd1,Rd2,[Rn,#offset]	把 Rd1(低 32 位)和 Rd2(高 32 位)表达的双字存储到 Rn+offset 处
LDR.W Rd,[Rn,#offset]!	字的带预索引加载
LDRB.W Rd,[Rn,#offset]!	字节的带预索引加载(不扩展符号位)
LDRH.W Rd,[Rn,#offset]!	半字的带预索引加载(不扩展符号位)
LDRD.W Rd1,Rd2,[Rn,#offset]!	双字的带预索引加载(不扩展符号位)
LDRSB.W Rd,[Rn,#offset]! LDRSH.W Rd,[Rn,#offset]!	字节/半字的带预索引加载,并且在加载后执行带符号扩展成 32 位整数
STR.W Rd,[Rn,#offset]!	字/字节/半字/双字的带预索引存储
STRB.W Rd,[Rn,#offset]!	字节的带预索引存储
STRH.W Rd,[Rn,#offset]!	半字的带预索引存储
STRD.W Rd1,Rd2,[Rn,#offset]!	双字的带预索引存储

　　2) 批量加载指令 LDM 和批量存储指令 STM

　　LDM 实现由基址寄存器指示的一片连续存储器中的数据批量加载到多个寄存器,STM 实现将多个寄存器中的数据批量存储到由基址寄存器指示的一片连续存储器。

　　语法格式:

```
op {addr_mode} {cond} Rn{!}, reglist
```

　　这里,op 是 LDM 或 STM,addr_mode 是地址变化模式,cond 是可选条件码,Rn 是基址寄存器,! 为可选的回写后缀,若选用该后缀,则数据传送完毕后,将最后的地址写入基址寄存器,reglist 是多个数据加载或存储的寄存器列表。

addr_mode 可以取下列值:

- IA(Increment After)意味着在每一次访问之后地址递增,如图 3-5(a)所示。
- IB(Increment Before)意味着每一次访问之前地址递增,如图 3-5(b)所示。
- DA(Decrement After)意味着每一次访问之后地址递减,如图 3-5(c)所示。
- DB(Decrement Before)意味着在每一次访问之前地址递减,如图 3-5(d)所示。

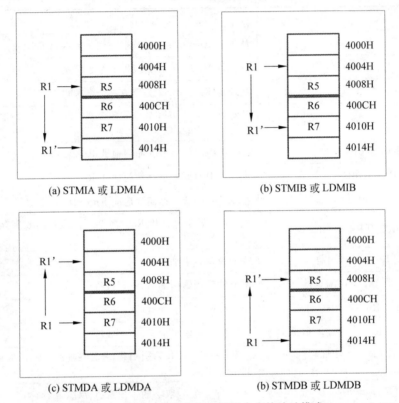

图 3-5　批量加载和批量存储指令中的地址模式

指令举例如下:

① LDM R8, {R0,R2,R9}

该指令实现将 R8 指示的存储器的连续内容加载到三个寄存器 R0、R2 和 R9。R8 的值保持不变。

② STMDB R1!,{R3-R6,R11,R12}

该指令实现将 R3-R6、R11 和 R12 寄存器中的内容存储到 R1 指示的存储器中,并将最后一个存储单元的地址回写到 R1 寄存器。

在多寄存器存储指令中,基址寄存器不能是 PC,寄存器列表中不能含有 SP;若是 STM 指令,寄存器列表一定不能含有 PC;若是 LDM 指令,若寄存器列表中含有 LR 则一定不能含有 PC；如果增加回写后缀，则寄存器列表中一定不能含有基址寄存器。多寄存器存储指令的指令格式和功能详见表 3-5。

表 3-5 多寄存器访存指令

示 例	功 能 描 述
LDMIA Rd!，〈寄存器列表〉	16 位指令，从 Rd 处读取多个字，并依次送到寄存器列表中的寄存器。每读一个字后 Rd 自增一次
STMIA Rd!，〈寄存器列表〉	16 位指令，存储寄存器列表中各寄存器的值依次存储到 Rd 给出的地址。每存一个字后 Rd 自增一次
LDMIA.W Rd!，〈寄存器列表〉	32 位指令，从 Rd 处读取多个字，并依次送到寄存器列表中的寄存器。每读一个字后 Rd 自增一次
LDMDB.W Rd!，〈寄存器列表〉	32 位指令，从 Rd 处读取多个字，并依次送到寄存器列表中的寄存器。每读一个字前 Rd 自减一次
STMIA.W Rd!，〈寄存器列表〉	32 位指令，依次存储寄存器列表中各寄存器的值到 Rd 给出的地址。每存一个字后 Rd 自增一次
STMDB.W Rd!，〈寄存器列表〉	32 位指令，存储多个字到 Rd 处。每存一个字前 Rd 自减一次

3) 压栈指令 PUSH 和出栈指令 POP

当栈指针指向最后压入栈的数据时，称为满栈(Full Stack)；当栈指针指向下一个将要放入数据的空位置时，称为空栈(Empty Stack)。压栈时，栈由低地址向高地址生长时，称为递增栈(Ascending Stack)，栈由高地址向低地址生长时，称为递减栈(Descending Stack)。由此可以组合四种栈模型：递增满栈、递增空栈、递减满栈、递减空栈。Cortex-M3 使用的是向下生长的满栈模型。栈指针 SP 指向最后一个被压入栈的 32 位数值。在下一次压栈时，SP 先自减 4，再存入新的数值，如图 3-6 所示。

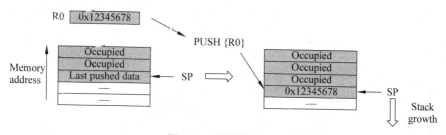

图 3-6 压栈操作过程

出栈操作刚好相反：先从 SP 指针处读出上一次被压入的值，再把 SP 指针自增 4，如图 3-7 所示。

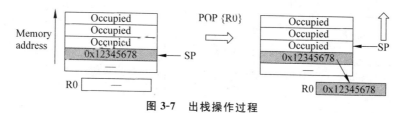

图 3-7 出栈操作过程

PUSH 实现以递减满栈方式的压栈操作;POP 实现以递减满栈方式的出栈操作。因此,PUSH 相当于指令 STMDB 的功能,POP 相当于指令 LDMIA 的功能。

语法格式:

```
PUSH {cond} reglist
POP  {cond} reglist
```

这里,cond 是可选条件码;reglist 是压栈或出栈需要的寄存器列表。

寄存器列表中一定不能含有 SP;对于 PUSH 指令,寄存器列表一定不能含有 PC;对于 POP 指令,如果寄存器列表中含有 LR,则一定不能含有 PC。

使用举例:

① `PUSH {R0, R4-R7}`

该指令实现将寄存器列表 R0、R4、R5、R6 和 R7 中数据压入栈。

② `POP {R0,R6,PC}`

该指令实现将寄存器列表 R0、R6 和 PC 中的数据弹出栈。

3.1.6 算术运算指令

算术运算指令主要包括加减乘除操作,其指令格式和功能如表 3-6 所示。

表 3-6　算术运算指令

示　　例		功 能 描 述
ADD Rd, Rn, Rm	; Rd = Rn+Rm	常规加法
ADD Rd, Rm	; Rd += Rm	
ADD Rd, #imm	; Rd += imm	im8(16 位指令)或 im12(32 位指令)
ADC Rd, Rn, Rm	; Rd = Rn+Rm+C	带进位的加法, Im8 或 im12
ADC Rd, Rm	; Rd += Rm+C	
ADC Rd, #imm	; Rd += imm+C	
SUB Rd, Rn	; Rd −= Rn	常规减法
SUB Rd, Rn, #imm3	; Rd = Rn−imm3	
SUB Rd, #imm8	; Rd −= imm8	
SUB Rd, Rn, Rm	; Rd = Rn−Rm	
SBC Rd, Rm	; Rd −= Rm+C	带借位的减法
SBC. W Rd, Rn, #imm12	; Rd = Rn−imm12−C	
SBC. W Rd, Rn, Rm	; Rd = Rn−Rm−C	

续表

示　　例		功 能 描 述
RSB. W Rd，Rn，♯imm12	; Rd = imm12−Rn	反向减法
RSB. W Rd，Rn，Rm	; Rd = Rm−Rn	
MUL Rd，Rm	; Rd ＊= Rm	常规乘法
MUL. W Rd，Rn，Rm	; Rd = Rn＊Rm	
MLA Rd，Rm，Rn，Ra	; Rd = Ra+Rm＊Rn	乘加
MLS Rd，Rm，Rn，Ra	; Rd = Ra−Rm＊Rn	乘减
UDIV Rd，Rn，Rm	; Rd = Rn/Rm	无符号除法,硬件支持的除法,余数被丢弃
SDIV Rd，Rn，Rm	; Rd = Rn/Rm	带符号除法,硬件支持的除法,余数被丢弃
SMULL RL，RH，Rm，Rn	;[RH：RL]= Rm＊Rn	带符号的 64 位乘法
SMLAL RL，RH，Rm，Rn	;[RH：RL]+= Rm＊Rn	
UMULL RL，RH，Rm，Rn	;[RH：RL]= Rm＊Rn	无符号的 64 位乘法
UMLAL RL，RH，Rm，Rn	;[RH：RL]+= Rm＊Rn	

1) ADD、ADC、SUB、SBC 和 RSB

- ADD 实现第 2 个操作数 Operand2 或立即数 imm 与第 1 个操作数 Rn 相加,并将结果送至 Rd 目标寄存器。
- ADC 实现第 2 个操作数 Operand2 与第 1 个操作数 Rn 以及进位标志相加,并将结果送至 Rd 目标寄存器。
- SUB 实现第 1 个操作数 Rn 与第 2 个操作数 Operand2 或立即数 imm 相减,并将结果送至 Rd 目标寄存器。
- SBC 实现第 1 个操作数 Rn 与第 2 个操作数 Operand2 相减,再减去 C 条件标志位的反码,并将结果送至 Rd 目标寄存器。
- RSB 实现第 2 个操作数 Operand2 与第 1 个操作数 Rn 相减,并将结果送至 Rd 目标寄存器。

使用举例:

① ADD R2, R1, R3

该指令实现 R1 寄存器和 R3 寄存器的内容相加,并将结果送至 R2 寄存器,即 R2＝R1＋R3。

② SUBS R7, R5, #256

该指令实现 R5 寄存器的内容与立即数♯256 相减,并将结果送至 R7 寄存器,即 R7＝R5-256。同时,根据运算结果影响标志位。

③ RSB R8, R8, #240

该指令实现立即数 240 与 R8 寄存器的内容相减,并将结果送至 R8 寄存器,即 R8＝240-R8。

④ ADCHI R10, R0, R3

当 C＝1 且 Z＝0 成立时,执行该指令。该指令实现将 R0 寄存器与 R3 寄存器的内容以及进位标志相加,并将结果送至 R10 寄存器,即 R10＝R0＋R3＋C。

2) MUL、MLA 和 MLS
- MUL 指令实现将 Rn 寄存器和 Rm 寄存器的内容相乘,并将结果存入 Rd 寄存器。
- MLA 指令实现将 Rn 寄存器和 Rm 寄存器的内容相乘,并将乘法结果和 Ra 寄存器的内容相加,再将最终结果存入 Rd 寄存器。
- MLS 指令实现将 Rn 寄存器和 Rm 寄存器的内容相乘,并将 Ra 寄存器中的内容与乘法结果相减,再将最终结果存入 Rd 寄存器。

使用举例:

① MUL R7, R2, R5

该指令实现将 R2 寄存器的内容和 R5 寄存器的内容相乘,然后将乘法结果存入 R10 寄存器,即 R10＝R2 * R5。

② MLA R9, R3, R4, R6

该指令实现将 R3 寄存器的内容和 R4 寄存器的内容相乘,然后将乘法结果再与 R6 寄存器内容相加,最后将计算结果存入 R9 寄存器,即 R9＝R3 * R4＋R6。

③ MLS R10, R5, R6, R7

该指令实现将 R5 寄存器的内容和 R6 寄存器的内容相乘,然后将 R7 寄存器的内容与乘法结果相减,最后将计算结果存入 R10 寄存器,即 R10＝R7-R5 * R6。

3) SDIV 和 UDIV
- SDIV 实现有符号整数相除,将 Rn 寄存器的内容与 Rm 寄存器的内容相除,计算结果存入 Rd 寄存器。
- UDIV 实现无符号整数相除,将 Rn 寄存器的内容与 Rm 寄存器的内容相除,计算结果存入 Rd 寄存器。

除法指令同样不能使用 SP 或 PC,对条件标志位没有影响。

使用举例:

① SDIV R0, R1, R2

该指令实现 R1 寄存器内容与 R2 寄存器内容的有符号数相除,计算结果存入 R0 寄存器,即 R0＝R1/R2。

② UDIV R7, R7, R3

该指令实现 R1 寄存器内容与 R2 寄存器内容的有无号数相除,计算结果存入 R7 寄存器,即 R7=R7/R3。

3.1.7 逻辑运算指令

逻辑运算指令包括与、或、非基本操作及其扩展,其指令格式及功能描述见表 3-7 所示。

表 3-7 逻辑运算指令

示　　例		功 能 描 述
AND Rd, Rn AND. W Rd, Rn, #imm12 AND. W Rd, Rm, Rn	; Rd &= Rn ; Rd = Rn & imm12 ; Rd = Rm & Rn	按位与
ORR Rd, Rn ORR. W Rd, Rn, #imm12 ORR. W Rd, Rm, Rn	; Rd | = Rn ; Rd = Rn | imm12 ; Rd = Rm | Rn	按位或
BIC Rd, Rn BIC. W Rd, Rn, #imm12 BIC. W Rd,Rm, Rn	; Rd &= ~Rn ; Rd = Rn & ~imm12 ; Rd = Rm & ~Rn	位清零 Rn 与 Operand2 的反码按位逻辑与
ORN. W Rd, Rn, #imm12 ORN. W Rd, Rm, Rn	; Rd = Rn | ~imm12 ; Rd = Rm | ~Rn	按位或反码
EOR Rd, Rn EOR. W Rd, Rn, #imm12 EOR. W Rd, Rm, Rn	; Rd ^= Rn ; Rd = Rn ^ imm12 ; Rd = Rm ^ Rn	按位异或

- AND 实现第 1 个操作数 Rm 与第 2 操作数 Operand2 的逻辑与操作。
- ORR 实现第 1 个操作数 Rm 与第 2 操作数 Operand2 的逻辑或操作。
- EOR 实现第 1 个操作数 Rm 与第 2 操作数 Operand2 的逻辑异或操作。
- BIC 实现第 1 个操作数 Rm 与第 2 操作数 Operand2 的反码的逻辑与操作,一般可用来清除第 1 个操作数 Rm 的相应位。
- ORN 实现第 1 个操作数 Rm 与第 2 操作数 Operand2 的反码的逻辑或操作。

使用举例:

① AND R1, R1, #0x00FF

该指令实现 R1 寄存器的内容与立即数 #0x00FF 进行逻辑与操作,并将结果送至 R1 寄存器,即实现 R1 寄存器的高 16 位清零。

② BIC R2, R2, #0x000B

该指令实现 R2 寄存器的内容与立即数 #0x000B 的反码进行逻辑与操作,并将结果送至 R2 寄存器,即实现 R2 寄存器的第 0、1 和 3 位的清零。

逻辑运算中逻辑非的操作由送数指令 MVN 实现。

3.1.8 移位和循环指令

移位运算包括逻辑移位、算术移位以及循环移位等特殊形式,具体指令格式和功能见表 3-8。

表 3-8 移位和循环指令

示 例		功 能 描 述
LSL Rd, Rn, #imm5	; Rd = Rn<<imm5	逻辑左移
LSL Rd, Rn	; Rd <<= Rn	
LSL.W Rd, Rm, Rn	; Rd = Rm<<Rn	
LSR Rd, Rn, #imm5	; Rd = Rn>>imm5	逻辑右移
LSR Rd, Rn	; Rd >>= Rn	
LSR.W Rd, Rm, Rn	; Rd = Rm>>Rn	
ASR Rd, Rn, #imm5	; Rd = Rn · >>imm5	算术右移
ASR Rd, Rn	; Rd · >> = Rn	
ASR.W Rd, Rm, Rn	; Rd = Rm · >> Rn	
ROR Rd, Rn	; Rd >> = Rn	循环右移
ROR.W Rd, Rm, Rn	; Rd = Rm >> Rn	
RRX.W Rd, Rn	; Rd=(Rn>>1)+(C<<31)	带进位的右移一位

- ASR 算术右移指令实现对 Rm 寄存器中的数进行右移 Rn 或 imm5 位操作,左端使用第 31 位值来补充,如图 3-8(a)所示。
- LSL 逻辑左移指令实现对 Rm 寄存器中的数进行左移 Rn 或 imm5 位操作,低位使用 0 填充,如图 3-8(b)所示。
- LSR 逻辑右移指令实现对 Rm 寄存器中的数进行右移 Rn 或 imm5 位操作,左端使用 0 填充,如图 3-8(c)所示。
- ROR 循环右移指令实现对 Rm 寄存器中的数进行右移 Rn 或 imm5 位操作,左端使用右端移出的位来进行填充,如图 3-8(d)所示。
- RRX 带进位的循环右移,左端使用进位标志 C 来进行填充,如图 3-8(e)所示。

使用举例:

① ASR R1, R2, #9

该指令实现将 R2 寄存中的内容算术右移 9 位(左端使用第 31 位值来填充),然后将结果填入 R1 寄存器。

② LSLS R3, R4, #3

该指令附加标志位 S,计算结果可能影响标志位。该指令实现将 R4 寄存器逻辑左移 3 位(低位使用 0 值来填充),然后将结果填入 R3 寄存器。

③ ROR R5, R6, #6

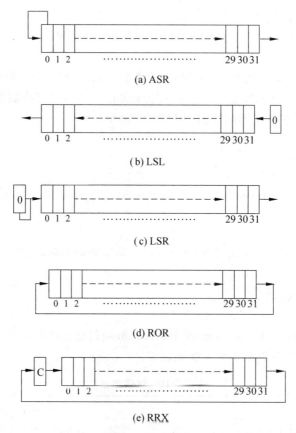

(a) ASR

(b) LSL

(c) LSR

(d) ROR

(e) RRX

图 3-8 移位操作

该指令实现将 R6 寄存器循环右移 6 位(左端使用右端移出的位进行填充),然后将结果填入 R5 寄存器。

3.1.9 比较指令

CMP 和 CMN 是比较操作指令,其具体指令格式和功能见表 3-9。

表 3-9 比较指令

示 例	功 能 描 述
CMN <Rn>, <Rm>	将 Rm 取二进制补码后再与 Rn 比较
CMP <Rn>, #<immed_8>	Rn 与 8 位立即数比较,并根据结果更新标志位的值
CMP <Rn>, <Rm>	Rn 与 Rm 比较,并根据结果更新标志位的值
CMN.W <Rn>, #< immed_12>	Rn 与 12 位立即数取补后的值比较
CMN.W <Rn>, <Rm>{, <shift>}	Rn 与移位后的 Rm 取补的值比较
CMP.W <Rn>, #< immed_12>	Rn 与 12 位立即数比较
CMP.W <Rn>, <Rm>{, <shift>}	Rn 与按需移位后的 Rm 比较,Rm 的值不变

CMP 指令实现将 Rn 寄存器的内容减去第 2 个操作数 Operand2，计算结果影响标志位。该指令类似于 SUBS 指令，所不同的是 CMP 指令丢弃减法计算结果，而 SUBS 指令需要保存减法计算结果。

CMN 指令实现将第 2 个操作数加到 Rn 寄存器中，计算结果影响标志位。该指令类似于 ADDS 指令，所不同的是 CMN 指令丢弃加法计算结果，而 ADDS 指令需要保存加法计算结果。

比较指令根据计算结果影响标志位 N、Z、C 和 V。

使用举例：

① CMP R1, #6400

该指令将 R1 寄存器的内容减去立即数 #6400，计算结果影响标志位。

② CMN R2, R1

指令将 R1 寄存器的内容加到 R2 寄存器，计算结果影响标志位。

3.1.10　分支控制指令

分支控制指令（Branch and Control Instructions）包括直接跳转指令 B 和 BL、间接跳转指令 BX 和 BLX，具体指令格式和功能见表 3-10。

表 3-10　跳转指令

示　　例	功　能　描　述
B<cond> <target address>	按<contd>条件决定是否分支
B<tartet address>	无条件分支
BL <Rm>	带链接分支
B{cond}.W <label>	条件分支
BL.W <label>	带链接的分支
BL.W<c> <label>	带链接的分支（立即数）
B.W <label>	无条件分支

- B 是直接跳转指令，label 可以是 24 位的有符号数，跳转范围是 −16～16MB。
- BL 除了可以直接跳转到 label 处外，在跳转前会将 PC 内容保存到 LR 寄存器。
- BX 是间接跳转指令，跳转到的目标地址存放在 Rm 寄存器。
- BLX 也是一个间接跳转指令，同样在跳转前会将 PC 内容保存到 LR 寄存器。

使用举例：

① B loop　　　　　　　; 直接跳转到 loop 处；
② BLE ng　　　　　　　; 当 Z=1 或 N!=V，即有符号数小于或等于时，直接跳转到 ng 处；
③ BEQ target1　　　　; 当 Z=1，即相等时，直接跳转到 target1 处
④ BX LR　　　　　　　　; 返回函数调用处

3.1.11　其他指令

主要包括位操作指令、符号扩展指令、字节交换指令等,指令的具体格式和功能见表 3-11。

表 3-11　其他指令

示　　例	功　能　描　述
BFC. W Rd, Rn, #＜width＞	位区清零
BFI. W Rd, Rn, #＜lsb＞, #＜width＞	将一个寄存器的位区插入另一个寄存器中
SBFX. W Rd, Rn, #＜lsb＞, #＜width＞	复制位段,并带符号扩展到 32 位
SBFX. W Rd, Rn, #＜lsb＞, #＜width＞	复制位段,并无符号扩展到 32 位
REV. W Rd, Rn	在字中反转字节序
REV16. W Rd, Rn	在高低半字中反转字节序
REVSH. W	在低半字中反转字节序,并做带符号扩展
SXTB Rd, Rm{, ＜rotation＞}	Rd = Rm 把带符号字节整数扩展到 32 位
SXTH Rd, Rm{, ＜rotation＞}	Rd = Rm 把带符号半字整数扩展到 32 位

1) BFC 和 BFI

- BFC 指令实现 Rd 寄存器中从 1sb 开始的 width 位数的位清零。
- BFI 指令实现 Rn 寄存器中从 0 开始的 width 位拷贝到 Rd 寄存器中从 1sb 开始的 width 位。

使用举例:

① BFC R1, #8, #13

该指令实现对 R1 寄存器中从第 8 位开始的 13 位(即到第 20 位)的数据进行清零。

② BFI R2, R3, #7, #11

该指令实现将 R3 寄存器中从第 0 位到第 10 位的数据拷贝到 R2 寄存器的第 7 位到第 17 位。

2) SBFX 和 UBFX

- SBFX 指令实现将 Rn 寄存器中从第 1sb 位开始的 width 位抽取出来,然后进行有符号位扩展到 32 位并将结果存入 Rd 寄存器。
- UBFX 指令实现将 Rn 寄存器中从第 1sb 位开始的 width 位抽取出来,然后进行无符号位扩展到 32 位并将结果存入 Rd 寄存器。

使用举例:

① SBFX R1, R2, #10, #4

该指令实现将 R2 寄存器中的第 10 位到第 13 位抽取出来并进行有符号扩展到 32 位,

然后将结果存入 R1 寄存器。

② UBFX R3, R4, #9, #10

该指令实现将 R4 寄存器中的第 9 位到第 18 位抽取出来并进行无符号扩展到 32 位,然后将结果存入 R3 寄存器。

3) SXTB、SXTH、UXTB 和 UXTH

- SXTB 指令实现将 Rm 寄存器的低 8 位,或 Rm 寄存器经过循环右移 rotation 位后的低 8 位,有符号扩展到 32 位,然后存入 Rd 寄存器。
- UXTH 指令实现将 Rm 寄存器的低 16 位,或 Rm 寄存器经过循环右移 rotation 位后的低 16 位,无符号扩展到 32 位,然后存入 Rd 寄存器。

使用举例:

① SXTH R1, R2, ROR #16

该指令首先将 R2 寄存器的内容进行循环右移 16 位,然后取出低 16 位的半字并进行有符号扩展到 32 位,最后将结果存入 R1 寄存器。

② UXTB R3, R10

该指令首先取出 R10 寄存器的低 8 位,然后进行无符号扩展到 32 位,最后将结果存入 R3 寄存器。

4) REV、REV16、REVSH

- REV 实现一个字 Rn 的四个字节大小端转换,复制到 Rd 中。
- REV16 实现 Rn 的两个半字内部的大小端转换,复制到 Rd 中。
- REVSH 将 Rn 低半字内的字节反转,再把反转后的值带符号位扩展到 32 位后,复制到 Rd 中。

字节交换指令的原理见图 3-9。

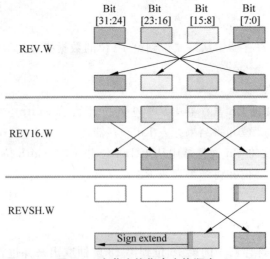

图 3-9　字节交换指令交换顺序

3.2　ARM 汇编器中的伪指令

ARM 汇编语言程序里,有一些特殊指令助记符,这些助记符与指令系统的助记符不同,没有相对应的操作码,通常称这些特殊指令助记符为伪指令。伪指令在源程序中的作用是为完成汇编程序作各种准备工作。有以下几种伪指令:符号定义伪指令、数据定义伪指令、汇编控制伪指令和宏指令。

3.2.1　Thumb 伪指令

1) ADR

小范围的地址读取伪指令。ADR 指令将基于 PC 相对偏移的地址值读取到寄存器中。ADR 伪指令格式如下:

```
ADR register,expr
```

其中,register 为加载的目标寄存器,expr 为地址表达式。偏移量必须是正数并小于 1KB。

ADR 伪指令示例:

```
ADR R0,TxtTab
...
TxtTab:
DCB "ARM7TDMI",0
```

2) LDR

大范围的地址读取伪指令。LDR 伪指令用于加载 32 位的立即数或一个地址值到指定寄存器。在汇编编译源程序时,LDR 伪指令被编译器替换成一条合适的指令。若加载的常数未超出 MOV 范围,则使用 MOV 或 MVN 指令代替 LDR 伪指令,否则汇编器将常量放入文字池,并使用一条程序相对偏移的 LDR 指令从文字池读出常量。LDR 伪指令格式如下:

```
LDR register,=expr/label_expr
```

其中,register 为加载的目标寄存器,expr 是 32 位立即数,label_expr 是基于 PC 的地址表达式或外部表达式。

LDR 伪指令举例如下:

```
LDR R0,=0x12345678      ;加载 32 位立即数 0x12345678
LDR R0,=DATA_BUF+60      ;加载 DATA_BUF 地址+60
    ⋮
```

```
LTORG                         ;声明文字池
：
```

文字池一般由 ARM 编译器自动分配,从 PC 到文字池的偏移量必须是正数小于是 1KB。与 Thumb 指令的 LDR 相比,伪指令的 LDR 的参数有"＝"号。

3) NOP

空操作伪指令。NOP 伪指令在汇编时将会将会被代替成 ARM 中的空操作,比如可能为"MOV R8,R8"指令等,可用于延时操作。NOP 伪指令格式如下:

```
NOP
```

3.2.2　符号定义伪指令

符号定义伪指令用于定义汇编程序中的变量、进行变量赋值以及定义寄存器的别名等操作。常见的符号定义伪指令包括:

1) 定义全局变量的伪指令 GBLA、GBLL 和 GBLS

语法格式:

```
GBLA(GBLL 或 GBLS) 全局变量名
```

GBLA、GBLL 和 GBLS 伪指令用于定义一个 ARM 程序中的全局变量,并将其初始化。其中:

- GBLA 伪指令用于定义一个全局的数字变量,并初始化为 0;
- GBLL 伪指令用于定义一个全局的逻辑变量,并初始化为 F(假);
- GBLS 伪指令用于定义一个全局的字符串变量,并初始化为空。

使用示例:

```
GBLA T1                     ;定义一个全局的数字变量,变量名为 T1,初始值为 0
GBLL T2                     ;定义一个全局的逻辑变量,变量名为 T2,初始值为 F
GBLS T3                     ;定义一个全局的字符串变量,变量名为 T3,初始值为空
```

2) 定义局部变量的伪指令 LCLA、LCLL 和 LCLS

语法格式:

```
LCLA(LCLL 或 LCLS) 局部变量名
```

LCLA、LCLL 和 LCLS 伪指令用于定义一个 ARM 程序中的局部变量,并将其初始化。其中:

- LCLA 伪指令用于定义一个局部的数字变量,并初始化为 0;
- LCLL 伪指令用于定义一个局部的逻辑变量,并初始化为 F(假);
- LCLS 伪指令用于定义一个局部的字符串变量,并初始化为空。

定义局部变量的伪指令的使用方法与定义全局变量的伪指令的使用方法类似。

3）进行变量赋值的伪指令 SETA、SETL 和 SETS

语法格式：

变量名 SETA(SETL 或 SETS) 表达式

伪指令 SETA、SETL、SETS 用于给一个已经定义的全局变量或局部变量赋值。其中：

- SETA 伪指令用于给一个数学变量赋值；
- SETL 伪指令用于给一个逻辑变量赋值；
- SETS 伪指令用于给一个字符串变量赋值。

使用示例：

```
LCLL T4              ;定义一个局部的逻辑变量,变量名为 T4
T4 SETL {TRUE}       ;将该逻辑变量赋值为 TRUE
```

3.2.3　数据定义伪指令

数据定义伪指令一般用于为特定的数据分配存储单元并进行初始化。常见的数据定义伪指令包括：

1）连续分配一片连续的字节存储单元的伪指令 DCB

语法格式：

标号 DCB 表达式

DCB 伪指令用于分配一片连续的字节存储单元并用伪指令中指定的表达式初始化。其中,表达式可以为 0～255 的数字或字符串。

使用示例：

```
MyName DCB "This is my name."
```

分配一片连续的字节存储单元并初始化,起始地址为 MyName。

2）连续分配一片连续的半字存储单元的伪指令 DCW(或 DCWU)

语法格式：

标号 DCW(或 DCWU) 表达式

DCW(或 DCWU)伪指令用于分配一片连续的半字存储单元并用伪指令中指定的表达式初始化。使用 DCW 分配的字存储单元是半字对齐的,而用 DCWU 分配的字存储单元并不严格半字对齐。

使用示例：

```
WTest DCW 1,2,3;
```

分配 3 个连续的半字存储单元并初始化为 1,2,3,起始地址为 Wtest。

3）连续分配一片连续的字存储单元的伪指令 DCD（或 DCDU）

语法格式：

标号 DCD(或 DCDU) 表达式

DCD（或 DCDU）伪指令用于分配一片连续的字存储单元并用伪指令中指定的表达式初始化。用 DCD 分配的字存储单元是字对齐的，而用 DCDU 分配的字存储单元并不严格字对齐。

使用示例：

DTest DCD 4,5,6 ;

分配 3 个连续的字存储单元并初始化为 4,5,6,起始地址为 Dtest。

4）分配一片连续的存储单元的伪指令 SPACE

语法格式：

标号 SPACE 表达式

SPACE 伪指令用于分配一片连续的存储区域并初始化为 0。其中,表达式为要分配的字节数。

使用示例：

DataSpace SPACE 10;

分配连续 10 个字节的存储单元并初始化为 0,起始地址为 DataSpace。

3.2.4　汇编控制伪指令

汇编控制伪指令用于控制汇编程序的执行流程,常用的汇编控制伪指令包括如下两条：

1）IF、ELSE、ENDIF

语法格式：

IF 逻辑表达式
指令序列 1
ELSE
指令序列 2
ENDIF

IF、ELSE、ENDIF 伪指令能根据条件的成立与否决定是否执行某个指令序列。当 IF 后面的逻辑表达式为真,则执行指令序列 1,否则执行指令序列 2。其中,ELSE 及指令序列 2 可以没有,此时,当 IF 后面的逻辑表达式为真,则执行指令序列 1,否则继续执行后面的指令。

使用示例：

GBLL Flag

```
...
IF Flag =TRUE
指令序列 1
ELSE
指令序列 2
ENDIF
```

2) WHILE、WEND

语法格式：

```
WHILE 逻辑表达式
指令序列
WEND
```

WHILE、WEND 伪指令能根据条件的成立与否决定是否循环执行某个指令序列。当 WHILE 后面的逻辑表达式为真，则执行指令序列，该指令序列执行完毕后，再判断逻辑表达式的值，若为真则继续执行，一直到逻辑表达式的值为假。

使用示例：

```
GBLA Counter
Counter SETA 3
⋮
WHILE Counter <10
指令序列
WEND
```

3.2.5　其他常用的伪指令

其他的伪指令包括：

1) 定义代码段或数据段伪指令 AREA

AREA 伪指令用于定义一个代码段或数据段，其语法格式如下。

```
AREA 段名 属性 1,属性 2,…
```

使用示例：

```
AREA Init,CODE,READONLY
```

该伪指令定义了一个代码段，段名为 Init，属性为只读。

2) 指令标识伪指令 CODE16、CODE32

CODE16 伪指令通知编译器，其后的指令序列为 16 位的 Thumb 指令。

CODE32 伪指令通知编译器，其后的指令序列为 32 位的 ARM 指令。

使用示例：

```
AREA Init,CODE,READONLY
…
CODE32          ;通知编译器其后的指令为 32 位的 ARM 指令
CODE16          ;通知编译器其后的指令为 16 位的 Thumb 指令
…
```

3）指定应用程序入口的伪指令 ENTRY

ENTRY 伪指令用于指定汇编程序的入口点。

使用示例：

```
AREA Init,CODE,READONLY
ENTRY               ;指定应用程序的入口点
…
```

4）指定应用程序结束的伪指令 END

END 伪指令用于通知编译器已经到了源程序的结尾。

使用示例：

```
AREA Init,CODE,READONLY
…
END                 ;指定应用程序的结尾
```

3.3　汇编语言的程序结构

汇编语言程序中，以程序段为单位组织代码。段是相对独立的指令或数据序列，具有特定的名称。段可以分为代码段和数据段，代码段的内容为执行代码，数据段存放代码运行时需要用到的数据。一个汇编程序至少应该有一个代码段，多个段在程序编译链接时最终形成一个可执行文件。

以下是一个汇编语言源程序的基本结构：

```
AREA Init,CODE,READONLY
ENTRY
  LDR R0,=0x3FF5000
  LDR R1,0xFF
  STR R1,[R0]
  LDR R0,=0x3FF5008
  LDR R1,0x01
  STR R1,[R0]
END
```

本例定义了一个名为 Init 的代码段，属性为只读。ENTRY 伪指令标识程序的入口点，接下来为指令序列，程序的末尾为 END 伪指令，该伪指令告诉编译器源文件的结束，每一个汇编程序段都必须有一条 END 伪指令,指示代码段的结束。多加几个例子说明汇编程序设计。

1) 循环累加案例

用汇编实现 $1+2+3+\cdots+10$ 的累加计算,代码如下。

```
STACK_TOP EQU 0x2000 0200              ;栈地址
AREA Init,CODE,READONLY
ENTRY
DCD STACK_TOP                          ;复位后建立栈指针
DCD START                             ;复位后执行的代码地址
START:
    MOVS R0, #10                       ;初始化
    MOVS R1, #0
;计算 10+9···+1
LOOP:
    ADDS R1, R0                        ;R1=R1+R0
    SUBS R0, #1                        ;R0=R0-1
    BNE LOOP                           ;不为 0 跳转
    LDR R0, =RESULT                    ;获取数据存储区地址
    STR R1, [R0]                       ;结果现在存储到 R1 中了
DEADLOOP:
    B DEADLOOP
;数据区定义
AREA BUF,DATA,READWRITE
RESULT:
    DCD 0                              ;数据存储区
    END
```

2) 启动代码分析

启动代码是处理器上电后执行的第一部分代码,启动代码完成程序的栈空间、堆空间以及复位中断和其他中断的中断向量入口设置,最后跳转到 Main 函数执行。根据不同的处理器,CMSIS 库提供不同的启动代码。以下对 STM32L152 系列处理器的启动代码进行分析。

启动代码中首先定义了栈、堆的大小。

```
Stack_Size      EQU     0x00000400     ;栈大小
AREA     STACK, NOINIT, READWRITE, ALIGN=3    ;定义数据段,8 字节对齐
Stack_Mem       SPACE   Stack_Size     ;开辟栈空间
__initial_sp                           ;栈顶标号

Heap_Size       EQU     0x00000200     ;堆大小
AREA     HEAP, NOINIT, READWRITE, ALIGN=3     ;定义数据段
```

```
__heap_base                                    ;堆的起始地址
Heap_Mem        SPACE    Heap_Size             ;开辟堆空间
__heap_limit                                   ;堆的结束地址


PRESERVE8                                       ;指示编译器 8 字节对齐
THUMB                                           ;指示编译器为 THUMB 指令
```

其次,启动程序中定义了所有的中断向量名称及其入口地址,中断向量表在复位时映射到 0 地址。

```
AREA    RESET, DATA, READONLY                   ;定义代码段,位于 0 地址
;申明三个标号
EXPORT   __Vectors
EXPORT   __Vectors_End
EXPORT   __Vectors_Size
;用 DCD 定义一个字存储空间,存放后面符号的地址,这些符号名称在 stm32L1xx_it.c 中是一个函
;数名,在该函数中添加代码即可实现中断处理
__Vectors      DCD    __initial_sp             ; 栈顶地址
               DCD    Reset_Handler            ; 复位中断函数
               DCD    NMI_Handler              ; NMI 中断函数
               DCD    HardFault_Handler        ; Hard Fault Handler
               DCD    MemManage_Handler        ; MPU Fault Handler
               DCD    BusFault_Handler         ; Bus Fault Handler
               DCD    UsageFault_Handler       ; Usage Fault Handler
               ...
               DCD    TIM6_IRQHandler          ; TIM6
               DCD    TIM7_IRQHandler          ; TIM7
__Vectors_End              ;标记中断向量表的结束地址
__Vectors_Size  EQU __Vectors_End-__Vectors   ;计算中断向量表大小
```

启动代码的主程序部分是复位中断处理函数。

```
AREA    |.text|, CODE, READONLY                ;定义代码段
Reset_Handler    PROC                          ;定义复位函数
EXPORT  Reset_Handler     [WEAK]
IMPORT  __main                                 ;导入__main 函数的地址
IMPORT  SystemInit                             ;导入 SystemInit 函数的地址
        LDR    R0, =SystemInit
        BLX    R0                              ;跳转到 SystemInit 运行
        LDR    R0, =__main
        BX     R0                              ;跳转到__main 函数执行
ENDP
```

其中 EXPORT Reset_Handler ［WEAK]是导出 Reset_Handler 标识,[WEAK]用来

表明如果由外部定义的其他 Reset_Handler 函数,则执行其他 Reset_Handler 函数。

　　SystemInit 函数在 system_stm32l1xx.c 中,其功能是初始化 flash 接口,设置启动时钟。

　　__main 是系统提供的主程序调用库,__main 函数主要执行的功能包括:

- 加载 RO 和 RW 代码及数据;
- 初始化静态存储区数据为 0;
- 初始化堆栈;
- 跳转到 C 语言的 main 函数执行;
- 处理 main 函数的返回值。

【思考题:__main 和 C 语言的 main 函数是一个函数吗?】

第4章 开发板硬件系统及开发环境

【导读】 本章为嵌入式系统开发的基础知识,首先介绍嵌入式硬件最小系统的概念的组成,典型的外围电路原理,然后对嵌入式开发流程、CMSIS库的结构和功能进行详细阐述。针对嵌入式程序设计中涉及的C语言常用知识,如宏定义、Volatile、位与、位或、按位取反、左移、右移、寄存器操作等基础知识,本章进行了简要梳理。本章的目的为建立嵌入式开发的流程,掌握嵌入式C开发的基础知识。

4.1 最小系统设计

一个嵌入式处理器自己不能独立工作,必须要加上电源、提供复位和时钟信号,如果嵌入式处理器片内没有存储器,还需要加上片外 Flash、RAM 构成一个系统才能正常工作。嵌入式处理器运行所必需的电路和嵌入式处理器构成了嵌入式处理器的最小系统。系统的调试接口在运行时不是必需的,但在开发时必须要使用,因此调试接口也是最小系统组成之一。

最小系统的基本组成如图 4-1 所示。

图 4-1 嵌入式系统的最小组成

(1) **供电系统**:电源系统为整个系统提供能量,是系统工作的基础。嵌入式处理器的电源一般采用 5V、3.3V、1.8V 等直流供电,分为数字电源和模拟电源,模拟电源一般用于 AD 采集模块,两个电源在要求不高的情况下可以不分开。为保证处理器供电的稳定性,一般采用电源芯片对输入电压进行稳压,在设计时需要考虑到电源的功率是否满足系统需求。

(2) **存储系统**:对于大多数嵌入式处理器,其内部都带有片内 Flash 和 RAM,这样外部无需增加存储器,如果内部不带存储器或者容量不能满足系统需求,则需要外扩存储器,一般通过外部总线进行连接。

(3) **复位电路**:嵌入式处理器在上电工作时,需要将处理器的状态和内部寄存器初始化为一个确认的状态,以防止程序运行不能正确执行,因此需要给处理器一个复位信号。复位信号一般要求持续一定时间,在上电时可以通过阻容复位电路给出,也可以通过专用的复位芯片给出。在系统工作过程中,如果碰到电源电压过低、干扰等可能导致嵌入式处理器无法正常工作的情况,复位芯片给出复位信号。

(4) **调试接口**:嵌入式处理器一般带有 JTAG 调试接口,通过 JTAG 调试接口可以控制芯片的运行并获取内部信息。ARM Cortex 系列处理器采用了新的 CoreSight,内核本身不再含有 JTAG 接口。取而代之的是调试访问接口(DAP),由一个在芯片内部实现的调试端口设备(DP)完成,也支持 JTAG 调试方法。

(5) **时钟系统**:嵌入式处理器一般为时序电路,需要时钟信号才能工作,大多数嵌入式处理器内部集成振荡器,作为时钟源;内部时钟一般精确度较低,因此在一些时序要求严格的场合需要外部晶振,此外,对于低功耗应用,嵌入式处理器在很低的功耗下需要外部时钟唤醒,此时需要在电路上增加外部晶振。

4.2　开发板电路原理图

本教材使用的开发板为 ST 的 STM32L-Discovery 开发板,开发板集成一个 STLINK 调试器、两个按键、一个显示屏、一个触摸按键(可作为 4 个按键),并将所有的芯片输入输出引脚引出便于扩展使用。开发板的结构如图 4-2 所示。以下将分别对开发板电路各个部分的原理进行介绍。

4.2.1　电源

STM32L-Discovery 开发板提供 5V 和 3.3V 两个电源,开发板电源可采用 PC USB 口供电,或者通过单独的 5V 或 3.3V 直流电源供电。

如图 4-3 所示,5V 的直流电源经过一个稳压芯片 LD3985M33 后转换为 3.3V,开发板在扩展引脚 EXT_5V 和 EXT_3V 上将 5V 和 3.3V 的两个电源单独引出,可以作为输出电源供给其他电路(电流小于 100mA)。图 4-3 中的二极管 D1 和 D2 对 3.3V 电源和 5V 电源进行了保护,使得开发板也可以在扩展引脚 EXT_5V 和 EXT_3V 上外接 5V 和 3.3V 电源作为输入电源。

为便于电池供电的低功耗应用设计,开发板提供了一个纽扣电池供电电路,如图 4-4 所示可通过板子的跳线进行电源切换。

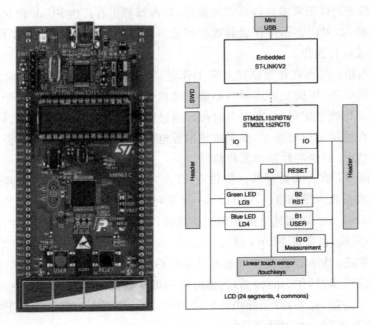

图 4-2 STM32L152-Discovery 开发板

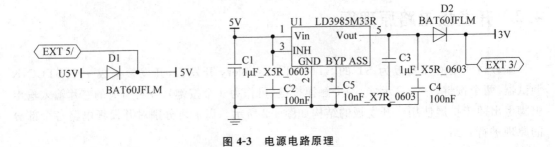

图 4-3 电源电路原理

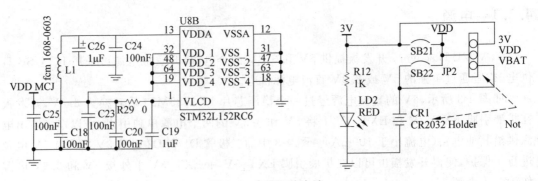

图 4-4 电池切换电路

STM32L152 处理器的电源包括模拟电源 VDDA,数字电源 VDD 和液晶屏电源 VLCD,供电电压为 3.3V。模拟电源用于内部 AD 转换器,LCD 电源供给液晶屏,数字电源 为其他控制器和 I/O 使用。在电源输入端进行滤波处理,保障电源的稳定性。

4.2.2 复位和启动电路

STM32L152 采用低电平复位,STM32L-Discovery 提供了一个阻容复位电路,用户可 通过复位按键实现手动复位。上电时,复位引脚 NRST 为低,电容 C31 充电,充满后 NRST 被置高,完成复位。当用户按下复位键时,电容 C31 放电,NRST 被拉低,按键抬起后,电容 充电,NRST 被拉高,完成复位。STM32L152 含内部复位电路,当 VDD 引脚电压小于 1.65V 时,芯片会保持在复位状态,如图 4-5 所示。

STM32L152 复位后开始执行程序,执行程序的位置与芯片的启动引脚 Boot0 和 Boot1 的状态有关,一般情况下,配置成 Flash 启动,即 Boot0 为低电平,复位后处理器从用户程序 开始执行。在通过 ISP 下载程序的模式下,需要先运行片内 Flash 的 Bootloader 程序,该程 序可以通过串口、USB 口、SPI、IIC 等方式将用户程序写入到用户 Flash,此时置 Boot1 为低 电平,Boot0 为高电平。Boot1 和 Boot0 都为高电平时,复位后从 RAM 执行,由于掉电后 RAM 数据不保存,此模式一般只作为调试时使用,如图 4-6 所示。

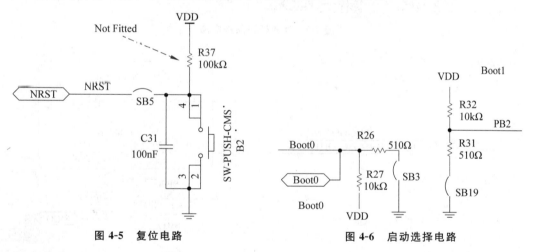

图 4-5 复位电路   图 4-6 启动选择电路

STM32L-Discovery 开发板的 Boot0 默认置高,Boot1 由 PB2 引脚控制,电路板上电后, 先执行 MCU 内部 Bootloader 程序,再跳转到用户代码去执行。Boot0 和 Boot1 的电平状 态可以通过开发板硬件配置开关 SB3 和 SB19 更改。

4.2.3 时钟

STM32L152 支持多种时钟源,包括高速外部振荡器 HSE、低速外部振荡器 LSE、高速 内部振荡器 HIS、多速率内部振荡器和低速内部振荡器 LSI。STM32L152 带有 16MHz 内部 RC 振荡器 HSI，7 种频率的多速率内部 RC 振荡器 MSI，可以为 PLL 锁相环提供时钟，PLL 将时钟倍频到 32MHz 满速运行。37kHz 的低速 RC 振荡器 LSI 可用于实时时钟 RTC 以及看门狗 WDG。但由于内部 RC 振荡不精确，起振不稳定，因此一般会在开发板外置晶振。

外置晶振一般有两种：一种是高速外部晶振 HSE，可用作处理器的主时钟和外围控制器时钟，工作频率为 1M～24MHz；另一种是低速外部晶振 LSE，工作频率 32.768kHz，主要用于驱动实时时钟 RTC 和看门狗 WDG。外部晶振精度较高，而且频率越低精度越容易控制，因此一般 Timer，RTC 用 32.768kHz 的低速外部晶振。图 4-7 和图 4-8 是 STM32L-Discovery 开发板的外部时钟电路，高速外部晶振没有焊接，系统默认使用内部 RC 振荡器作为主时钟。

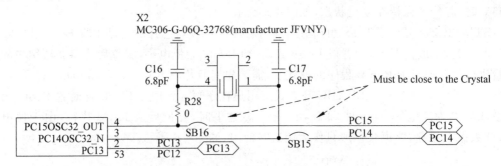

图 4-7　外部低速晶振电路

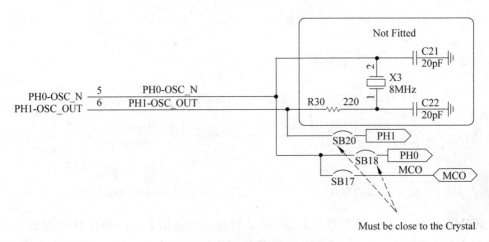

图 4-8　外部高速晶振电路

4.2.4　调试接口

STM32L152 采用 CoreSight 调试系统，内部没有 JTAG，而是调试访问接口 DAP，DAP 可以以 SWD 方式或 JTAG 的方式对外提供调试功能。SWD 只需要最少 2 根线

(SWCLK 和 SWDIO)，JTAG 需要使用 5 根线。JTAG 接口和 SWD 接口共用，因此通过 JTAG 接口也可以采用 SWD 方式下载调试。STM32L-Discovery 板载一个 STLINK 调试器，该调试器与 STM32L152 处理器通过 SWD 方式连接，同时通过板子上的跳线可以单独使用该调试器连接其他处理器进行调试。图 4-9 为典型的 JTAG 调试接口电路，主要包含测试系统复位信号 nTRST、测试数据串行输入 TDI、测试模式选择 TMS、测试时钟 TCK 和测试数据串行输出 TDO，一般 JTAG 调试器为 20 口，将标准 JTAG 的 5 针进行了扩展。SWD 只使用 JTAG 中的 TCK 和 TMS，分别对应 SWCLK 和 SWDIO。目前大量 Cortex 系列处理器的调试器都支持 SWD 模式且占用的 I/O 口和面积小，因此推荐使用 SWD 模式。

4.2.5　按键

按键是系统设计中的主要输入源，STM32L-Discovery 开发板共有两个按键，其中一个用于系统复位，另一个为用户使用，其原理图如图 4-10 所示。按键连接在 PA0 口上，当按键按下时，PA0 为低电平，弹起时为高电平。该按键也可以用作 STM32L152 处理器唤醒输入或者外部中断输入。此外，STM32L-Discovery 开发板的触摸输入也可作为 4 个按键使用。

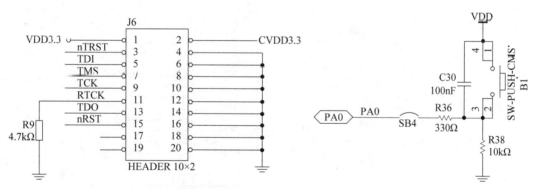

图 4-9　JTAG 调试接口电路　　　　　图 4-10　按键电路

4.2.6　LED 灯

STM32L-Discovery 开发板有 2 个用户 LED 灯，原理图如图 4-11 所示，LD3 和 LD4 分别连接在 PB7 和 PB6 上，当 PB7 输出为高电平时 LED3 变亮，反之变灭。此外，开发板提供了 2 个指示灯，其中 LD1 变绿色时指示 STLINK 调试器和处理器之间正在通信；LD2 为电源灯。

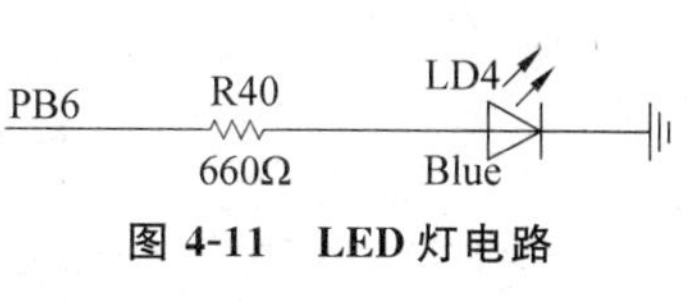

图 4-11　LED 灯电路

4.2.7　显示屏

　　液晶显示器(Liquid Crystal Display，LCD)是嵌入式系统常用的显示器件，由像素点或符号段组成，每个像素点或符号段是在两电极间放置液态的晶体，当电极间电压大于阈值电压时，控制杆状水晶分子改变方向，将光线折射出来变成可见。电极间的电压要交替变化以保护 LCD 不被损坏。

　　LCD 控制器的功能是产生显示驱动信号，驱动 LCD 显示器，用户只需要读写一系列的寄存器，完成配置和显示控制。STM32L152 内部集成 LCD 控制器，可以外接无源驱动的单色被动式 LCD 屏幕，最多可接 8 个 Common 端和 44 个 Segment 端的 320 像素 LCD。Common 端为水平方向，Segment 端为竖直方向，两者交叉即可控制像素的显示。

4.2.8　扩展 I/O 口

　　为便于扩展连接其他外设，STM32L152-Discovery 开发板将 CPU 的 I/O 引脚和电源连接到扩展插针上，如图 4-12 所示。其中包括 3V 和 5V 电源，以及除 PB0，PB1，PA6，PA7，PC4，PC5 之外的所有 I/O 引脚。

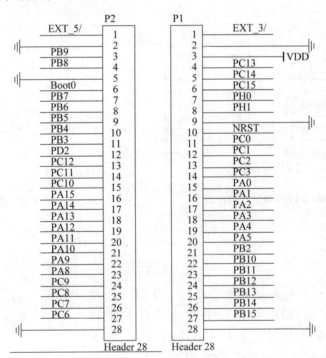

图 4-12　STM32L152-Discovery 扩展接口

　　扩展 I/O 引脚中，Boot0 已被置为高电平，NRST 为复位引脚，PA0 为按键和休眠唤醒输入引脚,PA4 为电流采集输入引脚,PC13 为电流采集控制引脚,PA13,PA14,PB3 为 SWD 调试接口,PB6,PB7 为 LED 灯接口,PC14,PC15,PH0,PH1 分别为两个晶振引脚。其余的 33 个扩展 I/O 引脚中,除 PA5,PA11,PA12,PC12,PD2 外,被 LCD 占用。因此外接其他设备时,若需要使用特定功能的引脚或者多于 5 个普通 I/O 引脚,需要去除板子的 LCD 模块。

4.3　软件开发环境

4.3.1　嵌入式软件开发流程

嵌入式系统的软件开发与通用系统的软件开发有较大的区别,以下从交叉编译、交叉调试和固件(firmware)下载对嵌入式软件的编译、调试和固化进行介绍。

1. 交叉编译

程序首先要通过编译器将其转化为 CPU 可执行的机器代码,由于不同的处理器指令集不同,其所需的编译器也不同。在 PC 上开发程序,其编译的程序代码生成的是该 PC 的机器代码,也称为本地编译。

嵌入式软件开发采用交叉编译。交叉编译是指在一个平台上生成可以在另一个平台上可执行的代码的过程。由于目标嵌入式平台资源有限,无法或不便于进行程序的编辑、编译,因此我们在 PC 平台对目标嵌入式平台的程序进行编译,生成目标嵌入式平台的可执行代码。交叉编译的连接示例如图 4-13 所示。

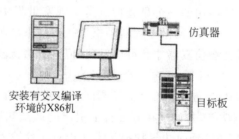

图 4-13　交叉编译环境

由于编译的过程包括编译和链接,因此,嵌入式的交叉编译也包括交叉编译、交叉链接,通常 ARM 的交叉编译器为 arm-elf-gcc、arm-linux-gcc 等,交叉链接器为 arm-elf-ld、arm-linux-ld 等。

2. 交叉调试

软件调试是软件开发过程中必不可少的一个环节,嵌入式软件的交叉调试与通用软件的调试方式有很大的差别。软件开发中,调试器与被调试的程序往往运行在同一台计算机上,调试器是一个单独运行着的进程,它通过操作系统提供的调试接口来控制被调试的进程,实现单步、断点、变量查看等功能。而在嵌入式软件开发中,调试时采用的是在宿主机和目标机之间进行的交叉调试,调试器仍然运行在宿主机的操作系统之上,但被调试的程序却是运行在基于特定硬件平台的嵌入式操作系统中,调试器和被调试程序通过串口、网络或特殊硬件进行通信,调试器可以控制、访问被调试程序,读取或改变被调试程序的当前状态。

嵌入式系统的交叉调试主要分为软件方式和硬件方式两种。

1) 软件方式

软件调试主要是通过插入调试桩的方式来进行的。调试桩方式进行调试是通过目标操作系统和调试器内分别加入某些功能模块,二者互通信息来进行调试。该方式的典型调试器有 gdb 调试器,一般只能用于调试运行于目标操作系统之上的应用程序,而不宜用来调试目标操作系统的内核代码及启动代码。

2) 硬件调试

相对于软件调试而言,使用硬件调试器可以获得更强大的调试功能和更优秀的调试性能。硬件调试器的基本原理是通过仿真硬件的执行过程,让开发者在调试时可以随时了解到系统的当前执行情况。目前嵌入式系统开发中最常用到的硬件调试器有两种。

In-Circuit Emulator(ICE)方式:ICE 进行交叉调试时需要使用在线仿真器,它是目前最为有效的嵌入式系统的调试手段。它是仿照目标机上的 CPU 而专门设计的硬件,可以完全仿真处理器芯片的行为。仿真器与目标板可以通过仿真头连接,与宿主机可以通过串口、并口、网线或 USB 口等连接方式。由于仿真器自成体系,所以调试时既可以连接目标板,也可以不连接目标板。

在线仿真器提供了非常丰富的调试功能。在使用在线仿真器进行调试的过程中,可以按顺序单步执行,也可以倒退执行,还可以实时查看所有需要的数据,从而给调试过程带来了很多的便利。嵌入式系统应用的一个显著特点是与现实世界中的硬件直接相关,并存在各种异变和事先未知的变化,从而给微处理器的指令执行带来各种不确定因素,这种不确定性在目前情况下只有通过在线仿真器才有可能发现,但其价格比较昂贵,且不同的处理器需要不同的 ICE 硬件。

In-Circuit Debugger(ICD)方式:ICD 交叉调试时需要使用在线调试器,CPU 直接在其内部通过 JTAG 实现调试功能,并通过在开发板上引出的调试端口发送调试命令和接收调试信息,完成调试过程。JTAG 通过边界扫描技术实现对芯片输入输出信号的观察和控制。

3. 软件的固化与下载

小批量调试生产可通过调试器(JTAG 或 SWD 连接)进行 flash 的烧写固化,或者通过更改 BOOT 配置,利用 MCU 中内嵌的 bootloader 程序进行串行 flash 烧写,当需要大批量生产时,可采用专用的 flash 烧写器。

由于 ARM 芯片的广泛使用,众多开发工具都支持 ARM 平台程序的开发,ARM 开发的编译器主要有 ARMCC 和 ARM-LINUX-GCC 两种,前者是 ARM 公司出品的编译器,完全符合 ARM 指令集格式,后者是基于 Linux 的 ARM 交叉编译器,使用的是 GNU 的汇编方式,除了指令集与 ARM 指令兼容外,还支持一些非 ARM 标准的语法。由于开发软件越来越复杂,因此集成开发环境整合了编辑器、汇编器、编译器、调试器、模拟器等功能,使得应用系统的开发更为便捷。

　　ARM 的集成开发环境主要有 ADS,KEIL MDK 和 IAR EWARM 等。ADS 是 ARM
公司早期的集成开发环境,采用 CodeWarrior IDE,并集成了 ARM 开发包和应用库。KEIL
原本是单片机开发环境,被 ARM 收购后作为 ADS 的升级版本 MDK 推出,被广泛使用。
第三方开发的集成开发环境中,IAR EWARM 的编译效率和优化表现最为突出。

4.3.2　程序开发库 CMSIS

　　在程序设计中,我们会大量使用到库函数,为了便于 ARM Cortex 系列处理器的程序
设计,ARM 定义了 ARM Cortex 微控制器软件接口标准 CMSIS。CMSIS 为开发者访问底
层硬件提供了一个 API 接口,通过使用固件函数库,无需深入掌握底层硬件细节就可以对
外设进行控制。CMSIS 由 ARM 和芯片厂家提供,ARM 提供独立于芯片的内核设备访问
层、中间设备访问的通用方法以及外设访问接口,芯片厂家在 CMSIS 基础上提供针对自己
芯片的外设接口库,包含了 GPIO、TIMER、CAN、I2C、SPI、UART 和 ADC 等所有标准外
设,便于进行二次开发和应用,可以大大减少用户的程序编写时间,进而降低开发成本,缩短
在不同处理器之间的移植时间。

　　CMSIS 为 Cortex-M 微控制器系统定义了:
- 访问外设寄存器的通用方法和定义异常向量的通用方法。
- 内核设备的寄存器名称和内核异常向量的名称。
- 独立于微控制器的 RTOS 接口,带调试通道。
- 中间设备组件接口(TCP/IP 协议栈,闪存文件系统)。

如图 4-14 所示,CMSIS 由 4 部分组成:
- CMSIS-CORE 组件: 提供 Cortex-M 系列微处理器的内核和外设的寄存器定义、中
断接口和 API 函数,提供系统启动方法和访问特定处理器功能和内核外设的函数。

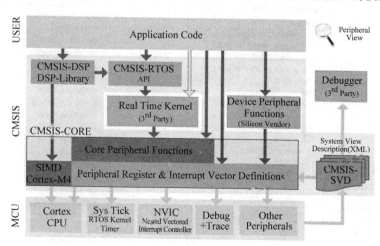

图 4-14　CMSIS 库的作用

ibeg嗯用嗯 l是是好是是

- CMSIS-DSP 组件：优化的信号处理算法。
- CMSIS-SVD 组件：描述设备外设和中断的 XML 文件。
- CMSIS-RTOS API 组件：提供通用的 API 接口给一些实时操作系统(RTOS)。

CMSIS 提供的独立于编译器的主要内核文件包括：

- Cortex-M3 内核及其设备文件(core_cm3.h ＋ core_cm3.c)：用于访问 Cortex-M3 内核及其 NVIC,SysTick 等设备,访问 Cortex-M3 CPU 寄存器和内核外设的函数。
- 微控制器专用头文件(device.h)：用于指定中断号码(与启动文件一致),定义外设寄存器（寄存器的基地址和布局）。
- 微控制器专用系统文件(system_device.c)：包括 SystemInit(),SystemFrequncy(),Sysem_ExtMemCtl()等函数,用来初始化处理器。

CMSIS 提供的与编译器相关的启动文件主要是编译器启动代码（startup_device.s）,它定义了中断处理程序列表及中断处理程序默认函数。

基于 CMSIS,ST 提供了 STM32Lx 系列的内核设备访问 API 和外围设备访问 API,可在 http://www.st.com/web/en/catalog/tools/PF257908 下载,该库提供了 STM32L 系列中高、中、低密度处理器的编译器相关启动代码,内核设备文件、MCU 系统文件,以及外围控制器的所有驱动程序。

STM32Lx 系列的 CMSIS 库的结构如图 4-15 所示,CMSIS/Device/ST/STM32Lxx 目

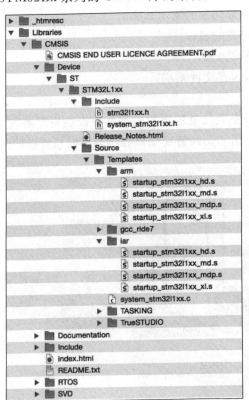
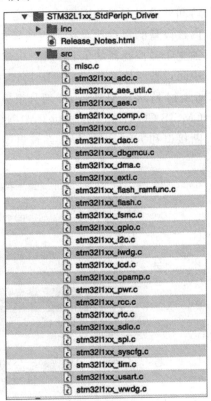

图 4-15　CMSIS 代码树

录下的 include 文件夹包含微控制器专用头文件 stm32l1xx. h 和微控制器专用系统文件的头文件 system_stm32l1xx. h；source/Templates 文件夹下包含的是微控制器专用系统文件 system_ stm32l1xx. c 和编译器相关启动文件，其中 ARM 目录下是 ARMCC 编译器 (KEILMDK 开发环境)的启动文件；IAR 目录下是 IAR EWARM 开发环境的启动文件，根据微控制器 flash 容量大小的不同，选用不同的启动文件。STM32L152-Discovery 开发板使用的 STM321L152RBT6 属于中密度型，因此在构建工程时选择 startup_ stm32l1xx_ md. s。

STM32L1xx_StdPeriph_Driver /src 目录下为 STM32L1xx 系列微控制器的外设驱动程序，包括 ADC、AES、Flash、LCD、GPIO 等。用户利用 ST 提供的 CMSIS 库可以方便地调用这些驱动程序实现快速开发。

此外，为便于开发，ST 还提供了 STM32LCube 库，实现了网络协议栈、USB 设备操作、图形化界面、文件系统、实时操作系统等接口。

4.3.3　STM32L52 嵌入式程序开发预备知识

1. C 语言的位操作

位操作是嵌入式系统中对于外围控制器寄存器操作的重要方法，本节对 C 语言中的位操作进行概要介绍。

C 语言支持 6 种位操作：

(1) &：按位"与"，对两个操作数的每一位进行逻辑与操作，例如，

```
1000 1000 & 1000 0001 =1000 0000;
```

(2) |：按位"或"，对两个操作数中的每一位进行逻辑或操作，例如：

```
1000 1000 | 1000 0001 =1000 1001;
```

(3) ^：按位"异或"，对两个操作数中的每一位进行逻辑异或操作，仅当两个操作数不同时，相应的输出结果才为 1，否则为 0，例如：

```
1000 1000 ^ 1000 0001 =0000 1001;
```

(4) ～：按位"取反"，将操作数中地每一位取反，例如：

```
~1000 1000 =0111 0111;
```

(5) <<："算术左移"操作，将操作数的各位按要求向左移动若干位，例如 5<<3 等价于 00000101<<3，即 0010 1000。算术左移相当于乘法，左移 n 位的结果等于原操作数乘 2 的 n 次方。

(6) >>："算术右移"，将操作数的各位按要求向右移动若干位，例如 4>>2 等价于 0000 0100>>2，即 0000 0001。算术右移相当于除法，右移 n 位的结果等于原操作数除 2 的 n 次方。

位运算符主要用于快速乘除运算和寄存器操作。

(1) 快速乘除运算：移位操作可用于整数的快速乘除运算，左移一位等效于乘 2，而右移一位等效于除以 2。

如：x = 7，二进制表达为：0000 0111，

x <<1　　　　　　　0000 1110,相当于：x =2 * 7=14,
x <<3　　　　　　　0111 0000,相当于：x=14 * 2 * 2=112
x <<2　　　　　　　1100 0000,相当于：x=112 * 2=448-256=192

在作第三次左移时，其中一位为 1 的位移到外面去了，而左边只能以 0 补齐，因而便不等于 112 * 2 * 2=448，而是等于 192 了。当 x 按刚才的步骤反向移动回去时，就不能返回到原来的值了，因为左边丢掉的一个 1，再也不能找回来了：

x >>2　　　　　　　0011 0000,相当于 x=192/4=48
x >>3　　　　　　　0000 0110,相当于 x=48/8=6
x >>1　　　　　　　0000 0011　相当于 x=6/2=3

(2) 寄存器位操作：寄存器置指定位置为 1：PORTA |= (1<<n)，PORTA 的第 n 为置为 1，其他位不变。例如：

PORTA | = (1<<4) :将第四位置 1：
PORTA | = (1<<7) | (1<<4) | (1<<0) 将设第 7、4 和 0 位置 1

将寄存器指定位置为 0：PORTA &= ～(1<<n)，寄存器的第 n 位将被清 0，但不影响其他位，例如：

PORTA & =~ (1<<4) :第四位置 0

2. 用 C 语言操作硬件

第 3 章 3.3 节的启动代码分析中，我们已经可以实现从 MCU 上电复位到跳转到 C 语言的 main 函数开始执行，这样我们可以使用 C 语言对硬件进行控制。对于 C 程序，程序编译时已经指定了 Flash 的地址和 SRAM 的地址，因此建立堆栈后，数据处理类的程序即可正常运行。但通常我们要操作外设，配置外设的寄存器控制外设运行，从第 2 章的存储空间映射可知外设空间和 Flash、SRAM 统一遍址，对外设寄存器的访问就是对存储空间的访问。

Cortex-M3 的 SysTick 定时器的当前值寄存器地址为 0xE000E018，用 C 语言访问这个地址的一个字，即可读写该寄存器的值。

```
unsigned int * p = (unsigned int * ) (0xE000E018)
unsigned int SysTick_Value = * p;          //读取 SysTick 计数器值
* p = SysTick_Value+2000;                   //向 SysTick 计数器写入新值
```

利用宏定义，可以给每个寄存器起一个名字。

```
#define SYSTICK_VALUE_R  (* (unsigned int * )0xE000E018)
```

这样可以直接使用寄存器名:

SYSTICK_VALUE_R = 20000;

通常我们将寄存器定义为如下形式:

#define SYSTICK_VALUE_R　(* (volatile unsigned int *)0xE000E018)

volatile 是 C 的一个关键字,别称易失变量,即容易丢失的变量;因为编译器为了程序的效率,在编译时会进行一些优化。在变量前加上个 volatile 关键字,编译器就不会对该变量进行优化了,这样可以保证读取的是存储器地址而不是缓存或寄存器(优化后可能把该变量的值存放在某个临时的寄存器中,这样会导致寄存器和存储器内容不一致)。

再结合 C 语言的位操作运算,就可以对寄存器的任意 bit 进行访问和控制。CMSIS 提供了寄存器的规范定义和 HAL 硬件抽象层的 C 库版本。

3. 时钟树及时钟配置

STM32L152 的时钟树如图 2-17 所示。主要时钟源有以下 5 个:

1) HSE 时钟

高速外部时钟信号(HSE)可以由 HSE 外部晶体/陶瓷谐振器和 HSE 用户外部时钟产生。为了减少时钟输出的失真和缩短启动稳定时间,晶体/陶瓷谐振器和负载电容器要尽可能地靠近振荡器引脚。负载电容值必须根据所选择的振荡器来调整。外部晶体/陶瓷谐振器可以提供一个非常精确的时钟源,HSE 晶体可以通过设置时钟控制寄存器里 RCC_CR 中的 HSEON 位被启动和关闭。

2) HSI 时钟

HSI 时钟信号由内部 16MHz 的 RC 振荡器产生,可直接作为系统时钟或作为 PLL 输入。HSI RC 振荡器能够在不需要任何外部器件的条件下提供系统时钟。它的启动时间比 HSE 晶体振荡器短。然而,即使在校准之后它的时钟频率精度仍较差。HSI RC 可由时钟控制寄存器中的 HSION 位来启动和关闭。

3) LSE 时钟

LSE 晶体是一个 32.768kHz 的低速外部晶体或陶瓷谐振器。它为实时时钟或者其他定时功能提供一个低功耗的精确时钟源。LSE 晶体通过在备份域控制寄存器(RCC_BDCR)里的 LSEON 位启动和关闭。

4) LSI 时钟

LSI RC 担当一个低功耗时钟源的角色,它可以在停机和待机模式下保持运行,为独立看门狗和自动唤醒单元提供时钟。LSI 时钟频率为 37kHz。LSI RC 可以通过控制/状态寄存器(RCC_CSR)里的 LSION 位来启动或关闭。

5) MSI 时钟

MSI 是内部集成的多速率时钟,有 65.5kHz、131kHz、262kHz、524kHz、1.05MHz、2.1MHz 和 4.2MHz 7 种配置。

输入时钟源的频率一般都比较低,系统所需的时钟频率可能会比较高,因此我们可以采用 PLL 锁相环对输入时钟进行倍频处理。内部 PLL 可以用来倍频 HSI 的 RC 振荡时钟或

HSE 晶体时钟。PLL 的设置必须在其被激活前完成。一旦 PLL 被激活,这些参数就不能被改动。在使用 USB 时,PLL 必须被设置为输出 48 MHz 时钟提供 USBCLK 时钟。

对于微控制器系统,所需的时钟包括系统主时钟 SYSCLK,用于 Cortex-M3 处理器核心;AHB 总线时钟 HCKL,用于 AHB 总线和连接到 AHB 的外设;APB1 总线时钟 PPB1 和 APB2 总线时钟 PPB2,用于外围总线和连接到外围总线的外设。此外 USB、RTC 需要特殊的时钟需要配置,微控制器还提供一个输出 MCO,可以将 MCU 内部的时钟输出到芯片引脚上。

系统复位后,2.1MHz 的 MSI 被选为系统时钟。当时钟源被直接或通过 PLL 间接作为系统时钟时,它将不能被停止。只有当目标时钟源准备就绪时才可以进行系统时钟切换。时钟控制寄存器(RCC_CR)里的状态位指示哪个时钟已经准备好了,哪个时钟目前被用作系统时钟。

4. 时钟和复位配置控制器

1) 时钟控制寄存器 RCC_CR

时钟控制寄存器用于配置内部和外部的高速时钟以及锁相环 PLL 的开启控制,其有效域定义如图 4-16 所示。

31	30	29	28	27	26	25	24	23	22	21	20	19	18	17	16
Res.	RTCPRE[1:0]		CSS ON	Reserved		PLL RDY	PLLON	Reserved					HSE BYP	HSE RDY	HSE ON
	rw	rw	rw			r	rw						rw	r	rw

15	14	13	12	11	10	9	8	7	6	5	4	3	2	1	0
Reserved						MSI RDY	MSION	Reserved						HSI RDY	HSION
						r	rw							r	rw

图 4-16　时钟控制寄存器

HSION、MSION、HSEON、PLLON 分别用于控制 HSI、MSI、HSE 和 PLL 是否启用,若启用其中一个时钟源,其稳定后,对应的 HSIRDY、HSERDY、PLLDRY 和 MSIRDY 会自动置 1,表明该时钟可用。

该寄存器的初值为 0b0XX0 0000 0000 0X00 0000 0011 0000 0000,即默认 MSION 开启,MCU 上电后采用 MSI 时钟。

2) 内部时钟源及时钟校准寄存器 RCC_ICSCR

内部时钟源及时钟校准寄存器的有效域定义如图 4-17 所示。

31	30	29	28	27	26	25	24	23	22	21	20	19	18	17	16
MSITRIM[7:0]								MSICAL[7:0]							
rw	rw	rw	rw	rw	rw	rw	rw	r	r	r	r	r	r	r	r

15	14	13	12	11	10	9	8	7	6	5	4	3	2	1	0
MSIRANGE[2:0]			HSITRIM[4:0]					HSICAL[7:0]							
rw	rw	rw	rw	rw	rw	rw	rw	r	r	r	r	r	r	r	r

图 4-17　内部时钟源及时钟校准寄存器

MCU 上电后采用 MSI 时钟,MSI 为多速率时钟,RCC_ICSCR 寄存器的 MSIRANGE 域用于指定 MSI 时钟的频率,000 表示 65.536kHz,001 表示 131.072kHz,010 表示

262.144kHz,011 表示 524.288kHz,100 表示 1.048MHz,101 表示 2.097MHz(默认值),110 表示 4.194MHz,111 无效。该寄存器默认值为 0x00XX B0XX,即 MSIRANGE 配置为 101,MSI 频率 2.097MHz。

3) 时钟配置寄存器 RCC_CFGR

时钟配置寄存器用于配置 PLL,AHB、APB 的总线时钟,其有效域定义如图 4-18 所示。

31	30	29	28	27	26	25	24	23	22	21	20	19	18	17	16
Res.	MCOPRE[2:0]			Res.	MCOSEL[2:0]			PLLDIV[1:0]		PLLMUL[3:0]				Res.	PLL SRC
	rw	rw	rw		rw	rw	rw	rw	rw	rw	rw	rw	rw		rw

15	14	13	12	11	10	9	8	7	6	5	4	3	2	1	0
Reserved		PPRE2[2:0]			PPRE1[2:0]			HPRE[3:0]				SWS[1:0]		SW[1:0]	
		rw	rw	rw	rw	rw	rw	rw	rw	rw	rw	r	r	rw	rw

图 4-18　时钟配置寄存器

MCOPRE[2:0],MCU 输出时钟 MCO 的分频因子,000~100 分别表示 1、2、4、8、16 分频,其余配置无效。

MCOSEL[2:0]用于配置 MCO 输出时钟的时钟源,000 表示 MCO 输出禁用。001 表示 SYSCLK 作为 MCO 的输出源,010 表示 HSI 作为 MCO 的输出源,011 表示 MSI 作为 MCO 的输出源,100 表示 HSE 作为 MCO 的输出源,101 表示 PLL 作为 MCO 的输出源,110 表示 LSI 作为 MCO 的输出源,111 表示 LSE 作为 MCO 的输出源。

PLLDIV[1:0],PLL 时钟的分频系数,00 表示不分频,01~11 分别表示 2、3、4 分频。

PLLMUL[3:0]:PLL 的倍频系数,0000~1000 分别表示 3、4、6、8、12、16、24、32、48 倍频,其余配置无效。

PLLSRC,PLL 的输入时钟选择,0 表示 HIS,1 表示 HSE。

PPRE2[2:0]和 PPRE1[2:0]分别用于配置 APB2、APB1 的总线时钟分频系数,APB 的时钟来源于 AHB 的 HCLK,0xx 表示 HCLK 不分频,100~111 分别表示 2、4、8、16 分频。

HPRE[3:0],AHB 时钟分频系数,AHB 的时钟来源于 SYSCLK,0xxx 表示 SYSCLK 不分频,1000~1111 分别表示 2、4、8、16、64、128、256 和 512 分频。

SW[1:0],SYSCLK 来源配置,00 表示 MSI 作为系统时钟,01 示 HSI 作为系统时钟,10 表示 HSE 作为系统时钟,11 表示 PLL 作为系统时钟。

SWS[1:0],系统时钟的状态,只读,用于表示那个时钟源正在被作为系统时钟,00~11 分别表示 MSI、HSI、HSE 和 PLL。

4) AHB 外围时钟使能寄存器 RCC_AHBENR

AHB 外围时钟使能寄存器用于配置连接到 AHB 总线上的每个外设时钟是否启用,其有效域定义如图 4-19 所示,写 1 表示启用,写 0 表示关闭时钟。

5) APB2 外围时钟使能寄存器 RCC_APB2ENR

APB2 为时钟使能寄存器,用于配置连接到 APB2 总线上的每个外设时钟是否启用,其有效域定义如图 4-20 所示,写 1 表示启用,写 0 表示关闭时钟。

31	30	29	28	27	26	25	24	23	22	21	20	19	18	17	16
Res.	FSMC EN	Reserved		AES EN	Res.	DMA2E N	DMA1EN	Reserved							
	rw			rw		rw	rw								

15	14	13	12	11	10	9	8	7	6	5	4	3	2	1	0
FLITF EN	Reserved		CRCEN	Reserved				GPIOG EN	GPIOF EN	GPIOH EN	GPIOE EN	GPIOD EN	GPIOC EN	GPIOB EN	GPIOA EN
rw			rw					rw	rw	rw	rw	rw	rw	rw	rw

图 4-19   AHB 外围时钟使能寄存器

31	30	29	28	27	26	25	24	23	22	21	20	19	18	17	16
Reserved															

15	14	13	12	11	10	9	8	7	6	5	4	3	2	1	0
Res.	USART1 EN	Res.	SPI1 EN	SDIO EN	Res.	ADC1 EN	Reserved				TIM11 EN	TIM10 EN	TIM9 EN	Res.	SYSCF GEN
	rw		rw	rw		rw					rw	rw	rw		rw

图 4-20   APB2 外围时钟使能寄存器

6）APB1 外围时钟使能寄存器 RCC_APB1ENR

APB1 时钟使能寄存器用于配置连接到 APB1 总线上的每个外设时钟是否启用，其有效域定义如图 4-21 所示，写 1 表示启用，写 0 表示关闭时钟。

31	30	29	28	27	26	25	24	23	22	21	20	19	18	17	16
COMP EN	Res.	DAC EN	PWR EN	Reserved				USB EN	I2C2 EN	I2C1 EN	UART5 EN	UART4 EN	USART3 EN	USART2 EN	Res.
rw		rw	rw					rw	rw	rw	rw	rw	rw	rw	

15	14	13	12	11	10	9	8	7	6	5	4	3	2	1	0
SPI3 EN	SPI2 EN	Reserved		WWD GEN	Res.	LCD EN	Reserved			TIM7 EN	TIM6 EN	TIM5 EN	TIM4 EN	TIM3 EN	TIM2 EN
rw	rw			rw		rw				rw	rw	rw	rw	rw	rw

图 4-21   APB1 外围时钟使能寄存器

7）控制/状态寄存器 RCC_CSR

控制和状态寄存器的有效域定义如图 4-22 所示。RCC_CSR 中涉及 LSI 和 LSE 的启用和配置，分别用 LSION、LSEON、LSIRDY、LSERDY 表示。

31	30	29	28	27	26	25	24	23	22	21	20	19	18	17	16
LPWR RSTF	WWDG RSTF	IWDG RSTF	SFT RSTF	POR RSTF	PIN RSTF	OBLRS TF	RMVF	RTC RST	RTC EN	Reserved				RTCSEL[1:0]	
rw	rw	rw	rw	rw	rw	rw	rw	rw	rw					rw	rw

15	14	13	12	11	10	9	8	7	6	5	4	3	2	1	0
Reserved			LSECS SD	LSECS SON	LSE BYP	LSERDY	LSEON	Reserved						LSI RDY	LSION
			r	rw	rw	r	rw							r	rw

图 4-22   控制/状态寄存器

8）时钟配置的相关寄存器和库函数

（1）寄存器结构定义

CMSIS 中 RCC 寄存器结构定义为 RCC_TypeDeff，在文件"stm32L1xx.h"中定义

如下：

```
typedef struct
{
    __IO uint32_t CR;                       //时钟控制寄存器
    __IO uint32_t CFGR;                     //时钟配置寄存器
    __IO uint32_t CIR;                      //时钟中断寄存器
    __IO uint32_t AHBRSTR;                  //AHB 外设复位寄存器
    __IO uint32_t APB2RSTR;                 //APB2 外设复位寄存器
    __IO uint32_t APB1RSTR;                 //APB1 外设复位寄存器
    __IO uint32_t AHBENR;                   //AHB 外设时钟使能寄存器
    __IO uint32_t APB2ENR;                  //APB2 外设时钟使能寄存器
    __IO uint32_t APB1ENR;                  //APB1 外设时钟使能寄存器
    __IO uint32_t AHBLPENR                  //AHB 低功耗模式使能寄存器
    __IO uint32_t  APB2LPENR                //APB2 低功耗模式使能寄存器
    __IO uint32_t APB1LPENR                 //APB1 低功耗模式使能寄存器
    __IO uint32_t CSR;                      //控制/状态寄存器
} RCC_TypeDef;
```

RCC 外设的寄存器地址定义在文件"stmL1xx. h"：

```
#define PERIPH_BASE ((uint32_t)0x40000000)
#define APB1PERIPH_BASE PERIPH_BASE
#define APB2PERIPH_BASE (PERIPH_BASE +0x10000)
#define AHBPERIPH_BASE (PERIPH_BASE +0x20000)
#define RCC_BASE (AHBPERIPH_BASE +0x1000)
#define RCC ((RCC_TypeDef *) RCC_BASE)
```

（2）配置案例

```
static void SetSysClock(void)
{
    __IO uint32_t StartUpCounter =0, HSEStatus =0;
    RCC->CR |=((uint32_t)RCC_CR_HSEON);             //使能 HSE
    do                                              //等待 HSE 工作或超时
    {
        HSEStatus =RCC->CR & RCC_CR_HSERDY;
        StartUpCounter++;
    } while((HSEStatus ==0) && (StartUpCounter !=HSE_STARTUP_TIMEOUT));
    if ((RCC->CR & RCC_CR_HSERDY) !=RESET)
        HSEStatus = (uint32_t)0x01;
    else
        HSEStatus = (uint32_t)0x00;
    if (HSEStatus == (uint32_t)0x01)                //HSE 正常工作
    {
```

```
//配置 CFG 寄存器,HCLK、APB1、APB2 分频系数均为 1
RCC->CFGR |=(uint32_t)RCC_CFGR_HPRE_DIV1;      //HCLK =SYSCLK/1
RCC->CFGR |=(uint32_t)RCC_CFGR_PPRE2_DIV1;     //PCLK2 =HCLK/1
RCC->CFGR |=(uint32_t)RCC_CFGR_PPRE1_DIV1;     //PCLK1 =HCLK/1
//清除 PLL 控制位,配置 PLL 的时钟源、倍频系数、分频系数
RCC->CFGR &=(uint32_t)((uint32_t)~(RCC_CFGR_PLLSRC | RCC_CFGR_PLLMUL |
                       RCC_CFGR_PLLDIV));
RCC->CFGR |=(uint32_t)(RCC_CFGR_PLLSRC_HSE | RCC_CFGR_PLLMUL12 |
                  RCC_CFGR_PLLDIV3);
RCC->CR |=RCC_CR_PLLON;                         //启用 PLL
while((RCC->CR & RCC_CR_PLLRDY) ==0) ;         //等待 PLL 稳定
//配置 CFGR 的 SW 选择 PLL 时钟作为系统时钟源
RCC->CFGR &=(uint32_t)((uint32_t)~(RCC_CFGR_SW));
RCC->CFGR |=(uint32_t)RCC_CFGR_SW_PLL;
//读 CFGR 的 SWS,等待系统时钟状态指示 PLL 时钟成为系统时钟
while ((RCC->CFGR&(uint32_t)RCC_CFGR_SWS)!=(uint32_t)RCC_CFGR_SWS_PLL) ;
}
else
//HSE 不工作,使用原有时钟即可
}
```

(3) RCC 库函数

RCC 库函数如表 4-1 所示。

表 4-1　为 ST 提供的 RCC 控制相关库函数

函　数　名	功　　能
RCC_DeInit	将外设 RCC 寄存器重设为默认值
RCC_HSEConfig	设置外部高速晶振(HSE)
RCC_WaitForHSEStartUp	等待 HSE 起振
RCC_HSICmd	使能或者失能内部高速晶振(HSI)
RCC_PLLConfig	设置 PLL 时钟源及倍频系数
RCC_PLLCmd	使能或者失能 PLL
RCC_SYSCLKConfig	设置系统时钟(SYSCLK)
RCC_GetSYSCLKSource	返回用作系统时钟的时钟源
RCC_HCLKConfig	设置 AHB 时钟(HCLK)
RCC_PCLK1Config	设置低速 AHB 时钟(PCLK1)
RCC_PCLK2Config	设置高速 AHB 时钟(PCLK2)
RCC_ITConfig	使能或者失能指定的 RCC 中断

续表

函 数 名	功 能
RCC_ADCCLKConfig	设置 ADC 时钟（ADCCLK）
RCC_LSEConfig	设置外部低速晶振（LSE）
RCC_LSICmd	使能或者失能内部低速晶振（LSI）
RCC_RTCCLKConfig	设置 RTC 时钟（RTCCLK）
RCC_RTCCLKCmd	使能或者失能 RTC 时钟
RCC_GetClocksFreq	返回不同片上时钟的频率
RCC_AHBPeriphClockCmd	使能或者失能 AHB 外设时钟
RCC_APB2PeriphClockCmd	使能或者失能 APB2 外设时钟
RCC_APB1PeriphClockCmd	使能或者失能 APB1 外设时钟
RCC_GetFlagStatus	检查指定的 RCC 标志位设置与否
RCC_GetITStatus	检查指定的 RCC 中断发生与否
RCC_ClearITPendingBit	清除 RCC 的中断待处理位

配置示例：

```
void RCC_Configuration(void)
{
  RCC_DeInit();
  RCC_HSEConfig(RCC_HSE_ON);                          //RCC_HSE_ON——HSE 晶振打开(ON)
  HSEStartUpStatus =RCC_WaitForHSEStartUp();
  if(HSEStartUpStatus ==SUCCESS)                      //SUCCESS:HSE 晶振稳定且就绪
  {
    RCC_HCLKConfig(RCC_SYSCLK_Div1)                   //AHB 时钟为系统时钟
    RCC_PCLK2Config(RCC_HCLK_Div1);                   //APB2 时钟为 HCLK
    RCC_PCLK1Config(RCC_HCLK_Div2);                   //APB1 时钟为 HCLK / 2
    RCC_PLLConfig(RCC_PLLSource_HSE_Div1, RCC_PLLMul_4);
    //PLL 的输入时钟 =HSE 时钟频率;RCC_PLLMul_4——PLL 输入时钟 x 4
    RCC_PLLCmd(ENABLE);
    while(RCC_GetFlagStatus(RCC_FLAG_PLLRDY) ==RESET) ;
    RCC_SYSCLKConfig(RCC_SYSCLKSource_PLLCLK);
    //RCC_SYSCLKSource_PLLCLK——选择 PLL 作为系统时钟
    while(RCC_GetSYSCLKSource() !=0x08);              //0x08:PLL 作为系统时钟
  }
  //启动 GPIOA、GPIOB 和 GPIOC 外设时钟
  RCC_AHBPeriphClockCmd(RCC_AHBPeriph_GPIOA | RCC_AHBPeriph_GPIOB |
                  RCC_AHBPeriph_GPIOC, ENABLE);
}
```

第 5 章 通用输入输出

【导读】 通用输入输出(General Purpose Input/Output,GPIO)是嵌入式微控制器最常用、最基础、灵活性最强的控制器,可以实现简单控制,也可以组合实现复杂时序,是嵌入式程序设计必须掌握的控制器。本章首先介绍 GPIO 的引脚内部构造,不同的输入输出模式的区别,然后对 GPIO 的寄存器定义进行了详细介绍,并结合 ST 的外围控制器库函数对典型 API 进行了介绍,最后以 LED 和按键为例阐述了利用库函数进行 I/O 控制的方法。

5.1 GPIO 原理

5.1.1 GPIO 功能

GPIO 是嵌入式开发里面最基本也最常用的硬件端口,STM32L1xx 系列处理器可提供多达 128 个 I/O,实现输入输出功能,并将其分为 A~H 8 组,每组称为一个端口(PORT),每个端口有 16 个 I/O 引脚(PIN),每个 I/O 的速度可单独配置,最快可在 2 个时钟周期进行 I/O 翻转,支持 I/O 锁定功能、I/O 复选功能,每个引脚最多可有 16 个复选功能,最大程度的提供了灵活的 I/O 配置和使用。

I/O 的使用由 GPIO 控制器管理,每个 GPIO 端口有四个 32 位配置寄存器(GPIOx_MODER,GPIOx_OTYPER,GPIOx_OSPEEDR 和 GPIOx_PUPDR),两个 32 位数据寄存器(GPIOx_IDR 和 GPIOx_ODR),一个 32 位置位/复位寄存器(GPIOx_BSRR),一个 32 位锁定寄存器(GPIOx_LCKR)和两个 32 位的复选功能选择寄存器(GPIOx_AFRH 和 GPIOx_AFRL)。

一个 I/O 端口引脚的结构如图 5-1 所示,主要由输入驱动器、输出驱动器、输入数据寄存器、输出数据寄存器和位设置/清除寄存器进行输入输出控制。

GPIO 端口的每个位可以由软件分别配置成多种模式:输入、输出、复用和模拟四种模式,每种模式下,可以通过寄存器对输入输出方式进行配置,由输入驱动器和输出驱动器的开关电路控制,每个 I/O 端口位可以自由编程,以 32 位字访问 I/O 端口寄存器。

在每个 AHB 总线时钟周期,GPIO 控制器采样 I/O 引脚的输入电平,并将输入数据存储到输入寄存器中。所有 GPIO 引脚有一个内部弱上拉和弱下拉,当配置为输入时,它们可以被激活也可以被断开;端口配置为输出模式时,GPIO 输出寄存器中的值输出到对应的

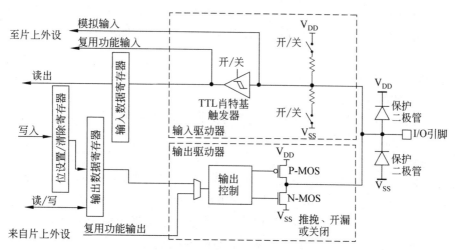

图 5-1 I/O 引脚内部电路结构

I/O 引脚上。

为便于程序对 I/O 口的输出数据寄存器控制,GPIO 控制器提供了单个或多个位的原子读写操作,通过对"置位/复位寄存器"(GPIOx_BSRR)中想要更改的位写 1 实现同时操作,无需软件进行开关中断的保护操作。

为保护 I/O 引脚配置的安全性,GPIO 控制器提供了锁定机制允许冻结 I/O 配置。当在一个端口位上执行了锁定(LOCK)程序,在下一次复位之前,将不能再更改端口位的配置。

所有的 I/O 端口及其引脚都具有复用功能,复用功能是将 GPIO 端口映射到某个外围控制器上,作为外围控制器的专用 I/O 通道,这样,可以对不使用的外围控制器的引脚当作普通 I/O 使用,当需要时配置成为专用 I/O 使用。当外围控制器功能不能满足时,我们通常使用 I/O 模拟专用控制器的时序用软件实现专用控制器的功能。每个 I/O 端口最多可以有 16 个复选功能 AF0-AF15,但只能使用一个复用功能。CPU 上电复位后,所有的 I/O 都默认使用 AF0 功能。除了特殊 I/O 引脚外(比如 JTAG 调试口(PA15、PA14、PA13、PB4、PB3)对应的 I/O 引脚 AF0 功能为 JTAG 调试端口功能,因此每个引脚被置为输入上拉或下拉模式),I/O 引脚的 AF0 功能都是 GPIO,复位后的默认配置为浮空输入。为了使不同器件封装的外设 I/O 功能的数量达到最优,STM32L1xx 系列处理器支持复用功能重映射,可以把一些复用功能的引脚重新映射到其他一些引脚上。

所有的 GPIO 端口都有外部中断能力,将端口配置为输入模式后,可以把引脚作为中断源的输入,例如按键、事件触发等,具体在中断控制器部分进行阐述。

5.1.2 I/O 模式配置

1. 输入配置

当 I/O 端口配置为输入时:图 5-1 中的输出缓冲器被禁止,施密特触发输入被激活。

根据输入引脚配置(上拉、下拉或浮空)的不同,弱上拉或下拉电阻被连接。出现在 I/O 引脚上的数据被采样到输入数据寄存器,对输入数据寄存器的读访问可得到 I/O 引脚的状态。

浮空输入:浮空输入一般多用于外部按键输入,浮空输入状态下,I/O 的电平状态是不确定的,完全由外部输入决定。

上拉输入和下拉输入分别对应图 5-1 中的上拉电阻开关和下拉电阻开关,将输入信号的默认值保持在高电平或者低电平。

2. 输出配置

当 I/O 端口被配置为输出时,图 5-1 中的输出缓冲器被激活,施密特触发输入被激活,弱上拉或下拉电阻被禁止。输出到 I/O 引脚上的数据在每个时钟周期同时被采样到输入数据寄存器,在开漏模式时,对输入数据寄存器的读访问可得到输出 I/O 状态。在推挽式模式时,对输出数据寄存器的读访问得到当前的输出状态。

输出类型可配置为两种方式:开漏模式和推挽模式。开漏模式下,图 5-1 中的输出寄存器上的 0 激活 N-MOS,而输出寄存器上的 1 将端口置于高阻状态(P-MOS 从不被激活)。推挽模式下,图 5-1 中的输出寄存器上的 0 激活 N-MOS,而输出寄存器上的 1 将激活 P-MOS。

推挽输出:可以输出高、低电平,连接数字器件;推挽一般是指两个三极管分别受两个互补信号的控制,总是在一个三极管导通的时候另一个截止,形成推拉结构,所以导通损耗小、效率高。输出既可以向负载灌电流,也可以从负载抽取电流。推拉式输出级既提高电路的负载能力,又提高开关速度,高低电平由电源决定。

开漏输出:输出端相当于三极管的集电极,适合于做电流型的驱动,其吸收电流的能力相对强(20mA 以内)。开漏电路利用外部电路的驱动能力,可以减少芯片内部的驱动电流,一般用来连接不同电平的器件。由于开漏引脚不连接外部的上拉电阻时,只能输出低电平,如果需要同时具备输出高电平的功能,则需要接上拉电阻,上升沿的时延由上拉电阻的阻值决定,电阻小时延时就小,功耗大;反之延时大功耗小。在多个 I/O 口形成"线与"功能时,需要设置为开漏输出。

3. 复用功能配置

当 I/O 端口被配置为复用功能时,图 5-1 中,在开漏或推挽输出配置中,输出缓冲器被打开,输出缓冲器由内置外设的信号驱动输出(复用功能输出);施密特触发输入被激活,弱上拉和下拉电阻由 GPIOx_PUPDR 寄存器确定,每个时钟周期采样 I/O 引脚上的数据,读输入数据寄存器时可得到 I/O 口状态。复用功能下 I/O 口的输入输出配置以及开漏、推挽由复用功能引脚规定。

对于复用的输入功能,端口必须配置成输入模式(浮空、上拉或下拉)且输入引脚必须由外部驱动。对于复用输出功能,端口必须配置成复用功能输出模式(推挽或开漏)。对于双向复用功能,端口位必须配置复用功能输出模式(推挽或开漏)。这时,输入驱动器被配置成浮空输入模式,引脚和输出寄存器断开,并和片上外设的输出信号连接。如果软件把一个 GPIO 脚配置成复用输出功能,但是外设没有被激活,它的输出将不确定。

4. 模拟配置

当 I/O 端口被配置为模拟时,图 5-1 中的输出缓冲器被禁止,施密特触发输入被禁止,I/O 信号直接连接到处理器的模拟外围控制器电路,不经过 GPIO 控制器,施密特触发输出值被强置为 0,弱上拉和下拉电阻被禁止,此时读取输入数据寄存器时数值为 0。在低功耗休眠时,可将 I/O 设置为模拟输入状态,以降低功耗。

对于 I/O 引脚在不同应用情况下的配置如表 5-1 所示。

表 5-1　I/O 配置的典型配置

应 用 场 景	配 置
普通 GPIO 输入	配置该引脚为浮空输入、带弱上拉输入或带弱下拉输入,不使能该引脚对应的所有复用功能模块
普通 GPIO 输出	根据需要配置该引脚为推挽输出或开漏输出,不使能该引脚对应的所有复用功能模块
普通模拟输入	配置该引脚为模拟输入模式,不使能该引脚对应的所有复用功能模块
内置外设的输入	根据需要配置该引脚为浮空输入、带弱上拉输入或带弱下拉输入,使能该引脚对应的复用功能模块
内置外设的输出	根据需要配置该引脚为复用推挽输出或复用开漏输出,使能该引脚对应的复用功能模块。

5.2　GPIO 寄存器

GPIO 控制器的寄存器如表 5-2 所示。

表 5-2　GPIO 控制器寄存器

寄存器名称	偏移量	功　能	复　位　值
端口模式寄存器(GPIOx_MODER)	0x00	配置端口的输入输出方向	端口 A: 0xA800 000 端口 B: 0x0000 0280 其他: 0x0000 0000
端口输出类型寄存器(GPIOx_OTYPER)	0x04	配置端口输出类型	0x0000 0000
端口输出速度寄存器(GPIOx_OSPEEDR)	0x08	配置端口输出输速率	端口 B: 0x0000 00C0 其他: 0x0000 0000
端口上拉下拉寄存器(GPIOx_PUPDR)	0x0C	配置端口上拉和下拉电阻	端口 A: 0x6400 0000 端口 B: 0x0000 0100 其他: 0x0000 0000
GPIO 端口输入数据寄存器(GPIOx_IDR)	0x10	端口输入数据	0x0000 XXXX (X 表示不定态)
GPIO 端口输出寄存器(GPIOx_ODR)	0x14	端口输出数据	0x0000 0000

续表

寄存器名称	偏移量	功　能	复　位　值
端口位设置/清除寄存器(GPIOx_BSRR)	0x18	端口输出寄存器设置为1或清为0	0x0000 0000
GPIO端口配置锁定寄存器(GPIOx_LCKR)	0x1C	锁定引脚的配置信息	0x0000 0000
复用功能低寄存器(GPIOx_AFRL)	0x20	复用功能选择 0～7	0x0000 0000
复用功能高寄存器(GPIOx_AFRH)	0x28	复用功能选择 8～15	0x0000 0000

1. GPIO 端口模式寄存器(GPIOx_MODER)(x＝A,…,H)

端口模式寄存器用于配置 I/O 的输入输出状态,其有效域定义如图 5-2 所示。

图 5-2　端口模式寄存器定义

端口模式寄存器是一个 32 位寄存器,每 2 个 bit 为一组,共定义了 16 个 I/O 的端口输入输出配置。MODERy[1:0]:端口 x 的 y 引脚配置位(y=0,…,15),用于配置 I/O 口的输入输出方向。00 表示输入模式(复位值),01 表示输出模式,10 表示复用功能模式,11 表示模拟模式。

2. GPIO 端口输出类型寄存器(GPIOx_OTYPER)(x＝A,…,H)

端口输出类型寄存器用于定义 I/O 引脚在输出模式下是开漏输出还是推挽输出,其有效域定义如图 5-3 所示。

图 5-3　端口输出类型寄存器定义

端口输出类型寄存器 32 位,其中高 16 位保留,低 16 位 OTy 表示端口 x 的引脚 y 的配置(y=0,…,15),0 表示推挽输出(复位值),1 表示开漏输出。

3. GPIO 端口输出速度寄存器(GPIOx_OSPEEDR)(x＝A,…,H)

端口输出速度寄存器是一个 32 位寄存器,用于配置 I/O 引脚的输出速度(输出信号从低电平到高电平的上升速度或高电平到低电平的下降速度),每两个 bit 用于确定一个 I/O 引脚的输出速度配置,其有效域定义如图 5-4 所示。

OSPEEDRy[1:0]表示端口 x 配置 y 引脚配置(y=0,…,15),00 表示极低速 400kHz,

31	30	29	28	27	26	25	24	23	22	21	20	19	18	17	16
OSPEEDR15[1:0]		OSPEEDR14[1:0]		OSPEEDR13[1:0]		OSPEEDR12[1:0]		OSPEEDR11[1:0]		OSPEEDR10[1:0]		OSPEEDR9[1:0]		OSPEEDR8[1:0]	
rw	rw	rw	rw	rw	rw	rw	rw	rw	rw	rw	rw	rw	rw	rw	rw
15	14	13	12	11	10	9	8	7	6	5	4	3	2	1	0
OSPEEDR7[1:0]		OSPEEDR6[1:0]		OSPEEDR5[1:0]		OSPEEDR4[1:0]		OSPEEDR3[1:0]		OSPEEDR2[1:0]		OSPEEDR1[1:0]		OSPEEDR0 1:0	
rw	rw	rw	rw	rw	rw	rw	rw	rw	rw	rw	rw	rw	rw	rw	rw

图 5-4　端口输出速度寄存器定义

01 表示低速 2MHz，10 表示中速 10MHz，11 表示高速 40MHz。

4. GPIO 端口上拉下拉寄存器（GPIOx_PUPDR）（x＝A，…，H）

端口上拉下拉寄存器用于配置 I/O 引脚是否使用内部弱上拉和弱下拉电阻，其有效域定义如图 5-5 所示。每两位 PUPDRy[1：0]表示端口 x 的 y 引脚配置（y＝0，…，15），00 表示浮空，01 表示上拉，10 表示下拉，11 保留。

31	30	29	28	27	26	25	24	23	22	21	20	19	18	17	16
PUPDR15[1:0]		PUPDR14[1:0]		PUPDR13[1:0]		PUPDR12[1:0]		PUPDR11[1:0]		PUPDR10[1:0]		PUPDR9[1:0]		PUPDR8[1:0]	
rw	rw	rw	rw	rw	rw	rw	rw	rw	rw	rw	rw	rw	rw	rw	rw
15	14	13	12	11	10	9	8	7	6	5	4	3	2	1	0
PUPDR7[1:0]		PUPDR6[1:0]		PUPDR5[1:0]		PUPDR4[1:0]		PUPDR3[1:0]		PUPDR2[1:0]		PUPDR1[1:0]		PUPDR0[1:0]	
rw	rw	rw	rw	rw	rw	rw	rw	rw	rw	rw	rw	rw	rw	rw	rw

图 5-5　端口上拉下拉寄存器定义

5. GPIO 端口输入数据寄存器（GPIOx_IDR）（x ＝ A，…，H）

输入数据寄存器用于存储端口输入引脚的电平值，其有效域定义如图 5-6 所示。

31	30	29	28	27	26	25	24	23	22	21	20	19	18	17	16
Reserved															
15	14	13	12	11	10	9	8	7	6	5	4	3	2	1	0
IDR15	IDR14	IDR13	IDR12	IDR11	IDR10	IDR9	IDR8	IDR7	IDR6	IDR5	IDR4	IDR3	IDR2	IDR1	IDR0
r	r	r	r	r	r	r	r	r	r	r	r	r	r	r	r

图 5-6　端口输入数据寄存器定义

端口输入数据寄存器 32 位中低 16 位有效，每位分别表示对应引脚的输入电平状态。IDRy 为端口 x 的引脚 y 的输入数据（y＝0，…，15），该寄存器为只读寄存器，以字为单位访问。

6. GPIO 端口输出寄存器（GPIOx_ODR）（x＝A，…，H）

输出数据寄存器用于存储端口输出引脚的电平值，其有效域定义如图 5-7 所示。

31	30	29	28	27	26	25	24	23	22	21	20	19	18	17	16
Reserved															
15	14	13	12	11	10	9	8	7	6	5	4	3	2	1	0
ODR15	ODR14	ODR13	ODR12	ODR11	ODR10	ODR9	ODR8	ODR7	ODR6	ODR5	ODR4	ODR3	ODR2	ODR1	ODR0
rw	rw	rw	rw	rw	rw	rw	rw	rw	rw	rw	rw	rw	rw	rw	rw

图 5-7　端口输出数据寄存器定义

端口输出寄存器的高 16 位保留,低 16 位有效,每位表示对应引脚应该输出的电平状态。ODRy 表示端口 x 的引脚 y 的输出数据(y=0,…,15)。该寄存器可读写,只能以字的形式操作。为便于操作,可通过配置 GPIOx_BSRR 寄存器对指定 ODR 位设置和清除。

7. GPIO 端口位设置/清除寄存器(GPIOx_BSRR)(x = A,…,H)

端口位设置/清除寄存器用于修改数据输出寄存器的值,实现高效、原子操作的端口引脚输出电平配置,其有效域定义如图 5-8 所示。高 16 位对应 16 个 I/O 引脚置零操作,BRy 表示清除端口 x 的引脚 y(y=0,…,15),0 表示对相应的 ODRy 位不产生影响,1 表示清除相应的 ODRy 位为 0。这些位只能以字、半字或字节写入。低 16 位对应 16 个同样的 I/O 引脚,BSy 表示设置端口 x 的引脚 y(y=0,…,15),0 表示对相应的 ODRy 位不产生影响,1 表示设置相应的 ODRy 位为 1。读取该寄存器返回值为 0。如果同时设置了 BSy 和 BRy 的对应位,BSy 位起作用。

31	30	29	28	27	26	25	24	23	22	21	20	19	18	17	16
BR15	BR14	BR13	BR12	BR11	BR10	BR9	BR8	BR7	BR6	BR5	BR4	BR3	BR2	BR1	BR0
w	w	w	w	w	w	w	w	w	w	w	w	w	w	w	w
15	14	13	12	11	10	9	8	7	6	5	4	3	2	1	0
BS15	BS14	BS13	BS12	BS11	BS10	BS9	BS8	BS7	BS6	BS5	BS4	BS3	BS2	BS1	BS0
w	w	w	w	w	w	w	w	w	w	w	w	w	w	w	w

图 5-8　端口输出设置/清除寄存器定义

8. GPIO 端口配置锁定寄存器(GPIOx_LCKR)(x = A,…,H)

配置锁定寄存器用于端口配置的锁定,其有效域定义如图 5-9 所示。锁定开关为寄存器的位 16 LCKK,当 LCKK 为 1 时,根据该寄存器低 16 位 LCKy 的设置对对应 I/O 引脚进行锁定。当对相应的端口位执行了 LOCK 后,在下次系统复位之前将不能再更改端口位的配置。在执行锁定序列设置期间,不可以改变 LCKP[15:0] 的值,该寄存器只能以字操作。

31	30	29	28	27	26	25	24	23	22	21	20	19	18	17	16
						Reserved									LCKK
															rw
15	14	13	12	11	10	9	8	7	6	5	4	3	2	1	0
LCK15	LCK14	LCK13	LCK12	LCK11	LCK10	LCK9	LCK8	LCK7	LCK6	LCK5	LCK4	LCK3	LCK2	LCK1	LCK0
rw	rw	rw	rw	rw	rw	rw	rw	rw	rw	rw	rw	rw	rw	rw	rw

图 5-9　端口锁定配置寄存器定义

LCKK:锁键(Lock key),该位可随时读出,但只可通过锁键写入序列修改。该位置 0 表示端口配置锁键未激活,置 1 表示端口配置锁键被激活,下次系统复位前 GPIOx_LCKR 寄存器被锁住。

LCKK 需要通过一个写入序列进行修改:写 LCKK=1 -> 写 LCKK=0 -> 写 LCKK=1 -> 读 LCKK -> 读 LCKK=1。最后一个读可省略,但可以用来确认锁键已被激活。

LCKy 表示端口 x 的 y 引脚是否加锁(y＝0,…,15),0 表示不锁定端口的配置,1 表示锁定端口的配置。这些位可读可写但只能在 LCKK 位为 0 时写入。

被锁定的寄存器包括 GPIOx_MODER, GPIOx_OTYPER, GPIOx_OSPEEDR, GPIOx_PUPDR, GPIOx_AFRL 和 GPIOx_AFRH。

9. GPIO 复用功能低寄存器(GPIOx_AFRL)(x＝A,…,H)

端口复用功能寄存器用于配置 I/O 端口作为其他功能使用,其有效域定义如图 5-10 所示和 5-11 所示。每个 4 个 bit 对应一个 I/O 引脚,每个引脚最多有 16 种复用功能。端口复用功能低寄存器用于配置一个 GPIO 端口的 0~7 引脚的复用功能。

31	30	29	28	27	26	25	24	23	22	21	20	19	18	17	16
AFRL7[3:0]				AFRL6[3:0]				AFRL5[3:0]				AFRL4[3:0]			
rw	rw	rw	rw	rw	rw	rw	rw	rw	rw	rw	rw	rw	rw	rw	rw
15	14	13	12	11	10	9	8	7	6	5	4	3	2	1	0
AFRL3[3:0]				AFRL2[3:0]				AFRL1[3:0]				AFRL0[3:0]			
rw	rw	rw	rw	rw	rw	rw	rw	rw	rw	rw	rw	rw	rw	rw	rw

图 5-10　端口复用功能低寄存器定义

AFRLy[3:0]:端口 x 的引脚 y 的复用功能启用位(y＝0,…,7),AFRLy 配置的复用功能有 AFx 确定,取值如表 5-3 所示,每个引脚的 AF0~15 的具体配置见 STM32L152RE 的芯片数据手册(https://www.st.com/resource/en/datasheet/stm32l152re.pelf)

表 5-3　复用功能选择

AFRLy/AFRHy 取值	复用功能							
AFRLy	0000	0001	0010	0011	0100	0101	0110	0111
	AF0	AF1	AF2	AF3	AF4	AF5	AF6	AF7
AFRHy	1000	1001	1010	1011	1100	1101	1110	1111
	AF8	AF9	AF10	AF11	AF12	AF13	AF14	AF15

10. GPIO 复用功能高寄存器(GPIOx_AFRH)(x＝A,…,H)

复用功能高寄存器用于配置 I/O 口 8~15 的复用功能,其有效域定义如图 5-11 所示,AFRHy(y＝8,…,15)的配置如表 5-3 所示。

31	30	29	28	27	26	25	24	23	22	21	20	19	18	17	16
AFRH15[3:0]				AFRH14[3:0]				AFRH13[3:0]				AFRH12[3:0]			
rw	rw	rw	rw	rw	rw	rw	rw	rw	rw	rw	rw	rw	rw	rw	rw
15	14	13	12	11	10	9	8	7	6	5	4	3	2	1	0
AFRH11[3:0]				AFRH10[3:0]				AFRH9[3:0]				AFRH8[3:0]			
rw	rw	rw	rw	rw	rw	rw	rw	rw	rw	rw	rw	rw	rw	rw	rw

图 5-11　端口复用功能高寄存器定义

5.3　GPIO 操作函数库

CMSIS 中 GPIO 控制器的数据结构定义在 stm32lxx.h 中：

```
typedef struct
{
    __IO uint32_t MODER;        //模式寄存器,地址偏移量：0x00
    __IO uint16_t OTYPER;       //输出类型寄存器,地址偏移量：0x04
    uint16_t RESERVED0;         //保留,4 字节对齐用
    __IO uint32_t OSPEEDR;      //输出速度寄存器,地址偏移量：0x08
    __IO uint32_t PUPDR;        //上拉下拉寄存器,地址偏移量：0x0C
    __IO uint16_t IDR;          //输入数据寄存器,地址偏移量：0x10
    uint16_t RESERVED1;         //保留,4 字节对齐用
    __IO uint16_t ODR;          //输出数据寄存器,地址偏移量：0x14
    uint16_t RESERVED2;         //保留,4 字节对齐用
    __IO uint16_t BSRRL;        //位设置/清除低寄存器,地址偏移量：0x18
    __IO uint16_t BSRRH;        //位设置/清除高寄存器,地址偏移量：0x1A
    __IO uint32_t LCKR;         //锁配置寄存器,地址偏移量：0x1C
    __IO uint32_t AFR[2];       //复用功能寄存器,地址偏移量：0x20-0x24
    __IO uint16_t BRR;          //位清除寄存器,地址偏移量：0x28,HD 和 XL 设备有,MD 没有
    uint16_t RESERVED3;         //保留,4 字节对齐
} GPIO_TypeDef;
```

这样,我们可以用 GPIO_TypeDef 定义一个表示 GPIOx 的结构体变量,通过操作结构体变量对 GPIOx 的寄存器进行配置。

结构体定义中,__IO 的定义为：

```
#define __IO    volatile
```

每个寄存器变量定义时都要使用 volatile 关键字,保证该寄存器变量存储地址的数据不会被缓存到 Cache 中。

32 位系统中,对于内存的操作以字为单位,导致结构体存在字节对齐问题,RESVEREDn 将 16 位的整型拼成 32 位整型,避免在不同编译器下字操作可能出现的问题,同时将结构体的地址排列和 GPIO 控制器的地址排列一一对应,便于通过指针对 GPIO 寄存器进行操作。

Stm32lxx.h 中对 8 个 GPIO 控制器进行了声明

```
/* !<Peripheral memory map * /
#define APB1PERIPH_BASE     PERIPH_BASE
#define APB2PERIPH_BASE     (PERIPH_BASE +0x10000)
#define AHBPERIPH_BASE      (PERIPH_BASE +0x20000)
```

```
#define GPIOA_BASE              (AHBPERIPH_BASE +0x0000)
#define GPIOB_BASE              (AHBPERIPH_BASE +0x0400)
#define GPIOC_BASE              (AHBPERIPH_BASE +0x0800)
#define GPIOD_BASE              (AHBPERIPH_BASE +0x0C00)
#define GPIOE_BASE              (AHBPERIPH_BASE +0x1000)
#define GPIOH_BASE              (AHBPERIPH_BASE +0x1400)
#define GPIOF_BASE              (AHBPERIPH_BASE +0x1800)
#define GPIOG_BASE              (AHBPERIPH_BASE +0x1C00)
#define GPIOA                   ((GPIO_TypeDef * ) GPIOA_BASE)
#define GPIOB                   ((GPIO_TypeDef * ) GPIOB_BASE)
#define GPIOC                   ((GPIO_TypeDef * ) GPIOC_BASE)
#define GPIOD                   ((GPIO_TypeDef * ) GPIOD_BASE)
#define GPIOE                   ((GPIO_TypeDef * ) GPIOE_BASE)
#define GPIOH                   ((GPIO_TypeDef * ) GPIOH_BASE)
#define GPIOF                   ((GPIO_TypeDef * ) GPIOF_BASE)
#define GPIOG                   ((GPIO_TypeDef * ) GPIOG_BASE)
```

为便于对用户 GPIO 控制寄存器的配置,ST 提供了 GPIO 标准库函数,头文件位 stm32l1xx_gpio.h,程序源代码位 stm32l1xx_gpio.c。在头文件中,定义了 GPIO_InitTypeDef 结构体用于 I/O 口的初始化配置,该结构体的定义如下:

```
typedef struct
{
    uint32_t GPIO_Pin;                  // 需要被配置的 I/O 引脚
    GPIOMode_TypeDef GPIO_Mode;         //I/O 模式,用于对模式寄存器配置
    GPIOSpeed_TypeDef GPIO_Speed;       //I/O 速率,用于对速率寄存器配置
    GPIOOType_TypeDef GPIO_OType;       //输出引脚类型,用于配置输出类型寄存器
    GPIOPuPd_TypeDef GPIO_PuPd;         //上拉下拉类型,用于配置上拉下拉寄存器
}GPIO_InitTypeDef;
```

其中,I/O 模式在 GPIOMode_TypeDef 枚举类型中定义如下:

```
typedef enum
{
    GPIO_Mode_IN   =0x00,               //输入模式
    GPIO_Mode_OUT  =0x01,               //输出模式
    GPIO_Mode_AF   =0x02,               //复用功能
    GPIO_Mode_AN   =0x03                //模拟模式
}GPIOMode_TypeDef;
```

GPIO_Pin 的取值定义如下:

```
#define GPIO_Pin_0              ((uint16_t)0x0001)
#define GPIO_Pin_1              ((uint16_t)0x0002)
#define GPIO_Pin_2              ((uint16_t)0x0004)
```

```
#define GPIO_Pin_3          ((uint16_t)0x0008)
#define GPIO_Pin_4          ((uint16_t)0x0010)
#define GPIO_Pin_5          ((uint16_t)0x0020)
#define GPIO_Pin_6          ((uint16_t)0x0040)
#define GPIO_Pin_7          ((uint16_t)0x0080)
#define GPIO_Pin_8          ((uint16_t)0x0100)
#define GPIO_Pin_9          ((uint16_t)0x0200)
#define GPIO_Pin_10         ((uint16_t)0x0400)
#define GPIO_Pin_11         ((uint16_t)0x0800)
#define GPIO_Pin_12         ((uint16_t)0x1000)
#define GPIO_Pin_13         ((uint16_t)0x2000)
#define GPIO_Pin_14         ((uint16_t)0x4000)
#define GPIO_Pin_15         ((uint16_t)0x8000)
#define GPIO_Pin_All        ((uint16_t)0xFFFF)
```

输出模式配置定义如下：

```
typedef enum
{   GPIO_OType_PP = 0x00,        //推挽输出
    GPIO_OType_OD = 0x01         //开漏输出
}GPIOOType_TypeDef;
```

I/O 速率的配置定义如下：

```
typedef enum
{
    GPIO_Speed_400kHz = 0x00,    //极低速
    GPIO_Speed_2MHz   = 0x01,    //低速
    GPIO_Speed_10MHz  = 0x02,    //中等速度
    GPIO_Speed_40MHz  = 0x03     //高速
}GPIOSpeed_TypeDef;
```

上拉和下拉配置定义如下：

```
typedef enum
{   GPIO_PuPd_NOPULL = 0x00,     //浮空
    GPIO_PuPd_UP     = 0x01,     //上拉
    GPIO_PuPd_DOWN   = 0x02      //下拉
}GPIOPuPd_TypeDef;
```

因此，我们对 GPIOx 的配置可以通过如下的程序实现。

```
#define GPIOA   ((GPIO_TypeDef *) GPIOA_BASE)
GPIOA->MODER = GPIO_Mode_IN;
GPIOA->OSPEEDER = GPIO_Speed_40MHz;
```

ST 提供了 GPIO 操作的函数库如表 5-4 所示。

表 5-4　GPIO 库函数列表

函　数　名	描　　　述
GPIO_DeInit	将外设 GPIOx 寄存器重设为默认值
GPIO_Init	根据 GPIO_InitStruct 中指定的参数初始化外设 GPIOx 寄存器
GPIO_StructInit	把 GPIO_InitStruct 中的每一个参数按默认值填入
GPIO_ReadInputDataBit	读取指定端口引脚的输入
GPIO_ReadInputData	读取指定的 GPIO 端口输入
GPIO_ReadOutputDataBit	读取指定端口引脚的输出
GPIO_ReadOutputData	读取指定的 GPIO 端口输出
GPIO_SetBits	设置指定的数据端口位
GPIO_ResetBits	清除指定的数据端口位
GPIO_WriteBit	设置或者清除指定的数据端口位
GPIO_Write	向指定 GPIO 数据端口写入数据
GPIO_PinLockConfig	锁定 GPIO 引脚设置寄存器
GPIO_PinAFConfig	选择 GPIO 引脚的复用功能
GPIO_ToggleBits	翻转 GPIO 引脚的电平状态

1. GPIO_DeInit 函数

函数功能：将 GPIOx 的所有寄存器复位，寄存器值为默认值。

函数原型：void GPIO_DeInit (GPIO_TypeDef * GPIOx)。

输入参数：GPIOx，需要复位的端口号，取值为 GPIOA、GPIOB、GPIOC、…、GPIOH。

应用示例：

```
GPIO_DeInit(GPIOA);                    //将 GPIOA 端口复位
```

2. GPIO_Init 函数

函数功能：根据参数 GPIO_InitStruct 初始化 GPIOx 的寄存器。

函数原型：void GPIO_Init(GPIO_TypeDef * GPIOx, GPIO_InitTypeDef * GPIO_InitStruct)。

输入参数 1：GPIOx，需要配置的 I/O 端口，取值为 GPIOA、GPIOB、…、GPIOH。

输入参数 2：GPIO_InitStruct，指向已初始化成员的 GPIO_InitTypeDef 结构体变量的指针。

应用示例：

```
GPIO_InitTypeDef GPIO_InitStructure;
GPIO_InitStructure.GPIO_Pin =GPIO_Pin_All;
GPIO_InitStructure.GPIO_Speed =GPIO_Speed_2MHz;
```

```
GPIO_InitStructure.GPIO_Mode =GPIO_Mode_IN;
GPIO_Init(GPIOA, &GPIO_InitStructure);
```

3. GPIO_PinAFConfig 函数

函数功能：设置 I/O 端口的复选功能。

函数原型：void GPIO_PinAFConfig (GPIO_TypeDef ∗ GPIOx，uint16_t GPIO_PinSource，uint8_tGPIO_AF)。

输入参数 1：GPIOx，需要修改的 I/O 端口，取值为 GPIOA、GPIOB、…、GPIOH。

输入参数 2：GPIO_PinSource，端口的 I/O 引脚，取值为 GPIO_PinSourcex，x＝0～15，其定义如下：

```
#define GPIO_PinSource0          ((uint8_t)0x00)
#define GPIO_PinSource1          ((uint8_t)0x01)
#define GPIO_PinSource2          ((uint8_t)0x02)
#define GPIO_PinSource3          ((uint8_t)0x03)
#define GPIO_PinSource4          ((uint8_t)0x04)
#define GPIO_PinSource5          ((uint8_t)0x05)
#define GPIO_PinSource6          ((uint8_t)0x06)
#define GPIO_PinSource7          ((uint8_t)0x07)
#define GPIO_PinSource8          ((uint8_t)0x08)
#define GPIO_PinSource9          ((uint8_t)0x09)
#define GPIO_PinSource10         ((uint8_t)0x0A)
#define GPIO_PinSource11         ((uint8_t)0x0B)
#define GPIO_PinSource12         ((uint8_t)0x0C)
#define GPIO_PinSource13         ((uint8_t)0x0D)
#define GPIO_PinSource14         ((uint8_t)0x0E)
#define GPIO_PinSource15         ((uint8_t)0x0F)
```

GPIO_AFSelection：复选功能选择，其取值范围为：

```
//AF 0 selection
#define GPIO_AF_RTC_50Hz     ((uint8_t)0x00)     //RTC 50/60 Hz
#define GPIO_AF_MCO          ((uint8_t)0x00)     //MCO
#define GPIO_AF_RTC_AF1      ((uint8_t)0x00)     //RTC_AF1
#define GPIO_AF_WKUP         ((uint8_t)0x00)     //Wakeup (WKUP1, WKUP2, WKUP3)
#define GPIO_AF_SWJ          ((uint8_t)0x00)     // SW、JTAG
#define GPIO_AF_TRACE        ((uint8_t)0x00)     //TRACE
//AF 1 selection
#define GPIO_AF_TIM2         ((uint8_t)0x01)     //TIM2
//AF 2 selection
#define GPIO_AF_TIM3         ((uint8_t)0x02)     //TIM3
#define GPIO_AF_TIM4         ((uint8_t)0x02)     //TIM4
#define GPIO_AF_TIM5         ((uint8_t)0x02)     // TIM5
//AF 3 selection
```

```
#define GPIO_AF_TIM9        ((uint8_t)0x03)   //TIM9
#define GPIO_AF_TIM10       ((uint8_t)0x03)   //TIM10
#define GPIO_AF_TIM11       ((uint8_t)0x03)   //TIM11
//AF 4 selection
#define GPIO_AF_I2C1        ((uint8_t)0x04)   //I2C1
#define GPIO_AF_I2C2        ((uint8_t)0x04)   // I2C2
//AF 5 selection
#define GPIO_AF_SPI1        ((uint8_t)0x05)   //SPI1
#define GPIO_AF_SPI2        ((uint8_t)0x05)   //SPI2
//AF 6 selection
#define GPIO_AF_SPI3        ((uint8_t)0x06)   //SPI3
//AF 7 selection
#define GPIO_AF_USART1      ((uint8_t)0x07)   // USART1
#define GPIO_AF_USART2      ((uint8_t)0x07)   // USART2
#define GPIO_AF_USART3      ((uint8_t)0x07)   // USART3
//AF 8 selection
#define GPIO_AF_UART4       ((uint8_t)0x08)   //UART4
#define GPIO_AF_UART5       ((uint8_t)0x08)   //UART5
//AF 10 selection
#define GPIO_AF_USB         ((uint8_t)0xA)    // USB Full speed device
//AF 11 selection
#define GPIO_AF_LCD         ((uint8_t)0x0B)   // LCD
//AF 12 selection
#define GPIO_AF_FSMC        ((uint8_t)0x0C)   // FSMC
#define GPIO_AF_SDIO        ((uint8_t)0x0C)   // SDIO
//AF 14 selection
#define GPIO_AF_RI          ((uint8_t)0x0E)   // RI
//AF 15 selection
#define GPIO_AF_EVENTOUT    ((uint8_t)0x0F)   // EVENTOUT
```

应用示例：

```
GPIO_PinAFConfig(GPIOA, GPIO_PinSource9, GPIO_AF_USART1);
```

4. GPIO_PinLockConfig 函数

函数功能：配置 I/O 锁定寄存器。

函数原型：void GPIO_PinLockConfig(GPIO_TypeDef * GPIOx, uint16_t GPIO_Pin)。

输入参数 1：GPIOx，需要配置的 I/O 端口，取值为 GPIOA、GPIOB、…、GPIOH。

输入参数 2：GPIO_Pin，需要锁定的引脚，取值为 GPIO_Pin_x，x＝0～15，可以是多个引脚，GPIO_Pin 的每一位表示一个引脚号。

应用示例：

```
GPIO_PinLockConfig(GPIOA, GPIO_Pin_0 | GPIO_Pin_1);
```

5. GPIO_ReadInputData 函数

函数功能：读取指定 I/O 端口的输入数据。

函数原型：uint16_t GPIO_ReadInputData (GPIO_TypeDef * GPIOx)。

输入参数：GPIOx，所要读取的 I/O 端口，取值为 GPIOA、GPIOB、…、GPIOH。

返回值：GPIOx 的输入数据寄存器值。

应用示例：

```
uint16_t ReadValue;
ReadValue =GPIO_ReadInputData(GPIOC);
```

6. GPIO_ReadInputDataBit 函数

函数功能：读取端口指定引脚的输入数据。

函数原型：uint8_t GPIO_ReadInputDataBit (GPIO_TypeDef * GPIOx, uint16_t GPIO_Pin)。

输入参数 1：GPIOx，所要读取的 I/O 端口，取值为 GPIOA、GPIOB、…、GPIOH。

输入参数 2：GPIO_Pin，所要读取的 I/O 端口引脚号，取值为 GPIO_Pin_x，x＝0～15。

返回值：该 I/O 引脚的输入数据，为 0 或 1。

应用示例：

```
uint8_t ReadValue;
ReadValue =GPIO_ReadInputDataBit(GPIOB, GPIO_Pin_7);
```

7. GPIO_ReadOutputData 函数

函数功能：读取指定 I/O 端口的输出数据寄存器值。

函数原型：uint16_t GPIO_ReadOutputData (GPIO_TypeDef * GPIOx)。

输入参数：GPIOx，所要读取的 I/O 端口，取值为 GPIOA、GPIOB、…、GPIOH。

返回值：该 I/O 端口的输出寄存器值。

应用示例：

```
uint16_t ReadValue;
ReadValue =GPIO_ReadOutputData(GPIOC);
```

8. GPIO_ReadOutputDataBit 函数

函数功能：读取指定端口指定引脚的输出数据值。

函数原型：uint8_t GPIO_ReadOutputDataBit(GPIO_TypeDef * GPIOx, uint16_t GPIO_Pin)。

输入参数 1：GPIOx，所要读取的 I/O 端口，取值为 GPIOA、GPIOB、…、GPIOH。

输入参数 2：GPIO_Pin，所要读取的指定引脚号，取值为 GPIO_Pin_x，x＝0～15。

返回值：该引脚的输出数据值，为 0 或 1。

应用示例：

```
uint8_t ReadValue;
```

```
ReadValue =GPIO_ReadOutputDataBit(GPIOB, GPIO_Pin_7);
```

9. GPIO_ResetBits 函数

函数功能：清除指定 I/O 端口的指定 I/O 引脚数据。

函数原型：void GPIO_ResetBits (GPIO_TypeDef * GPIOx, uint16_t GPIO_Pin)。

输入参数 1：GPIOx，所要清除的 I/O 端口，取值为 GPIOA、GPIOB、…、GPIOH。

输入参数 2：GPIO_Pin，所要清除的 I/O 引脚，取值为 GPIO_Pin_x，x＝0～15，可以是多个引脚，GPIO_Pin 的每位表示一个引脚号。

应用示例：

```
GPIO_ResetBits(GPIOA, GPIO_Pin_10 | GPIO_Pin_15);
```

10. GPIO_SetBits 函数

函数功能：设置指定 I/O 端口的指定 I/O 引脚数据。

函数原型：void GPIO_SetBits(GPIO_TypeDef * GPIOx, uint16_t GPIO_Pin)。

输入参数 1：GPIOx，所要设置的 I/O 端口，取值为 GPIOA、GPIOB、…、GPIOH。

输入参数 2：GPIO_Pin，所要设置的 I/O 引脚，取值为 GPIO_Pin_x，x＝0～15，可以是多个引脚，GPIO_Pin 的每位表示一个引脚号。

应用示例：

```
GPIO_SetBits(GPIOA, GPIO_Pin_10 | GPIO_Pin_15);
```

11. GPIO_StructInit 函数

函数功能：将 GPIO_InitTypeDef 结构体变量的每个成员初始化为默认值。

函数原型：void GPIO_StructInit(GPIO_InitTypeDef * GPIO_InitStruct)。

输入参数：GPIO_InitStruct，所要初始化的 GPIO_InitTypeDef 结构体指针。

调用函数后，输入参数结构体指针的值为：

```
GPIO_Pin  =GPIO_Pin_All;
GPIO_Mode =GPIO_Mode_IN;
GPIO_Speed =GPIO_Speed_400kHz;
GPIO_OType =GPIO_OType_PP;
GPIO_PuPd =GPIO_PuPd_NOPULL;
```

应用示例：

```
GPIO_InitTypeDef GPIO_InitStructure;
GPIO_StructInit(&GPIO_InitStructure);
```

12. GPIO_ToggleBits 函数

函数功能：将指定端口的 I/O 引脚数据翻转。

函数原型：void GPIO_ToggleBits(GPIO_TypeDef * GPIOx，uint16_t GPIO_Pin)。

输入参数 1：GPIOx，所指定的 I/O 端口，取值为 GPIOA、GPIOB、…、GPIOH。

输入参数 2：GPIO_Pin，指定的 I/O 引脚，取值为 GPIO_Pin_x，x＝0～15。

应用示例:

```
GPIO_ToggleBits(GPIOA, GPIO_Pin_5);
```

13. GPIO_Write 函数

函数功能:为端口数据寄存器写入指定值。

函数原型:void GPIO_Write(GPIO_TypeDef * GPIOx, uint16_t PortVal)。

输入参数 1:GPIOx,需要写入的指定端口,取值为 GPIOA、GPIOB、…、GPIOH。

输入参数 2:PortVal,需要写入到端口输出数据寄存器的值。

应用示例:

```
GPIO_Write(GPIOA, 0x1101);
```

14. GPIO_WriteBit 函数

函数功能:设置或清除 I/O 端口的一个引脚数据。

函数原型:void GPIO_WriteBit(GPIO_TypeDef * GPIOx, uint16_tGPIO_Pin, BitAction BitVal)。

输入参数 1:GPIOx,需要写入的 I/O 端口,取值为 GPIOA、GPIOB、…、GPIOH。

输入参数 2:GPIO_Pin,需要配置的制定引脚,取值为 GPIO_Pin_x,x=0~15。

输入参数 3:BitVal,指定引脚的值,取值范围为:Bit_RESET 表示引脚置 0,Bit_SET 表示引脚置 1。

应用示例:

```
GPIO_WriteBit(GPIOA, GPIO_Pin_15, Bit_SET);
```

5.4　GPIO 实例

5.4.1　GPIO 寄存器基本操作

我们可以通过 GPIO 控制器的寄存器对 I/O 进行配置。在操作 GPIO 的寄存器之前,首先要开启 GPIO 控制器的时钟,可以通过调用 RCC_AHBPeriphClockCmd(RCC_AHBPeriph_GPIOx, ENABLE)来实现,其中 RCC_AHBPeriph_GPIOx 中的 x 为要使用的 GPIO 端口号。下面以 GPIO_ReadInputData 函数、GPIO_WriteBit 函数和 GPIO_Init 函数的实现和为例阐述如何对 GPIO 的寄存器进行操作。

【例 5-1】 读输入寄存器的寄存器实现。

```
uint16_t GPIO_ReadInputData(GPIO_TypeDef * GPIOx)
{
    //直接返回 IDR 寄存器的值
    return ((uint16_t)GPIOx->IDR);
```

```
}
```

【例 5-2】　配置一个引脚的输出值的寄存器实现。

```
void GPIO_WriteBit(GPIO_TypeDef * GPIOx, uint16_t GPIO_Pin, BitAction BitVal)
{   //Bit_RESET =0
    if (BitVal !=Bit_RESET)
    {   //直接操作 BSRRL 将输出数据寄存器对应位置 1
        GPIOx->BSRRL =GPIO_Pin;
    }
    else
    {   //通过 BSRRH 将输出数据寄存器对应位清 0
        GPIOx->BSRRH =GPIO_Pin ;
    }
}
```

【例 5-3】　GPIO 寄存器初始化的寄存器实现。

```
void GPIO_Init(GPIO_TypeDef * GPIOx, GPIO_InitTypeDef * GPIO_InitStruct)
{
    uint32_t pinpos =0x00, pos =0x00, currentpin =0x00;
    for (pinpos =0x00; pinpos <16; pinpos++)
    {   //对 16 个引脚进行配置
        pos =((uint32_t)0x01) <<pinpos;
        //判断是否为输入参数结构体中的引脚
        currentpin =(GPIO_InitStruct->GPIO_Pin) & pos;
        if (currentpin ==pos)
        {   //如果是输入参数中的引脚,进行其他参数配置,先将 I/O 引脚的模式寄存器 2bit 清零
            GPIOx->MODER  &=~ (GPIO_MODER_MODER0 <<(pinpos * 2));
            //然后写入输入参数中的配置
            GPIOx->MODER |=(((uint32_t)GPIO_InitStruct->GPIO_Mode) <<(pinpos * 2));
            //如果是输出模式或者复用功能,则需要设置输出速度和输出类型
            if ((GPIO_InitStruct->GPIO_Mode ==GPIO_Mode_OUT) ||
                (GPIO_InitStruct->GPIO_Mode ==GPIO_Mode_AF))
            {
                //将输出速度寄存器对应的 2 个 bit 清 0
                GPIOx->OSPEEDR &=~ (GPIO_OSPEEDER_OSPEEDR0 <<(pinpos * 2));
                //写入新的输出速度
                GPIOx->OSPEEDR |= ((uint32_t) (GPIO_InitStruct->GPIO_Speed) <<
                (pinpos * 2));
                //将输出类型寄存器的 1bit 清 0
                GPIOx->OTYPER  &=~ ((GPIO_OTYPER_OT_0) <<((uint16_t)pinpos)) ;
                //写入新的输出类型配置
                GPIOx->OTYPER|=(uint16_t)(((uint16_t)GPIO_InitStruct->GPIO_OType)
                                        <<((uint16_t)pinpos));
```

```
        }
        //上拉下拉寄存器的 2bit 清 0,然后将新的上拉下拉参数写入
        GPIOx->PUPDR &=~ (GPIO_PUPDR_PUPDR0 << ((uint16_t)pinpos * 2));
        GPIOx->PUPDR |= (((uint32_t)GPIO_InitStruct->GPIO_PuPd) << (pinpos * 2));
    }
  }
}
```

程序中用到的 GPIO_PUPDR_PUPDR0、GPIO_OTYPER_OT_0、GPIO_MODER_MODER0、GPIO_OSPEEDER_OSPEEDR0 的宏定义在 stml1xx.h 中,其表示的是引脚 0 的 PUPDR、OTYPER、MODER 和 OSPEEDR 的配置域在寄存器中的位置。

```
#define GPIO_OSPEEDER_OSPEEDR0    ((uint32_t)0x00000003)
#define GPIO_OTYPER_OT_0          ((uint32_t)0x00000001)
```

5.4.2　GPIO LED 灯控制

【例 5-4】　在 STM32L152-Discovery 开发板上,通过连接到 LED 的 GPIO 引脚对绿色 LED3 灯实现反转控制。LED3 的控制引脚为 PB7,因此我们需要对 GPIOB 端口的第 7 个引脚进行配置,根据电路图,PB7 输出为 1 时灯亮,输出 0 时灯灭。

主程序代码如下:

```
#include "stm32l1xx.h"
#include "stm32L1xx_gpio.h"
#define GREEN_LED GPIO_Pin_7
#define BSRR_VAL 0x80
GPIO_InitTypeDef        GPIO_InitStructure;
void Delay(__IO uint32_t nCount)
{
    while(nCount--)
    {
    }
}
int main(void)
{
    /* GPIOD Periph clock enable */
    RCC_AHBPeriphClockCmd(RCC_AHBPeriph_GPIOB, ENABLE);
    /* Configure PB7 in output pushpull mode */
    GPIO_InitStructure.GPIO_Pin =GREEN_LED;
    GPIO_InitStructure.GPIO_Mode =GPIO_Mode_OUT;
    GPIO_InitStructure.GPIO_OType =GPIO_OType_PP;
    GPIO_InitStructure.GPIO_Speed =GPIO_Speed_40MHz;
```

```
GPIO_InitStructure.GPIO_PuPd =GPIO_PuPd_NOPULL;
GPIO_Init(GPIOB, &GPIO_InitStructure);

while (1)
{
    /* Set PB7 */
    GPIOB->BSRRL =BSRR_VAL;
    Delay(1000);
    /* Reset PB7 */
    GPIOB->BSRRH =BSRR_VAL;
    Delay(1000);
}
}
```

程序的执行流程为：

(1) 首先定义两个宏 GREEN_LED 和 BSRR_VAL，其中 GPIO_Pin_7 为系统定义的宏变量，其值为 0x80；BSRR_VAL 用于对 BSRR 寄存器进行赋值，由于需要对 GPIO_Pin_7 进行设置和清除操作，因此 BSRR_VAL 的值设为 0x80。

(2) 用 GPIO_InitTypeDef 结构体类型定义一个 GPIO 寄存器结构体变量 GPIO_InitStructure，用于对 GPIOB 进行初始化。

(3) main 函数中，对结构体变量进行初始化，为 GPIOB 的第 7 个引脚设置为推挽输出，40MHz 速率，浮空，调用 GPIO_Init 函数对 GPIOB 端口的所有寄存器进行初始化。

(4) 调用 RCC_AHBPeriphClockCmd 使能 GPIOB 的时钟，此时 GPIOB 可以正常工作。

(5) 在 while 循环中，通过对 BRSSL 寄存器的第 7 位写 1 将 GPIOB 的输出数据寄存器第 7 位置 1，灯亮。

(6) 调用 delay 函数延时。

(7) 通过对 BRSSH 寄存器的第 7 位写 1 将 GPIOB 的数据寄存器第 7 位置 0，灯灭，调用 delay 函数，循环执行 (5)～(7)。

根据 ST 提供的函数库，我们对 LED3 的亮灯和灭灯也可以通过 GPIO_ToggleBits(GPIOB,GREEN_LED) 实现。

5.4.3　GPIO 按键输入

【例 5-5】 通过开发板按键作为输入，当按键按下时，获取按键的值，控制 LED3 变亮，按键弹起时，控制 LED3 变灭。

根据 STM32L152-Discovery 开发板的原理图，按键连接在 PA0 口上，当按键按下时，PA0 为低电平，弹起时为高电平。本例程中需要使用两个 I/O 口，PA0 作为输入，PB7 作为输出，主程序如下：

```
#include "stm32L1xx.h"
#include "stm32L1xx_gpio.h"
int main(void)
{
    GPIO_Configuration();
    while (1)
    {
        if(GPIO_ReadInputDataBit(GPIOA,GPIO_Pin_0))
            GPIO_SetBits(GPIOB, GPIO_Pin_7);
        else
            GPIO_ResetBits(GPIOB,GPIO_Pin_7);
    }
}
```

GPIO 初始化的函数实现如下：

```
void GPIO_Configuration(void)
{
    //使能 AHP 外设时钟
    RCC_AHBPeriphClockCmd( RCC_AHBPeriph_GPIOA|
                        RCC_AHBPeriph_GPIOB, ENABLE);
    //配置 LED3
    GPIO_InitTypeDef   GPIO_InitStructure;
    GPIO_InitStructure.GPIO_Pin =GPIO_Pin_7;
    GPIO_InitStructure.GPIO_Mode =GPIO_Mode_OUT;
    GPIO_InitStructure.GPIO_OType =GPIO_OType_PP;
    GPIO_InitStructure.GPIO_Speed =GPIO_Speed_40MHz;
    GPIO_InitStructure.GPIO_PuPd =GPIO_PuPd_NOPULL;
    GPIO_Init(GPIOB, &GPIO_InitStructure);
    //配置按键
    GPIO_InitStructure.GPIO_Pin =GPIO_Pin_0;
    GPIO_InitStructure.GPIO_Mode =GPIO_Mode_IN;
    GPIO_InitStructure.GPIO_PuPd =GPIO_PuPd_NOPULL;
    GPIO_Init(GPIOA, &GPIO_InitStructure);
}
```

第6章 异常和中断处理技术

【导读】 中断是计算机管理外设和处理异常的一种重要手段。本章首先介绍中断的基本概念,对 Cortex-M3 处理器的中断向量表给出了简要说明,然后详细分析了 Cortex-M3 处理器的嵌套向量中断控制器和外部中断控制器,介绍了中断向量控制器和外部中断控制器的相应库函数,最后给出通过按键产生中断控制 LED 灯切换显示的实验代码,并对中断处理流程进行了综合分析。

6.1 中断的基本概念

中断是计算机中的一个十分重要的概念,在现代计算机中毫无例外地都要采用中断技术。可以举一个日常生活中的例子来说明中断的概念,假如你正在厨房做饭,电话铃响了,你暂停做饭去接电话。通话完毕再继续做饭。这个例子就表现了中断及其处理过程:电话铃声使你暂时中止当前的做饭工作,而去处理更为急需处理的事情(接电话),把急需处理的事情处理完毕之后,再回头来继续原来的事情。在这个例子中,电话铃声称为"中断请求",暂停做饭去接电话可以称为"中断响应",接电话的过程就是"中断处理"。相应地,计算机在执行程序的过程中,由于出现特殊情况,使得 CPU 中止正在运行的程序,而转去执行处理该特殊情况的处理程序。这个特殊情况即为中断,这个处理特殊情况的处理程序即为中断服务程序。当中断服务程序执行完毕后,再继续执行原来的程序。

计算机中采用中断技术主要是为了提高计算机系统的执行效率。图 6-1 给出了采用查询和中断两种外部设备管理方式。对于打印输出操作,CPU 工作速度和传送数据的速度都很快,而打印机打印的速度慢。如果采用查询技术,CPU 将经常处于等待状态,效率极低。而采用了中断方式后,CPU 可以进行其他的工作,只在打印机缓冲区中的当前内容打印完毕发出中断请求之后,才予以响应,暂叫中断当前工作转去执行向缓冲区传送数据,传送完成后又返回执行原来的程序。

中断指的是当出现需要时,CPU 暂时停止当前程序的执行转而执行处理新情况的程序和执行过程;这种处理新情况的程序或执行过程,称为中断服务程序 ISR;中断服务程序的入口地址,称为中断向量;中断向量一般存放在计算机内存的某个特定位置,存放中断向量的存储空间称为中断向量表；存储中断向量的地址，称为中断向量地址。

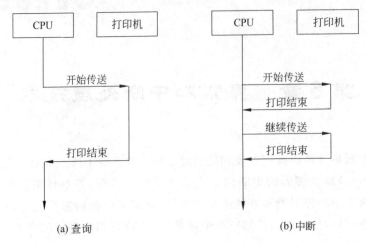

(a) 查询　　　　　　　　　　　　　　(b) 中断

图 6-1　两种外部设备工作方式

6.2　中断向量表

Cortex-M3 将打断 CPU 执行的事件分为异常与中断，其区别在于中断来自于 Cortex 内核外部，比如各种片上外设、外部中断请求等；而异常则是由于 Cortex 内核在执行指令或者访问存储等操作时所产生的。Cortex-M3 支持最多 256 个异常（广义的异常），处理器为了识别异常，对每个异常进行了唯一编号，其中编号 0~15 的为系统异常（狭义的异常），编号 16~255 的为中断，支持多达 240 个外部中断。嵌套向量中断控制器（NVIC）负责 Cortex-M3 中断管理控制，提供可屏蔽的、可嵌套的、具有动态优先级的中断管理。

【思考题：异常和中断有何区别？】

STM32L152 处理器的中断向量表如表 6-1 所示，每个中断或异常都有一个唯一的 IRQ 编号，异常的 IRQ 编号均为负数，中断的 IRQ 编号从 0 开始，IRQ 编号和 Cortex-M3 异常编号之间差 16。异常包括：复位 Reset、不可屏蔽中断 NMI、硬件错误 HardFault、内存管理错误 MemManage、总线错误 BusFault、指令错误 UsageFault、特权指令调用 SVCall、挂起调用 PendSV 和系统时钟 SysTick；中断包括看门狗中断，外部 I/O 中断、定时器中断等。每种异常或中断都有优先级，其中复位、NMI 和 HardFault 的优先级是固定的，其他的异常和中断的优先级均可配置，优先级值越小，优先级越高。复位中断优先级最高（-3），中断向量地址为 0x00000004，当用户按下复位键后，不论当前正在执行的是用户程序还是中断服务程序，执行控制都会转到存储在地址 0x00000004 中的程序地址去执行代码。

表 6-1　中断向量表

IRQ 编号	中断/异常 编号	优先级 次序	优先级 类型	名称	说　　明	地址
—	0	—	—	—	SP 指针初始值	0x00000000
	1	−3	固定	Reset	复位	0x00000004
−14	2	−2	固定	NMI	不可屏蔽中断	0x00000008
−13	3	−1	固定	HardFault	故障升级	0x0000000C
−12	4	0	可设置	MemManage	存储器管理故障	0x00000010
−11	5	1	可设置	BusFault	总线故障	0x00000014
−10	6	2	可设置	UsageFault	用法错误	0x00000018
—	—				保留	
−5	11	3	可设置	SVCall	SWI 系统调用	0x0000002C
−4	12	4	可设置	DebugMonitor	调试监控器	0x00000030
—	—				保留	0x00000034
−2	14	5	可设置	PendSV	可挂起系统服务	0x00000038
−1	15	6	可设置	SysTick	系统嘀嗒定时器	0x0000003C
0	16	7	可设置	WWDG	窗口定时器中断	0x00000040
1	17	8	可设置	PVD	电压检测中断	0x00000044
2	18	9	可设置	TAMPER	入侵检测中断	0x00000048
3	19	10	可设置	RTC	实时时钟中断	0x0000004C
4	20	11	可设置	FLASH	内存全局中断	0x00000050
5	21	12	可设置	RCC	复位和时钟控制中断	0x00000054
6	22	13	可设置	EXT0	EXT0 线中断	0x00000058
7	22	14	可设置	EXT1	EXT1 线中断	0x0000005C
8	24	15	可设置	EXT2	EXT2 线中断	0x00000060
9	25	16	可设置	EXT3	EXT3 线中断	0x00000064
10	26	17	可设置	EXT4	EXT4 线中断	0x00000068
⋮	⋮	⋮	⋮	⋮	⋮	⋮

文件 startup_stm3211xx_md.s 中,使用 DCD 指令将中断向量表填写到存储器中。当有异常或中断产生时,处理器会跳转到 DCD 后面的函数处执行中断服务程序,完整的中断向量表如下。

```
; Vector Table Mapped to Address 0 at Reset
```

```
        AREA    RESET, DATA, READONLY
        EXPORT  __Vectors
        EXPORT  __Vectors_End
        EXPORT  __Vectors_Size


__Vectors   DCD    __initial_sp              ; Top of Stack
            DCD    Reset_Handler             ; Reset Handler
            DCD    NMI_Handler               ; NMI Handler
            DCD    HardFault_Handler         ; Hard Fault Handler
            DCD    MemManage_Handler         ; MPU Fault Handler
            DCD    BusFault_Handler          ; Bus Fault Handler
            DCD    UsageFault_Handler        ; Usage Fault Handler
            DCD    0                         ; Reserved
            DCD    0                         ; Reserved
            DCD    0                         ; Reserved
            DCD    0                         ; Reserved
            DCD    SVC_Handler               ; SVCall Handler
            DCD    DebugMon_Handler          ; Debug Monitor Handler
            DCD    0                         ; Reserved
            DCD    PendSV_Handler            ; PendSV Handler
            DCD    SysTick_Handler           ; SysTick Handler
        ; External Interrupts
            DCD    WWDG_IRQHandler           ; Window Watchdog
            DCD    PVD_IRQHandler            ; PVD through EXTI Line detect
            DCD    TAMPER_STAMP_IRQHandler   ; Tamper and TimeStamp
            DCD    RTC_WKUP_IRQHandler       ; RTC Wakeup
            DCD    FLASH_IRQHandler          ; FLASH
            DCD    RCC_IRQHandler            ; RCC
            DCD    EXTI0_IRQHandler          ; EXTI Line 0
            DCD    EXTI1_IRQHandler          ; EXTI Line 1
            DCD    EXTI2_IRQHandler          ; EXTI Line 2
            DCD    EXTI3_IRQHandler          ; EXTI Line 3
            DCD    EXTI4_IRQHandler          ; EXTI Line 4
            DCD    DMA1_Channel1_IRQHandler  ; DMA1 Channel 1
            DCD    DMA1_Channel2_IRQHandler  ; DMA1 Channel 2
            DCD    DMA1_Channel3_IRQHandler  ; DMA1 Channel 3
            DCD    DMA1_Channel4_IRQHandler  ; DMA1 Channel 4
            DCD    DMA1_Channel5_IRQHandler  ; DMA1 Channel 5
            DCD    DMA1_Channel6_IRQHandler  ; DMA1 Channel 6
            DCD    DMA1_Channel7_IRQHandler  ; DMA1 Channel 7
            DCD    ADC1_IRQHandler           ; ADC1
```

```
DCD        USB_HP_IRQHandler              ; USB High Priority
DCD        USB_LP_IRQHandler              ; USB Low  Priority
DCD        DAC_IRQHandler                 ; DAC
DCD        COMP_IRQHandler                ; COMP through EXTI Line
DCD        EXTI9_5_IRQHandler             ; EXTI Line 9···5
DCD        LCD_IRQHandler                 ; LCD
DCD        TIM9_IRQHandler                ; TIM9
DCD        TIM10_IRQHandler               ; TIM10
DCD        TIM11_IRQHandler               ; TIM11
DCD        TIM2_IRQHandler                ; TIM2
DCD        TIM3_IRQHandler                ; TIM3
DCD        TIM4_IRQHandler                ; TIM4
DCD        I2C1_EV_IRQHandler             ; I2C1 Event
DCD        I2C1_ER_IRQHandler             ; I2C1 Error
DCD        I2C2_EV_IRQHandler             ; I2C2 Event
DCD        I2C2_ER_IRQHandler             ; I2C2 Error
DCD        SPI1_IRQHandler                ; SPI1
DCD        SPI2_IRQHandler                ; SPI2
DCD        USART1_IRQHandler              ; USART1
DCD        USART2_IRQHandler              ; USART2
DCD        USART3_IRQHandler              ; USART3
DCD        EXTI15_10_IRQHandler           ; EXTI Line 15···10
DCD        RTC_Alarm_IRQHandler           ; RTC Alarm through EXTI Line
DCD        USB_FS_WKUP_IRQHandler         ; USB FS Wakeup from suspend
DCD        TIM6_IRQHandler                ; TIM6
DCD        TIM7_IRQHandler                ; TIM7
__Vectors_End
```

文件 startup_stm3211xx_md. s 中, 中断向量 Reset_Handler 对应复位中断服务程序代码如下:

```
; Reset handler routine
Reset_Handler      PROC
                   EXPORT  Reset_Handler        [WEAK]
                   IMPORT  __main
                   IMPORT  SystemInit
                   LDR     R0, =SystemInit
                   BLX     R0
                   LDR     R0, =__main
                   BX      R0
                   ENDP
```

该段代码的功能是调用 SystemInit 来配置时钟, 然后进入用户的入口函数 main。

其他中断服务函数的定义在 stm32l1xxx_it.c 中：

```
//以下为系统异常服务程序,异常服务程序的实现一般为空函数或者死循环
void NMI_Handler(void)
{
    /* 不可屏蔽中断 */
}
void HardFault_Handler(void)
{
    while (1) ;        /* 硬件错误异常发生时,执行该函数,死循环 */
}
void MemManage_Handler(void)
{
    while (1) ;        /* 存储器故障异常发生时,执行该函数,死循环 */
}
void SysTick_Handler(void)
{
    /* 系统定时器异常,可以在此添加中断处理代码*/
}
...
//以下为外围控制器中断服务程序,PPP_IRQHandler 要和汇编文件中断向量表中的一致
void PPP_IRQHandler(void)
{
    /* PPP 外设的中断服务程序,可以在此添加中断处理代码*/
}
```

6.3 中断的执行过程

6.3.1 中断响应基本流程

1. 处理器模式切换

当没有异常发生时,处理器处在线程模式,当进入中断处理(ISR)或故障处理激活时,处理器将进入异常处理模式,不同类型异常处理所对应的处理器工作模式、访问级别以及栈的使用是有所不同的,也就是激活等级不同。

2. 中断响应过程

中断响应的过程为:

(1) CPU 保护现场,将返回地址、关键寄存器压栈;

(2) 获取异常/中断编码;

(3) 查找中断向量表,获得中断服务程序 ISR 的地址;

（4）执行中断服务程序；

（5）中断返回，回复现场，继续执行。

响应异常的第一个行动，就是自动保存现场的必要部分：依次把 xPSR,PC,LR,R12 以及 R0～R3 由硬件自动压入适当的堆栈中，如图 6-2 所示。如果当响应异常时，当前的代码正在使用 PSP，则压入 PSP，即使用线程堆栈；否则压入 MSP，使用主堆栈。一旦进入了中断服务程序，就将一直使用主堆栈。

【思考题：为何只保存 R0～R3,其他寄存器要保存吗？】

当数据总线入栈时，指令总线（ICode）同时从向量表中找出正确的异常向量，然后在服务程序的入口处预取指，入栈与取指这两个工作同时进行。

在入栈和取向量的工作都完毕之后，执行服务例程之前，还要更新一系列的寄存器。

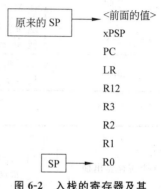

图 6-2　入栈的寄存器及其存储位置

- SP：在入栈中会把栈指针（PSP 或 MSP）更新到新的位置。在执行服务例程后，将由 MSP 负责对栈的访问。
- PSR：IPSR 会被更新为新响应的异常编号。
- PC：在向量取出完毕后，PC 将指向服务例程的入口地址。
- LR：LR 不用返回地址，而是被赋为特殊值 EXC_RETURN,在异常返回时使用。

表 6-2 为异常进入的步骤。

表 6-2　异常进入过程

动　作	描　述
8 个寄存器压栈	在所选的堆栈上将 xPSR,PC,R0,R1,R2,R3,R12,LR 压栈，复位异常不执行该动作
读向量表	读存储器中的向量表，地址为向量表基址＋（异常号 4）。ICode 总线上的读操作能够与 DCode 总线上的寄存器压栈操作同时执行
从向量表中读 SP	只在复位时执行该动作，将 SP 更新为向量表中栈顶的值。选择堆栈，压栈和出栈之外的其他异常不能修改 SP
更新 P	利用向量表读出的位置更新 PC。直到第一条指令开始执行时，才能处理迟来异常
加载流水线	从向量表指向的位置加载指令。它与寄存器压栈操作同时执行
更新 LR	LR 设置为 EXC_RETURN,以便从异常中退出。EXC_RETURN 参见表 6-3

如表 6-4 所示，当异常服务例程执行完毕后，需要执行"异常返回"动作序列，从而恢复先前的系统状态，返回时需要使用 EXC_RETURN 的值。EXC_RETURN 只有低 4 位有效，其余位必须置为 1,其低四位的取值见表 6-3。

将先前压入栈中的寄存器出栈，栈指针恢复中断前的值。更新 NVIC 寄存器，清除中断激活位等。

表 6-3　EXC_RETURN 的返回值

EXC_RETURN[3:0]	功　能
0b0001	返回处理模式,异常返回,获得来自主堆栈的状态,返回时指令执行使用主栈 MSP
0b1001	返回线程模式,异常返回,获得来自主堆栈的状态,返回时指令执行使用主栈 MSP
0b1101	返回线程模式,异常返回,获得来自进程堆栈的状态,返回时指令执行使用进程栈 PSP

表 6-4　异常返回过程

动　作	描　述
8 个寄存器出栈	如果没有被抢占,则将 PC,xPSR,R0,R1,R2,R3,R12,LR 从所选的堆栈中出栈(堆栈由 EXC_RETURN 选择),并调整 SP
加载当前激活的中断号	加载来自被压栈的 IPSR 的位[8:0]中的当前激活的中断号。处理器用它来跟踪返回到哪个异常以及返回时清除激活位。当位[8:0]为 0 时,处理器返回线程模式
选择 SP	如果返回到异常,SP 为 SP_main,如果返回到线程模式,则 SP 为 SP_main 或 SP_process

Cortex-M3 支持由软件指定优先级,优先级范围为 0～255,0 优先级最高,255 优先级最低。为了对具有大量中断的系统加强优先级控制,NVIC 支持优先级分组机制,优先级的值分为抢占优先级区和次优先级区。我们将抢占优先级称为组优先级。如果有多个挂起异常共用相同的组优先级,则需使用次优先级区来决定同组中的异常的优先级,这就是同组内的次优先级。组优先级和次优先级的结合就是通常所说的优先级。如果两个挂起异常具有相同的优先级,则挂起异常的编号越低优先级越高。

图 6-3 为 8 位优先级 PRI_N 的占先优先级区(x)和次优先级区(y)的配置。

PRIGROUP[2:0]	中断优先级区,PRI_N[7:0]				
	二进制点的位置	占先区	次优先级区	占先优先级的数目	次优先级的数目
b000	bxxxxxxx.y	[7:1]	[0]	128	2
b001	bxxxxxx.yy	[7:2]	[1:0]	64	4
b010	bxxxxx.yyy	[7:3]	[2:0]	32	8
b011	bxxxx.yyyy	[7:4]	[3:0]	16	16
b100	bxxx.yyyyy	[7:5]	[4:0]	8	32
b101	bxx.yyyyyy	[7:6]	[5:0]	4	64
b110	bx.yyyyyyy	[7]	[6:0]	2	128
b111	b.yyyyyyyy	无	[7:0]	0	256

图 6-3　中断优先级配置

高抢占优先级的中断会打断当前用户程序或当前正在执行的低抢占优先级的中断服务程序,即中断嵌套;在抢占优先级相同的情况下,次优先级高的中断优先被响应。但是,在抢占优先级相同的情况下,如果有低次优先级的中断服务程序正在执行,则高次优先级的中断不能打断,即不能嵌套中断。当两中个断源的抢占式优先级相同时,这两个中断没有嵌套关系,当一个中断到来后如果另一个中断正在处理,这个后到的中断就要等到前一个中断处理完之后才能被处理。如果这两个中断同时到达,中断控制器则根据它们的响应优先级高低来决定先处理哪一个;如果它们的抢占式优先和次优先级都相等,则根据它们在中断表中的排位顺序决定先处理哪一个。

6.3.2　中断优化技术

为提高中断的响应速度,在优先级的基础上,Cortex-M3 提供了以下中断优化技术。

1. 抢占

当新的异常比当前异常有更高优先级时,则中断当前操作流程,响应新的异常并执行其ISR,即发生中断嵌套,如图 6-4 所示。

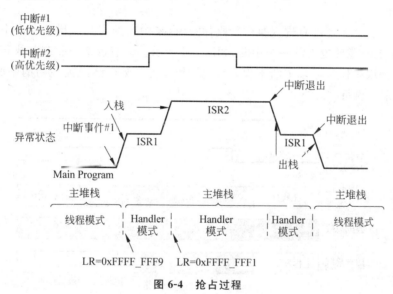

图 6-4　抢占过程

2. 末尾连锁

末尾连锁能够在两个中断之间没有多余的状态保存和恢复指令的情况下实现背对背处理。在退出 ISR 并进入另一个中断时,处理器略过 8 个寄存器的出栈和压栈操作,因为它对堆栈的内容没有影响。如果挂起中断的优先级比所有被压栈的异常的优先级都高,则处理器执行末尾连锁直接取出挂起中断的向量,在退出前一个 ISR 之后六个周期,开始执行被末尾连锁的 ISR,如图 6-5 所示。

3. 返回

如果挂起的异常中没有比栈中的 ISR 异常优先级更高的,则处理器执行返回操作,恢复进入 ISR 之前的状态,在恢复现场的过程中,如果此时有更高优先级的中断到来,但处理器还没有恢复完成现场,此时放弃恢复现场的过程,直接将更高优先级的中断作为尾链处理。

【思考题：已经弹出栈的值如何处理？】

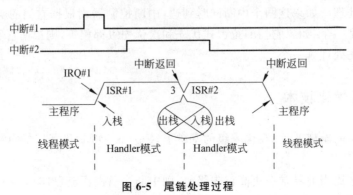

图 6-5　尾链处理过程

4. 迟到

如果前一个 ISR 还没有进入执行阶段,并且迟来中断的优先级比前一个中断的优先级要高,则迟来中断能够抢占前一个中断,如图 6-6 所示。响应迟来中断时需执行新的取向量地址和 ISR 预取操作。迟来中断不保存状态,因为状态保存已经被最初的中断执行过了,因此不需要重复执行。

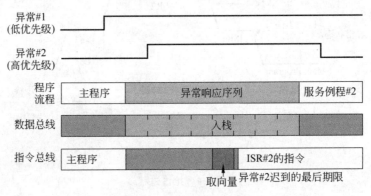

图 6-6　迟到中断响应过程

6.3.3　系统异常

1. 复位

表 6-5 为复位的过程。复位后,CM3 读取下列两个 32 位整数的值。

(1) 从地址 0x0000,0000 处取出 MSP 的初始值。

(2) 从地址 0x0000,0004 处取出 PC 的初始值(复位异常处理函数),然后从这个值所对应的地址处取指,如图 6-7 所示。

表 6-5　复位动作

动　作	描　述
NVIC 复位,内核保持在复位状态	NVIC 对它的大部分寄存器进行清零。处理器位于线程模式,优先级为特权模式,堆栈设置为主堆栈
NVIC 将内核从复位状态释放	NVIC 将内核从复位状态释放
内核设置堆栈	内核从向量表偏移 0 中读取最初的 MSP 值
内核设置 PC 和 LR	内核从向量表偏移中读取最初的 PC。LR 设置为 0xFFFFFFFF
运行复位程序	NVIC 的中断被禁止,NMI 和硬件故障未被禁止

图 6-7　复位异常处理过程

2. 故障

故障时处理器内部产生的异常,能够产生中止故障的 4 个事件包括:

(1) 指令取指或向量表加载时的总线错误;

(2) 数据访问时的总线错误;

(3) 内部检测到的错误,例如未定义的指令或试图用 BX 指令来改变状态;

(4) 由于违反了特权模式或未管理的区域而引起的 MPU 故障。

① 存储器故障:触犯了 MPU 设置的保护规范和某些非法访问引起的存储器错误,例如访问了所有 MPU 覆盖范围之外的地址,访问了没有存储器与之对应的空地址,往只读区写数据,用户级下访问了只允许在特权级下访问的地址等。

② 总线故障:当 AHB 接口上正在传送数据时,如果回复了一个错误信号,则会产生总线故障,例如取指过程中的预取流产,数据读写过程中的数据流产等。

③ 用法故障:错误使用导致的故障,如执行了协处理器指令(Cortex-M3 没有协处理器)、执行了未定义的指令、尝试进入 ARM 状态、无效的中断返回(LR 中包含了无效/错误的值)、使用多重加载/存储指令时,地址没有对齐等。

④ 硬件故障:上述常规故障处理中发生问题时,故障升级成为硬件故障。

3. SVC 系统调用和 PendSV 挂起调用

SVC(系统服务调用)和 PendSV(挂起系统调用)异常多用于在操作系统。SVC 用于产生系统函数的调用请求,从用户级切入到特权级,如用户程序使用 SVC 发出对系统服务函数的呼叫请求,以这种方法调用它们来间接访问硬件。PendSV 可以像普通的中断一样被悬起的,可以让其他重要的任务完成后才执行该异常处理,PendSV 的典型使用场合是操作系统的上下文切换时(在不同任务之间切换)。

4. SysTick 定时器

SysTick 定时器被捆绑在 NVIC 中,用于产生 SYSTICK 异常。大多操作系统需要一个硬件定时器来产生操作系统需要的滴答中断,作为整个系统的时基,以维持操作系统进程调度,Cortex-M3 处理器内部包含了一个简单的定时器。所有的 Cortex-M3 芯片都带有 SysTiuck 定时器这样使得软件在不同 Cortex-M3 器件间的移植工作得以化简。

6.4 嵌套向量中断控制器 NVIC

6.4.1 STM32L152 NVIC

Cortex-M3 处理器中定义了 8 个位来设置中断源的优先级,STM32L152 实际只使用了其中的高 4 位,低 4 位置为 0,如表 6-6 所示。分别有 0~4 共 5 组中断优先级方式。例如,对于分组 3 的方式,抢占优先级占据 3 位,则一共有 0~7 共 8 个抢占优先级,而从优先级只占 1 位,则一共只有 0 和 1 共两个次优先级。

表 6-6   STM32L152 中断优先级分组

分 组	抢占优先级位数和取值范围	从优先级位数和取值范围
0	0(无)	4(0~15)
1	1(0~1)	3(0~7)
2	2(0~3)	2(0~3)
3	3(0~7)	1(0~1)
4	4(0~15)	0(无)

STM32L152 在实现 NVIC 时,根据具体情况对 Cortex-M3 的 NVIC 进行了配置,其特点是:最多支持 81 个外部中断(Cortex-M3 支持 240 个),16 种优先级。

【思考题】:如果 STM32L152 配置分组为 1,抢占优先级为 1,从优先级为 4,那么优先级的值为多少?

6.4.2 NVIC 寄存器

NVIC 控制器包含在 Cortex-M3 内核中,除了中断和系统异常控制外,还用来实现系统控制。其寄存器列表如表 6-7 所示。

表 6-7   NVIC 寄存器

名 称	类型	地址	复位值
中断控制类型寄存器	只读	0xE000E004	由配置定义
IRQ0~IRQ31 使能设置寄存器	读写	0xE000E100	0x00000000

续表

名　　称	类型	地址	复位值
⋮	⋮	⋮	⋮
IRQ224～IRQ239 使能设置寄存器	读写	0xE000E11C	0x00000000
IRQ0～IRQ31 使能清除寄存器	读写	0xE000E180	0x00000000
⋮	⋮	⋮	⋮
IRQ224～IRQ239 使能清除寄存器	读写	0xE000E19C	0x00000000
IRQ0～IRQ31 挂起设置寄存器	读写	0xE000E200	0x00000000
⋮	⋮	⋮	⋮
IRQ224～IRQ239 挂起设置寄存器	读写	0xE000E21C	0x00000000
IRQ0～IRQ31 挂起清除寄存器	读写	0xE000E280	0x00000000
⋮	⋮	⋮	⋮
IRQ224～IRQ239 挂起清除寄存器	读写	0xE000E29C	0x00000000
IRQ0～IRQ31 激活位寄存器	只读	0xE000E29C	0x00000000
⋮	⋮	⋮	⋮
IRQ224～IRQ239 激活位寄存器	只读	0xE000E31C	0x00000000
IRQ0～IRQ31 优先级寄存器	读写	0xE000E400	0x00000000
⋮	⋮	⋮	⋮
IRQ236～IRQ239 优先级寄存器	读写	0xE000E4F0	0x00000000
中断控制状态寄存器	读写或只读	0xE000ED04	0x00000000
向量表偏移寄存器	读写	0xE000ED08	0x00000000
应用中断/复位控制寄存器	读写	0xE000ED0C	0x00000000
系统控制寄存器	读写	0xE000ED10	0x00000000
配置控制寄存器	读写	0xE000ED14	0x00000000
系统处理器 4～7 优先级寄存器	读写	0xE000ED18	0x00000000
系统处理器 8～11 优先级寄存器	读写	0xE000ED1C	0x00000000
系统处理器 12～15 优先级寄存器	读写	0xE000ED20	0x00000000
系统处理器控制与状态寄存器	读写	0xE000ED24	0x00000000
可配置故障状态寄存器	读写	0xE000ED28	0x00000000
硬故障状态寄存器	读写	0xE000ED2C	0x00000000
调试故障状态寄存器	读写	0xE000ED30	0x00000000
存储器管理地址寄存器	读写	0xE000ED34	不可预测

续表

名　称	类型	地址	复位值
总线故障地址寄存器	读写	0xE000ED38	不可预测
PFR0 处理器功能寄存器 0	只读	0xE000ED40	0x00000000
PFR1 处理器功能寄存器 1	只读	0xE000ED44	0x00000000
DFR0 调试功能寄存器 0	只读	0xE000ED48	0x00000000
AFR0 辅助功能寄存器 0	只读	0xE000ED4C	0x00000000
MMFR0 存储器模型功能寄存器 0	只读	0xE000ED50	0x00000000
MMFR1 存储器模型功能寄存器 1	只读	0xE000ED54	0x00000000
MMFR2 存储器模型功能寄存器 2	只读	0xE000ED58	0x00000000
MMFR3 存储器模型功能寄存器 3	只读	0xE000ED5C	0x00000000
ISAR0 ISA 功能寄存器 0	只读	0xE000ED60	0x01141110
ISAR1 ISA 功能寄存器 1	只读	0xE000ED64	0x02111000
ISAR2 ISA 功能寄存器 2	只读	0xE000ED68	0x21112231
ISAR3 ISA 功能寄存器 3	只读	0xE000ED6C	0x01111110
ISAR4 ISA 功能寄存器 4	只读	0xE000ED70	0x01310102
软件触发中断寄存器	只写	0xE000EF00	—

在 NVIC 异常中断控制中,我们主要关注 Cortex-M3 外部的 240 个中断,这些中断的配置主要包括 5 类寄存器:中断使能寄存器 ISER、中断清除寄存器 ICER、中断挂起寄存器 ISPR、中断挂起清除寄存器 ICPR、中断激活寄存器 IABR 和中断优先级寄存器 IPR。其中 ISER 和 ICER 用于中断屏蔽管理,即是否允许中断请求;ISPR 和 ICPR 用于中断挂起管理,设置挂起或清除挂起状态;这两组寄存器各有 8 个,STM32L152 只支持 81 个外部中断,因此中断屏蔽和中断挂起只有 3 对寄存器,分别为 ISER0～ISER2、ICER0～ICER2、ISPR0～ISPR2、ICPR0～ICPR2。IABR 有 3 个寄存器 IABR0～IABR2,IPR 有 81 个 8bit 的寄存器 IPR0～IPR80。所有的 NVIC 寄存器都可采用字节、半字和字方式进行访问,不管处理器存储字节的顺序如何,所有 NVIC 寄存器和系统调试寄存器都是采用小端(little endian)字节排列顺序,即低位字节存储在低地址。另外,下列寄存器也对中断处理有重大影响:

- 全局异常屏蔽寄存器(PRIMASK,FAULTMASK 以及 BASEPRI);
- 向量表偏移量寄存器;
- 优先级分组位段;
- 软件触发中断寄存器。

1) 中断使能寄存器 (NVIC_ISERx),x=0,1,2

NVIC 支持可屏蔽中断,即可以通过控制中断使能寄存器和中断清除寄存器对每个外部中断源进行独立的控制。中断使能寄存器的有效域定义如图 6-8 所示。

31	30	29	28	27	26	25	24	23	22	21	20	19	18	17	16
							SETENA[31:16]								
rs	rs	rs	rs	rs	rs	rs	rs	rs	rs	rs	rs	rs	rs	rs	rs

15	14	13	12	11	10	9	8	7	6	5	4	3	2	1	0
							SETENA[15:0]								
rs	rs	rs	rs	rs	rs	rs	rs	rs	rs	rs	rs	rs	rs	rs	rs

图 6-8　中断使能寄存器

中断使能位 SETENA[31：0]，写 1 使能中断，写 0 无效。读该寄存器时，对应位为 1 表示该中断已使能，0 表示该中断没有使能。

2）中断清除寄存器（NVIC_ICERx），x＝0,1,2

中断清除寄存器的有效域定义如图 6-9 所示。中断清除位 CLRENA[31：0]，写 1 表示禁止该中断，写 0 无效；读取该寄存器，对应位为 1 表明相应的中断被使能，否则被禁用。

31	30	29	28	27	26	25	24	23	22	21	20	19	18	17	16
							CLRENA[31:16]								
rc_w1	rc_w1	rc_w1	rc_w1	rc_w1	rc_w1	rc_w1	rc_w1	rc_w1	rc_w1	rc_w1	rc_w1	rc_w1	rc_w1	rc_w1	rc_w1

15	14	13	12	11	10	9	8	7	6	5	4	3	2	1	0
							CLRENA[15:0]								
rc_w1	rc_w1	rc_w1	rc_w1	rc_w1	rc_w1	rc_w1	rc_w1	rc_w1	rc_w1	rc_w1	rc_w1	rc_w1	rc_w1	rc_w1	rc_w1

图 6-9　中断清除寄存器

3）中断挂起设置寄存器（NVIC_ISPRx），x＝0,1,2

一个发生的中断如果不能被立即响应，就称它被挂起，被挂起的中断由挂起状态寄存器保持，保证中断源释放了中断请求信号后中断请求也不会丢失。

中断挂起寄存器的有效域定义如图 6-10 所示。中断挂起设置位 SETPEND[31：0]，写 1 则相应中断被挂起，写 0 无效，读取该寄存器的值，对应位为 1 表明该中断正在挂起中。

31	30	29	28	27	26	25	24	23	22	21	20	19	18	17	16
							SETPEND[31:16]								
rs	rs	rs	rs	rs	rs	rs	rs	rs	rs	rs	rs	rs	rs	rs	rs

15	14	13	12	11	10	9	8	7	6	5	4	3	2	1	0
							SETPEND[15:0]								
rs	rs	rs	rs	rs	rs	rs	rs	rs	rs	rs	rs	rs	rs	rs	rs

图 6-10　中断挂起设置寄存器

当一个中断正在挂起时，写 NVIC_ISPRx 寄存器的相应位为 1 对该中断没有影响；当写入 NVIC_ISPRx 寄存器相应位为 1 但该中断被禁用时，将相应中断置为挂起状态。

4）中断挂起清除寄存器（NVIC_ICPRx），x＝0,1,2

中断挂起清除寄存器的有效域定义如图 6-11 所示。中断挂起清除位 CLRPEND[31：0]，写 1 时清楚挂起的中断，写 0 无效；读取该寄存器，相应位为 1 时表明中断正在挂起中。

5）中断活动寄存器（NVIC_IABRx），x＝0,1,2

中断活动寄存器的有效域定义如图 6-12 所示。中断激活状态 ACTIVE[31：0]，1 表示中断处于激活状态或激活挂起状态，0 表示中断没有被激活。如果一个挂起的中断被使能，

31	30	29	28	27	26	25	24	23	22	21	20	19	18	17	16
CLRPEND[31:16]															
rc_w1	rc_w1	rc_w1	rc_w1	rc_w1	rc_w1	rc_w1	rc_w1	rc_w1	rc_w1	rc_w1	rc_w1	rc_w1	rc_w1	rc_w1	rc_w1
15	14	13	12	11	10	9	8	7	6	5	4	3	2	1	0
CLRPEND[15:0]															
rc_w1	rc_w1	rc_w1	rc_w1	rc_w1	rc_w1	rc_w1	rc_w1	rc_w1	rc_w1	rc_w1	rc_w1	rc_w1	rc_w1	rc_w1	rc_w1

图 6-11 中断挂起设置寄存器

NVIC 将激活该中断。每个外部中断都有一个活动状态位。在处理器执行了其 ISR 的第一条指令后,它的活动位就被置 1,并且直到 ISR 返回时才硬件清零。由于支持嵌套,允许高优先级异常抢占某个 ISR。然而,哪怕一个中断被抢占,其活动状态也依然为 1。

31	30	29	28	27	26	25	24	23	22	21	20	19	18	17	16
ACTIVE[31:16]															
r	r	r	r	r	r	r	r	r	r	r	r	r	r	r	r
15	14	13	12	11	10	9	8	7	6	5	4	3	2	1	0
ACTIVE[15:0]															
r	r	r	r	r	r	r	r	r	r	r	r	r	r	r	r

图 6-12 中断活动寄存器

6) 中断优先级寄存器(NVIC_IPRx),x＝0,1,…,80

每一个中断优先级寄存器 IPRx 包括 1 个中断的优先级,优先级的设置参见表 6-2 中断优先级分组,每个 IPRx 寄存器是一个字节,如图 6-13 所示。STM32 只使用 8bit 中的 4 个比特,即 IPRx 的低 4 位为 0。

	31　　　　24	23　　　　16	15　　　　8	7　　　　0
E000E400	PRI_3	PRI_2	PRI_1	PRI_0
E000E404	PRI_7	PRI_6	PRI_5	PRI_4
E000E408	PRI_11	PRI_10	PRI_9	PRI_8
E000E40C	PRI_15	PRI_14	PRI_13	PRI_12
E000E410	PRI_19	PRI_18	PRI_17	PRI_16
E000E414	PRI_23	PRI_22	PRI_21	PRI_20
E000E418	PRI_27	PRI_26	PRI_25	PRI_24
E000E41C	PRI_31	PRI_30	PRI_29	PRI_28

图 6-13 中断优先级寄存器

7) 软件中断触发寄存器(NVIC_STIR)

软件触发中断寄存器的有效域定义如图 6-14 所示。中断号 NTID[8：0],用于指示软件产生的中断编号。INTID[8：0]中写入 0～239 的数值,产生一个对应于该编号的中断。

31	30	29	28	27	26	25	24	23	22	21	20	19	18	17	16
Reserved															

15	14	13	12	11	10	9	8	7	6	5	4	3	2	1	0
Reserved							INTID[8:0]								
							w	w	w	w	w	w	w	w	w

图 6-14　软件触发中断寄存器

【思考题：为何中断使能、清除,中断挂起、挂起清除要使用成对的寄存器控制?】

当有中断发生时,外围设备将发送中断信号给 NVIC,如果 NVIC 收到中断信号且该中断被使能,但中断没有被激活,将该中断置到挂起状态;当处理器响应该中断并执行中断服务程序时,挂起状态的中断被激活,ISR 执行完成后,中断状态被置为没有激活状态;若在 ISR 执行过程中,中断信号再次到达,ISR 执行完成后,将该中断置为挂起状态,等待再次响应该中断。

6.4.3　系统异常处理

系统异常指的是异常向量表前 15 个异常,NVIC 中,系统异常的处理不采用上述的 5 类寄存器,而是由中断控制状态寄存器 ICSR、应用中断/复位控制寄存器 AIRCR、系统控制寄存器 SCR、配置控制寄存器 CCR、系统异常 4～7 优先级寄存器 SHPR1、系统异常 8～11 优先级寄存器 SHPR2、系统异常 12～15 优先级寄存器 SHPR3、系统异常控制与状态寄存器 SHCSR 等对中断使能、清除、挂起设置、挂起清除、优先级、激活状态等进行控制和描述。

其中,应用中断与复位控制寄存器 AIRCR 用于决定数据的字节顺序、清除所有有效的状态信息、执行系统复位、改变优先级分组位置等功能,其寄存器定义如图 6-15 所示。

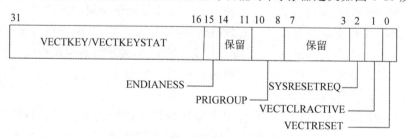

图 6-15　应用中断与复位控制寄存器

PRIGROUP 用于配置中断优先级分组,其取值为:

0　7.1 表示 7 位抢占式优先级,1 位子优先级;

1　6.2 表示 6 位抢占式优先级,2 位子优先级;

2　5.3 表示 5 位抢占式优先级,3 位子优先级;

3　4.4 表示 4 位抢占式优先级,4 位子优先级;

4　3.5 表示 3 位抢占式优先级,5 位子优先级;

5　2.6 表示 2 位抢占式优先级,6 位子优先级;

6　1.7 表示 1 位抢占式优先级，7 位子优先级；

7　0.8 表示 0 位抢占式优先级，8 位子优先级。

用法 Fault，总线 Fault 以及存储器管理 Fault 都是特殊的异常，它们的使能、挂起和激活控制是通过系统异常控制及状态寄存器（SHCSR）实现的。此外，SHCSR 寄存器还用于管理 SVC、SysTick、SendSV、监控异常的激活状态。NMI、SysTick 定时器以及 PendSV 的挂起通过 ICSR 寄存器配置，NMI 和硬件错误无需使能就可以发生。

系统异常的优先级由 SHPR1～SHPR3 寄存器设置，可设置的优先级为 0～31。SHPR1～SHPR3 可按字节访问，如表 6-8 所示。

表 6-8　系统异常优先级寄存器

地　　址	名　　称	说　　明
0xE000_ED18	PRI_4	存储器管理 Fault 的优先级
0xE000_ED19	PRI_5	总线 Fault 的优先级
0xE000_ED1A	PRI_6	用法 Fault 的优先级
0xE000_ED1F	PRI_11	SVC 优先级
0xE000_ED20	PRI_12	调试监控优先级
0xE000_ED22	PRI_14	PendSV 的优先级
0xE000_ED23	PRI_15	SysTick 的优先级

6.4.4　全局中断管理

Cortex-M3 的异常/中断屏蔽寄存器组有 3 个寄存器用于全局中断管理。

- PRIMASK 寄存器只有最低位有效，该寄存器置为 1 后，就关掉所有可屏蔽异常，只剩下 NMI 和硬件 Fault 可以响应。其默认值是 0，表示没有关闭中断。
- FAULTMASK 寄存器为单一比特的寄存器。置为 1 后，只有 NMI 可以响应。默认值为 0，表示没有关异常。
- BASEPRI 寄存器低 9 位有效，定义了被屏蔽优先级的阈值。当它被设置为某个值后，所有优先级编号大于或等于此值的中断（即优先级化中断）都被关。若设置成 0，则不关断任何中断，0 为默认值。

我们可以使用 MRS/MSR 指令访问这三个寄存器：

```
MRS    R0, BASEPRI    ;读取 BASEPRI 到 R0 中
MOV    R1, #20
MSR    BASEPRI,R1     ;将 20 数据写入到 BASEPRI 中
```

Cortex-M3 还专门设置了 CPS 指令用于 PRIMASK 和 FAULTMASK 的操作：

```
CPSID    I    ;PRIMASK=1,关中断
```

```
CPSIE    I    ;PRIMASK=0,开中断
CPSID    F    ;FAULTMASK=1,关异常
CPSIE    F    ;FAULTMASK=0,开异常
```

在 CMSIS 库中，core_cmFunc.h 中提供了以下函数用于上述寄存器的操作：
- void __set_BASEPRI(uint32_t basePri);
- uint32_t __get_BASEPRI(void);
- void __set_PRIMASK(uint32_t priMask);
- uint32_t __get_PRIMASK(void);
- void __set_FAULTMASK(uint32_t faultMask);
- uint32_t __get_FAULTMASK(void);

针对 C 语言，我们常用的两个全局中断开关函数为：
- void __disable_irq(void);
- void __enable_irq(void);

中断向量表默认存储在 0 地址，0 地址是 ROM 区，CM3 允许向量表重定位，中断向量表可以放置到 RAM 区，这样可以方便在程序中对中断向量表进行修改。NVIC 控制器的向量表偏移量寄存器 VTOR(地址 0xE000ED08)用于配置中断向量表的存储地址。VTOR 的定义如表 6-9 所示。

表 6-9　偏移量寄存器的定义

位段	名称	类型	复位值	描　　述
29	TBLBASE	RW	0	向量表在 Code 区(0)，还是在 RAM 区(1)
15	ENDIANESS	R	—	向量表的起始地址，一般置为 0

6.4.5　NVIC 库函数

NVIC 库函数提供使能或者失能 IRQ 中断，使能或者失能单独的 IRQ 通道，改变 IRQ 通道的优先级等功能。

CMSIS 库中，NVIC 寄存器结构 NVIC_TypeDeff 在文件 core_cm3.h 中的定义如下：

```
typedef struct
{
    __IO uint32_t ISER[8];
    uint32_t RESERVED0[24];
    __IO uint32_t ICER[8];
    uint32_t RSERVED1[24];
    __IO uint32_t ISPR[8];
    uint32_t RESERVED2[24];
    __IO uint32_t ICPR[8];
```

```
    uint32_t RESERVED3[24];
    __IO uint32_t IABR[8];
    uint32_t RESERVED4[56];
    __IO uint8_t  IP[240];
    uint32_t RESERVED5[644];
    __O  uint32_t STIR;
} NVIC_Type;
```

操作 NVIC 的指针定义如下：

```
#define SCS_BASE   (0xE000E000UL)              /* System Control Space Base Address */
#define NVIC_BASE  (SCS_BASE +  0x0100UL)  /* NVIC Base Address */
#define NVIC       ((NVIC_Type *)NVIC_BASE)  /* NVIC configuration struct */
```

嵌套向量中断控制器 NVIC 的相关库函数定义在 misc.c 和 core_cm3.h 中，如表 6-10 所示。

表 6-10　NVIC 操作库函数

函　数　名	描　　述
NVIC_PriorityGroupConfig	设置优先级分组，抢占优先级和从优先级的位数
NVIC_Init	根据 NVIC_InitStruct 中指定的参数初始化外设 NVIC 寄存器
NVIC_SetVectorTable	设置向量表的位置和偏移
NVIC_SetPriorityGrouping	core_cm3 提供的设置中断优先级分组函数
NVIC_GetPriorityGrouping	core_cm3 提供的获取中断优先级分组函数
NVIC_EnableIRQ	使能一个外部中断
NVIC_DisableIRQ	清除一个外部中断
NVIC_GetPendingIRQ	获取某一外部中断的挂起状态
NVIC_SetPendingIRQ	设置某一外部中断的挂起状态
NVIC_ClearPendingIRQ	清除某一外部中断的挂起状态
NVIC_GetActive	获取某一外部中断的激活状态
NVIC_SetPriority	设置中断优先级（包括外部中断和系统异常）
NVIC_GetPriority	获取中断优先级（包括外部中断和系统异常）
NVIC_EncodePriority	根据优先级分组将抢占优先级和从优先级生成优先级
NVIC_DecodePriority	根据优先级分组将优先级分解为抢占优先级和从优先级

各个函数的具体功能如下：

1) void NVIC_PriorityGroupConfig(uint32_t NVIC_PriorityGroup)

该函数用于设置嵌套向量中断控制器的优先级分组。参数 NVIC_PriorityGroup 的取值为 0~4，分别对应中断优先级分组表中的各种分组情况。

```
#define NVIC_PriorityGroup_0    ((uint32_t)0x700)  //0 比特抢占优先级,4bit 从优先级
#define NVIC_PriorityGroup_1    ((uint32_t)0x600)  //1 比特抢占优先级,3bit 从优先级
#define NVIC_PriorityGroup_2    ((uint32_t)0x500)  //2 比特抢占优先级,2bit 从优先级
#define NVIC_PriorityGroup_3    ((uint32_t)0x400)  //3 比特抢占优先级,1bit 从优先级
#define NVIC_PriorityGroup_4    ((uint32_t)0x300)  //4 比特抢占优先级,0bit 从优先级
```

如果不执行该函数,默认的分组方式是分组 0,抢占优先级为 0,可以设置从优先级为 0~15 共 16 种情况。

2) void NVIC_Init(NVIC_InitTypeDef * NVIC_InitStruct)

该函数用于对嵌套向量中断控制器进行初始化。所有初始化信息都通过结构体指针 NVIC_InitStruct 进行传递,该指针指向 NVIC_InitTypeDef 类型。

NVIC_InitTypeDef 定义如下:

```
typedef struct
{
    uint8_t NVIC_IRQChannel;
    uint8_t NVIC_IRQChannelPreemptionPriority;
    uint8_t NVIC_IRQChannelSubPriority;
    FunctionalState NVIC_IRQChannelCmd;
} NVIC_InitTypeDef;
```

其中,NVIC_IRQChannel 设置中断通道,其取值由 stm32L1xx.h 中的 IRQn 枚举类型定义。

```
typedef enum IRQn
{
    NonMaskableInt_IRQn         =-14,
    MemoryManagement_IRQn       =-12,
    BusFault_IRQn               =-11,
    UsageFault_IRQn             =-10,
    SVC_IRQn                    =-5,
    DebugMonitor_IRQn           =-4,
    PendSV_IRQn                 =-2,
    SysTick_IRQn                =-1,
    WWDG_IRQn                   =0,
    PVD_IRQn                    =1,
    TAMPER_STAMP_IRQn           =2,
    RTC_WKUP_IRQn               =3,
    RCC_IRQn                    =5,
    EXTI0_IRQn                  =6,
    EXTI1_IRQn                  =7,
    EXTI2_IRQn                  =8,
    EXTI3_IRQn                  =9,
    EXTI4_IRQn                  =10,
    DMA1_Channel1_IRQn          =11,
```

```
DMA1_Channel2_IRQn              =12,
DMA1_Channel3_IRQn              =13,
DMA1_Channel4_IRQn              =14,
...

} IRQn_Type;
```

NVIC_IRQChannelPreemptionPriority 设置抢占优先级，NVIC_IRQChannelSubPriority 设置从优先级，其取值范围均为 0～15；NVIC_IRQChannelCmd 设置 NVIC_IRQChannel 指定的中断通道使能，其取值为 ENABLE 和 DISABLE。

3) void NVIC_SetVectorTable(uint32_t NVIC_VectTab, uint32_t Offset)

该函数用于设置中断向量表的位置和偏移量，参数 NVIC_VectTab 用于指定中断向量表在 RAM 中还是 Flash 中，其取值为：NVIC_VectTab_RAM 和 NVIC_VectTab_FLASH；参数 Offset 用于指定中断向量表的偏移量，一般设定为 0。

4) void NVIC_SetPriorityGrouping(uint32_t PriorityGroup)

该函数由 core_cm3.h 定义，用于配置优先级分组，参数 Prority Group 的取值范围为 0～7，分别表示图 6-3 中 PRIGROUP 的八种抢占优先级和从优先级的分组情况。在 STM32L152 中，由于只使用了 4 个 bit 作为优先级配置，因此我们使用 misc.c 中提供 NVIC_PriorityGroupConfig 函数对优先级分组进行配置。

5) uint32_t NVIC_GetPriorityGrouping(void)

该函数用于读取 NVIC 控制器的优先级分组配置，其返回值为 0～7，含义见图 6-3 的 PRIGROUP 定义。

6) void NVIC_EnableIRQ(IRQn_Type IRQn)

该函数用于使能外部中断，输入参数 IRQn 为 0～239，即只能使能系统异常以外的外部中断，IRQn 的具体定义见 NVIC_Init 函数的 IRQn_Type 枚举类型定义。

7) void NVIC_DisableIRQ(IRQn_Type IRQn)

该函数用于屏蔽外部 IRQ 中断，输入参数 IRQn 为 0～239。

8) uint32_t NVIC_GetPendingIRQ(IRQn_Type IRQn)

该函数用于读取中断挂起寄存器并返回对应的 IRQn 编号的外部中断是否被挂起，若挂起，返回值为 1，否则返回值为 0. IRQn 必须为 0～239 的编号值。

9) void NVIC_SetPendingIRQ(IRQn_Type IRQn)

该函数用于配置挂起寄存器使得一个外部中断处于挂起状态，输入参数 IRQn 为要挂起的外部中断中断号，IRQn 的取值范围为 0～239。

10) NVIC_ClearPendingIRQ(IRQn_Type IRQn)

该函数用于清除一个外部中断的挂起位，输入参数 IRQn 的取值范围为 0～239。

11) uint32_t NVIC_GetActive(IRQn_Type IRQn)

该函数用于读取中断激活寄存器，返回输入参数 IRQn 的激活位，1 表示该外部中断处于激活状态，0 表示未激活，IRQn 的取值范围为 0～239。

12) void NVIC_SetPriority(IRQn_Type IRQn, uint32_t priority)

该函数用于设置中断优先级，输入参数 IRQn 为中断号，取值范围为 −14～239，即该函数可以配置所有异常和中断的优先级,参数 priority 为所要设置的中断优先级,注意系统异常和外部中断的优先级值取值范围。

13) uint32_t NVIC_GetPriority(IRQn_Type IRQn)

该函数用于读取某个异常或中断的优先级,输入参数 IRQn 的取值范围为－14～239。

14) uint32_t NVIC_EncodePriority (uint32_t PriorityGroup, uint32_t PreemptPriority, uint32_t SubPriority)

该函数用于根据 PriorityGroup 参数指定的优先级分组,将抢占优先级 PreemptPriority 和从优先级 SubPriority 组合成一个 8bit 的优先级值。每种处理器实现 cortexM3 的优先级时可以不使用所有的 8bit(256 种优先级),其使用多少种优先级由__NVIC_PRIO_BITS 决定,在 STM32L152 中＿＿NVIC＿PRIO＿BITS ＝4,即只支持 16 种优先级。如果该函数中的 PriorityGroup 值和之前设定的值不同,则以这两个值中的较小的值为准。

15) void NVIC_DecodePriority (uint32_t Priority, uint32_t PriorityGroup, uint32_t * pPreemptPriority, uint32_t * pSubPriority)

该函数用于根据输入的优先级 Priority 和优先级分组 PriorityGroup,将 Priority 分解成抢占优先级和从优先级。

【例 6-1】 中断控制器初始化案例。

```
void NVIC_Init(NVIC_InitTypeDef * NVIC_InitStruct)
{
  uint8_t tmppriority = 0x00, tmppre = 0x00, tmpsub = 0x0F;
  if (NVIC_InitStruct->NVIC_IRQChannelCmd !=DISABLE)
  {   //计算优先级
    tmppriority = (0x700 - ((SCB->AIRCR) & (uint32_t)0x700))>>0x08;
    tmppre = (0x4 - tmppriority);
    tmpsub = tmpsub >>tmppriority;
    tmppriority = (uint32_t)NVIC_InitStruct->NVIC_IRQChannelPreemptionPriority
<<tmppre;
     tmppriority |= (uint8_t)(NVIC_InitStruct->NVIC_IRQChannelSubPriority &
tmpsub);
    tmppriority =tmppriority <<0x04;
    NVIC->IP[NVIC_InitStruct->NVIC_IRQChannel] =tmppriority;
     //使能中断
    NVIC->ISER[NVIC_InitStruct->NVIC_IRQChannel >>0x05] =
      (uint32_t)0x01 <<(NVIC_InitStruct->NVIC_IRQChannel & (uint8_t)0x1F);
  }
  else
  { //清除中断使能位
    NVIC->ICER[NVIC_InitStruct->NVIC_IRQChannel >>0x05] =
      (uint32_t)0x01 <<(NVIC_InitStruct->NVIC_IRQChannel & (uint8_t)0x1F);
  }
}
```

【例6-2】 采用库函数的 NVIC 中断配置实例如下所示。

```
void NVIC_Configuration(void)
{
  NVIC_InitTypeDef NVIC_InitStructure;
#ifdef  VECT_TAB_RAM
  /* 中断向量表位于 0x20000000 */
  NVIC_SetVectorTable(NVIC_VectTab_RAM, 0x0);
#else  /* VECT_TAB_FLASH */
  /* 中断向量表位于 0x08000000 */
  NVIC_SetVectorTable(NVIC_VectTab_FLASH, 0x0);
#endif
  /* 中断优先级分组配置 */
  NVIC_PriorityGroupConfig(NVIC_PriorityGroup_1);
  /* 使能 EXTI9_5 中断 */
  NVIC_InitStructure.NVIC_IRQChannel =EXTI9_5_IRQn
  NVIC_InitStructure.NVIC_IRQChannelPreemptionPriority =0;
  NVIC_InitStructure.NVIC_IRQChannelSubPriority =0;
  NVIC_InitStructure.NVIC_IRQChannelCmd =ENABLE;
  NVIC_Init(&NVIC_InitStructure);
}
```

【例6-3】 采用库函数配置多个中断的实例如下所示。

```
  /* 中断优先级分组配置 */
  NVIC_PriorityGroupConfig(NVIC_PriorityGroup_2);
  /* 配置 TIM2 中断 */
  NVIC_InitStructure.NVIC_IRQChannel =TIM2_IRQn;
  NVIC_InitStructure.NVIC_IRQChannelPreemptionPriority =0;
  NVIC_InitStructure.NVIC_IRQChannelSubPriority =0;
  NVIC_InitStructure.NVIC_IRQChannelCmd =ENABLE;
  NVIC_Init(&NVIC_InitStructure);
  /* 配置 TIM3 中断 */
  NVIC_InitStructure.NVIC_IRQChannel =TIM3_IRQn;
  NVIC_InitStructure.NVIC_IRQChannelPreemptionPriority =1;
  NVIC_Init(&NVIC_InitStructure);
  /* 配置 TIM4 中断 */
  NVIC_InitStructure.NVIC_IRQChannel =TIM4_IRQn;
  NVIC_InitStructure.NVIC_IRQChannelPreemptionPriority =2;
  NVIC_Init(&NVIC_InitStructure);
```

6.5　外部中断/事件控制器 EXTI

外部中断是由处理器的 I/O 引脚产生的中断,由于处理器的 I/O 引脚较多,使用也比较灵活,为了便于管理这些 I/O 的中断,STM32L152 提供了一个外部中断/事件控制器专门处理外部中断。

外部中断/事件控制器由 23 个产生中断/事件请求的边沿检测器组成,其中 16 用于外部 I/O 引脚中断,7 个用于特殊事件处理,每个输入线可以独立地配置对应的触发事件,即上升沿、下降沿或双边沿触发。每个输入线都可以独立地被屏蔽。挂起位保持着中断请求的状态。外部中断/事件控制器的框图,如图 6-16 所示。

【思考题：中断和事件有何区别?】

由图 6-16 可以看出:

(1) 如果要产生中断,必须对中断线进行配置并使能该中断线。根据需要的边沿检测设置 2 个触发寄存器,同时在中断屏蔽寄存器相应位写 1 来允许中断请求。当外部中断线上发生了期待的边沿时,将产生一个中断请求,对应的挂起位被置为 1。

(2) 如果要产生事件,必须对事件线进行配置并使能该事件线。根据需要的边沿检测设置 2 个触发寄存器,同时在事件屏蔽寄存器相应位写 1 来允许事件请求。当事件线上发生了需要的边沿时,将产生一个事件请求脉冲,对应的挂起位不被置 1。

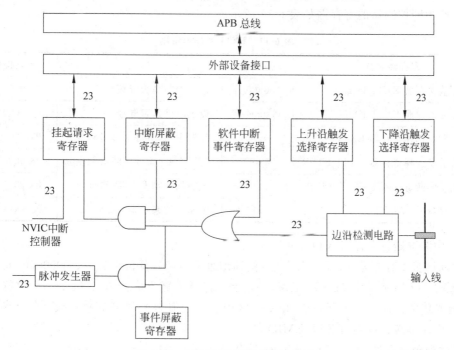

图 6-16　外部中断/事件控制器框图

（3）通过软件向软件中断/事件寄存器写 1,也可以产生中断/事件请求。

EXTI 相关寄存器包括中断屏蔽寄存器(EXTI_IMR)、事件屏蔽寄存器(EXTI_EMR)、上升沿触发选择寄存器(EXTI_RTSR)、下降沿触发选择寄存器(EXTI_FTSR)、软件中断事件寄存器(EXTI_SWIER)、挂起寄存器(EXTI_PR)。

硬件中断配置过程：

（1）配置中断线的屏蔽位(EXTI_IMR)；

（2）配置所选中断线的触发选择位(EXTI_RTSR 和 EXTI_FTSR)；

（3）配置对应到外部中断控制器(EXTI)的 NVIC 中断通道的使能和屏蔽位,使得中断线的请求可以被正确地响应。

硬件事件配置过程：

（1）配置事件线的屏蔽位(EXTI_EMR)；

（2）配置所选事件线的触发选择位(EXTI_RTSR 和 EXTI_FTSR)。

软件中断/事件配置过程：

（1）配置中断/事件线的屏蔽位(EXTI_IMR 和 EXTI_EMR)；

（2）设置软件中断寄存器的请求位(EXTI_SWIER)。

6.6　寄存器说明

外部中断控制器的寄存器如表 6-11 所示。

表 6-11　EXTI 寄存器说明

寄存器名称	偏移量	功能	复位值
中断屏蔽寄存器 EXTI_IMR	0x00	设定中断是否屏蔽	0x 0000 0000
事件屏蔽寄存器 EXTI_EMR	0x04	设定事件是否屏蔽	0x 0000 0000
上升沿触发选择寄存器 EXTI_RTSR	0x08	配置中断/事件上升沿触发	0x 0000 0000
下降沿触发选择寄存器 EXTI_FTSR	0x0C	配置中断/事件下降沿触发	0x 0000 0000
软件触发中断寄存器 EXTI_SWIER	0x10	控制软件触发中断/事件	0x 0000 0000
挂起寄存器 EXTI_PR	0x14	中断的挂起状态	0x xxxx xxxx

1) 中断屏蔽寄存器(EXTI_IMR)

中断屏蔽寄存器是 32 位的寄存器,偏移地址为 0x00,复位值为 0x00000000,其有效位定义如图 6-17 所示。位 24~31 保留,必须始终保持为复位状态(0)。位 0~23 中位 x 的值为 0,则屏蔽来自线 x 的中断请求,位 0~23 中位 x 的值为 1,则开放来自线 x 的中断请求。

2) 事件屏蔽寄存器(EXTI_EMR)

事件屏蔽寄存器是 32 位的寄存器,偏移地址为 0x04,复位值为 0x00000000,其有效位定义如图 6-18 所示。位 24~31 保留,必须始终保持为复位状态(0)。位 0~23 中位 x 的值

31	30	29	28	27	26	25	24	23	22	21	20	19	18	17	16
				Reserved				MR23	MR22	MR21	MR20	MR19	MR18	MR17	MR16
								rw	rw	rw	rw	rw	rw	rw	rw
15	14	13	12	11	10	9	8	7	6	5	4	3	2	1	0
MR15	MR14	MR13	MR12	MR11	MR10	MR9	MR8	MR7	MR6	MR5	MR4	MR3	MR2	MR1	MR0
rw	rw	rw	rw	rw	rw	rw	rw	rw	rw	rw	rw	rw	rw	rw	rw

图 6-17　中断屏蔽寄存器

为 0,则屏蔽来自线 x 的事件请求,位 $0\sim23$ 中位 x 的值为 1,则开放来自线 x 的事件请求。

31	30	29	28	27	26	25	24	23	22	21	20	19	18	17	16
				Reserved				MR23	MR22	MR21	MR20	MR19	MR18	MR17	MR16
								rw	rw	rw	rw	rw	rw	rw	rw
15	14	13	12	11	10	9	8	7	6	5	4	3	2	1	0
MR15	MR14	MR13	MR12	MR11	MR10	MR9	MR8	MR7	MR6	MR5	MR4	MR3	MR2	MR1	MR0
rw	rw	rw	rw	rw	rw	rw	rw	rw	rw	rw	rw	rw	rw	rw	rw

图 6-18　事件屏蔽寄存器

3）上升沿触发选择寄存器（EXTI_RTSR）

上升沿触发选择寄存器是 32 位的寄存器,偏移地址为 0x08,复位值为 0x00000000,其有效位定义如图 6-19 所示。位 $24\sim31$ 保留,必须始终保持为复位状态(0)。位 $0\sim23$ 中位 x 的值为 0,则禁止输入线 x 上的上升沿触发中断或事件,位 $0\sim23$ 中位 x 的值为 1,则允许输入线 x 上的上升沿触发中断或事件。

31	30	29	28	27	26	25	24	23	22	21	20	19	18	17	16
				Reserved				TR23	TR22	TR21	TR20	TR19	TR18	TR17	TR16
								rw	rw	rw	rw	rw	rw	rw	rw
15	14	13	12	11	10	9	8	7	6	5	4	3	2	1	0
TR15	TR14	TR13	TR12	TR11	TR10	TR9	TR8	TR7	TR6	TR5	TR4	TR3	TR2	TR1	TR0
rw	rw	rw	rw	rw	rw	rw	rw	rw	rw	rw	rw	rw	rw	rw	rw

图 6-19　上升沿触发选择寄存器

4）下降沿触发选择寄存器（EXTI_FTSR）

下降触发选择寄存器是 32 位的寄存器,偏移地址为 0x0C,复位值为 0x00000000,其有效位定义如图 6-20 所示。位 $24\sim31$ 保留,必须始终保持为复位状态(0)。位 $0\sim23$ 中位 x

31	30	29	28	27	26	25	24	23	22	21	20	19	18	17	16
				Reserved				TR23	TR22	TR21	TR20	TR19	TR18	TR17	TR16
								rw	rw	rw	rw	rw	rw	rw	rw
15	14	13	12	11	10	9	8	7	6	5	4	3	2	1	0
TR15	TR14	TR13	TR12	TR11	TR10	TR9	TR8	TR7	TR6	TR5	TR4	TR3	TR2	TR1	TR0
rw	rw	rw	rw	rw	rw	rw	rw	rw	rw	rw	rw	rw	rw	rw	rw

图 6-20　下降沿触发选择寄存器

的值为 0,则禁止输入线 x 上下降沿触发中断或事件,位 0～23 中位 x 的值为 1,则允许输入线 x 上的下降沿触发中断或事件。

5) 软件中断事件寄存器(EXTI_SWIER)

软件中断事件寄存器是 32 位的寄存器,偏移地址为 0x10,复位值为 0x00000000,其有效位定义如图 6-21 所示。位 24～31 保留,必须始终保持为复位状态(0)。位 0～23 中位 x 的值为 0,且相应的 EXTI_IMR 或 EXTI_EMR 寄存器中的中断位是 1(即开放来自线 x 的中断或事件),则写入 1 产生一个中断或事件请求。该位通过设置挂起寄存器 EXTI_PR 中的相应位 1 来清零。

31	30	29	28	27	26	25	24	23	22	21	20	19	18	17	16
				Reserved				SWIER 23	SWIER 22	SWIER 21	SWIER 20	SWIER 19	SWIER 18	SWIER 17	SWIER 16
								rw	rw	rw	rw	rw	rw	rw	rw
15	14	13	12	11	10	9	8	7	6	5	4	3	2	1	0
SWIER 15	SWIER 14	SWIER 13	SWIER 12	SWIER 11	SWIER 10	SWIER 9	SWIER 8	SWIER 7	SWIER 6	SWIER 5	SWIER 4	SWIER 3	SWIER 2	SWIER 1	SWIER 0
rw	rw	rw	rw	rw	rw	rw	rw	rw	rw	rw	rw	rw	rw	rw	rw

图 6-21　软件触发中断寄存器

6) 挂起寄存器(EXTI_PR)

软件中断事件寄存器是 32 位的寄存器,偏移地址为 0x14,复位值为 0x00000000,其有效位定义如图 6-22 所示。位 24～31 保留,必须始终保持为复位状态(0)。位 0～23 中位 x 的值为 0,则表明没有相应线的中断或事件请求产生。位 0～23 中位 x 的值为 1,则表明相应线的中断或事件请求已经产生。当向相应位写入 1,可以进行清零。

31	30	29	28	27	26	25	24	23	22	21	20	19	18	17	16
				Reserved				PR23	PR22	PR21	PR20	PR19	PR18	PR17	PR16
								rw	rw	rc_w1	rc_w1	rc_w1	rc_w1	rc_w1	rc_w1
15	14	13	12	11	10	9	8	7	6	5	4	3	2	1	0
PR15	PR14	PR13	PR12	PR11	PR10	PR9	PR8	PR7	PR6	PR5	PR4	PR3	PR2	PR1	PR0
rc_w1	rc_w1	rc_w1	rc_w1	rc_w1	rc_w1	rc_w1	rc_w1	rc_w1	rc_w1	rc_w1	rc_w1	rc_w1	rc_w1	rc_w1	rc_w1

图 6-22　挂起状态寄存器

由于 GPIO 引脚多,EXTI I/O 中断引脚少,因此需要对中断线和 I/O 进行映射,其映射关系如图 6-23 所示。

由图 6-23 可以看出,线 EXTIx(x＝0,…,15)通过多路选择器来选择一个 GPIO 口 x 位作为中断。同一个时刻,不同端口的同一序号只能设置其中一个作为中断。16 个外部 I/O 中断均可以映射到不同的 I/O 引脚上,寄存器 SYSCFG_EXTICRn(n＝1,2,3,4)用于 I/O 引脚的中断映射配置,每个 I/O 引脚占用 4 位,如 EXTI0 中断可配置到 PA0,PB0,PC0,…,PG0 八个 I/O 中的一个,寄存器有效位定义如图 6-24 所示。

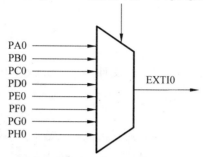

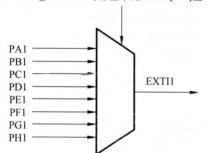
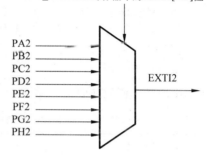

图 6-23 外部中断通用输入输出口映射

31	30	20	28	27	26	25	24	23	22	21	20	19	18	17	10
Reserved															
15	14	13	12	11	10	9	8	7	6	5	4	3	2	1	0
EXTI3[3:0]				EXTI2[3:0]				EXTI1[3:0]				EXTI0[3:0]			
rw	rw	rw	rw	rw	rw	rw	rw	rw	rw	rw	rw	rw	rw	rw	rw

图 6-24 外部中断源选择寄存器

SYSCFG_EXTICR2 用于配置 EXTI4～EXTI7,SYSCFG_EXTICR3 用于配置 EXTI8～EXTI11,SYSCFG_EXTICR4 用于配置 EXTI2～EXTI5。

其他的中断线分配如下:

(1) EXTI 中断线 16 连接到 PVD 输出;

(2) EXTI 中断线 17 连接到 RTC 闹钟事件;

(3) EXTI 中断线 18 连接到 USB 设备唤醒事件;

(4) EXTI 中断线 19 连接到 RTC Tamper 和 TimeStamp 事件;

(5) EXTI 中断线 20 连接到 RTC 唤醒事件;

(6) EXTI 中断线 21 连接到 Comparator1 唤醒事件;

(7) EXTI 中断线 22 连接到 Comparator2 唤醒事件;

(8) EXTI 中断线 23 连接到通道获取中断。

6.7　EXTI 函数库

EXTI 寄存器结构 EXTI_TypeDef 在文件 stm32L1xx.h 中定义。

```
typedef struct
{
    __IO uint32_t IMR;        /* 外部中断屏蔽寄存器 */
    __IO uint32_t EMR;        /* 外部事件屏蔽寄存器 */
    __IO uint32_t RTSR;       /* 外部中断/事件上升沿配置寄存器 */
    __IO uint32_t FTSR;       /* 外部中断/事件下降沿配置寄存器 */
    __IO uint32_t SWIER;      /* 软件中断/事件配置寄存器 */
    __IO uint32_t PR;         /* 中断/事件挂起寄存器 */
} EXTI_TypeDef;
```

外部中断的库函数如表 6-12 所示。

表 6-12　外部中断 EXTI 的相关的库函数

函 数 名	功　　能
EXTI_DeInit	将外设 EXTI 寄存器设为默认值
EXTI_Init	用 EXTI_InitStruct 中指定的参数初始化外设 EXTI 寄存器
EXTI_StructInit	将 EXTI_InitStruct 中的每一个参数按默认值填入
EXTI_GenerateSWInterrupt	产生一个软中断
EXTI_GetFlagStatus	检查指定的 EXTI 挂起寄存器
EXTI_ClearFlag	清除 EXTI 挂起寄存器
EXTI_GetITStatus	检查指定的 EXTI 线路触发请求发生与否
EXTI_ClearITPendingBit	清除 EXTI 线路挂起位

1. 函数 EXTI_Init

功能描述：根据 EXTI_InitStruct 中指定的参数初始化外设 EXTI 寄存器。

函数原型：void EXTI_Init(EXTI_InitTypeDef * EXTI_InitStruct)。

输入参数 EXTI_InitStruct：指向结构 EXTI_InitTypeDef 的指针，包含了外设 EXTI 的配置信息，EXTI_InitTypeDef 的定义如下：

```
typedef struct
{
    uint32_t EXTI_Line;
    EXTIMode_TypeDef    EXTI_Mode;
    EXTIrigger_TypeDef    EXTI_Trigger;
```

```
    FunctionalState    EXTI_LineCmd;
} EXTI_InitTypeDef;
```

EXTI_Line 选择待配置的外部中断中断线,其取值为 EXTI_Linex,其中 x 为 0～15。

EXTI_Mode 设置待配置中断线的中断模式,其取值为:

- EXTI_Mode_Event:设置 EXTI 中断线为事件请求;
- EXTI_Mode_Interrupt:设置 EXTI 中断线为中断请求。

EXTI_Trigger 设置待配置中断线的边沿触发模式,其取值为:

- EXTI_Trigger_Falling:设置输入中断线为下降沿触发;
- EXTI_Trigger_Rising:设置输入中断线为上升沿触发;
- EXTI_Trigger_Rising_Falling:设置输入中断线为下降沿和上升沿触发。

EXTI_LineCmd 用来定义待配置中断线的使能状态,其取值为 ENABLE 或者 DISABLE。

例如使能外部中断 12 和 14、下降沿触发:

```
EXTI_InitTypeDef EXTI_InitStructure;
EXTI_InitStructure.EXTI_Line =EXTI_Line12 | EXTI_Line14;
EXTI_InitStructure.EXTI_Mode =EXTI_Mode_Interrupt;
EXTI_InitStructure.EXTI_Trigger =EXTI_Trigger_Falling;
EXTI_InitStructure.EXTI_LineCmd =ENABLE;
EXTI_Init(&EXTI_InitStructure);
```

其中,EXIT_Line 设置初始化的外部中断线;EXTI_Mode 设置外部中断模式,取值为 EXTI_Mode_Interrupt 表示产生中断,取值为 EXTI_Mode_Event 表示产生事件;EXTI_Trigger 设置外部中断触发方式,取值为 EXTI_Trigger_Rising 表示上升沿触发,取值为 EXTI_Trigger_Falling 表示下降沿触发,取值为 EXTI_Trigger_Rising_Falling 表示双沿触发;EXTI_LineCmd 设置外部中断线使能。

2. 函数 EXTI_GetFlagStatus

功能描述:检查指定的 EXTI 中断线是否挂起。

函数原型:FlagStatus EXTI_GetFlagStatus(uint32_t EXTI_Line)。

输入参数 EXTI_Line,待读取的 EXTI 中断线名称。

返回值:EXTI_Line 的状态(SET 或者 RESET)。

例如:

```
FlagStatus EXTIStatus;
EXTIStatus =EXTI_GetFlagStatus(EXTI_Line8);
```

3. 函数 EXTI_ClearFlag

功能描述:清除 EXTI 中断线挂起标志位。

函数原型:void EXTI_ClearFlag(uint32_t EXTI_Line)。

输入参数 EXTI_Line,待清除的 EXTI 中断线。

例：

```
EXTI_ClearFlag(EXTI_Line2);
```

4. 函数 EXTI_GetITStatus

功能描述：检查指定的外部中断线上的触发请求是否发生。

函数原型：ITStatus EXTI_GetITStatus(uint32_t EXTI_Line)。

输入参数 EXTI_Line：待检查 EXTI 线路。

返回值：EXTI_Line 的状态(SET 或者 RESET)。

例：

```
EXTIStatus =EXTI_GetITStatus(EXTI_Line8);
```

5. 函数 EXTI_ClearITPendingBit

功能描述：用于清除指定的外部中断线上的中断挂起位,使得在中断发生后进入中断服务程序时,可以继续响应中断请求。

函数原型：void EXTI_ClearITPendingBit(uint32_t EXTI_Line)。

输入参数 EXTI_Line：待清除 EXTI 中断线。

例：

```
EXTI_ClearITpendingBit(EXTI_Line2);
```

6. 函数名 SYSCFG_EXTILineConfig

功能描述：选择 GPIO 引脚作为中断输入,该函数不属于 EXTI 控制器库函数。

函数原型：SYSCFG_EXTILineConfig(uint8_t EXTI_PortSourceGPIOx, uint8_t EXTI_PinSourcex)。

输入参数 1：GPIO 引脚 EXTI_PortSourceGPIOx,x 的取值范围为 A～H。

输入参数 2：配置的中断通 EXTI_PinSourcex,x 取值范围为 0～15。

例如,将 EXTI0 连接到 PA0 引脚：

```
SYSCFG_EXTILineConfig(EXTI_PortSourceGPIOA, EXTI_PinSource0);
```

6.8　中断案例

使用 I/O 口外部中断的一般步骤为：

(1) 初始化 I/O 口为输入。

(2) 开启 I/O 口复用时钟,设置 I/O 口与中断线的映射关系。

(3) 初始化线上中断,设置触发条件等。

(4) 配置中断分组(NVIC),并使能中断。

（5）编写中断服务函数。

【例6-4】 外部中断配置方法：

```
EXTI_InitTypeDef EXTI_InitStructure;
EXTI_InitStructure.EXTI_Line=EXTI_Line4;    //中断线的标号 EXTI_Line0~EXTI_Line15
EXTI_InitStructure.EXTI_Mode =EXTI_Mode_Interrupt;          //中断模式:事件、中断
EXTI_InitStructure.EXTI_Trigger =EXTI_Trigger_Falling;      //触发方式
EXTI_InitStructure.EXTI_LineCmd =ENABLE;
EXTI_Init(&EXTI_InitStructure);
//涉及中断要设置 NVIC 中断优先级
NVIC_InitTypeDef NVIC_InitStructure;
NVIC_InitStructure.NVIC_IRQChannel =EXTI2_IRQn;            //使能按键外部中断通道
NVIC_InitStructure.NVIC_IRQChannelPreemptionPriority =0x02;  //抢占优先级 2
NVIC_InitStructure.NVIC_IRQChannelSubPriority =0x02;        //子优先级 2
NVIC_InitStructure.NVIC_IRQChannelCmd =ENABLE;             //使能外部中断通道
NVIC_Init(&NVIC_InitStructure);
```

在 NVIC 初始化前，我们还需要调用 NVIC_PriorityGroupConfig（NVIC_PriorityGroup_x）配置优先级分组。

配置完中断优先级之后，接着我们要做的就是编写中断服务函数。中断服务函数的名字是在.s 的汇编文件中事先有定义。STM32 的 I/O 口外部中断函数只有 6 个，分别为：

```
EXTI0_IRQHandler
EXTI1_IRQHandler
EXTI2_IRQHandler
EXTI3_IRQHandler
EXTI4_IRQHandler
EXTI9_5_IRQHandler
EXTI15_10_IRQHandler
```

即中断线 0～4 每个中断线对应一个中断函数，中断线 5～9 共用中断函数 EXTI9_5_IRQHandler，中断线 10～15 共用中断函数 EXTI15_10_IRQHandler。

在编写中断服务函数的时候会经常使用到两个函数：

（1）判断某个中断线上的中断是否发生（标志位是否置位）：

ITStatus EXTI_GetITStatus(uint32_t EXTI_Line)；这个函数一般使用在中断服务函数的开头判断中断是否发生。

（2）清除某个中断线上的中断标志位：

void EXTI_ClearITPendingBit(uint32_t EXTI_Line)；这个函数一般应用在中断服务函数结束之前，清除中断标志位。

常用的中断服务函数格式为：

```
void EXTI2_IRQHandler(void)
{
```

```
        if(EXTI_GetITStatus(EXTI_Linex)!=RESET)            //判断 LINEx 线上的中断是否发生
        {
            中断逻辑…
            EXTI_ClearITPendingBit(EXTI_Line3);            //清除 LINEx 上的中断标志位
        }
    }
```

【**例 6-5**】 通过连接到 PA0 口的按键产生中断，来切换连接到 PB7 口的 LED 灯显示。

```
#include "stm32l1xx.h"
#include "stm32l1xx_gpio.h"
int main(void)
{
    GPIO_InitTypeDef GPIO_InitStructure;            //通用输入输出的初始化的结构体
    EXTI_InitTypeDef EXTI_InitStructure;            //外部中断控制器的初始化的结构体
    NVIC_InitTypeDef NVIC_InitStructure;            //嵌套向量中断控制器的初始化的结构体
    RCC_AHBPeriphClockCmd(RCC_AHBPeriph_GPIOB, ENABLE); //使能 GPIOB
    GPIO_InitStructure.GPIO_Pin =GPIO_Pin_7;        //设置 PB7,用于连接 LED 灯
    GPIO_InitStructure.GPIO_Mode =GPIO_Mode_OUT;    //设置为输出模式
    GPIO_InitStructure.GPIO_OType =GPIO_OType_PP;   //设置输出模式下的推挽输出
    GPIO_InitStructure.GPIO_Speed =GPIO_Speed_40MHz; //设置最大速度为 40MHz
    GPIO_InitStructure.GPIO_PuPd =GPIO_PuPd_NOPULL; //设置无上拉
    GPIO_Init(GPIOB, &GPIO_InitStructure);          //初始化 GPIOB
    RCC_AHBPeriphClockCmd(RCC_AHBPeriph_GPIOA, ENABLE); //使能 GPIOA
    RCC_APB2PeriphClockCmd(RCC_APB2Periph_SYSCFG,ENABLE);//使能 SYSCFG
    GPIO_InitStructure.GPIO_Pin =GPIO_Pin_0;        //设置 PA0,用于产生按键
                                                    //输入
    GPIO_InitStructure.GPIO_Mode =GPIO_Mode_IN;     //设置为输入模式
    GPIO_InitStructure.GPIO_PuPd =GPIO_PuPd_NOPULL; //设置无上拉
    GPIO_Init(GPIOA, &GPIO_InitStructure);          //初始化 GPIOA
    //连接 EXTI 线和 GPIO 引脚(根据输入输出口外部中断映射)
    SYSCFG_EXTILineConfig(EXTI_PortSourceGPIOA,EXTI_PinSource0);  //EXTI 线 0
    EXTI_InitStructure.EXTI_Line =EXTI_Line0;
    EXTI_InitStructure.EXTI_Mode =EXTI_Mode_Interrupt;  //配置外部中断模式
    EXTI_InitStructure.EXTI_Trigger =EXTI_Trigger_Rising; //上升沿触发方式
    EXTI_InitStructure.EXTI_LineCmd =ENABLE;        //使能外部中断线 0
    EXTI_Init(&EXTI_InitStructure);                 //初始化外部中断控制
                                                    //器 EXTI
    NVIC_InitStructure.NVIC_IRQChannel =EXTI0_IRQn; //NVIC 中断源
    NVIC_InitStructure.NVIC_IRQChannelPreemptionPriority =0x0F; //抢占优先级 15
    NVIC_InitStructure.NVIC_IRQChannelSubPriority =0x0F;  //设置从优先级 15
    NVIC_InitStructure.NVIC_IRQChannelCmd =ENABLE;  //使能中断通道
    NVIC_Init(&NVIC_InitStructure);                 //初始化嵌套向量中断控
                                                    //制器
```

```
        while (1);
}
void Delay(__IO uint32_t nCount)
{
    while(nCount--);
}
```

文件 stm32l1xx_it.c 中的中断服务程序,代码如下:

```
void EXTI0_IRQHandler(void)
{
    //检测外部中断线 0 上的触发请求
    if(EXTI_GetITStatus(EXTI_Line0) !=RESET)
    {
        //切换 LED1 状态
        GPIO_ToggleBits(GPIOB, GPIO_Pin_7);
        //清除 EXTI 线 0 上的挂起位
        EXTI_ClearITPendingBit(EXTI_Line0);
    }
}
```

【例 6-6】　全局开关中断。

按键按下 1 次,关中断,再次按下,开中断,代码如下:

```
while (1)
{   //判断按键是否按下弹起
    while(GPIO_ReadInputDataBit(GPIOA,GPIO_Pin_0) ==RESET);
    while(GPIO_ReadInputDataBit(GPIOA,GPIO_Pin_0) !=RESET);
    __disable_irq();                              //关闭全局中断
    GPIO_SetBits(GPIOB,GPIO_Pin_7);               //亮灯
    //判断第二次按键是否按下弹起
    while(GPIO_ReadInputDataBit(GPIOA,GPIO_Pin_0) ==RESET);
    while(GPIO_ReadInputDataBit(GPIOA,GPIO_Pin_0) !=RESET);
    __enable_irq();                               //开全局中断
    GPIO_ResetBits(GPIOB,GPIO_Pin_7);             //灭灯
}
```

第7章 定时器

【导读】 定时器是嵌入式系统中使用最频繁的部件,本章首先介绍定时器(Timer)的基本组成和工作原理,然后对 Cortex-M3 内部定时器和 STM32L152 外围定时器分别作了介绍。内部定时器 SysTick 功能简单,适合驱动操作系统,方便不同厂家微控制器之间的移植;外围定时器包括基本定时器和通用定时器,通用定时器功能较为复杂,除了定时外,还具有输入捕获、输出比较、PWM 产生等功能,多个硬件定时器之间还可以进行级联。STM32L152 的 8 个外围定时器的寄存器有所区别,本章对寄存器定义统一进行了描述,对特殊部分进行了标注,介绍了常用寄存器的各个域的功能,以及 CMSIS 提供的典型寄存器操作库函数,最后以定时中断、比较输出、输入捕获和 PWM 为例介绍了定时器使用方法。

7.1 定时器原理概述

定时器是嵌入式系统中最为常用的一个功能模块,定时器为应用系统提供延迟、定时中断、捕获输入、控制 PWM 输出等一系列功能,也是驱动操作系统运行的关键硬件模块。

我们之前介绍 GPIO 时使用了 Delay 函数,通过一个 for 循环来实现延时。Delay 函数的执行需要 CPU 参与,即 CPU 在 Delay 期间处于运行状态且不能执行其他程序,对于嵌入式系统,这种实现功耗较高,系统性能受到影响。定时器是一个独立于 CPU 的硬件,采用中断方式和 CPU 进行交互,可以有效提高嵌入式微控制器整体性能。定时器的基本原理是通过一个计数器自动计数,当计数到某个特定值时,触发一个中断,计数的周期和计数值用于确定计数器持续的时间。

定时器的基本原理如图 7-1 所示,由预分频器、自动重装载寄存器、计数器、比较寄存器和中断输出单元构成。

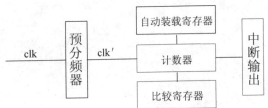

图 7-1 定时器基本结构

　　计数器在时钟驱动下工作,每个时钟脉冲计数器自动加 1 或减 1,时钟的频率由预分频器决定,预分频器可以将定时器的输入时钟进行 1,2,4,8 等分频,这样一个计数值可以表示更长的时间间隔。自动重装载寄存器是用户可配置的,计数器在自加模式下,从 0 开始计数,当计数值和自动重装载寄存器值相同时,产生一个中断,并将计数器值清零;当计数器工作在自减模式时,计数器的初值为自动重装载寄存器的值,当计数器递减到 0 时产生一个中断,并将计数器的初值重新赋为自动重装载寄存器值。如果没有配置自动重装载寄存器,则计数器默认的装载值为计数器能表示的最大值(溢出值)。除了计数器时间到产生中断外,有些定时器还支持比较寄存器中断输出方式,即当计数器的值和比较寄存器值相同时产生一个中断,用户可以不断设置比较寄存器的值在计数器溢出前产生多次中断。

　　定时器的计时长度等于计数值/预分频后的时钟频率,一般定时器的计数器为 8bit、16bit 和 32bit,我们称为 8 位定时器、16 位定时器和 32 位定时器。定时器位数越长,计时长度越长;预分频越小,一个时间脉冲的长度越短,表达的时间越精确,但定时器能表示的最长时间间隔越短。因此在使用定时器时,需要根据需求调整预分频参数和定时器长度。

　　在嵌入式系统中,我们需要控制多个时间值或者控制不同精度的定时,一般嵌入式微控制器会提供多个硬件定时器,这些定时器可以并行使用,但软件系统用到的定时器根据应用不同可能会有很多,因此硬件定时器不够时我们需要基于一个硬件定时器实现多个软件定时功能,以满足系统需求。

　　【思考题:如何通过一个硬件定时器实现 n 个软件定时器?】

　　为适应不同嵌入式系统的需求,STM32L152 提供了丰富的定时器功能,结构上也比图 7-1 所示的定时器基本结构复杂,主要包括 SysTick 定时器、通用定时器和基本定时器(不同于 STM32F 系列,L 系列没有高级定时器)。此外,看门狗定时器和实时时钟 RTC 也可作为普通定时使用。

　　SysTick 是一个 24 位的倒计数定时器,当计到 0 时,将自动装载定时初值,其主要用于为操作系统提供一个硬件的滴答中断,进行进程调度。SysTick 定时器由 Cortex-M3 定义,存在于 NVIC 控制器中,这样便于同是 Cortex-M3 内核、不同厂家的嵌入式处理器进行系统移植。在无操作系统的嵌入式系统中,该计时器可以作为一个普通定时器使用。

　　STM32L152 外围控制器提供了通用定时器和基本定时器,两类定时器的功能不同,通用定时器除了基本定时器功能外,还有向上/向下计数、PWM、输出比较、输入捕获等功能,不同的通用定时器在捕获通道数量、编码器等功能上也有所区别。STM32L152 提供的定时器比较如表 7-1 所示。

表 7-1　STM32L152 外围定时器比较

定 时 器	计数模式	计数器长度	捕获/比较 通道数量	其 他 功 能
通用定时器 TIM2、TIM3、TIM4	向上、向下、 向上/向下	16 位	4	外部时钟触发和定时器同步,支持编码器
通用定时器 TIM9	向上	16 位	2	外部时钟触发和定时器同步

定　时　器	计数模式	计数器长度	捕获/比较通道数量	其 他 功 能
通用定时器 TIM10、TIM11	向上	16 位	1	无
基本定时器 TIM6、TIM7	向上	16 位	0	DAC 触发

7.2　内部定时器 SysTick

SysTick 定时器是 Cortex-M3 内核自带的定时器,该定时器的时钟源一般采用内核时钟,因此,采用 SysTick 使得软件在不同的 Cortex-M3 处理器上的移植更加方便。由于内核时钟频率较高,SysTick 定时器具有较高精度,通常可用于精确计时和测量。

SysTick 定时器在 NVIC 中,Cortex-M3 为该定时器设有 SYSTICK 异常。SysTick 是一个 24 位倒计时定时器,最大可计数 2^{24},计数值保存在 STK_VAL 寄存器中,每过一个时钟周期,STK_VAL 的值减 1,当减到 0 时,触发 SYSTICK 异常,同时硬件自动把重装载寄存器 STK_LOAD 中的数据加载到 STK_VAL,重新开始向下计数。

7.2.1　SysTick 寄存器

SysTick 定时器的控制涉及四个寄存器,如表 7-2 所示。

表 7-2　SysTick 定时器寄存器及其功能

寄存器名	寄存器地址	读 写 权 限	功　　能
SYST_CSR	0xE000E010	RW	SysTick 控制和状态寄存器
SYST_RVR	0xE000E014	RW	SysTick 重装载寄存器
SYST_CVR	0xE000E018	RW	SysTick 计数值寄存器
SYST_CALIB	0xE000E01C	RO	SysTick 校准寄存器

SysTick 定时器的主要寄存器的具体定义如下。

1) SysTick 控制和状态寄存器 SYST_CSR

SYST_CSR 是一个 32 位寄存器,如图 7-2 所示,其有效域有四个。

其中 bit[16]为 COUNTFLAG 计数标志位,用来表示 SysTick 的计数值是否已经数到了 0,如果已到 0,则该位被置 1,如果读取该位,该位将被自动清零。

bit[2]为 CLKSOURCE,表明 SysTick 时钟源,该位为 1 时表示采用处理器主时钟 HCLK 作为时钟源,0 表示采用 HCLK/8 作为时钟源。

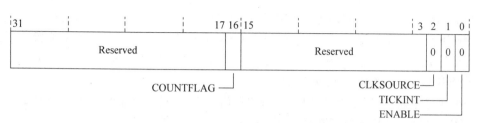

图 7-2　SysTick 控制和状态寄存器

Bit[1]为 TICKINT 中断使能位,该位为 1 表示 SYST_CSR 计数到 0 时产生中断,0 表示不产生中断。该位为 0 时,可以通过监测 COUNTFLAG 判断 SYST_CSR 是否计数到 0。

Bit[0]为 ENABLE 使能位,该位为 1 表示启用 SysTick 定时器,0 表示关闭 SysTick 定时器。

2) SysTick 重载寄存器 SYST_RVR

SYST_RVR 是一个 32 为寄存器,如图 7-3 所示,有效位为低 24 位 bits[23：0],保存 SYST_CVR 计数到 0 时加载到 SYST_CVR 寄存器的计数值。RELOAD 的取值范围为 0x00000001～0x00FFFFFF,要产生 N 个时钟周期的中断,RELOAD 设为 N－1。

图 7-3　SysTick 重载寄存器

3) SysTick 当前计数值寄存器 SYST_CVR

SYST_CVR 中存放 SysTick 定时器当前的计数值,如图 7-4 所示有效位 24 位,读取该寄存器时返回 CURRENT 的值,写该寄存器,CURRENT 将被置 0,同时 SYST_CSR 的 COUNTFLAG 位也将被置 0。

图 7-4　SysTick 计数值寄存器

4) SysTick 校准值寄存器 SYST_CALIB

SYST_CALIB 用于存放 SysTick 定时器校准值,即 4M 时钟 1ms 时间间隔的计数值,默认为 4000。

SysTick 定时器的配置流程和工作过程如下:

- 配置 SYST_RVR,设定定时器的计数周期数。
- 清空 SYST_CVR 寄存器的计数值。
- 配置 SYST_CSR 寄存器,设定 SysTick 计数器的时钟源,是否启用中断。
- 配置 SYST_CSR 寄存器,使能 ENABLE,启动定时器。

当 ENABLE 为 1 时,定时器将 SYST_RVR 寄存器的 RELOAD 值加载到 SYST_CVR 并开始向下计数,当计数到 0 时,将 SYST_CSR 寄存器的 COUNTFLAG 位置 1 并根据 TICKINT 的值确定是否产生中断请求,然后将 SYST_RVR 寄存器的 RELOAD 值再次加载到 SYST_CVR 寄存器,启动向下计数。

如果允许中断,调用中断处理程序中;如不启用中断,可通过不断读取 SYST_CSR 寄存器的 COUNTFLAG 标志位判断是否计时至零。

7.2.2　SysTick 定时器库函数

为了便于对 SysTick 定时器进行操作,CMSIS 提供了 SysTick 定时器的寄存器定义和库函数。

SysTick 定时器的寄存器结构体定义在 core_cm3.h 头文件中,我们可以通过结构体类型 SysTick_Type 定义变量对 SysTick 定时器进行控制。

```
typedef struct {
    __IO uint32_t CTRL;                         //SysTick 控制和状态寄存器
    __IO uint32_t LOAD;                         //SysTick 重载寄存器
    __IO uint32_t VAL;                          //SysTick 计数值寄存器
    __IO uint32_t CALIB;                        //SysTick 校准值寄存器
} SysTick_Type;
```

【例 7-1】　用 SysTick 定时器产生任意大小 T 的精确延迟,以微秒为单位。

分析:我们首先选取 SysTick 定时器的时钟源,HCLK 或 HCLK/8,STM32L152 的最高频率 HCLK 为 32MHz,因此以 HCLK 为时钟源,一个时钟周期为 1/32 微秒,因此对于任意大小时间 T,其重载寄存器的值应为 32 * T。定义一个 SysTick_Type 类型的变量配置 SysTick 定时器的寄存器,通过查询 CTRL 寄存器的 COUNTFLAG 判断计时是否到,代码如下:

```
SysTick_Type SysTick;                           //定义一个 SysTick 类型的定时器变量
void Delay_us(uint32_t n)                        //单位为 μs
{
    SysTick->LOAD=32 * n;                        //配置重载寄存器值
    SysTick->CTRL=0x00000005;                    //时钟源 HCLK(32M),打开定时器
    while(! (SysTick->CTRL&0x00010000));         //等待计数到 0
    SysTick->CTRL=0x00000004;                    //关闭定时器
}
```

CMSIS 为 SysTick 定时器提供了两个操作函数,如表 7-3 所示,可直接调用方便使用,其中 SysTick_CLKSourceConfig 定义在 misc.c 中,SysTick_Config 定义在 core_cm3.h 中。

表 7-3　SysTick 库函数

函 数 名 称	函 数 功 能
SysTick_CLKSourceConfig	配置 SysTick 定时器时钟源
SysTick_Config	初始化并开启 SysTick 计数器及中断

1) SysTick_CLKSourceConfig 函数

函数原型：void SysTick_CLKSourceConfig(uint32_t SysTick_CLKSource)。

输入参数：SysTick_CLKSource，用于表明 SysTick 定时器的时钟源，其取值为：

- SysTick_CLKSource_HCLK_Div8，HCLK/8 作为 SysTick 时钟源；
- SysTick_CLKSource_HCLK，HCLK 作为 SysTick 时钟源；

示例：

```
SysTick_CLKSourceConfig(SysTick_CLKSource_HCLK);
//设置 AHB 时钟为 SysTick 时钟源,32MHz
```

2) SysTick_Config 函数

函数原型：uint32_t SysTick_Config(uint32_t ticks)。

输入参数：ticks，两次中断间的间隔数值。

函数返回值，0 表示成功，1 表示失败。

SysTick_Config() 函数将参数 ticks 写到 Systick 的重载寄存器中，配置 SysTick 中断优先级为最低（0x0F），清除 Systick 当前计数值寄存器，配置时钟源为 HCLK，使能中断并启动计数。定时器时间（秒）＝ticks/HCLK。具体实现如下：

```
uint32_t SysTick_Config(uint32_t ticks)
{
  //检查 ticks,如果 ticks 超过 24 位,返回失败
  if (ticks >SysTick_LOAD_RELOAD_Msk)   return (1);
  //配置装载寄存器,SysTick_LOAD_RELOAD_Msk=0xFFFFFFFFul
  SysTick->LOAD  = (ticks & SysTick_LOAD_RELOAD_Msk) -1;
  //配置 SYSTICK 中断优先级,设为最低 0xF
  NVIC_SetPriority(SysTick_IRQn, (1<<__NVIC_PRIO_BITS) -1);
  SysTick->VAL =0;                       //计数值清零
  //配置控制寄存器,CLKSOURCE=HCLK,中断使能,定时器启动
  SysTick->CTRL =SysTick_CTRL_CLKSOURCE_Msk | SysTick_CTRL_TICKINT_Msk
                | SysTick_CTRL_ENABLE_Msk;
  return (0);                            //初始化成功返回 0
}
```

中断发生后,调用 SysTick 的中断处理程序 SysTick_Handler,在文件 stm32l1xx_it.c, SysTick_Handler 的定义如下：

```
void SysTick_Handler(void)              //systick 中断处理函数
```

```
{
}
```

如果需要更改时钟源,在 SysTick_Config 函数后调用 SysTick_CLKSource Config (SysTick_CLKSource_ HCLK_Div8);如果需要更改 SysTick 中断优先级,在 SysTick_ Config 函数后调用 NVIC_SetPriority(SysTick_IRQn,. number.)。

示例:

```
SysTick_Config(320)                        //设置 SysTick 定时器时间为 10μs
```

7.2.3 SysTick 定时器应用例程

【例 7-2】 启动用 SysTick 定时器中断,实现 LED 灯控制。

分析:对例 5-1 的 LED 控制程序进行修改,利用 SysTick_Config 配置 SysTick 定时器,在 SysTick 中断函数中设置状态变量 flag 进行翻转,main 函数中根据 flag 对灯进行控制,代码如下:

```
# include "stm32l1xx.h"
# include "stm32L1xx_gpio.h"
int flag = 0;
GPIO_InitTypeDef        GPIO_InitStructure;
int main(void)
{
  //配置 PB7 为推挽输出模式
  RCC_AHBPeriphClockCmd(RCC_AHBPeriph_GPIOB, ENABLE);
  GPIO_InitStructure.GPIO_Pin = GREEN_LED;
  GPIO_InitStructure.GPIO_Mode = GPIO_Mode_OUT;
  GPIO_InitStructure.GPIO_OType = GPIO_OType_PP;
  GPIO_InitStructure.GPIO_Speed = GPIO_Speed_40MHz;
  GPIO_InitStructure.GPIO_PuPd = GPIO_PuPd_NOPULL;
  GPIO_Init(GPIOB, &GPIO_InitStructure);
  SysTick_Config(500 * 32 * 1000)           //配置定时器 500ms
  while (1)
  {
    if(flag)                              //根据 flag 对灯进行控制
      GPIO_SetBits(GPIOB, GPIO_Pin_7);
    else
      GPIO_ResetBits(GPIOB, GPIO_Pin_7);
  }
}
```

在文件 stm32l1xx_it. c 中的 SysTick_Handler 中断服务程序中,添加如下代码:

```
extern int flag;
void SysTick_Handler(void)                    //SysTick 中断处理函数
{
  if(flag)
      flag = 0;
  else
     flag = 1;
}
```

7.3　外围定时器基本概念

除了 Cortex-M3 内核带的 SysTick 定时器外,STM32L152 还在外围总线上提供了多个硬件定时器,这些硬件定时器命名为 TIMx(x=2,3,4,6,7,9,10,11)。外围定时器 TIMx 比 SysTick 定时器功能更为强大,相比图 7-1,结构也较为复杂,由时基单元和捕获比较单元组成。

1. 时基单元

时基单元是定时器的基本单元,包括预分频器、计时器和自动装载寄存器,完成最基本的计时功能。时基单元带有一个自动重装载的累加计数器,计数器的时钟通过一个预分频器得到。软件可以读写计数器、自动重装载寄存器和预分频寄存器,计数器运行时也可以进行读写操作。

时基单元的主要寄存器包括:
- 计数器寄存器(TIMx_CNT)。
- 预分频寄存器(TIMx_PSC)。
- 自动重装载寄存器(TIMx_ARR)。

定时器时基单元的配置与定时器驱动时钟、计数方式的选择有密切关系,以下对 STM32L152 的定时器时钟源和计数方式进行简要介绍。

1) 时钟源

定时器的工作时钟来源于预分频器分频后的时钟 CK_CNT,预分频器的输入时钟为 CK_PSC,CK_PSC 的时钟来源包括以下四种,每个 TIMx 支持的时钟源也不同:
- 内部时钟(CK_INT)。
- 外部时钟模式 1:外部输入脚(TIx)。
- 外部时钟模式 2:外部触发输入(ETR)。
- 内部定时器触发输入(ITRx)。

(1) 内部时钟源(CK_INT):即定时器采用 CK_INT 作为时钟源,CK_INT 由微控制器的总线 APB1 或 APB2 的时钟提供,定时器的时钟不是直接来自 APB1 或 APB2,而是来自于 APB1 或 APB2 的一个倍频器,当 APB1 或 APB2 的预分频系数为 1 时,这个倍频器不起作用,定时器的时钟频率等于 APB1 或 APB2 的频率;当 APB1 或 APB2 的预分频系数为其他数值(2、4、8 或 16)时,定时器的时钟频率等于 APB1 或 APB2 的频率两倍。如图 7-5 所示,当 APB1 总线被设置为 32MHz 时(预分频为 1),CK_INT 的时钟为 32MHz,当 APB1 总线被设置为 16MHz 时,此时倍频器起作用,CK_INT 的时钟频率被设为 32MHz。

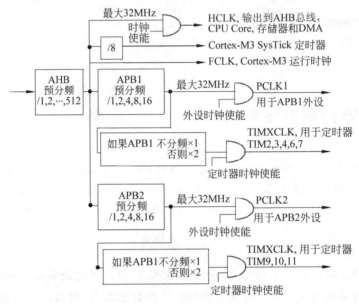

图 7-5　定时器内部时钟源

STM32L152 中,TIM2~TIM7 连接在 APB1 总线,TIM9~TIM11 连接在 APB2 总线,因此在使用不同的 TIMx 时需要配置不同的总线频率。

(2) 外部时钟源模式 1 下,时钟来源于 MCU 外部引脚,时钟源选择 TIMx 输入通道 1 或输入通道 2 所对应引脚,定时器在 TIMx 输入通道对应引脚的电平边沿信号作为时钟驱动。

(3) 外部时钟源模式 2 下,时钟源来源于 MCU 外部引脚,时钟源为外部触发引脚 ETR,定时器在 ETR 引脚的每一个上升沿或下降沿计数。

(4) 内部定时器触发模式下,可以使用一个定时器作为另一个定时器的预分频器时钟输入,每个定时器最多可以有 4 个其他内部定时器触发时钟源,如 TIM4 可以用 TIM10、TIM2、TIM3 和 TIM9 作为内部时钟源,具体参见 STM32L152 参考手册。

基本定时器 TIM6 和 TIM7 的时钟只能由内部时钟提供,但通用定时器 TIM2~TIM5、TIM9~TIM11 可以选择多种时钟源。目前定时器使用中,基本上都是采用内部时钟作为时钟源。

2) 计数方式

计数模式包括三种模式:向上计数模式、向下计数模式和中央对齐模式。

(1) 向上计数模式:计数器从 0 计数到自动加载值(TIMx_ARR 计数器的值),然后重新从 0 开始计数并且产生一个计数器溢出事件和更新事件,当发生一个更新事件时,所有的寄存器都被更新,如图 7-6 所示。

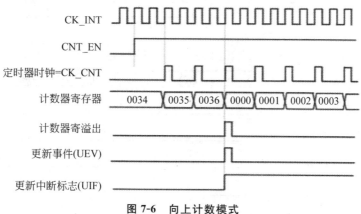

图 7-6 向上计数模式

（2）向下计数模式：在向下模式中,计数器从自动装入的值(TIMx_ARR 计数器的值)开始向下计数到 0,然后从自动装入的值重新开始,并产生一个计数器向下溢出事件和更新事件,如图 7-7 所示。

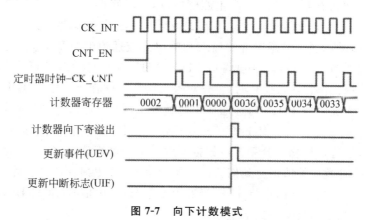

图 7-7 向下计数模式

（3）中央对齐模式：在中央对齐模式,计数器从 0 开始计数到自动加载值—1,即 TIMx_ARR—1,产生一个计数器上溢事件,然后向下计数到 1 并且产生一个计数器下溢事件,然后再从 0 开始重新计数。计数的方向由硬件寄存器指示,可以在每次计数上溢和每次计数下溢时产生更新事件,然后,计数器重新从 0 开始计数,如图 7 8 所示。

2. 捕获比较单元

捕获比较单元可对输入信号进行捕捉,或根据设定输出不同的信号。

（1）输入捕获：可以用来捕获外部事件,并为其赋予时间标记以说明此事件的发生时刻。外部事件发生的触发信号由单片机中对应的外部引脚输入,比如按下按键,也可以通过内部单元(如模拟比较器等)来实现。捕获的信号可以设置为上升沿捕获、下降沿捕获、或者上升沿下降沿都捕获,当设置的捕获发生时,微控制器会将计数寄存器的值复制到捕获比较寄存器,当再次捕捉到电平变化时,新的捕获比较寄存器的值减去之前复制的值就是输入信

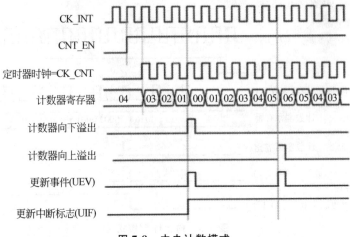

图 7-8　中央计数模式

号的间隔或持续时间。

（2）输出比较：定时器中计数寄存器在初始化完后会自动的计数，一旦计数寄存器在计数过程中与比较寄存器匹配则会产生匹配事件，此时我们可以产生一个中断，也可以在GPIO 的端口输出一个电平变化（变低、变高或取反），用于控制其他外设。

STM32L152 的不同定时器支持的捕获和输出比较通道的数量不同，两通道捕获和输出比较电路原理如图 7-9 所示，GPIO 端口 TIMx_CH1 和 TIMx_CH2 可作为捕获输入源或者比较输出源使用。作为输入捕获时，首先对输入信号进行滤波，生成 TI1F，然后进行上升沿、下降沿检测，生成信号 TI1FP1，选通器可以选择通道 1，也可以选择通道 2 作为捕获信号 IC1，即通道 1 同时连接到了 IC1 和 IC2，这样连接的目的可以用两个捕获通道对于同一个信号的不同边沿进行检测。分频器可根据配置对 IC1 进行分频，分频后的 IC1PS 脉冲边沿被监测到时，将计数器的值保存到捕获比较寄存器，并产生捕获事件。作为比较输出时，捕获比较寄存器与计数器的值进行比较，当发生匹配时，产生信号 OC1REF，通过输出控制在 TIMx_CH1 端口输出高电平或低电平。

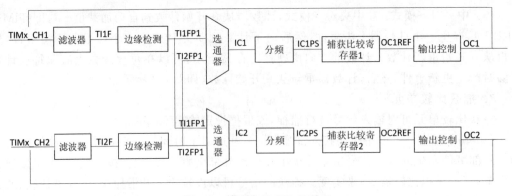

图 7-9　捕获和输出比较原理

3. 定时器工作中的中断和事件

定时器工作中,会在一些关键点触发一些事件,用于管理定时器的状态,比如计数器向上计数模式中,计数器从 0 计数到用户定义的比较值(TIMx_ARR 寄存器的值),然后重新从 0 开始计数并产生一个计数器溢出事件。事件发生时,定时器的相关寄存器会记录事件状态,但并不一定会向 CPU 发起中断请求,只有中断允许被配置的情况下定时器才会发生中断请求。因此定时器事件和中断是不同的概念,定时器中断依赖于定时器事件,但定时器事件发生并不一定产生中断。为了便于软件对硬件定时器的管理,定时器支持软件产生事件的功能,当读写定时器状态寄存器的相关控制域时,可以立即生成一个事件,便于程序控制定时器,也可以通过控制寄存器禁用事件产生。

4. 影子寄存器

在定时器控制中,一些寄存器在电路实现时通常对应有两个寄存器,一个用于用户读写访问,称之为预加载寄存器,一个是用户看不见但用于实际控制,称之为影子寄存器。例如,时基单元的自动重装载寄存器带有影子寄存器,用户对于自动重载寄存器的读写实际上是通过读写预加载寄存器实现的。这样的好处是当定时器正在工作时,读写自动重装载寄存器不会影响原先定时器的工作,所有真正需要起作用的寄存器可以在同一个特定条件(如更新事件产生)触发时才把预加载寄存器的值写入到影子寄存器,以保证多个通道控制的同步性,当然用户也可配置成立即写入影子寄存器的方式。本章以下部分定时器结构图中,凡是带有阴影的寄存器都有影子寄存器。

7.4 基本定时器 TIM6、TIM7

基本定时器包括两个独立的 16 位定时器 TIM6 和 TIM7,可用于一般的定时时钟或作为驱动模数转换的 DAC 输出时钟(内部已连接到 DAC),其定时器结构如图 7-10 所示。

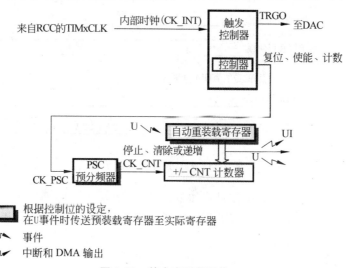

图 7-10 基本定时器结构

　　基本定时器由控制单元和时基单元组成。控制单元用于配置定时器的参数,获取定时器工作状态,主要由控制寄存器 TIMx_CR1、TIMx_CR2,中断使能寄存器 TIMx_DIER、状态寄存器 TIMx_SR 和事件产生寄存器 TIMx_EGR 组成,在更新事件发生时可以产生中断/DMA 请求。时基单元用于定时器计数控制,主要包括计数寄存器 TIMx_CNT、预分频寄存器 TIMx_PSC 和 自动重装载寄存器 TIMx_ARR。

　　基本定时器连接在 APB1 总线上,其时钟由内部时钟 CK_INT 提供,CK_INT 不超过总线的最高频率 32MHz,为满足定时器的精度和计时时间长短的要求,可以通过预分频器对总线时钟进行分频。计数器由预分频输出的 CK_CNT 驱动,预分频器是通过一个 16 位寄存器（TIMx_PSC）实现分频,可以以 1~65536 的任意数值对计数器时钟分频。

　　如图 7-10 所示,TIMx_PSC 预分频寄存器和 TIMx_ARR 带有影子寄存器,在运行过程读写中改变 TIMx_PSC 和 TIMx_ARR 的数值实际改变的是预加载寄存器的值,预加载寄存器的值将在下一个更新事件 UEV 时写入到影子寄存器。TIMx_CR1 寄存器中的自动重装载预加载使能位 ARPE 决定是将写入预加载寄存器的内容立即传送到影子寄存器,还是在更新事件 UEV 时传送到影子寄存器。

　　如图 7-11 和图 7-12 所示,发生一次更新事件 UEV 时,定时器将设置更新标志位,并将以下寄存器立即更新:

- 传送 TIMx_PSC 预装载值至预分频器的影子寄存器;
- 更新自动重装载影子寄存器为 TIMx_ARR 预装载值。

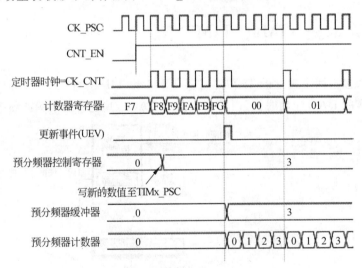

图 7-11　PSC 预装值操作示例

基本定时器的操作流程和工作过程如下:

- 配置预分频寄存器 TIMx_PSC,计数器的时钟频率 CK_CNT 等于 fCK_PSC/(PSC[15:0]+1);
- 配置自动重装载寄存器 TIMx_ARR 的计数值;

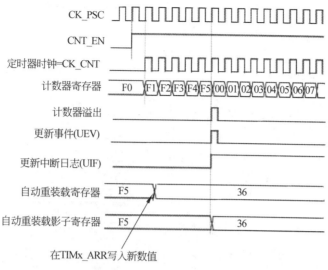

CK_PSC

CNT_EN

定时器时钟=CK_CNT

计数器寄存器　　F0 F1 F2 F3 F4 F5 00 01 02 03 04 05 06 07

计数器溢出

更新事件(UEV)

更新中断日志(UIF)

自动重装载寄存器　　F5　　　　　36

自动重装载影子寄存器　　F5　　　　36

在TIMx_ARR写入新数值

图 7-12　ARR 预装载操作示例

- 配置中断使能寄存器 TIMx_DIER,是否启动 DMA 和中断;
- 配置事件产生寄存器 TIMx_EGR 清空计数器,产生一个软件更新事件,更新所有寄存器配置;
- 配置控制寄存器 TIMx_CR1,设置 CEN 位为 1,启动定时器。

基本定时器只支持向上计数模式,计数器从 0 累加计数到自动重装载数值,产生一个计数器溢出事件,如果 TIMx_CR1 寄存器的 OPM(One Pluse Mode)被置为 1,则停止计数,CEN 被置 0;如果 OPM 被置为 0,则定时器重新从 0 开始计数。

7.5　通用定时器 TIM2~TIM4、TIM9~TIM11

通用定时器除了基本定时器的功能外,还包括向下、向上/向下自动装载计数,1~4 个独立通道用于输入捕获、输出比较、PWM 生成或单脉冲模式输出,可以使用外部信号控制定时器,支持定时器互连,多种中断/DMA 事件产生等功能。

STM32L152 有 6 个 16 位的通用定时器,分为两类,其中 TIM2~TIM4 连接在 APB1 总线上,各有 4 个独立的捕获比较通道,可以和 TIM9、TIM10 以及 TIM11 进行同步互联;TIM9~TIM11 连接在 APB2 总线上,TIM10 和 TIM11 只有 1 个捕获比较通道,TIM9 有 2 个捕获比较通道,可以被 TIM2、TIM3 和 TIM4 同步;同时 TIM9、TIM10 和 TIM11 这三个定时器可以使用 LSE 作为外部时钟源独立于总线时钟工作。

STM32L152 通用定时器的结构如图 7-13 所示,除了控制单元,时基单元外,还增加了时钟源选择、输入滤波和检测、捕获比较以及输出控制等单元。

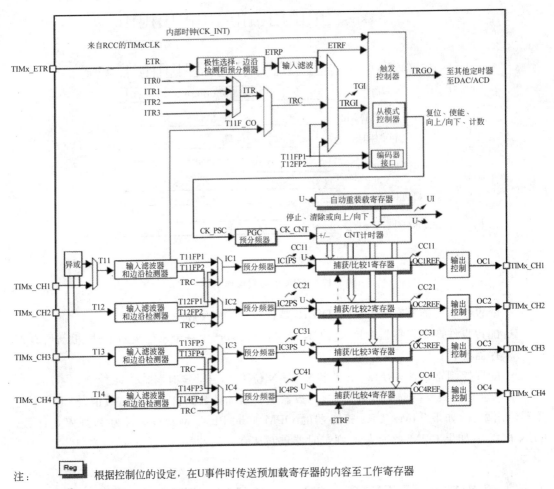

图 7-13　通用定时内部结构

注：　![Reg] 根据控制位的设定，在U事件时传送预加载寄存器的内容至工作寄存器

　　　![事件] 事件

　　　![中断] 中断和DMA输出

7.5.1　通用定时器时基单元

　　通用定时器的时基单元与基本定时器结构相同，由计数器寄存器 TIMx_CNT、预分频器寄存器 TIMx_PSC 和自动装载寄存器 TIMx_ARR 构成，但其计数模式支持三种模式：向上计数模式、向下计数模式和中央对齐模式。计数模式通过控制寄存器 TIMx_CR1 的计数方向域 DIR 和中央对齐模式域 CMS 进行设置（中央对齐模式下，不能写入 TIMx_CR1 中的 DIR 方向位，DIR 由硬件更新并指示当前的计数方向）。

　　每次计数器溢出时产生更新事件 UEV，当发生更新事件时，所有的影子寄存器都被立即更新，定时器状态寄存器 TIMx_SR 的更新中断标志位 UIF 被置为 1。

如图 7-13 所示,通用定时器的计数器由 CK_CNT 时钟驱动,当 TIMx_CR1 的 CEN 位置 1 时,计数器开始工作,CK_CNT 由预分频器给出,预分频器的时钟源 CK_PSC 可以选择多种时钟源提供。通用定时器中,TIM2、TIM3 和 TIM4 支持内部时钟(CK_INT)、外部输入脚触发(TI1 和 TI2)、内部定时器触发(ITR0~ITR3)和外部触发(ETR)四种。TIM9 支持上述四种,且其外部触发 ETR 在微控制器内部已被连接到 LSE 时钟;TIM10 和 TIM11 只支持 CK_INT、TI1 和 ETR,TIM10 和 TIM11 的 ETR 也连接到了 LSE 时钟;这样 TIM9、TIM10 和 TIM11 可以在微控制器休眠的状态下(CK_INT 被关闭)采用 LSE 时钟继续工作。

通常我们使用内部时钟 CK_INT 作为定时器的时钟源,如果从模式控制寄存器 TIMx_SMCR 的 SMS=000,只要 CEN 位被写成 1,预分频器的时钟就由内部时钟 CK_INT 提供。

当 TIMx_SMCR 寄存器的 SMS=111 时,外部触发模式 1 被选中,计数器可以在选定触发输入端的每个上升沿或下降沿计数。触发源共有 8 个,如图 7-14 所示,分别为 4 个其他定时器输出 ITRx、滤波后的定时器输入通道 TI1FP1、滤波后的定时器通道 TI2FP2、滤波后定时器边缘检测输入通道 TI1F_ED 和滤波后的外部触发源 ETRF,由 TIMx_SMCR 寄存器的 TS 域进行配置。如果选用 ITRx 作为时钟源,即选用了内部定时器触发作为时钟源,即定时器级联方式。在使用该模式前,需要先配置好外部触发源的信号。

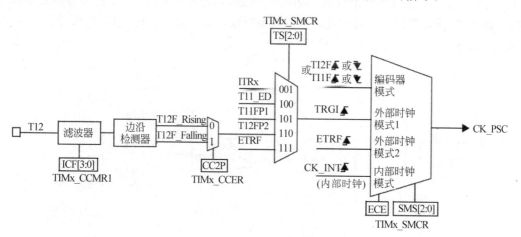

图 7-14　外部触发模式 1 的触发源

在外部触发模式 1 中,TIM10 和 TIM11 的外部时钟模式 1 触发源只能使用 TI1FP1、TI1F_ED 和 ETR。此外,不同于 TIM2、TIM3 和 TIM4 的时钟输入 TIx 只能由外部引脚输入,TIM9 的 TI1 输入时钟除了外部管输入脚 TIx 外(外部触发模式 1),还支持 LSE(外部触发模式 2);TIM10 的 TI1 输入时钟除了外部引脚输入外,还支持 LSE、LSI 和 RTC 唤醒中断;TIM11 的 TI1 输入时钟除了外部引脚输入外,还支持 MSI 和 HSE RTC;这些输入时钟由寄存器 TIMx_OR 进行配置。

如图 7-14 所示,要选择 T12FP2 上升沿作为定时器的时钟源,则需要配置 TIMx_CCMR1 寄存器的的 CC2S、IC2F 以及 TIMx_CCER 寄存器的输入极性 CC2P、CC2NP 等,然后在 TIMx_SMCR 中配置触发源为 TI1FP2(TS=110),模式为外部触发模式 1(SMS=111),配置 TIMx_CR1 寄存器 CEN=1 启动定时器后,TI2FP2 驱动定时器工作,其工作时序如图 7-15 所示(TIF 为触发中断标志,当检测到一个 TI2 输入时,TIF 被置 1,通过软件进行清 0)。

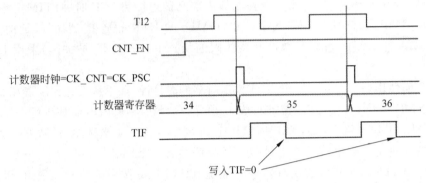

图 7-15 外部时钟模式下计数器时序

当 TIMx_SMCR 寄存器中的 ECE=1 时,外部触发模式 2 被选中,计数器在外部触发 ETR 的每一个上升沿或下降沿计数。如图 7-16 所示,外部时钟源 ETR 输入通路上带有分频器、滤波器,滤波器以一个可配置的基准频率对输入信号进行采样,当连续采样到 N 次有效电平时,认为一次有效的输入电平。

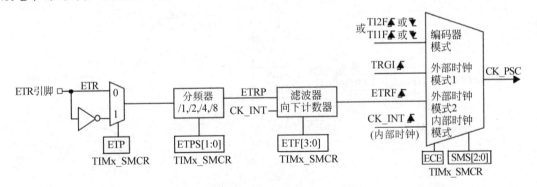

图 7-16 外部时钟源 ETR 触发电路

例如,配置外部 ETR 触发,2 个 ETR 上升沿进行一次计数,需要将 TIMx_SMCR 寄存器的 ETPS 置为 01,ETP 置为 0,配置 ECE=1 启用 ETR 外部时钟模式 2,启动定时器后,每两个 ETR 上升沿进行计数,时序如图 7-17 所示。

从图 7-14 可见,外部触发源 ETR 也可以在外部触发模式 1 下作为输入,此时和外部触发模式 2 下的功能一样。但如果需要使用 ETR 外部触发和从模式中的复位、触发、门控等进行组合应用,此时 SMS 已被配置为复位、触发或门控,无法配置 ETR 输入,此时可以配置 ECE 启用 ETR 作为时钟源。当外部模式 2 开启时,内部时钟和外部时钟模式 1 无效。

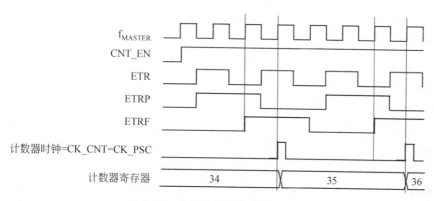

图 7-17　外部时钟触发模式 2 时序

7.5.2　通用定时器输入捕获和输出比较单元

输入捕获和输出比较是通用定时器较为复杂的功能,捕获可以用来对输入信号进行测量,输出比较可以用来产生特定的输出信号。每个定时器支持的捕获比较通道数量不同,但其组成结构类似。如图 7-9 所示,每个捕获通道的核心是一个捕获比较寄存器,它的输入部分主要是边沿检测电路,输出部分是输出控制电路。对于一个通道而言,只能选用输入捕获或输出比较中的一种模式。捕获/比较寄存器带有影子寄存器,读写过程仅操作其预装载寄存器。捕获模式下,捕获发生在影子寄存器上,然后再复制到预装载寄存器中;在比较模式下,预装载寄存器的内容被复制到影子寄存器中,影子寄存器和计数器进行比较判断。

1. 输入捕获

图 7-18 为捕获模式下输入电路的结构,输入部分对 TIx 引脚输入信号采样,产生一个滤波后的信号 TIxF,采样频率 fdts 由寄存器 TIMx_CR1 配置。然后,一个带极性选择的边缘检测器产生一个信号(TIxFPx)。通道选择器决定送到比较通道的信号源,该信号通过预分频后作为最终的输入信号 ICxPS 送到捕获/比较寄存器。滤波的目的是通过多次采样减少信号高频部分带来的抖动干扰。

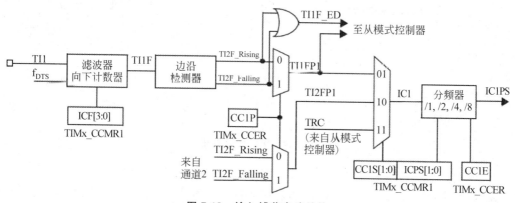

图 7-18　输入捕获电路结构

在输入捕获模式下,当检测到 ICx 信号上相应的边沿后,计数器的当前值被锁存到捕获/比较寄存器(TIMx_CCRx)中,同时产生捕获事件,置 TIMx_SR 寄存器相应的标志 CCxIF 为 1,如果使能了中断或 DMA,则将产生中断或者 DMA 操作。如果捕获事件发生时 CCxIF 标志已经为 1,则重复捕获标志 CCxOF 被置 1。读取存储在 TIMx_CCRx 寄存器中数据时 CCxIF 被清 0。

配置示例:在 TI1 输入端口输入一个频率为 1MHz 的方波,输入信号在最多 5 个内部时钟周期的时间内抖动,配置输入捕获寄存器在信号的上升沿捕获计数器的值并计算周期。

(1) 配置 TI1 输入端口的 GPIO 相关寄存器,将端口设置为复用输入模式。

(2) 选择输入端口:配置 TIMx_CCR1 寄存器的 CC1S=01,选择 TI1 作为捕获输入源。

(3) 配置输入滤波:配置滤波采样频率为 CK_INT,输入信号抖动在 5 个时钟周期内,因此 TIMx_CCMR1 寄存器中的 IC1F 置为 0011,即连续采样 8 次对输入信号上升沿进行判断。

(4) 选择转换边沿:在 TIMx_CCER 寄存器中写入 CC1P=0,捕获上升沿。

(5) 配置预分频器:如果希望 $n(1,2,4,8)$ 次信号上升沿捕获产生一个有效的电平转换时刻,配置预分频器 IC1PS=00,01,10 和 11。

(6) 开启捕获:设置 TIMx_CCER 寄存器的 CC1E=1,允许捕获。

(7) 开启中断:设置 TIMx_DIER 寄存器中的 CC1IE 和 CC1DE 位允许相关中断请求和 DMA 请求。

(8) 记录两次捕获的计数值,即可算出输入信号的频率。

2. 输出比较

如图 7-19 所示,输出比较电路的输出结果实际是由 OCxREF 决定的,比较寄存器和计数器的值相等时,输出一个 OCxREF 电平,电平由 OCxM 决定,可以是保持原有电平,设置为低电平,设置为高电平或者进行翻转,这个输出电平也可以被外部触发时钟源进行控制。OCxREF 的信号可以被极性选择器进行翻转,即低电平变高电平,高电平变低电平,而电平信号是否输出最终取决于输出使能电路,只有 TIMx_CCER 的 CCxE 域为 1 时 OC1 才真正输出。

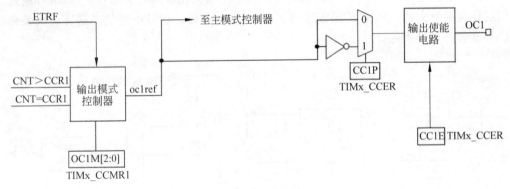

图 7-19　输出比较电路

当计数器与捕获/比较寄存器的内容相同时,输出比较功能做如下操作:

- 根据比较模式(TIMx_CCMRx 寄存器中的 OCxM 域)和输出极性(TIMx_CCER 寄

存器中的 CCxP 位)的定义,将 OCxREF 的值输出到对应的引脚上。

- 设置中断状态寄存器中的标志位(TIMx_SR 寄存器中的 CCxIF 位)。
- 若设置了中断屏蔽(TIMx_DIER 寄存器中的 CCxIE 位)允许中断,则产生一个中断请求。

在输出比较模式下,只有比较事件才会影响输出结果,更新事件对 OCxREF 和 OCx 输出没有影响。

输出比较模式的配置步骤一般为:

(1) 选择计数器时钟(内部、外部,设置预分频器);

(2) 将相应的数据写入 TIMx_ARR 和 TIMx_CCRx 寄存器中;

(3) 设置 CCxIE、CCXDE 是否产生中断请求/或 DMA 请求;

(4) 配置输出模式 OCxM;

(5) 设置 TIMx_CR1 寄存器的 CEN 位启动计数器。

3. PWM 输出

PWM 指脉冲宽度调制,也就是占空比可变的脉冲波形,PWM 被广泛应用在电机控制、频率调节等领域。PWM 模式下,可以产生一个由 TIMx_ARR 寄存器确定频率、由 TIMx_CCRx 寄存器确定占空比的信号。例如,当 CNT 的值小于 TIMx_CCRx 中的值时候输出高电平或低电平,当大于的时候反向,如图 7-20 所示。

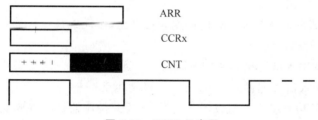

图 7-20　PWM 示意图

TIMx_ARR 寄存器设定脉冲周期,TIMx_CCR 设定占空比,CNT 计数器最大值为 TIMx_ARR,由于 TIM 有多于 1 个的捕获比较通道,因此一个定时器可以同时输出多个同一频率但占空比不同的 PWM 波形。

TIMx_CCMRx 寄存器中的 OCxM 支持两种 PWM 模式:

(1) PWM 模式 1:在向上计数时,一旦 CNT<CCRx,通道 x 为高电平(OC1REF=1),否则为低电平(OC1REF=0);在向下计数时,一旦 CNT>CCRx,通道 x 为低电平,否则为高电平(OC1REF=1)。

(2) PWM 模式 2:在向上计数时,一旦 CNT<CCRx,通道 x 为低电平,否则为高电平;在向下计数时,一旦 CNT>CCRx,通道 x 为高电平,否则为低电平。

在 PWM 模式下,必须设置 TIMx_CCMRx 寄存器 OCxPE 位为使能预装载寄存器,设置 TIMx_CR1 寄存器的 ARPE 位使能自动重装载的预装载寄存器,因此启用计数器之前须通过设置 TIMx_EGR 寄存器中的 UG 位来手动初始化所有的寄存器。

图 7-21 为 ARR 配置为 8 时,PWM 模式 1 的示例。当 CNT<CCRx 时,PWM 输出

OCxREF 为高,否则为低。如果 CCRx 的值大于自动重装载值(TIMx_ARR),则输出一个占空比 100%的信号,即 OCxREF 始终为 1。如果 CCRx=0,则产生占空比 0%的信号,即 OCxREF 始终保持为 0。

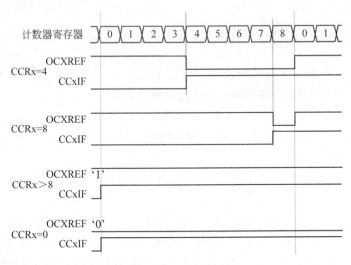

图 7-21　PWM 模式 1 时序

4. PWM 输入模式

PWM 输入模式用来测量 PWM 的周期和占空比,该模式是输入捕获模式的一个特例,其与不同输入捕获的区别在于:

- 一个 TIx 的输入被连接到两个不同的 ICx 通道上;
- 两个 ICx 输入信号配置为边沿有效,但极性相反;
- 一个 TIxFP 信号被作为触发输入信号,从模式控制器被配置成复位模式。

由于只有 TI1FP1 和 TI2FP2 连到了从模式控制器,所以 PWM 输入模式只能使用 TIMx_CH1/TIMx_CH2 信号。将输入 PWM 信号连接到 TI1,则信号周期存储在 TIMx_CCR1 寄存器,占空比存储在 TIMx_CCR2 寄存器,具体配置步骤如下:

(1) 选择 TIMx_CCR1 的有效输入,TIMx_CCMR1 的 CC1S=01(选择 TI1);

(2) 选择 TI1FP1 的极性为上升沿有效,置 CC1P=0;

(3) 选择 TIMx_CCR2 的有效输入,TIMx_CCMR1 的 CC2S=10(选择 TI1);

(4) 选择 TI1FP2 的有效极性为下降沿有效,置 CC2P=1;

(5) 选择外部触发时钟为 TIFP1,置 TIMx_SMCR 的 TS=101;

(6) 配置从模式控制器为复位模式,置 TIMx_SMCR 中的 SMS=100;

(7) 使能捕获,置 TIMx_CCER 的 CC1E=1 且 CC2E=1。

如图 7-22 所示,当 T1 检测到上升沿时,复位定时器,CNT 从 0 开始计数,当下降沿到达时,IC2 捕获到此时的计数值,即为 PWM 高电平宽度,当下一个上升沿到达时,IC1 捕获到此时的计数值,即为 PWM 的周期,通过定时器时钟频率和捕获的计数值即可算出 PWM 信号的实际周期和占空比。

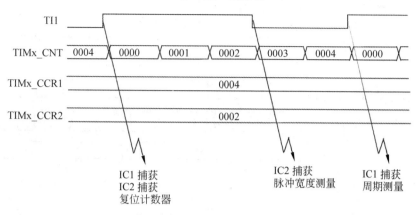

图 7-22　PWM 输入测量

7.5.3　TIMx 的外部触发同步模式

TIMx 在从模式可以通过外部触发信号同步,从模式包括复位、门控和触发模式。

1. 复位模式

外部触发输入事件发生时,计数器和它的预分频器被重新被初始化,如果 IMx_CR1 寄存器的 URS 位为 0,即从模式控制器可以产生更新事件,此时还产生一个更新事件 UEV；然后所有的预装载寄存器(TIMx_ARR,TIMx_CCRx)都被更新。

如图 7-23 所示,TI1 上升沿作为触发,产生 UEV 事件,计数器被清 0,TIF 标志表示产生了一个触发中断,如果中断允许,则向 MCU 发起中断请求。

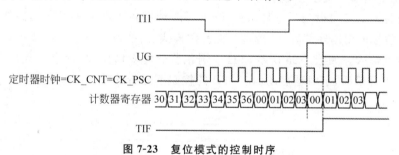

图 7-23　复位模式的控制时序

2. 门控模式

计数器的使能依赖于选中的输入端的电平。如下图 7-24 所示,TI1 的低电平作为触发源,配置通道 1 作为 TI1 低电平检测,当 TI1 为高电平时,计数器停止计数,当检测到 TI1 变为低电平后,计数器立即开始工作。在计数器停止和启动均会引起 TIF 标志置 1,表示产生一个触发中断。

3. 触发模式

计数器的使能依赖于选中的输入端上的事件。如图 7-25 所示,配置 TI2 的上升沿作为外部触发源,当检测到上升沿时,计数器启动,开始计数,并设置触发中断标志 TIF,否则定

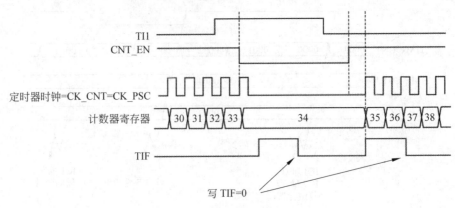

图 7-24 门控模式的控制时序

时器停止工作。

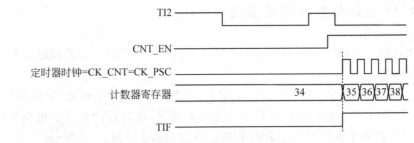

图 7-25 触发模式的控制时序

4. 外部时钟 2＋触发模式

外部时钟模式 2 可以与另一种从模式(外部时钟模式 1 和编码器模式除外)一起使用。这时,ETR 信号被用作外部时钟的输入,在复位模式、门控模式或触发模式可以选择另一个输入作为触发输入。如图 7-26 所示,TI1 上升沿作为触发信号,ETR 作为定时器时钟,当检测到 TI1 的上升沿后,定时器启动,在 ETR 的控制下开始计数。

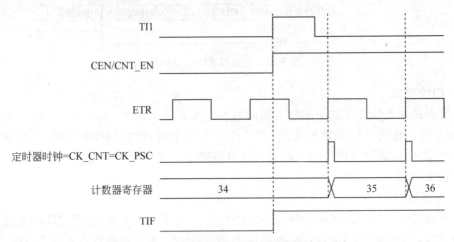

图 7-26 外部时钟模式 2＋触发模式的控制时序

7.6　定时器寄存器

通用定时器包括 16 个寄存器,TIM2～TIM4,TIM6～TIM7 以及 TIM9～TIM11 各自对每个寄存器的域的支持有所不同,TIM9～TIM11 还有自己特殊的寄存器,下面对常用寄存器进行介绍,其中不同定时器对不同域的支持在寄存器域说明中进行标注。定时器常用寄存器如表 7-4 所示。

表 7-4　定时器寄存器及其功能

寄存器名	读写权限	功　　能
TIMx_CR1	RW	定时器控制寄存器 1
TIMx_CR2	RW	定时器控制寄存器 2
TIMx_SMRC	RW	定时器从模式选择寄存器
TIMx_DIER	RW	定时器 DMA 和中断使能寄存器
TIMx_SR	RW	定时器状态寄存器
TIMx_EGR	W	定时器事件产生寄存器
TIMx_CCMR1	RW	捕获/输出模式寄存器 1
TIMx_CCMR2	RW	捕获/输出模式寄存器 2
TIMx_CCER	RW	捕获/输出使能寄存器
TIMx_CNT	RW	计数器
TIMx_PSC	RW	预分频寄存器
TIMx_ARR	RW	自动重装载寄存器
TIMx_CCR1	RW	通道 1 捕获/比较寄存器
TIMx_CCR2	RW	通道 2 捕获/比较寄存器
TIMx_CCR3	RW	通道 3 捕获/比较寄存器
TIMx_CCR4	RW	通道 4 捕获/比较寄存器

1. 控制寄存器 TIMx_CR1

控制寄存器 TIMx_CR1 是 16 位寄存器,如图 7-27 所示,其有效域包括:

CKD[1:0]:时钟分频因子,用于配置 ETR、TIx 的数字滤波器采样频率 fdts 和定时器

15	14	13	12	11	10	9	8	7	6	5	4	3	2	1	0
			Reserved			CKD[1:0]		ARPE	CMS		DIR	OPM	URS	UDIS	CEN
						rw	rw	rw	rw	rw	rw	rw	rw	rw	rw

图 7-27　控制寄存器 1

内部时钟(CK_INT)频率之间的分频比例。00 表示不分频,01 表示二分频,10 表示 4 分频。

ARPE:自动重装载预装载允许位,0 表示 TIMx_ARR 寄存器没有缓冲,写入 ARR 寄存器将直接改变影子寄存器的值,1 表示 TIMx_ARR 寄存器被装入缓冲器,只有事件发生时 ARR 寄存器值才会被加载到影子寄存器。

CMS[1:0]:选择中央对齐的四种模式,分别为不使用中央对齐,中央对齐模式 1、中央对齐模式 2 和中央对齐模式 3,具体见 STM32L1xx 参考手册文档。

DIR:计数方向,0 表示向上计数,1 表示向下计数,当选用中央对齐模式时,该位为只读,表示计数方向。当配置向上计数时,配置 CMS=00,DIR=0。

OPM:单脉冲模式,0 表示在发生更新事件时,计数器不停止,1 表示在下一次更新事件发生时清除 CEN 位,计数器停止。

URS:更新请求源,设置产生中断的事件源,0 表示计数器溢出、设置 UG 位以及从模式控制器产生的更新都可以产生中断,1 表示只有计数器溢出才产生更新中断。

UDIS:禁止更新,0 表示允许产生更新事件,1 表示不产生更新事件。

CEN:计数器启动位,0 表示禁止计数器,1 表示启动计数器。

其中,基本定时器 TIM6 和 TIM7 没有 CMS 和 DIR 域。

2. 控制寄存器 TIMx_CR2

控制寄存器 TIMx_CR2 是 16 位寄存器,如图 7-28 所示,其有效域包括:

15	14	13	12	11	10	9	8	7	6	5	4	3	2	1	0
			Reserved					TI1S		MMS[2:0]		CCDS		Reserved	
								rw	rw	rw	rw	rw			

图 7-28　控制寄存器 2

TI1S:TI1 输入源选择,0 表示 TIMx_CH1 引脚连到 TI1 输入,1 表示 TIMx_CH1、TIMx_CH2 和 TIMx_CH3 引脚经异或后连到 TI1 输入。

MMS[2:0]:主模式选择,用于选择在主模式下送到从定时器的同步信息 TRGO 的来源。

- 000 表示复位,TIMx_EGR 寄存器的 UG 位被用于作为触发输出(TRGO)。
- 001 表示使能,计数器使能信号 CNT_EN 被用于作为触发输出(TRGO)。
- 010 表示更新,更新事件 UE 被选为触发输入(TRGO)。
- 011 表示比较脉冲,在发生一次捕获或一次比较成功时,当要设置 CC1IF 标志时,触发输出送出一个正脉冲(TRGO)。
- 100~111 表示 OC1REF~OC4REF 信号被用于作为触发输出(TRGO)。

其中,基本定时器 TIM6 和 TIM7 只有 MMS 域。TIM10、TIM11 没有此寄存器。

3. 从模式控制寄存器(TIMx_SMCR)

从模式控制寄存器 TIMx_SMCR 为 16 位寄存器,如图 7-29 所示,其主要域包括:

15	14	13	12	11	10	9	8	7	6	5	4	3	2	1	0
ETP	ECE	ETPS[1:0]		ETF[3:0]				MSM	TS[2:0]			OCCS	SMS[2:0]		
rw	rw	rw	rw	rw	rw	rw	rw	rw	rw	rw	rw	rw	rw	rw	rw

图 7-29　从模式控制寄存器

ETP:外部触发极性,用于选择是用 ETR 还是 ETR 的反相来作为触发操作,0 表示 ETR 不反相,高电平或上升沿有效,1 表示 1,ETR 反相,低电平或下降沿有效。

ECE:外部时钟使能位,1 表示启用外部时钟模式 2,计数器由 ETRF 信号上的任意有效边沿驱动,0 表示禁用外部时钟模式 2。

ETPS[1:0]:外部触发预分频系数,外部触发信号 ETRP 的频率最高不能超过 CK_INT/4。ETRP 过快时,使用预分频降低 ETRP 的频率。00 表示关闭预分频,01~11 分别表示 2、4、8 分频。

ETF[3:0]:外部触发滤波,定义对 ETRP 信号采样的频率和对 ETRP 数字滤波的带宽。数字滤波带宽用 N 表示,即 N 个事件后会产生一个输出的跳变,N 的取值为 2、4、5、6、8。采样频率可以选择 fCK_INT 或 fDTS 的 2、4、8、16 分频,其中 fDTS 由 TIMx_CR1 的 CDK 配置。具体见 STM32L1xx 参考手册文档。

TS[2:0]:外部模式 1 的触发时钟源选择,000-011 表示内部定时器 TIM1~TIM4 作为时钟源,100~110 为输入通道 1 的不同信号作为时钟源,111 表示外部触发输入 ETRF。TS 和 SMS 配合使用,SMS=000 时 TS 无效。

SMS[2:0]:从模式选择,000 表示不使用从模式,预分频器直接由内部时钟驱动,100~110 为复位模式、门控模式和触发模式,111 表示使用外部时钟模式 1,具体外部时钟源由 TS 选择。

基本定时器 TIM6、TIM7 没有这个寄存器,通用定时器 TIM9 没有 OCCS 域。TIM10、TIM11 只有 8~15 位,没有 MSM、TS、OCCS 以及 SMS 域。

4. DMA/中断使能寄存器 TIMx_DIER

中断使能寄存器为 16 位寄存器,如图 7-30 所示,其有效域为:

15	14	13	12	11	10	9	8	7	6	5	4	3	2	1	0
Res.	TDE	Res	CC4DE	CC3DE	CC2DE	CC1DE	UDE	Res.	TIE	Res	CC4IE	CC3IE	CC2IE	CC1IE	UIE
	rw		rw	rw	rw	rw	rw		rw		rw	rw	rw	rw	rw

图 7-30 中断使能寄存器

TDE:允许触发 DMA 请求,0 表示禁止,1 表示允许。

CC4DE~CC1DE:允许捕获/比较通道 x 的 DMA 请求,0 表示禁止,1 表示允许。

UDE:允许更新的 DMA 请求,0 表示禁止,1 表示允许。

TIE:触发中断使能,0 表示禁止,1 表示允许。

CC4IE~CC1IE:允许捕获/比较通道 x 中断,0 表示禁止,1 表示允许。

UIE:允许更新中断,0 表示禁止,1 表示允许。

其中,基本定时器 TIM6 和 TIM7 只有 UDE 和 UIE 两个域。TIM9 只有 TIE、CC2IE、CC1IE 和 UIE 域,TIM10 和 TIM11 只有 CC1IE 和 UIE 域。

5. 状态寄存器 TIMx_SR

状态寄存器 TIMx_SR 为 16 位寄存器,如图 7-31 所示,其有效域包括:

CC4OF~CC1OF:捕获/比较通道重复捕获标记,0 表示无重复捕获,1 表示重复捕获,

15	14	13	12	11	10	9	8	7	6	5	4	3	2	1	0
Reserved			CC4OF	CC3OF	CC2OF	CC1OF	Reserved		TIF	Res	CC4IF	CC3IF	CC2IF	CC1IF	UIF
			rc_w0	rc_w0	rc_w0	rc_w0			rc_w0		rc_w0	rc_w0	rc_w0	rc_w0	rc_w0

图 7-31　状态寄存器

在输入捕获下,若计数器的值被捕获到 TIMx_CCR1 寄存器,但 CC1xF 的状态已经为 1,则 CCxOF 标记由硬件置 1,写 0 可清除该位。

TIF:触发器中断标记,当发生触发事件时由硬件置 1,软件写 0 清除。

CC4IF～CC1IF:捕获/比较通道中断标记,当通道 CCx 配置为输出模式,计数器值与比较值匹配时该位由硬件置 1,软件写 0 清除;当通道 CCx 配置为输入模式,当捕获事件发生时该位由硬件置 1,可由软件清 0 或通过读 TIMx_CCRx 清 0。

UIF:更新中断标记,当产生更新事件时该位由硬件置 1,它由软件清 0。

其中,基本定时器 TIM6、TIM7 只有 UIF 域,TIM9 只有 CC2OF、CC1OF、TIF、CC2IF、CC1IF 以及 UIF 域,TIM10 和 TIM11 只有 CC1OF、CC1IF 和 UIF 域。

6. 事件产生寄存器(TIMx_EGR)

事件产生寄存器用于软件触发事件,如图 7-32 所示,其有效域包括:

15	14	13	12	11	10	9	8	7	6	5	4	3	2	1	0
Reserved								TG	Res.	CC4G	CC3G	CC2G	CC1G		UG
								w		w	w	w	w		w

图 7-32　事件产生寄存器

TG:产生触发事件,该位写 1 产生一个触发事件,由硬件自动清 0。

CC4G～CC1G:产生捕获/比较通道事件,该位写 1 产生一个捕获/比较事件,由硬件自动清 0。

UG:产生更新事件,该位写 1 产生更新事件,重新初始化计数器,预分频器计数器也被清 0 但预分频系数不变。

其中,基本定时器 TIM6 和 TIM7 只有 UG 域,TIM10 和 TIM11 只有 CC1G 和 UG 域,TIM9 只有 TG、CC2G、CC1G 和 UG 域。

7. 捕获/比较模式寄存器 TIMx_CCMR1

捕获比较寄存器 TIMx_CCMR1 用于配置捕获/比较通道 1 和 2,在配置成输入捕获和比较输出时使用同一个寄存器,但其域有不同的定义,其中 CCxS 域在两种模式下相同,CCxS 用于定义通道的方向。如图 7-33 所示,配置成输入捕获时,使用第二行的域定义,比较输出时,采用第一行的域定义。

15	14	13	12	11	10	9	8	7	6	5	4	3	2	1	0
OC2CE	OC2M[2:0]			OC2PE	OC2FE	CC2S[1:0]		OC1CE	OC1M[2:0]			OC1PE	OC1FE	CC1S[1:0]	
IC2F[3:0]				IC2PSC[1:0]				IC1F[3:0]				IC1PSC[1:0]			
rw	rw	rw	rw	rw	rw	rw	rw	rw	rw	rw	rw	rw	rw	rw	rw

图 7-33　捕获/比较模式寄存器

TIM6 和 TIM7 没有此寄存器，TIM10 和 TIM11 没有高 8 位。

CC1S[1：0]：捕获/比较 1 选择，定义通道的方向（输入输出）以及输入脚的选择，配置为 00 时通道为输出，01 表示输入，IC1＝TI1，10 表示输入，IC1＝TI2，11 时通道为输入，输入源有 TIMx_SMCR 的 TS 确定。CCxS 仅在通道关闭时（TIMx_CCER 寄存器的 CC1E＝0）才可以配置。

CC2S[1：0]：捕获/比较 2 选择，配置为 01 表示输入，IC2＝TI2，10 表示输入，IC2＝TI1，其余与 CC1S 相同。

输出比较模式下各个域的定义如下：

OCxCE：输出比较通道 x 清 0 使能，1 表示一旦检测到 ETRF 输入高电平，OCxREF 置为 0。

OCxM[2：0]：输出比较通道 x 的 OCxREF 模式选择，OCxREF 决定了 OCx 的输出值，而 OCx 的实际输出电平取决于 TIMX_CCER 寄存器的 CCxP 极性设置是否对 OC1REF 进行翻转。该域配置为 000 表示冻结，计数器与比较寄存器匹配不影响 OCxREF；001 表示计数器与比较寄存器匹配时，OC1REF 置为为高电平；010 表示匹配时置为低电平；011 表示匹配时翻转 OCxREF 的电平；100 和 101 分别表示强制输出为低电平和高电平；110 和 111 表示 PWM 的模式 1 和模式 2。

OCxPE：输出比较通道 x 预装载使能，0 表示禁止 TIMx_CCRx 寄存器的预装载功能，写入 TIMx_CCRx 寄存器的数值立即生效；1 表示开启 TIMx_CCRx 寄存器的预装载功能，TIMx_CCRx 的预装载值在更新事件到来时被传送至当前寄存器中。

OCxFE：输出比较通道 x 快速使能，仅在 PWM1 和 PWM2 模式使用。

输入捕获模式下寄存器的域定义如下：

ICxF[3：0]：输入捕获通道 x 的滤波器设置，定义了 TI1 输入的采样频率及数字滤波器长度。数字滤波器由一个事件计数器组成，记录到 N 个事件后会产生一个输出的跳变，N 的取值为 2、4、5、6、8，采样频率可以选择 fCK_INT 或 fDTS 的 2、4、8、16 分频，其中 fDTS 由 TIMx_CR1 的 CDK 配置，具体参考 STM32L1xx 参考手册。

ICxPSC[1：0]：输入/捕获通道 x 的预分频器，当 TIMx_CCER 寄存器的 CCxE 被清 0，预分频器复位。00 表示无预分频 01～11 分别表示 2、4、8 个事件触发一次捕获。

8. 捕获/比较模式寄存器 TIMx_CCMR2

TIMx_CCMR2 与 TIMx_CCMR1 的域定义类似，区别在于 CC3S 配置为 01 时表示输入 TI3 连接到 IC3，10 表示 TI4 连接到 IC3；而 CC4S 配置为 01 时表示 TI4 被连接到 IC4，10 表示 TI3 被连接到 IC4。

9. 捕获/比较使能寄存器 TIMx_CCER

如图图 7-34 所示，TIMx_CCER 的有效域定义如下：

15	14	13	12	11	10	9	8	7	6	5	4	3	2	1	0
CC4NP	Res.	CC4P	CC4E	CC3NP	Res.	CC3P	CC3E	CC2NP	Res.	CC2P	CC2E	CC1NP	Res.	CC1P	CC1E
rw		rw	rw	rw		rw	rw	rw		rw	rw	rw		rw	rw

图 7-34 捕获/比较使能寄存器

CC4P～CC1P：捕获/比较通道 x 的输出极性，通道 x 配置为输出时，该位配置为 0 表示 OCx 高电平有效，1 表示低电平有效；通道 x 配置为输入时，该位表示是选择 ICx 还是 ICx 的反相信号作为触发或捕获信号，0 表示不反相，1 表示反相。

CC4NP～CC1NP：捕获/比较通道 x 的输出极性，配置为输出时，该位无效，保持为 0；配置为输入时，与 CCxP 组合表示 TI1FP1 和 TI2FP1 的极性和触发电平：00 表示 TIxFP1 的上升沿，不反向，01 表示 TIxFP1 的下降沿，反向，11 表示双沿，反向，10 保留。

CC4E～CC1E：输入捕获通道 x 的输出使能，通道配置为输出时，该位配置为 0 表示禁止 OCx 输出；通道 x 配置为输入时，该位配置为 0 表示禁止捕获。

基本定时器 TIM6 和 TIM7 没有此寄存器，TIM9 只使用低 8 位，TIM10 和 TIM11 只有 CC1NP、CC1P 和 CC1E 域。

10. 计数器 TIMx_CNT

TIMx_CNT 寄存器如图 7-35 所示，16 位的 CNT 表示计数器值。

15	14	13	12	11	10	9	8	7	6	5	4	3	2	1	0
CNT[15:0]															
rw	rw	rw	rw	rw	rw	rw	rw	rw	rw	rw	rw	rw	rw	rw	rw

图 7-35 计数器寄存器

11. 预分频器 TIMx_PSC

TIMx_PSC 用于预分频控制，其寄存器如图 7-36 所示，16 位的 PSC 表示预分频值，计数器的时钟频率 CK_CNT 等于 fCK_PSC/(PSC[15：0]+1)。

15	14	13	12	11	10	9	8	7	6	5	4	3	2	1	0
PSC[15:0]															
rw	rw	rw	rw	rw	rw	rw	rw	rw	rw	rw	rw	rw	rw	rw	rw

图 7-36 预分频器寄存器结构

12. 自动重装载寄存器 TIMx_ARR

TIMx_ARR 寄存器如图 7-37 所示，有效域 16 位，表示 ARR 自动重装载值，当自动重装载的值为空时，计数器不工作。

15	14	13	12	11	10	9	8	7	6	5	4	3	2	1	0
ARR[15:0]															
rw	rw	rw	rw	rw	rw	rw	rw	rw	rw	rw	rw	rw	rw	rw	rw

图 7-37 自动重装载寄存器

13. 捕获/比较寄存器 TIMx_CCR1、TIMx_CCR2、TIMx_CCR3、TIMx_CCR4

捕获/比较寄存器 TIMx_CCRx 如图 7-38 所示，有效域 CCRx 表示捕获/比较 1 的值，若 CC1 通道配置为输出，CCR1 包含了装入当前捕获/比较 1 寄存器的值（预装载值），如果在 TIMx_CCMR1 寄存器 OCxPE=0，写入改寄存器的值会被立即传输至当前寄存器中，否则只有当更新事件发生时，才传输至当前当前寄存器中。当前捕获/比较寄存器与计数器 TIMx_CNT 比较，并在 OC1 端口上产生输出信号。

15	14	13	12	11	10	9	8	7	6	5	4	3	2	1	0
							CCR1[15:0]								
rw	rw	rw	rw	rw	rw	rw	rw	rw	rw	rw	rw	rw	rw	rw	rw

图 7-38　捕获/比较寄存器 1

若 CCx 通道配置为输入,CCRx 为上一次输入捕获事件(ICx)记录的计数器值。

TIM6 和 TIM7 没有此寄存器,TIM9 有 CCR1 和 CCR2 两个寄存器,TIM10、TIM11 只有 CCR1 一个寄存器。

7.7　外围定时器库函数

为了便于对通用和基本定时器进行操作,CMSIS 提供了定时器的寄存器定义和库函数。

定时器的寄存器结构体定义 stm32l1xx.h 头文件中,我们可以通过结构体类型 TIM_TypeDef 定义变量 TIMx 对定时器进行控制。

```
typedef struct
{
  uint16_t   CR1;                        //控制寄存器 1
  uint16_t   RESERVED0;
  uint16_t   CR2;                        //控制寄存器 2
  uint16_t   RESERVED1;
  uint16_t   SMCR;                       //从模式控制寄存器
  uint16_t   RESERVED2;
  uint16_t   DIER;                       //中断和 DMA 使能寄存器
  uint16_t   RESERVED3;
  uint16_t   SR;                         //状态寄存器
  uint16_t   RESERVED4;
  uint16_t   EGR;                        //事件产生寄存器
  uint16_t   RESERVED5;
  uint16_t   CCMR1;                      //捕获/比较模式寄存器 1
  uint16_t   RESERVED6;
  uint16_t   CCMR2;                      //捕获/比较模式寄存器 2
  uint16_t   RESERVED7;
  uint16_t   CCER;                       //捕获/比较使能寄存器
  uint16_t   RESERVED8;
  uint32_t   CNT;                        //计数寄存器
  uint16_t   PSC;                        //预分频寄存器
  uint16_t   RESERVED10;
  uint32_t   ARR;                        //自动重装载寄存器
  uint32_t   RESERVED12;
  uint32_t   CCR1;                       //捕获/比较寄存器 1
```

```
    uint32_t  CCR2;                              //捕获/比较寄存器 2
    uint32_t  CCR3;                              //捕获/比较寄存器 3
    uint32_t  CCR4;                              //捕获/比较寄存器 4
    uint32_t  RESERVED17;
    uint16_t  DCR;                               //DMA 控制寄存器
    uint16_t  RESERVED18;
    uint16_t  DMAR;                              //DMA 地址寄存器
    uint16_t  RESERVED19;
    uint16_t  OR;                                //可选功能寄存器
    uint16_t  RESERVED20;
} TIM_TypeDef;
```

CMSIS 提供的主要库函数如表 7-5 所示。

表 7-5   TIM 操作库函数

函 数 名	描 述
TIM_DeInit	将外设 TIMx 寄存器重设为默认值
TIM_TimeBaseInit	根据 TIM_TimeBaseInitStruct 中指定的参数初始化 TIMx 的时基单元
TIM_TimeBaseStructInit	根据默认值初始化 TimneBaseInitStruct 成员
TIM_OC1Init	根据 TIM_OCInitStruct 中指定的参数初始化外设 TIMx
TIM_OC2Init	根据 TIM_OCInitStruct 中指定的参数初始化外设 TIMx
TIM_OC3Init	根据 TIM_OCInitStruct 中指定的参数初始化外设 TIMx
TIM_OC4Init	根据 TIM_OCInitStruct 中指定的参数初始化外设 TIMx
TIM_OCStructInit	根据默认值初始化 TIM_OCInitStruct 成员
TIM_ICInit	根据 TIM_ICInitStruct 中指定的参数初始化外设 TIMx
TIM_PWMIConfig	根据 TIM_ICInitStruct 中的参数配置外部 PWM 测量
TIM_Cmd	使能或者失能 TIMx 外设
TIM_ITConfig	使能或者失能指定的 TIM 中断
TIM_ETRConfig	配置 TIMx 外部触发
TIM_SelectInputTrigger	选择 TIMx 输入触发源
TIM_PrescalerConfig	设置 TIMx 预分频
TIM_CounterModeConfig	设置 TIMx 计数器模式
TIM_ARRPreloadConfig	使能或失能 TIMx 在 ARR 上的预装载寄存器
TIM_OC1PreloadConfig	使能或失能 TIMx 在 CCR1 上的预装载寄存器
TIM_OC2PreloadConfig	使能或失能 TIMx 在 CCR2 上的预装载寄存器
TIM_OC3PreloadConfig	使能或失能 TIMx 在 CCR3 上的预装载寄存器

函　数　名	描　　述
TIM_OC4PreloadConfig	使能或失能 TIMx 在 CCR4 上的预装载寄存器
TIM_GenerateEvent	设置 TIMx 事件由软件产生
TIM_OC1PolarityConfig	设置 TIMx 通道 1 极性
TIM_OC2PolarityConfig	设置 TIMx 通道 2 极性
TIM_OC3PolarityConfig	设置 TIMx 通道 3 极性
TIM_OC4PolarityConfig	设置 TIMx 通道 4 极性
TIM_SelectOnePulseMode	设置 TIMx 单脉冲模式
TIM_SelectOutputTrigger	选择 TIMx 触发输出模式
TIM_SelectSlaveMode	选择 TIMx 从模式
TIM_SetCounter	设置 TIMx 计数器寄存器值
TIM_SetAutoreload	设置 TIMx 自动重装载寄存器值
TIM_SetCompare1	设置 TIMx 捕获/比较 1 寄存器值
TIM_SetCompare2	设置 TIMx 捕获/比较 2 寄存器值
TIM_SetCompare3	设置 TIMx 捕获/比较 3 寄存器值
TIM_SetCompare4	设置 TIMx 捕获/比较 4 寄存器值
TIM_SetIC1Prescaler	设置 TIMx 输入/捕获 1 预分频
TIM_SetIC2Prescaler	设置 TIMx 输入/捕获 2 预分频
TIM_SetIC3Prescaler	设置 TIMx 输入/捕获 3 预分频
TIM_SetIC4Prescaler	设置 TIMx 输入/捕获 4 预分频
TIM_SetClockDivision	设置 TIMx 的时钟分割值
TIM_GetCapture1	获得 TIMx 输入/捕获 1 的值
TIM_GetCapture2	获得 TIMx 输入/捕获 2 的值
TIM_GetCapture3	获得 TIMx 输入/捕获 3 的值
TIM_GetCapture4	获得 TIMx 输入/捕获 4 的值
TIM_GetCounter	获得 TIMx 计数器的值
TIM_GetPrescaler	获得 TIMx 预分频值
TIM_GetFlagStatus	检查指定的 TIM 标志位设置与否
TIM_ClearFlag	清除 TIMx 的待处理标志位
TIM_GetITStatus	检查指定的 TIM 中断发生与否
TIM_ClearITPendingBit	清除 TIMx 的中断待处理位

1）TIM_DeInit 函数

TIM_DeInit 函数将重新启动 TIMx 控制器时钟，输入参数为 TIMx

函数原型：void TIM_DeInit(TIM_TypeDef * TIMx)

2）TIM_TimeBaseInit 函数

TIM_TimeBaseInit 函数根据 TIM_TimeBaseInitStruct 中指定的参数初始化 TIMx 的时基单元，输入参数为 TIMx，即所要初始化的定时器，函数原型如下：

```
void TIM_TimeBaseInit (TIM_TypeDef * TIMx, TIM_TimeBaseInitTypeDef *
                       TIM_TimeBaseInitStruct)
```

其中 TIM_TimeBaseInitStruct 结构体包含了 TIMx 时基单元配置参数，其定义如下

```
typedef struct
{
    uint16_t TIM_Period;
    uint16_t TIM_Prescaler;
    uint8_t TIM_ClockDivision;
    uint16_t TIM_CounterMode;
} TIM_TimeBaseInitTypeDef;
```

① TIM_Period 为自动重载寄存器值，取值范围为 0x0000～0xFFFF。

② TIM_Prescaler 为时钟的预分频值，取值范围为 0x0000～0xFFFF。

③ TIM_ClockDivision 为数字滤波时钟分频参数，即寄存器 TIMx_CR1 的 CKD 值，其取值为 TIM_CKD_DIV1、TIM_CKD_DIV2 和 TIM_CKD_DIV4，分别表示不分频、2 分频和 4 分频。

④ TIM_CounterMode 设置计数模式，取值为：

- TIM_CounterMode_Up：TIM 向上计数模式；
- TIM_CounterMode_Down：TIM 向下计数模式；
- TIM_CounterMode_CenterAligned1：TIM 中央对齐模式 1 计数模式；
- TIM_CounterMode_CenterAligned2：TIM 中央对齐模式 2 计数模式；
- TIM_CounterMode_CenterAligned3：TIM 中央对齐模式 3 计数模式。

例如，定时器 ARR 为 65535，16 分频，采样时钟不分频，向上计数的配置代码如下：

```
TIM_TimeBaseInitTypeDef  TIM_TimeBaseStructure;
TIM_TimeBaseStructure.TIM_Period =0xFFFF;
TIM_TimeBaseStructure.TIM_Prescaler =0xF;
TIM_TimeBaseStructure.TIM_ClockDivision =0x0;
TIM_TimeBaseStructure.TIM_CounterMode =TIM_CounterMode_Up;
TIM_TimeBaseInit(TIM2, & TIM_TimeBaseStructure);
```

3）TIM_OC1Init 函数

TIM_OC1Init 根据 TIM_OCInitStruct 中指定的参数初始化外设 TIMx 的输出比较通道 1，其函数原型为：

```
void TIM_OC1Init(TIM_TypeDef * TIMx, TIM_OCInitTypeDef * TIM_OCInitStruct)
```

其中,TIM_OCInitStruct 包含了 TIMx 的比较输出配置信息,其结构体定义如下:

```
typedef struct
{
  uint16_t TIM_OCMode;
  uint16_t TIM_Pulse;
  uint16_t TIM_OCPolarity;
} TIM_OCInitTypeDef;
```

① TIM_OCMode 选择定时器模式,对应于 TIMx_CCMRx 的 OCxM,取值为:
- TIM_OCMode_Timing:冻结模式,输出不起作用;
- TIM_OCMode_Active:匹配输出高电平;
- TIM_OCMode_Inactive:匹配输出低电平;
- TIM_OCMode_Toggle:匹配翻转输出;
- TIM_OCMode_PWM1:脉冲宽度调制模式 1;
- TIM_OCMode_PWM2:脉冲宽度调制模式 2。

② TIM_Pulse 设置捕获/比较寄存器的脉冲数,取值范围为 $0\mathrm{x}0000 \sim 0\mathrm{xFFFF}$。

③ TIM_OutputState 设置是否启用输出比较模式,TIM_OutputState_Enable 表示启用,TIM_OutputState_Disable 表示禁用。

④ TIM_OCPolarity 输出极性,取值 TIM_OCPolarity_High 表示输出信号翻转,TIM_OCPolarity_Low 表示输出信号不翻转。

示例:配置 TIM2 的输出通道 1 位 PWM 模式 1。

```
TIM_OCInitTypeDef TIM_OCInitStructure;
TIM_OCInitStructure.TIM_OCMode =TIM_OCMode_PWM1;
TIM_OCInitStructure.TIM_Pulse =0x3FFF;
TIM_OCInitStructure.TIM_OCPolarity =TIM_OCPolarity_High;
TIM_OC1Init(TIM2, & TIM_OCInitStructure);
TIM_OC2Init、TIMOC3Init 和 TIM_OC4Init 函数与 TIM_OC1Init 函数类似。
```

4) TIM_ICInit 函数

TIM_ICInit 根据 TIM_ICInitStruct 中指定的参数初始化外设 TIMx 的输入捕获通道,其函数原型为:

```
void TIM_ICInit(TIM_TypeDef * TIMx, TIM_ICInitTypeDef * TIM_ICInitStruct)
```

其中,TIM_ICInitStruct 包含了 TIMx 的输入配置信息,其结构体的定义如下:

```
typedef struct
{
  uint16_t TIM_Channel;
  uint16_t TIM_ICPolarity;
```

```
    uint16_t TIM_ICSelection;
    uint16_t TIM_ICPrescaler;
    uint16_t TIM_ICFilter;
} TIM_ICInitTypeDef;
```

① TIM_Channel 选择通道，TIM_Channel_x 表示使用 TIM 通道 x。

② TIM_ICPolarity 输入的捕获信号沿，TIM_ICPolarity_Rising 为上升沿，TIM_ICPolarity_Falling 为下降沿。

③ TIM_ICSelection 选择输入，其取值如下：

- TIM_ICSelection_DirectTI：TIM 输入 x 与 ICx 对应相连；
- TIM_ICSelection_IndirectTI：TIM 输入 x 与 ICx 不对应，交叉相连。

④ TIM_ICPrescaler 设置输入捕获预分频器，其取值 TIM_ICPSC_DIV1、TIM_ICPSC_DIV2、TIM_ICPSC_DIV3、TIM_ICPSC_DIV4 分别表示 TIM 捕获每 1,2,3,4 个事件执行一次。

⑤ TIM_ICFilter 选择输入比较滤波器，取值范围 0x0～0xF。

示例：

```
TIM_ICInitStructure.TIM_Channel      =TIM_Channel_2;
TIM_ICInitStructure.TIM_ICPolarity   =TIM_ICPolarity_Rising;
TIM_ICInitStructure.TIM_ICSelection =TIM_ICSelection_DirectTI;
TIM_ICInitStructure.TIM_ICPrescaler =TIM_ICPSC_DIV1;
TIM_ICInitStructure.TIM_ICFilter =0x0;
TIM_ICInit(TIM4, &TIM_ICInitStructure);
```

TIM_ICInit 的实现调用 TIx_Config 函数配置 CCER 和 CCMR1 寄存器的极性、通道和滤波，调用 TIM_SetIC1Prescaler 函数配置 CCMR1 寄存器的捕获事件分频。

5）TIM_Cmd 函数

TIM_Cmd 用来使能或停止定时器 TIMx，其函数原型为：

```
void TIM_Cmd(TIM_TypeDef * TIMx, FunctionalState NewState)
```

参数 NewState 的取值为 ENABLE 或者 DISABLE。

6）TIM_ITConfig 函数

TIM_ITConfig 用于配置 TIMx 的中断，其函数原型为：

```
void TIM_ITConfig(TIM_TypeDef * TIMx, uint16_t TIM_IT, FunctionalState NewState)
```

其中 TIM_IT 为 TIM 中断源，包括更新中断 TIM_IT_Update，捕获比较中断 TIM_IT_CC1～TIM_IT_CC4 和触发中断 TIM_IT_Trigger。

例如，启用 TIM2 的捕获比较通道 1 中断 TIM_ITConfig（TIM2，TIM_IT_CC1，ENABLE）。

7）TIM_ETRConfig 函数

TIM_ETRConfig 用于配置外部触发模式 2 下时钟的极性、预分频和滤波参数，其原型为：

```
void TIM_ETRConfig(TIM_TypeDef * TIMx, uint16_t TIM_ExtTRGPrescaler, uint16_t
TIM_ExtTRGPolarity, uint8_t ExtTRGFilter)
```

8）TIM_PrescalerConfig 函数

TIM_PrescalerConfig 函数用于配置分频系数和是否启用预装载，其函数原型为：

```
void TIM_PrescalerConfig(TIM_TypeDef * TIMx, uint16_t Prescaler, uint16_t TIM_
PSCReloadMode)
```

参数 TIM_PSCReloadMode 的取值为：TIM_PSCReloadMode_Update 和 TIM_
PSCReloadMode_Immediate，选用后者时，TIM 预分频值即时装入。

9）TIM_ARRPreloadConfig 函数

TIM_ARRPreloadConfig 用于配置是否启用 ARR 寄存器预装载功能，对应于 TIMx_
CR1 的 ARPE，其函数原型为：

```
void TIM_ARRPreloadConfig(TIM_TypeDef * TIMx, FunctionalState Newstate)
```

参数 NewState 可以取 ENABLE 或 DISABLE。

10）TIM_OC1PreloadConfig 函数

TIM_OC1PreloadConfig 函数用于配置是否启用 OC1 寄存器的预装载功能，其函数原
型为：

```
void TIM_OC1PreloadConfig(TIM_TypeDef * TIMx, uint16_t TIM_OCPreload)
```

TIM_OCPreload 参数的取值为预装载使能 TIM_OCPreload_Enable 和预装载禁用
TIM_OCPreload_Disable。

函数 TIM_OC2PreloadConfig、TIM_OC3PreloadConfig、TIM_OC4PreloadConfig 分别
用于配置捕获通道 2～4。

11）TIM_SelectSlaveMode 函数

TIM_SelectSlaveMode 用于配置从模式控制器的参数，其函数原型为：

```
void TIM_SelectSlaveMode(TIM_TypeDef * TIMx, uint16_t TIM_SlaveMode)
```

TIM_SlaveMode 参数的取值包括：

- TIM_SlaveMode_Reset：触发信号（TRGI）的上升沿复位计数器并触发更新；
- TIM_SlaveMode_Gated：当触发信号（TRGI）为高电平计数器时钟使能；
- TIM_SlaveMode_Trigger：计数器在触发（TRGI）的上升沿开始计数；
- TIM_SlaveMode_External1 选中触发（TRGI）的上升沿作为计数器时钟。

12）TIM_SetCounter 函数

TIM_SetCounter 用于设置 TIMx 的计数器寄存器值，原型为：

```
void TIM_SetCounter(TIM_TypeDef * TIMx, uint16_t Counter)
```

13）TIM_SetAutoreload 函数

TIM_SetAutoreload 用于设置 TIMx 自动重装载寄存器值,其函数原型为:

```
Void TIM_SetAutoreload(TIM_TypeDef * TIMx, uint16_t TIMAutoreload)
```

14）TIM_SetCompare1 函数

TIM_SetCompare1 函数用于设置 TIMx 捕获比较寄存器 1 的值,其函数原型为:

```
void TIM_SetCompare1(TIM_TypeDef * TIMx, uint16_t Compare1)
```

TIM_SetCompare2、TIM_SetCompare3、TIM_SetCompare4 分别用于设置捕获比较寄存器 2~4。

15）TIM_SetIC1Prescaler 函数

TIM_SetIC1Prescaler 用于设置 TIMx 输入捕获 1 的预分频,其函数原型为:

```
void TIM_SetIC1Prescaler(TIM_TypeDef * TIMx, uint16_t TIM_IC1Prescaler)
```

TIM_IC1Prescaler 的取值为 TIM_ICPSC_DIV1、TIM_ICPSC_DIV2、TIM_ICPSC_DIV4、TIM_ICPSC_DIV8,分别表示 0、2、4、8 个事件触发一次捕获。

函数 TIM_SetIC2Prescaler、TIM_SetIC3Prescaler 和 TIM_SetIC4Prescaler 分别用于输入捕获通道 2~4 的设置。

16）函数 TIM_SetClockDivision

TIM_SetClockDivision 用于设置 TIMx 的采样时钟 fdts 分割值,函数原型为:

```
void TIM_SetClockDivision(TIM_TypeDef * TIMx, uint16_t TIM_CKD)
```

TIM_CKD 的时钟分割值取值为 TIM_CKD_DIV1、TIM_CKD_DIV2、TIM_CKD_DIV4,分别表示 CK_CNT 的 1~4 分频。

17）TIM_GetCapture1 函数

TIM_GetCapture1 用于获取捕获寄存器 1 的值,函数原型为:

```
uint16_t TIM_GetCapture1(TIM_TypeDef * TIMx)
```

函数 TIM_GetCapture2、TIM_GetCapture3 、TIM_GetCapture4 分别表示捕获获取捕获寄存器 2~4 的值。

18）TIM_GetCounter 函数

TIM_GetCounter 用于获取定时器的计数器值,函数原型为:

```
uint16_t TIMCounter =TIM_GetCounter(TIM2);
```

19）TIM_GetPrescale 函数

TIM_GetPrescaler 用于获取定时器的时钟预分频值,函数原型为:

```
uint16_t TIM_GetPrescaler (TIM_TypeDef * TIMx)
```

20）TIM_ GetFlagStatus 函数

TIM_ GetFlagStatus 用于获取 TIMx_SR 寄存器中指定的 TIM 标志位的值,输出结果为 SET(1)或 RESET(0),其函数原型为:

```
FlagStatus TIM_GetFlagStatus(TIM_TypeDef * TIMx, uint16_t TIM_FLAG)
```

可获取的 TIM_FLAG 包括:

- TIM_FLAG_Update：TIM 更新标志位;
- TIM_FLAG_CCx：TIM 捕获/比较通道 x 标志位;
- TIM_FLAG_Trigger：TIM 触发标志位;
- TIM_FLAG_CCxOF：TIM 捕获/比较通道 x 溢出标志位。

21）TIM_ ClearFlag 函数

TIM_ ClearFlag 用于清除 TIMx_SR 寄存器的标志位,其函数原型为:

```
void TIM_ClearFlag(TIM_TypeDef * TIMx, uint32_t TIM_FLAG)
```

TIM_FLAG 参数的取值与 TIM_ GetFlagStatus 函数相同。

22）TIM_ GetITStatus 函数

TIM_ GetITStatus 用于检查 TIMx 的中断发生与否,其函数原型为:

```
ITStatus TIM_GetITStatus(TIM_TypeDef * TIMx, uint16_t TIM_IT)
```

TIM_IT 是待检查的 TIM 中断源,包括: TIM_IT_Update、TIM_IT_CCx 和 TIM_IT_Trigger。

23）TIM_ ClearITPendingBit 函数

TIM_ ClearITPendingBit 用于清除 TIMx 的中断待处理位,其函数原型为:

```
void TIM_ClearITPendingBit(TIM_TypeDef * TIMx, uint16_t TIM_IT)
```

TIM_IT 的取值与 TIM_GetITStatus 函数相同。

24）TIM_PWMIConfig 函数

TIM_PWMIConfig 用于根据 TIM_ICInitStruct 中的参数配置外部 PWM 输入测量,其函数原型为:

```
void TIM_PWMIConfig(TIM_TypeDef * TIMx, TIM_ICInitTypeDef * TIM_ICInitStruct)
```

7.8 定时器应用例程

7.8.1 定时器寄存器操作案例

【例 7-3】 TIM_TimeBaseInit 函数的寄存机操作实现。

```
void TIM_TimeBaseInit (TIM_TypeDef * TIMx, TIM_TimeBaseInitTypeDef * TIM_
```

```
TimeBaseInitStruct)
{
    uint16_t tmpcr1 =0;
    //获取控制寄存器 CR1 的值
    tmpcr1 =TIMx->CR1;
    //如果是通用定时器,需要配置计数模式 TIM_CR1_DIR 和 TIM_CR1_CMS
    tmpcr1 |=(uint32_t)TIM_TimeBaseInitStruct->TIM_CounterMode;
    //如果是基本定时器,只需配置 TIM_CR1_CKD
    tmpcr1 |=(uint32_t)TIM_TimeBaseInitStruct->TIM_ClockDivision;
    TIMx->CR1 =tmpcr1;                                        //将配置写入 CR1 寄存器
    TIMx->ARR =TIM_TimeBaseInitStruct->TIM_Period ;      //写入预装载值
    //写入时钟分频因子
    TIMx->PSC =TIM_TimeBaseInitStruct->TIM_Prescaler;
    //软件产生一个更新事件,将 ARR 和 PSC 的值立即装入影子寄存器
    TIMx->EGR =TIM_PSCReloadMode_Immediate;
}
```

【例 7-4】 TIM_OC1Init 的寄存器操作。

```
void TIM_OC1Init(TIM_TypeDef * TIMx, TIM_OCInitTypeDef * TIM_OCInitStruct)
{
    uint16_t tmpccmrx =0, tmpccer =0;
    //配置前首先禁用 CC1
    TIMx->CCER &=(uint16_t)(~(uint16_t)TIM_CCER_CC1E);
    //保存 CCER 和 CCMR1 的原始值
    tmpccer =TIMx->CCER;
    tmpccmrx =TIMx->CCMR1;
    // 配置输出比较模式
    tmpccmrx |=TIM_OCInitStruct->TIM_OCMode;
    //选择输出极性
    tmpccer |=TIM_OCInitStruct->TIM_OCPolarity;
    //设置比较输出使能
    tmpccer |=TIM_OCInitStruct->TIM_OutputState;
    //设置比较寄存器值
    TIMx->CCR1 =TIM_OCInitStruct->TIM_Pulse;
    //将配置数据写入 CCMR1 寄存器和 CCER 寄存器
    TIMx->CCMR1 =tmpccmrx;
    TIMx->CCER =tmpccer;
}
```

7.8.2 基本计时中断示例

配置一个定时器的基本流程是:

（1）配置时钟（一般在 systeminit 中已经进行了配置）；

（2）配置中断向量 NVIC_Init()；

（3）配置定时器参数 TIM_TimeBaseInit()，如果不配置，则按照默认参数 ARR＝65535，不分频，向上计数配置；

（4）开启定时器 TIM_Cmd(TIMx,ENABLE)；

（5）中断处理函数 TIMx_IRQHandler()。

【例 7-5】　配置一个通用定时器，使用溢出中断控制 LED 灯，使得 LED 灯以 500ms 的周期翻转。

分析：采用 TIM2 进行配置，TIM2 初始化时主频设定为 32MHz，因此分频设为 3200，这样一个计数为 10kHz，自动重装载值设为 5000，即可得到 500ms 定时长度。在中断产生后，通过状态寄存器的值来判断此次产生的中断属于什么类型。然后执行相关的操作，我们这里使用的是更新中断，在处理完中断之后应该向 TIM2_SR 的最低位写 0，来清除该中断标志。

在固件库函数里面，用来读取中断状态寄存器的值判断中断类型的函数是：ITStatus TIM_GetITStatus，用来判断定时器 TIMx 的中断类型 TIM_IT 是否发生中断。判断定时器 2 是否发生更新中断，方法为：

```
if(TIM_GetITStatus(TIM2,TIM_IT_Update)!=RESET){}
```

清除定时器 TIMx 的中断 TIM_IT 标志位，方法为.

```
TIM_ClearITPendingBit(TIM2,TIM_IT_Update)
```

程序代码如下：

```
void main()
{
    //开启时钟
    RCC_APB1PeriphClockCmd(RCC_APB1Periph_TIM2,ENABLE);
    RCC_AHBPeriphClockCmd(RCC_AHBPeriph_GPIOB,ENABLE);
    //配置中断向量
    NVIC_InitTypeDef NVIC_InitStructure;
    NVIC_PriorityGroupConfig(NVIC_PriorityGroup_1);
    NVIC_InitStructure.NVIC_IRQChannel=TIM2_IRQn;
    NVIC_InitStructure.NVIC_IRQChannelPreemptionPriority=0;
    NVIC_InitStructure.NVIC_IRQChannelSubPriority=0;
    NVIC_InitStructure.NVIC_IRQChannelCmd=ENABLE;
    NVIC_Init(&NVIC_InitStructure);
    //I/O初始化
    GPIO_InitTypeDef GPIO_InitStructure;
    GPIO_InitStructure.GPIO_Pin =GPIO_Pin_7;
    GPIO_InitStructure.GPIO_Speed =GPIO_Speed_40MHz;
    GPIO_InitStructure.GPIO_Mode =GPIO_Mode_Out_PP;
```

```
    GPIO_Init(GPIOB,&GPIO_InitStructure);
    //通用定时器 TIM 设置
    TIM_TimeBaseInitTypeDef TIM_TimeBaseStructure;
    TIM_DeInit(TIM2);                                      //缺省 TIMER 配置
    //配置定时器参数
    TIM_InternalClockConfig(TIM2)                          //设置 TIM 时钟源为内部时钟
    TIM_TimeBaseStructure.TIM_Prescaler=3200-1;           //设置预分频系数
    TIM_TimeBaseStructure.TIM_ClockDivision=TIM_CKD_DIV1;//设置时钟分频
    //设置计数器计数模式为向上计数
    TIM_TimeBaseStructure.TIM_CounterMode=TIM_CounterMode_Up;
    TIM_TimeBaseStructure.TIM_Period=5000-1;              //设置定时周期 5000
    TIM_TimeBaseInit(TIM2,&TIM_TimeBaseStructure);        //初始化设置

    TIM_ClearFlag(TIM2,TIM_FLAG_Update);                  //清除溢出中断标志
    TIM_ARRPreloadConfig(TIM2,DISABLE)                    //禁止 ARR 预装载缓冲器
    TIM_ITConfig(TIM2,TIM_IT_Update,ENABLE)               //开启 TIM2 中断
    TIM_Cmd(TIM2,ENABLE);                                 //使能定时器 TIM2
    while(1);
}
```

【思考题：上述程序中 TIM_ClearFlag，TIM_ARRPreloadConfig 两行是否可以删掉?】

```
//TIM2 中断处理函数
void TIM2_IRQHandler(void)
{
    Uint8_t ReadValue;
    If(TIM_GetITStatus(TIM2, TIM_IT_Update) !=RESET)
    {
        TIM_ClearITPendingBit(TIM2, TIM_FLAG_Update);   //清除 TIM2 中断
        //读取 PB7 引脚输出数值
        ReadValue ReadValue =GPIO_ReadOutputDataBit(GPIOB,GPIO_Pin_7);
        If(ReadValue ==0)
            GPIO_SetBits(GPIOB,GPIO_Pin_7);
        else
            GPIO_ResetBits(GPIOB,GPIO_Pin_7);
    }
}
```

7.8.3　比较输出示例

比较输出的配置流程为：

（1）启用 TIM 总线时钟；

（2）配置输出通道的 GPIO 参数，GPIO_Init()、GPIO_PinAFConfig()；

（3）配置时基单元参数；

（4）配置比较输出参数：方向、模式、预装载值、输出极性等；

（5）初始化输出比较寄存器；

（6）配置中断，使能输出比较中断；

（7）启用定时器。

TIM 定时器输入捕获和输出比较的 I/O 引脚如表 7-6 所示。

表 7-6　TIM 对应的输入输出引脚

定时器输入输出通道	I/O 引脚
TIM2_CH1_ETR	PA0、PA5、PA15、PE9
TIM2_CH2	PA1、PB3、PE10
TIM2_CH3	PA2、PB10、PE11
TIM2_CH4	PA3、PB11、PE12
TIM3_ETR	PD2、PE2
TIM3_CH1	PA6、PB4、PC6、PE3
TIM3_CH2	PA7、PB5、PC7、PE4
TIM3_CH3	PB0、PC8
TIM3_CH4	PB1、PC9
TIM4_ETR	PE0
TIM4_CH1	PB6、PD12
TIM4_CH2	PB7、PD13
TIM4_CH3	PB8、PD14
TIM4_CH4	PB9、PD15
TIM9_CH1	PB13、PD0、PE5
TIM9_CH2	PB14、PD7、PE6
TIM10_CH1	PA6、PB8、PB12、PE0
TIM10_CH2	PA7
TIM11_CH1	PB9、PB15、PE1

【例 7-6】　APB1 总线主频设为 8MHz，配置定时器 TIM3，通过定时器 TIM3 的 4 个比较中断通道在 4 个 I/O 口上输出 0.5Hz、1Hz、2Hz 和 4Hz 不同频率的方波，控制 LED 灯。

分析：设定总线主频为 8MHz，此时若采用内部时钟，则驱动定时器的时钟为 16MHz，预分频设为 16000，则一个计数周期为 1ms，这样我们通过给定比较值 1000、500、250 和 125 即可产生 4 个比较中断，通过输出比较通道控制电平进行翻转。

```
# include "stm32L1xx.h"
# include "stm32L1xx_gpio.h"
# include "stm32L1xx_tim.h"
TIM_TimeBaseInitTypeDef  TIM_TimeBaseStructure;
GPIO_InitTypeDef GPIO_InitStructure;
NVIC_InitTypeDef NVIC_InitStructure;
TIM_OCInitTypeDef  TIM_OCInitStructure;
//比较寄存器值
uint16_t CCR1_Val =1000;
uint16_t CCR2_Val =500;
uint16_t CCR3_Val =250;
uint16_t CCR4_Val =125;
uint16_t PrescalerValue =0;

int main(void)
{
    //配置总线时钟为 HCLK/4,此时定时器时钟为 HCLK/2 =16MHz
    RCC_PCLK1Config(RCC_HCLK_Div4);
    //开启 TIM 和 GPIO 时钟
    RCC_AHBPeriphClockCmd(RCC_AHBPeriph_GPIOB, ENABLE);
    RCC_APB1PeriphClockCmd(RCC_APB1Periph_TIM3, ENABLE);
    //TIM3 中断配置
    NVIC_InitStructure.NVIC_IRQChannel =TIM3_IRQn;
    NVIC_InitStructure.NVIC_IRQChannelPreemptionPriority =0;
    NVIC_InitStructure.NVIC_IRQChannelSubPriority =0;
    NVIC_InitStructure.NVIC_IRQChannelCmd =ENABLE;
    NVIC_Init(&NVIC_InitStructure);
    //GPIO 配置 A6、A7 推挽输出模式,上拉
    GPIO_InitStructure.GPIO_Pin =GPIO_Pin_6|GPIO_Pin_7 ;
    GPIO_InitStructure.GPIO_Mode =GPIO_Mode_AF;
    GPIO_InitStructure.GPIO_OType =GPIO_OType_PP;
    GPIO_InitStructure.GPIO_PuPd =GPIO_PuPd_UP;
    GPIO_InitStructure.GPIO_Speed =GPIO_Speed_40MHz;
    GPIO_Init(GPIOA, &GPIO_InitStructure);
    GPIO_PinAFConfig(GPIOA, GPIO_PinSource6, GPIO_AF_TIM3);
    GPIO_PinAFConfig(GPIOA, GPIO_PinSource7, GPIO_AF_TIM3);
    //GPIO 配置 B0 和 B1 推挽输出模式
    GPIO_InitStructure.GPIO_Pin =GPIO_Pin_0|GPIO_Pin_1 ;
    GPIO_InitStructure.GPIO_Mode =GPIO_Mode_AF;
    GPIO_InitStructure.GPIO_OType =GPIO_OType_PP;
    GPIO_InitStructure.GPIO_PuPd =GPIO_PuPd_UP;
    GPIO_InitStructure.GPIO_Speed =GPIO_Speed_40MHz;
    GPIO_Init(GPIOB, &GPIO_InitStructure);
```

```
GPIO_PinAFConfig(GPIOB, GPIO_PinSource0, GPIO_AF_TIM3);
GPIO_PinAFConfig(GPIOB, GPIO_PinSource1, GPIO_AF_TIM3);
//时基参数配置
PrescalerValue =16000 -1;
TIM_TimeBaseStructure.TIM_Period =65535;
TIM_TimeBaseStructure.TIM_Prescaler =PrescalerValue;
TIM_TimeBaseStructure.TIM_ClockDivision =0x0;
TIM_TimeBaseStructure.TIM_CounterMode =TIM_CounterMode_Up;
TIM_TimeBaseInit(TIM3, &TIM_TimeBaseStructure);
//输出比较通道 1 设置
TIM_OCInitStructure.TIM_OutputState =TIM_OutputState_Enable;
TIM_OCInitStructure.TIM_OCMode =TIM_OCMode_Toggle;
TIM_OCInitStructure.TIM_OCPolarity =TIM_OCPolarity_Low;
TIM_OCInitStructure.TIM_Pulse =CCR1_Val;
TIM_OC1Init(TIM3, &TIM_OCInitStructure);
TIM_OC1PreloadConfig(TIM3, TIM_OCPreload_Disable);
//输出比较通道 2 设置
TIM_OCInitStructure.TIM_OutputState =TIM_OutputState_Enable;
TIM_OCInitStructure.TIM_OCMode =TIM_OCMode_Toggle;
TIM_OCInitStructure.TIM_OCPolarity =TIM_OCPolarity_Low;
TIM_OCInitStructure.TIM_Pulse =CCR2_Val;
TIM_OC2Init(TIM3, &TIM_OCInitStructure);
TIM_OC2PreloadConfig(TIM3, TIM_OCPreload_Disable);
//输出比较通道 3 设置
TIM_OCInitStructure.TIM_OutputState =TIM_OutputState_Enable;
TIM_OCInitStructure.TIM_OCMode =TIM_OCMode_Toggle;
TIM_OCInitStructure.TIM_OCPolarity =TIM_OCPolarity_Low;
TIM_OCInitStructure.TIM_Pulse =CCR3_Val;
TIM_OC3Init(TIM3, &TIM_OCInitStructure);
TIM_OC3PreloadConfig(TIM3, TIM_OCPreload_Disable);
//输出比较通道 4 设置
TIM_OCInitStructure.TIM_OutputState =TIM_OutputState_Enable;
TIM_OCInitStructure.TIM_OCMode =TIM_OCMode_Toggle;
TIM_OCInitStructure.TIM_OCPolarity =TIM_OCPolarity_Low;
TIM_OCInitStructure.TIM_OutputState =TIM_OutputState_Enable;
TIM_OCInitStructure.TIM_Pulse =CCR4_Val;
TIM_OC4Init(TIM3, &TIM_OCInitStructure);
TIM_OC4PreloadConfig(TIM3, TIM_OCPreload_Disable);
//输出比较中断使能
TIM_ITConfig(TIM3,TIM_IT_CC1|TIM_IT_CC2|TIM_IT_CC3|TIM_IT_CC4, ENABLE);
TIM_Cmd(TIM3, ENABLE);                          //启动定时器
while (1);
}
```

stm3211xx_it.c中断函数

```
uint16_t capture = 0;
extern uint16_t CCR1_Val;
extern uint16_t CCR2_Val;
extern uint16_t CCR3_Val;
extern uint16_t CCR4_Val;


void TIM3_IRQHandler(void)
{
  if (TIM_GetITStatus(TIM3, TIM_IT_CC1) !=RESET)
  { //比较中断 1,翻转 PA6,重设比较值
    TIM_ClearITPendingBit(TIM3, TIM_IT_CC1);
    capture =TIM_GetCapture1(TIM3);
    TIM_SetCompare1(TIM2, capture +CCR1_Val);
  }
  else if (TIM_GetITStatus(TIM3, TIM_IT_CC2) !=RESET)
  { //比较中断 2,翻转 PA7,重设比较值
    TIM_ClearITPendingBit(TIM3, TIM_IT_CC2);

    capture =TIM_GetCapture2(TIM3);
    TIM_SetCompare2(TIM3, capture +CCR2_Val);
  }
  else if (TIM_GetITStatus(TIM3, TIM_IT_CC3) !=RESET)
  { //比较中断 3,翻转 PB0,重设比较值
    TIM_ClearITPendingBit(TIM3, TIM_IT_CC3);
    capture =TIM_GetCapture3(TIM2);
    TIM_SetCompare3(TIM3, capture +CCR3_Val);
  }
  else
  { //比较中断 4,翻转 PB1,重设比较值
    TIM_ClearITPendingBit(TIM3, TIM_IT_CC4);
    capture =TIM_GetCapture4(TIM3);
    TIM_SetCompare4(TIM3, capture +CCR4_Val);
  }
}
```

7.8.4　输入捕获示例

输入捕获的配置流程如下：

(1) 配置 TIM 时钟；

(2) 配置 TIM 输入端口的 GPIO 参数 GPIO_Init()、GPIO_PinAFConfig()；

（3）配置时基参数 ARR、PSR、计数模式、采样频率 TIM_TimeBaseInit()；

（4）配置输入通道参数通道号、极性、捕获模式、分频以及滤波 TIM_ICInit()；

（5）配置 NVIC 中断和 DMA：NVIC_Init()；

（6）启动定时器 TIM_Cmd(TIMx，ENABLE)；

（7）中断处理中读取捕获值 TIM_GetCapturex()。

【例 7-7】 利用 TIM3 产生一个 1kHz 固定频率的比较输出，将 TIM3 的输出通道通过外部引脚连接到 TIM4 的输入引脚进行二次捕获，然后计算频率，频率＝计数器频率/（两次捕获之间的计数器差值），由于计数器会溢出，因此可能存在第二次捕获的捕获寄存器值小于第一次，此时需要在结果上加上预装载寄存器 ARR 的值。TIM4 输入捕获的配置代码如下：

```
void TIM_Config(void)
{
    GPIO_InitTypeDef GPIO_InitStructure;
    NVIC_InitTypeDef NVIC_InitStructure;
    TIM_ICInitTypeDef  TIM_ICInitStructure;
    //使能 TIM4 和输入通道 PB7 的 GPIO 时钟
    RCC_APB1PeriphClockCmd(RCC_APB1Periph_TIM4, ENABLE);
    RCC_AHBPeriphClockCmd(RCC_AHBPeriph_GPIOB, ENABLE);
    //TIM4 捕获通道 2 的 GPIO 端口配置
    GPIO_InitStructure.GPIO_Mode  =GPIO_Mode_AF;
    GPIO_InitStructure.GPIO_Speed =GPIO_Speed_40MHz;
    GPIO_InitStructure.GPIO_OType =GPIO_OType_PP;
    GPIO_InitStructure.GPIO_PuPd  =GPIO_PuPd_UP;
    GPIO_InitStructure.GPIO_Pin   =GPIO_Pin_7;
    GPIO_Init(GPIOB, &GPIO_InitStructure);
    GPIO_PinAFConfig(GPIOB, GPIO_PinSource7, GPIO_AF_TIM4);
    //TIM4 TI2 输入捕获,上升沿有效,不分频不滤波
    TIM_ICInitStructure.TIM_Channel    =TIM_Channel_2;
    TIM_ICInitStructure.TIM_ICPolarity  =TIM_ICPolarity_Rising;
    TIM_ICInitStructure.TIM_ICSelection =TIM_ICSelection_DirectTI;
    TIM_ICInitStructure.TIM_ICPrescaler =TIM_ICPSC_DIV1;
    TIM_ICInitStructure.TIM_ICFilter =0x0;
    TIM_ICInit(TIM4, &TIM_ICInitStructure);
    //配置 TIM4 中断
    NVIC_InitStructure.NVIC_IRQChannel =TIM4_IRQn;
    NVIC_InitStructure.NVIC_IRQChannelPreemptionPriority =0;
    NVIC_InitStructure.NVIC_IRQChannelSubPriority =0;
    NVIC_InitStructure.NVIC_IRQChannelCmd =ENABLE;
    NVIC_Init(&NVIC_InitStructure);
    //开启定时器,使能通道 2 输入捕获中断,由于没有配置定时器的 ARR 等值,因此采用默认值,即
    //CK_INT 作为时钟源,向上计数,最大计数值为 65535
```

```
        TIM_Cmd(TIM4, ENABLE);
        TIM_ITConfig(TIM4, TIM_IT_CC2, ENABLE);
}


//主程序
int main(void)
{
    //配置 TIM4
    TIM_Config();
    while (1);
    return 0;
}
```

中断处理程序如下：

```
uint16_t IC4ReadValue1 = 0, IC4ReadValue2 = 0;
uint16_t CaptureNumber = 0;
uint32_t Capture = 0;
uint32_t TIM4Freq = 0;
void TIM4_IRQHandler(void)
{
    if (TIM_GetITStatus(TIM4, TIM_IT_CC2) != RESET)
    { //记录第一次捕获中断 CCR 值
        TIM_ClearITPendingBit(TIM4, TIM_IT_CC2);
        if(CaptureNumber == 0)
        {
            IC4ReadValue1 = TIM_GetCapture2(TIM4);
            CaptureNumber = 1;
        }
        else if(CaptureNumber == 1)
        { //记录第二次捕获 CCR 值
            IC4ReadValue2 = TIM_GetCapture2(TIM4);
            //计算差值,如果第二次的 CCR 值小于第一次,则结果加上 65535
            if (IC4ReadValue2 > IC4ReadValue1)
                Capture = (IC4ReadValue2 - IC4ReadValue1) - 1;
            else if (IC4ReadValue2 < IC4ReadValue1)
                Capture = ((0xFFFF - IC4ReadValue1) + IC4ReadValue2) - 1;
            else
                Capture = 0;
            //计算频率,频率=主频/捕获差值
            TIM4Freq = (uint32_t) SystemCoreClock / Capture;
            CaptureNumber = 0;
        }
    }
}
```

7.8.5　PWM 输出和输入示例

PWM 的输出配置和比较输出模式一样,区别在于输出比较模式不同,且必须开启预装载功能。

【例 7-8】　配置 TIM11 输出一个占空比为 50%,频率为 50kHz 的 PWM 波。

分析:设置 TIM11 的时钟为内部时钟 32MHz,预分频为 0,这样定时器的周期=32M/50k= 640,因此 ARR=639,占空比=(TIM11_CCR1/(TIM11_ARR + 1)),因此 CCR1 设为 320 即可产生一个 50%占空比的方波,代码如下:

```
TIM_TimeBaseInitTypeDef  TIM_TimeBaseStructure;
GPIO_InitTypeDef GPIO_InitStructure;
TIM_OCInitTypeDef  TIM_OCInitStructure;
uint16_t CCR1Val =320;
int main(void)
{
    //使能定时器和输出引脚 GPIO 时钟
    RCC_APB2PeriphClockCmd(RCC_APB2Periph_TIM11, ENABLE);
    RCC_AHBPeriphClockCmd( RCC_AHBPeriph_GPIOB, ENABLE);
    //配置 PWM 输出引脚的 I/O 参数,并映射到 TIM11 的输出通道 1
    GPIO_InitStructure.GPIO_Mode  =GPIO_Mode_AF;
    GPIO_InitStructure.GPIO_Speed =GPIO_Speed_40MHz;
    GPIO_InitStructure.GPIO_OType =GPIO_OType_PP;
    GPIO_InitStructure.GPIO_PuPd  =GPIO_PuPd_UP;
    GPIO_InitStructure.GPIO_Pin =GPIO_Pin_9;
    GPIO_Init(GPIOB, &GPIO_InitStructure);
    GPIO_PinAFConfig(GPIOB, GPIO_PinSource9, GPIO_AF_TIM11);
    //TIM11 时基单元参数配置
    TIM_TimeBaseStructure.TIM_Period =639;
    TIM_TimeBaseStructure.TIM_Prescaler =0;
    TIM_TimeBaseStructure.TIM_ClockDivision =0;
    TIM_TimeBaseStructure.TIM_CounterMode =TIM_CounterMode_Up;
    TIM_TimeBaseInit(TIM11, &TIM_TimeBaseStructure);

    //配置输出通道 1 为 PWM1 模式
    TIM_OCInitStructure.TIM_OCMode =TIM_OCMode_PWM1;
    TIM_OCInitStructure.TIM_OutputState =TIM_OutputState_Enable;
    TIM_OCInitStructure.TIM_Pulse =CCR1Val;
    TIM_OCInitStructure.TIM_OCPolarity =TIM_OCPolarity_High;
    TIM_OC1Init(TIM11, &TIM_OCInitStructure);
    TIM_OC1PreloadConfig(TIM11, TIM_OCPreload_Enable);
    TIM_ARRPreloadConfig(TIM11, ENABLE);
```

```
//启动定时器
TIM_Cmd(TIM11, ENABLE);
while (1){}
}
```

【例 7-9】 利用上例中的 TIM11 输出的 PWM，将其输出引脚接到 TIM3 的输入通道 2 上，对输入 PWM 进行频率和占空比测量。

分析：TIM3 的通道 1 和通道 2 同时对 PWM 信号进行捕获，频率＝TIM3 频率/TIM3 _CCR2 的值，占空比＝（TIM3_CCR1 * 100)/(TIM3_CCR2)。

在 PWM 输入模式下，输入配置需要使用 TIM_PWMIConfig 函数对 TIM_ICInitStructure 进行配置。代码如下：

```
TIM_ICInitTypeDef TIM_ICInitStructure;
GPIO_InitTypeDef GPIO_InitStructure;
NVIC_InitTypeDef NVIC_InitStructure;
int main(void)
{
    //TIM3 和输入捕获引脚 GPIO 时钟开启
    RCC_APB1PeriphClockCmd(RCC_APB1Periph_TIM3, ENABLE);
    RCC_AHBPeriphClockCmd(RCC_AHBPeriph_GPIOA, ENABLE);
    //PA7 捕获引脚 GPIO 参数配置
    GPIO_InitStructure.GPIO_Pin =   GPIO_Pin_7;
    GPIO_InitStructure.GPIO_Mode =GPIO_Mode_AF;
    GPIO_InitStructure.GPIO_OType =GPIO_OType_PP;
    GPIO_InitStructure.GPIO_PuPd  =GPIO_PuPd_UP;
    GPIO_InitStructure.GPIO_Speed =GPIO_Speed_40MHz;
    GPIO_Init(GPIOA, &GPIO_InitStructure);
    GPIO_PinAFConfig(GPIOA, GPIO_PinSource7, GPIO_AF_TIM3);
    // TIM3 中断配置
    NVIC_InitStructure.NVIC_IRQChannel =TIM3_IRQn;
    NVIC_InitStructure.NVIC_IRQChannelPreemptionPriority =0;
    NVIC_InitStructure.NVIC_IRQChannelSubPriority =1;
    NVIC_InitStructure.NVIC_IRQChannelCmd =ENABLE;
    NVIC_Init(&NVIC_InitStructure);
    //TIM3 PWM 输入模式配置，通道 2，上升沿，CCR2 计算频率，CCR1 计算占空比，
    //无分频、无滤波
    TIM_ICInitStructure.TIM_Channel =TIM_Channel_2;
    TIM_ICInitStructure.TIM_ICPolarity =TIM_ICPolarity_Rising;
    TIM_ICInitStructure.TIM_ICSelection =TIM_ICSelection_DirectTI;
    TIM_ICInitStructure.TIM_ICPrescaler =TIM_ICPSC_DIV1;
    TIM_ICInitStructure.TIM_ICFilter =0x0;
    //使用 PWMIConfig 函数初始化
    TIM_PWMIConfig(TIM3, &TIM_ICInitStructure);
```

```
                                            //选择触发源为 TI2
TIM_SelectInputTrigger(TIM3, TIM_TS_TI2FP2);
//选择从模式控制为复位模式
TIM_SelectSlaveMode(TIM3, TIM_SlaveMode_Reset);
//使能主从模式
TIM_SelectMasterSlaveMode(TIM3, TIM_MasterSlaveMode_Enable);
TIM_Cmd(TIM3, ENABLE);                          //启用定时器
TIM_ITConfig(TIM3, TIM_IT_CC2, ENABLE);         //开启 TIM3 捕获 2 中断
while (1);
}
```

中断处理函数为：

```
void TIM3_IRQHandler(void)
{
    //清除捕获中断
    TIM_ClearITPendingBit(TIM3, TIM_IT_CC2);
    //读取通道 1 和通道 2 的捕获值
    IC2Value = TIM_GetCapture2(TIM3);
    if (IC2Value != 0)
    {
        //占空比计算
        DutyCycle = (TIM_GetCapture1(TIM3) * 100) / IC2Value;
        //频率计算
        Frequency = SystemCoreClock / IC2Value;
    }
    else
    {
        DutyCycle = 0;
        Frequency = 0;
    }
}
```

第8章 USART 串口控制器

【导读】 USART 是嵌入式系统中串行通信的常用部件,本章首先介绍串行输入输出的基本概念,同步串行和异步串行各自的特点,然后对 STM32L152 的 USART 串行接口控制器的内部结构,寄存器以及发送和接收配置流程进行介绍,最后介绍 CMSIS 提供的典型寄存器操作库函数。针对串口数据帧的传输,本章还对 HDLC 链路协议的帧构造,Modubs 通信进行介绍,以异步串口 PC 连接通信、状态机数据发送和接收为案例介绍 USART 库函数的使用方法。

8.1 串行输入输出接口的基本概念

计算机与外部数据交互的方法有并行传输和串行传输两种,并行传输一次可以传输多个二进制位,需要多根数据线同时进行传输,串行传输一次只能传输一个二进制位,数据需要一位一位地传输。一般来讲,并行传输的吞吐量高,例如计算机系统的内存接口总线等,但并行传输对线路之间的抗干扰能力要求较高,当时钟速率越高,线之间的距离越近时,线间的串扰和线上的延迟对数据传输性能都会产生影响,占用的微处理器口线也较多。而串行传输时,线路比较简单,出错时只需要传输若干位即可,适合远距离传输,且在实现上更容易提高时钟速率,获得较好的通信带宽,因此目前计算机系统里使用的 USB、SPI、SATA、网卡等高速设备均采用串行总线进行通信。

串行数据的传输分为三种模式:
- 单工传输:单工传输下一个设备只能发送或者接收;
- 半双工传输:半双工模式下,通信双方都可以进行发送和接收,但一台设备不能同时发送和接收;
- 双工传输:双工模式下传输效率最高,可以同时进行双向通信。

数字传输用 0 和 1 表示信号,传输距离比较短,且容易受到干扰,因此在数据传输时一般将数字型号调制成模拟信号,在接收端再将模拟信号解调成数字信号,这个功能由调制解调器完成,调制方法包括调幅 ASK、调频 FSK、调相 PSK 等,通过调制,一方面可以用一个模拟符号表示多个二进制位从而提高数据传输速率,另外还可以通过纠错编码提高传输可靠性。调制完的模拟信号具有不同的电气特征。以串行接口的电气标准分,串行接口包括 RS-232-C、RS-422、RS485、USB 等。RS-232-C、RS-422 与 RS-485 标准只对接口的电气特性做出规定,不涉及接插件、电缆或协议。USB 是近几年发展起来的新型接口标准,主要应用于高速数据传输领域。

RS-232-C:也称标准串口,是目前最常用的一种串行通信接口。它是在 1970 年由美国电子工业协会(EIA)联合调制解调器、计算机终端生产厂家共同制定的用于串行通讯的标准。它的全名是"数据终端设备(DTE)和数据通信设备(DCE)之间串行二进制数据交换接口技术标准"。传统的 RS-232-C 接口标准有 22 根线,采用标准 25 芯 D 型插头座。自 IBM PC/AT 开始使用简化了的 9 芯 D 型插座,RS-232-C 曾是 PC 的标配接口,目前已被 PC 淘汰。

RS-422:为改进 RS-232 通信距离短、速率低的缺点,RS-422 定义了一种平衡通信接口,将传输速率提高到 10Mb/s,传输距离延长到 4000 英尺(速率低于 100kb/s 时),并允许在一条平衡总线上连接最多 10 个接收器。RS-422 是一种单机发送、多机接收的单向、平衡传输规范,被命名为 TIA/EIA-422-A 标准。

RS-485:为扩展应用范围,EIA 又十 1983 年在 RS-422 基础上制定了 RS-485 标准,增加了多点、双向通信能力,即允许多个发送器连接到同一条总线上,同时增加了发送器的驱动能力和冲突保护特性,扩展了总线共模范围,后命名为 TIA/EIA-485-A 标准。

Universal Serial Bus(通用串行总线 USB):USB 接口是电脑主板上的一种四针接口,其中中间两个针传输数据,两边两个针给外设供电。USB 接口速度快、连接简单、不需要外接电源,传输速度 12Mb/s,USB 2.0 可达 480Mb/s;电缆最大长度 5 米,USB 电缆有 4 条线:2 条信号线,2 条电源线,可提供 5V 电源;USB 通过串联方式最多可串接 127 个设备;支持热插拔。最新的规格是 USB 3.1。因此在嵌入式系统 RS-232 串口与 PC 通信时,一般采用 USB 转串口的设备进行转接。

RJ-45 接口:是以太网最为常用的接口,RJ-45 是一个常用名称,指的是由 IEC(60)603-7 标准化,使用由国际性的接插件标准定义的 8 个位置(8 针)的模块化插孔或者插头。

计算机的串行总线控制器输入和输出是数字信号,因此在使用 RS-232、RS-485 或 RJ-45 等接口时,需要外加物理层芯片进行信号转换(如 MAX232)。例如,TTL 高电平 1,电压$\geqslant$ 2.4V,低电平 0,电压$\leqslant$0.5V(对于 5V 或 3.3V 电源电压);RS-232 采用的是负逻辑,高电平 1,电压$-15V\sim-3V$,低电平 0,电压$+3V\sim+15V$;TTL 电平以电源为参考,高电平 1,电压$\geqslant$0.7 * VCC,低电平 0,电压$\leqslant$0.2 * VCC。

8.2　串行通信协议

串行数据传输主要采用两种传输协议:同步传输协议和异步传输协议。

8.2.1　异步串行通信协议

异步通信是我们最常采用的通信方式,异步通信采用固定的通信格式,数据以相同的帧格式传送。如图 8-1 所示,每一帧由起始位、数据位、奇偶校验位和停止位组成。

图 8-1　异步串行数据格式

　　在通信线上没有数据传送时处于逻辑 1 状态(高电平)。当发送设备发送一个字符数据时,首先发出一个逻辑 0 信号(低电平),这个低电平就是起始位。起始位通过通信线传向接收设备,当接收设备检测到这个低电平后,就开始准备接收数据信号。因此,起始位所起的作用就是表示字符传送开始。起始位后面紧接着的是数据位,它可以是 5 位、6 位、7 位或 8位。数据传送时,低位在前。奇偶校验位用于数据传送过程中的数据检错,数据通信时通信双方必须约定一致的奇偶校验方式。奇偶校验位是冗余位,可以不要校验位。在奇偶校验位或数据位后紧接的是停止位,停止位可以是 1 位、也可以是 1.5 位或 2 位。接收端收到停止位后,知道上一字符已传送完毕,同时,也为接收下一字符做好准备。若停止位后不是紧接着传送下一个字符,则让线路保持为逻辑 1。逻辑 1 表示空闲,线路处于等待状态。

8.2.2　同步串行通信协议

　　同步通信时,通信双方共用一个时钟,这是同步通信区分于异步通信的最显著的特点。在异步通信中,每个字符要用起始位和停止位作为字符开始和结束的标志,以致占用了部分时间。所以在数据块传送时,为提高通信速度,常去掉这些标志,而采用同步通信。同步通信中,数据开始传送前用同步字符(通常为 1~2 个特殊字符)来指示,并由时钟来实现发送端和接收端的同步,即检测到规定的同步字符后,下面就连续按顺序传送数据,直到一块数据传送完毕。同步传送时,字符之间没有间隙,也不要起始位和停止位,仅在数据开始时用同步字符 SYNC 来指示,其数据格式如图 8-2 所示。

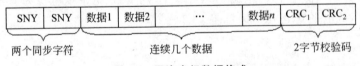

图 8-2　同步串行数据格式

　　同步通信和异步通信相比,以同步字符作为传送的开始,从而使收发双方取得同步,每位占用的时间相等,字符数据之间不允许有空位,当线路空闲或没字符可发时,发送同步字符。在同步传送时,要求用时钟来实现发送端和接收端之间的同步。为了保证接收正确无误,发送方除了传送数据外,还要传送同步时钟。同步串行通信虽然可以提高传送速度,但实现起来较为复杂。

8.2.3 串行通信基本概念

1. 波特率

波特率(Baud Rate)是指数据传送时,每秒传送数据二进制代码的位数,它的单位是位/秒(b/s)。1 波特就是一位每秒。假设数据传送速率是每秒 120 个字符,而每个字符格式包括 10 个二进制位(1 个起始位、一个终止位、8 个数据位),这时传送的波特率为:$10 \times 120 = 1200$b/s。位传送时间宽度 Td=波特率的倒数,则上式中的 Td$=1/1200$s$=0.883$ms。

在异步串行通信中,接收设备和发送设备无需传输时钟,但双方必须用各自的时钟保持相同的传送波特率,并以每个字符数据的起始位与发送设备保持同步。起始位、数据位、奇偶位和停止位的约定,在同一次传送过程中必须保持一致,这样才能成功的传送数据。

2. 接收/发送时钟

二进制数据系列在串行传送过程中以数字信号波形的形式出现。不论接收还是发送,都必须有时钟信号对传送的数据进行定位。接收/发送时钟就是用来控制通信设备接收/发送字符数据速度的,该时钟信号通常由外部时钟电路产生。

在发送数据时,发送器在发送时钟的下降沿将移位寄存器的数据串行移位输出;在接收数据时,接收器在接收时钟的上升沿对接收数据采样,进行数据位检测,接收/发送时钟频率与波特率有如下关系:收/发时钟频率$=n \times$收/发波特率,$n=1,8,16,64$,时钟周期 Tc$=$Td$/n$。

在同步传送方式,必须取 $n=1$,即接收/发送时钟的频率等于收/发波特率。在异步传送方式,n 可配置为 8、16 或 64,即可以选择接收/发送时钟频率是波特率的 1、16、64 倍。因此可由要求的传送波特率及所选择的倍数 n 来确定接收/发送时钟的频率,如图 8-3 所示。

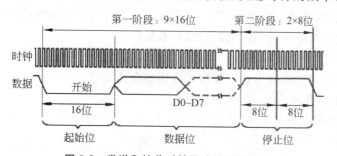

图 8-3 发送和接收时钟及波特率的关系

若取 $n=16$,那么异步传送接收数据实现同步的过程如下:接收器在每一个接收时钟的上升沿采样接收数据线,当发现接收数据线出现低电平时就认为是起始位的开始,以后若在连续测 8 个时钟周期(因 $n=16$,故 Td$=16 * $Tc)内检测到接收数据线仍保持低电平,则确定它为起始位(不是干扰信号)。通过这种方法,不仅能够排除接收线上的噪声干扰,识别假起始位,而且能够相当精确的确定起始位的中间点,从而提供一个正确的时间基准。从这个基准算起,每隔 $16 * $Tc 采样一次数据线,作为输入数据。一般来说,从接收数据线检测到一个下降沿开始,若其低电平能保持 $n * Tc/2$(半位时间),则确定为起始位,其后每隔 $n *$ Tc 时间(一个数据时间)在每个数据位的中间点采样,时序如图 8-4 所示。

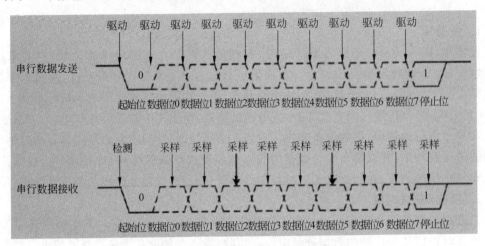

图 8-4　数据发送和采样时钟的驱动时机

3. 数据收发过程

发送数据过程:
- 空闲状态,线路处于高电位;
- 当收到发送数据指令后,拉低线路一个数据位的时间 T;
- 数据按低位到高位依次发送。

数据发送完毕后,接着发送奇偶校验位和停止位(停止位为高电位)。

接收数据过程:
- 空闲状态,线路处于高电位;当检测到线路的下降沿时说明线路有数据传输;
- 按照约定的波特率从低位到高位接收数据;
- 数据接收完毕后,接着接收并比较奇偶校验位是否正确;
- 如果正确则通知后续设备准备接收数据或存入缓存。

4. 空闲帧和断开帧

空闲帧和断开帧如图 8-5 所示。

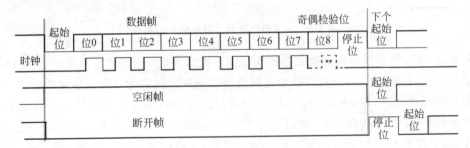

图 8-5　空闲帧和断开帧

- 空闲帧是完全由 1 组成的一个完整的数据帧,后面跟着包含了数据的下一帧的开始位(其中 1 的位数包括了停止位的位数)。
- 断开帧是在一个帧周期内全部收到 0(包括停止位期间也是 0)。在断开帧结束时,发送器可以再插入 1 或 2 个停止位来发起或接收下一个起始位。

5. 硬件流控制

数据在两个串口之间传输时,常常会出现丢失数据的现象,或者两台计算机的处理速度不同,如台式机与单片机之间的通信,接收端数据缓冲区已满,则此时继续发送来的数据就会丢失。流控制能解决这个问题,当接收端数据处理不过来时,就发出"不再接收"的信号,发送端就停止发送,直到收到"可以继续发送"的信号再发送数据。因此流控制可以控制数据传输的进程,防止数据的丢失。两种常用的流控制是硬件流控制和软件流控制。如果 UART 只有 RX、TX 两个信号,要流控的话只能是软件流控,我们在普通的控制通信中一般不用硬件流控制,而用软件流控制。一般通过 xon/xoff 两个特殊字符来实现软件流控制。常用方法是:当接收端的输入缓冲区内数据量超过设定的高位时,就向数据发送端发出特殊字符 xoff(ASCII 码 19,表示 control+s,也可自定义),发送端收到 xoff 字符后就立即停止发送数据;当接收端的输入缓冲区内数据量低于设定的低位时,就向数据发送端发出特殊字符 xon(ASCII 码 17 或 control+q,也可自定义),发送端收到 xon 字符后就立即开始发送数据。但是在二进制数据传输中,标志字符也有可能在数据流中出现从而引起误操作,因此可以采用硬件流控制解决。硬件流控制常用的有 RTS/CTS(请求发送/清除发送)流控制和 DTR/DSR(数据终端就绪/数据设置就绪)流控制,常用的方式是 RTS/CTS 硬件流控制。

【思考题:如何解决软件流控制中传输的数据内部出现 xon 或 xoff 字符的问题?】

RTS(Require To Send,请求发送)为输出信号,用于指示本设备准备好可接收数据,低电平有效,低电平说明本设备可以接收数据,由接收模块向外发出。

CTS(Clear To Send,发送允许)为输入信号,用于判断是否可以向对方发送数据,低电平有效,低电平说明本设备可以向对方发送数据,若是高电平,在当前数据传输结束时阻断下一次的数据发送,由发送模块接收此信号。

两个 USART 设备进行连接时,CTS 和 RTS 进行交叉连接,如图 8-6 所示。如果不使用 USART 的内部硬件流控制模块进行 CTS 和 RTS 控制,我们也可以通过 GPIO 模拟 RTS 和 CTS。

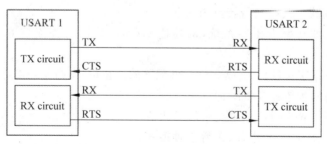

图 8-6 RTS/CTS 硬件流控制连接方式

6. 异步串行通信控制器 UART 的基本结构

如图 8-7 所示，一个异步串行总线控制器由波特率发生器、发送和接收数据控制单元以及串行并行转换单元、中断控制器等几个基本组件组成。波特率发生器用于产生发送和采样时钟，配置数据传输速率，TX 发送单元用于从总线写数据到 UART 进行发送，RX 接收单元用于将接收到的数据传输到总线。串并行转换是两个移位寄存器，用于将一个字符数据逐位发送到 TX 引脚或从 RX 引脚将每个位移位构成一个字符数据。中断控制用于将 UART 传输控制过程中的事件或错误引起的中断发送到 NVIC 控制器。

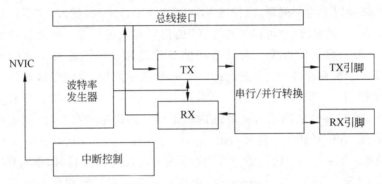

图 8-7 UART 的内部结构

8.3 STM32L152 USART 内部结构与原理

STM32L152 内部集成的通用同步异步收发器（USART）提供了一种灵活的方法与使用工业标准 NRZ 异步串行数据格式的外部设备之间进行全双工数据交换。USART 模式支持：通用全双工异步通信模式（UART）、智能卡模式（ISO7816-3，单线半双工异步模式）、通用全双工同步通信模式（USRT）、硬件流控模式（调制解调器）、IrDA 红外模式、LIN 通信模式。此外它还允许多处理器通信。为实现高速数据通信，可使用多缓冲器配置的 DMA 方式。本章主要对 USART 的异步通信 UART 进行介绍。

STM32L152 系列微控制器最多可集成 5 个串行控制器，每个串行控制器所支持的功能如图 8-8 所示。串口 1~3 是全功能串行控制器，串口 4 和串口 5 不支持同步模式、硬件流控制和智能卡模式。其控制器特点为：

（1）可编程的波特率发生器系统，最高达 4Mb/s，采样时钟支持 8/16 倍波特率采样时钟；

（2）可编程数据字长度（8 位或 9 位），可配置的停止位（支持 1 或 2 个停止位）；

（3）发送方为同步传输提供时钟；

（4）支持全双工异步通信和单线半双工通信；

（5）支持 LIN、SmartCard、IrDA 等多种模式；

（6）可配置使用 DMA 的多缓冲器通信，在 SRAM 里利用集中式 DMA 缓冲接收/发送字节；

　　（7）单独控制的发送器和接收器使能位；

　　（8）支持接收缓冲器满、发送缓冲器空、传输结束标志等多种检测标志，支持发送和接收校验控制；

　　（9）支持多种错误检测标志，10 个带标志的中断源；

　　（10）支持多处理器通信、静默模式唤醒等。

USART模式	USART1	USART2	USART3	UART4	UART5
异步模式	X	X	X	X	X
硬件流控制	X	X	X	NA	NA
多缓存通信(DMA)	X	X	X	X	X
多处理器通信	X	X	X	X	X
同步	X	X	X	NA	NA
智能卡	X	X	X	NA	NA
半双工(单线模式)	X	X	X	X	X
IrDA	X	X	X	X	X
LIN	X	X	X	X	X

图 8-8　STM32L152 USART 控制器支持的功能列表

　　一个全功能的串行控制器内部结构如图 8-9 所示。内部模块主要包括发送和接收单元（数据寄存器和移位寄存器）、红外编解码单元、时钟输出控制单元、发送和接收控制单元、硬件流控制单元、波特率控制单元和中断控制单元。内部涉及的寄存器包括控制寄存器 CR、状态寄存器 SR、数据寄存器 TDR、RDR，波特率因子寄存器 BRR 等。

　　外部引脚包括 TX、RX、IRDA_IN、IRDA_OUT、RTS、CTS 和 CK。对应的 GPIO 引脚如表 8-1 所示。

表 8-1　USART 控制器专用 I/O 引脚

USART 专用功能	UART1 I/O 引脚	UART2 I/O 引脚	UART3 I/O 引脚	UART4 I/O 引脚	UART5 I/O 引脚
TX/ IRDA_OUT	PA9、PB6	PA2、PD5	PB10、PC10、PD8	PC10	PC12
RX/ IRDA_IN	PA10、PB7	PA3、PD6	PB11、PC11、PD9	PC11	PD2
RTS	PA12	PA1、PD4	PB14、PD12		
CTS	PA11	PA0、PD3	PB13、PD11		
CK	PA8	PA4、PD7	PB12、PC12、PD10		

　　任何 USART 双向通信至少需要两个脚：接收数据输入（RX）和发送数据输出（TX）。当发送器被禁止时，TX 输出引脚恢复为通用 I/O 端口功能。当发送器被激活，并且不发送数据时，TX 引脚处于高电平。在单线和智能卡模式里，此 I/O 口被同时用于数据的发送和接收。

　　在同步模式中需要使用 CK 引脚，CK 为发送器时钟输出，用于同步传输的时钟，数据

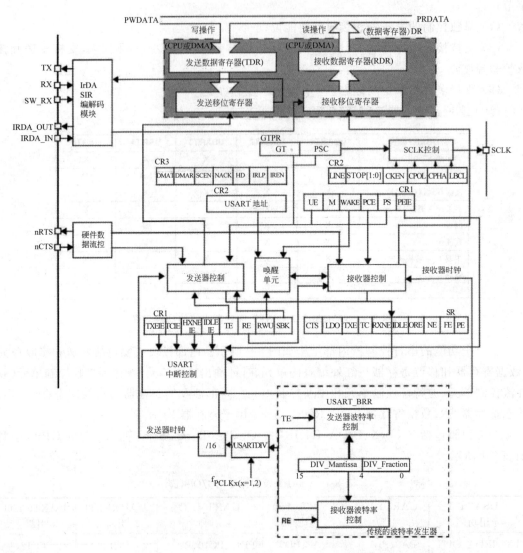

图 8-9　STM32L152 USART 控制器内部结构

可以在 RX 上同步被接收,时钟的相位和极性都是软件可编程的。在智能卡模式里,CK 可以为智能卡提供时钟。在 IrDA 模式里需要使用 IrDA_RDI(IrDA 模式下的数据输入)和 IrDA_TDO(IrDA 模式下的数据输出)引脚。在硬件流控模式中需要使用 nCTS 和 nRTS 引脚。

8.3.1　发送器

发送器发送 8 位或 9 位的数据字,字长可以通过编程 USART_CR1 寄存器中的 M 位来选择成 8 或 9 位。当发送使能位(TE)被设置时,发送移位寄存器中的数据在 TX 脚上输出,相应的时钟脉冲在 CK 脚上输出。

1. 字符发送

在 USART 发送期间,在 TX 引脚上首先移出数据的最低有效位。对 USART_DR 寄存器的写操作实际上是对发送数据寄存器 TDR 的操作。每个字符之前都有一个低电平的起始位,之后跟着的停止位,停止位的数目可配置,USART 支持 0.5、1、1.5 和 2 个停止位,如图 8-10 所示。

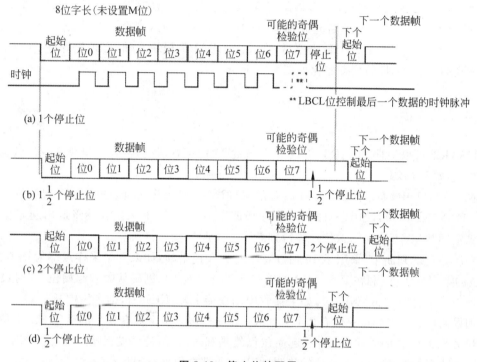

图 8-10　停止位的配置

- 1 个停止位:停止位位数的默认值。
- 2 个停止位:可用于常规 USART 模式、单线模式以及调制解调器模式。
- 0.5 个停止位:在智能卡模式下接收数据时使用。
- 1.5 个停止位:在智能卡模式下发送和接收数据时使用。

如图 8-5 所示,空闲帧包括了停止位,断开帧是 10 位低电平(M=0)或 11 位低电平(M=1),后跟停止位。

2. 单字节通信

发送一个字节时,需要将数据写入到数据寄存器 USART_DR,USART 控制器通过 TXE 和 TC 表示发送状态。TXE 是发送寄存器空指示标志,当发送寄存器 TDR 没有数据时置 1,清零 TXE 位是通过对数据寄存器的写操作来完成的。TXE 位由硬件来设置,它表明:

(1) 数据已经从 TDR 移送到移位寄存器,数据发送已经开始;

(2) TDR 寄存器被清空;

（3）下一个数据可以被写进 USART_DR 寄存器而不会覆盖先前的数据。

如果中断允许标志 TXEIE 位被设置为 1，则当 TXE 为 1 时将产生一个中断。如果此时 USART 正在发送数据，对 USART_DR 寄存器的写操作把数据存进 TDR 寄存器，并在当前传输结束时把该数据复制进移位寄存器。如果此时 USART 没有在发送数据，处于空闲状态，对 USART_DR 寄存器的写操作直接把数据放进移位寄存器，数据传输开始，TXE 位立即置为 1。

当一个数据发送完成（停止位发送后）并且设置了 TXE 位为 1，TC 位被置为 1，TC 位用来表示数据传输已经完成，即当移位寄存器的最后一个数据发出以后，TC 置 1，如果 USART_CR1 寄存器中的中断允许标志 TCIE 位被置 1 时，则会产生中断。在 USART_DR 寄存器中写入了最后一个数据字后，在关闭 USART 模块之前，必须先等待 TC＝1。

发送时 TC/TXE 的状态变化如图 8-11 所示。

8.3.2　接收器

USART 可以根据 USART_CR1 寄存器的 M 位配置情况，接收 8 位或 9 位的数据字。

1. 起始位侦测

在 USART 中，如果辨认出一个特殊的采样序列，那么就认为侦测到一个起始位。该序列为 1110X0X0X0000，如图 8-12 所示。如果该序列不完整，那么接收端将退出起始位侦测并回到空闲状态（不设置标志位），等待判断下一个起始位。

在起始位的判断中，采用了 16 倍波特率时钟和过采样，如果 3 个采样点都为 0（在第 3、5、7 位的第一次采样，和在第 8、9、10 的第二次采样都为 0），则确认收到起始位，这时设置接收数据不为空标志位 RXNE＝1，如果接收中断使能 RXNEIE＝1，则产生中断。

如果两次 3 个采样点上仅有 2 个是 0 或一次 3 个采样点上仅有 2 个是 0（第 3、5、7 位的采样点和第 8、9、10 位的采样点），那么起始位仍然是有效的，但是会设置噪声标志位 NE。如果不能满足这个条件，则中止起始位的侦测过程，接收器会回到空闲状态（不设置标志位）。

2. 字符接收

在 USART 接收期间，数据的最低有效位首先从 RX 脚移进。USART_DR 寄存器的读操作实际上是对接收数据寄存器 RDR 的操作。接收过程中，USART 用接收数据寄存器非空标志 RXNE 表示数据是否收到，当一字符被接收到时：

- RXNE 位被置位。它表明移位寄存器的内容被转移到 RDR，即数据已经被接收并且可以被读出。
- 如果 RXNEIE 位被设置，产生中断。
- 在接收期间如果检测到各种错误，则相应的错位标志位被置 1。
- 在多缓冲器通信时（接收缓冲区是一个队列），RXNE 在每个字节接收后被置 1，并由 DMA 对数据寄存器的读操作而清零。
- 在单缓冲器模式里（接收缓冲区只能存储一个 8 位或 9 位的数据字），由软件读 USART_DR 寄存器完成对 RXNE 位清除，也可以通过对它写 0 来清除。RXNE 位必须在下一字符接收结束前被清零，以避免溢出错误。

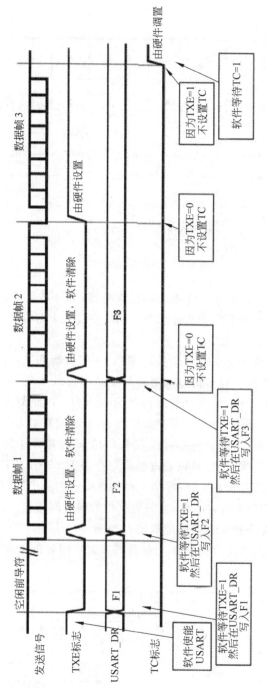

图 8-11 数据连续发送时 TXE 和 TC 的状态变化

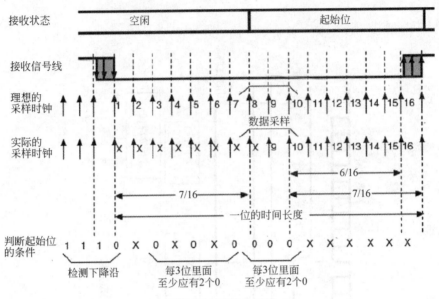

图 8-12　起始位检测

如果接收到一个断开符号,则 USART 以帧错误处理,如果收到空闲帧,其处理步骤和接收到普通数据帧一样,但如果空闲中断标志 IDLEIE 位被置 1 则将产生一个中断。

3. 接收采样时钟和过采样选择

STM32L152 USART 控制器支持 8 倍波特率和 16 倍波特率采样时钟,由控制寄存器 USART_CR1 的 OVER8 选择。异步传输的时钟精度虽然要求不高,但是也有一个容忍范围,采样时钟越高,容忍范围就越宽,但总线时钟最高 32MHz,因此数据传输的波特率必然受到限制。当 OVER8＝0 时,采用 16 倍波特率采样时钟,最高波特率为 2Mb/s;当 OVER8＝1 时,采用 8 倍波特率采样时钟,最高波特率可达 4Mb/s,但此时对时钟偏差的要求较高。

此外,为了提高数据抗干扰能力,可以通过控制寄存器 USART_CR3 的 ONEBIT 域开启三次采样功能。当 ONEBIT 置为 1 时,在每个有效数据位的最中间位置进行一次采样作为接收数据;当 ONEBIT 置为 0 时,在每个有效数据位的最中间进行三次采样,并对三次采样值进行投票判断,决定最终的有效数据位取值。如图 8-13 所示,16 倍波特率采样下,在时钟的 8、9、10 三个时刻进行 RX 数据采样,8 倍波特率时在时钟的 4、5、6 时刻采样。

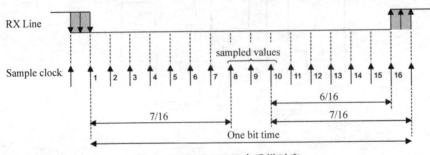

图 8-13　ONEBIT 三次采样时序

当三次采样的数据结果一致时（000 或 111），数据没有噪声，判定为有效；当三次采样的数据结果不一致时，按照少数服从多数的原则确定数据的有效电平，将数据认定为有噪声数据，并执行以下操作：

- 接收完数据，置 RXNE 位为 1，并同时设置噪声标志 NE 为 1。
- 无效数据从移位寄存器传送到 USART_DR 寄存器。
- 在单个字节通信情况下，NE 不会产生中断。然而，因为 NE 标志位和 RXNE 标志位是同时被设置的，RXNE 将产生中断。在多缓冲器通信情况下，如果已经设置了 USART_CR3 寄存器中 EIE 位，将产生一个中断。
- 先读状态寄存器 USART_SR，再读数据寄存器 USART_DR，将清除 NE 标志位。

图 8-14 是在不同采样频率和是否启用三次采样的情况下串口波特率能容忍的最大时钟误差，由图 8-14 可见，在 16 倍波特率相对 8 倍波特率时钟偏差的容忍度更大；三次采样比一次采样时钟偏差的容忍度更大。

M bit	OVER8 bit = 0		OVER8 bit = 1	
	ONEBIT=0	ONEBIT=1	ONEBIT=0	ONEBIT=1
0	3.75%	4.375%	2.50%	3.75%
1	3.41%	3.97%	2.27%	3.41%

图 8-14　串口能容忍的最大时钟误差

4. 接收中的错误

1）溢出错误

如果 RXNE 还没有被复位，又接收到一个字符，则发生溢出错误。数据只有当 RXNE 位被清零后才能从移位寄存器转移到 RDR 寄存器。RXNE 标记是接收到每个字节后被置 1 的。如果下一个数据已被收到或先前 DMA 请求还没被服务时，RXNE 标志仍是置 1 的，溢出错误产生。当溢出错误产生时：

- 溢出错误标志位 ORE 被置 1；
- 接收数据寄存器 RDR 内容不会丢失，读 USART_DR 寄存器仍能得到先前的数据；
- 移位寄存器中以前的内容将被覆盖，随后接收到的数据都将丢失；
- 如果 RXNEIE 位被设置或 EIE 和 DMAR 位都被设置，中断产生；
- 顺序执行对 USART_SR 和 USART_DR 寄存器的读操作，可复位 ORE 位。

2）噪音错误

当 ONEBIT 被置 1 启用三次采样时，若收到的三个采样值不一致，则产生噪声错误。噪声错误发生时，数据仍然被报错到 RDR 寄存器，但会置 NE 标志位，由用户决定是否使用该数据。

3）帧错误

由于没有同步上或大量噪音的原因，停止位没有在预期的时间上接和收识别出来时产生帧错误，当帧错误被检测到时：

- FE 位被硬件置 1；

- 无效数据从移位寄存器传送到 USART_DR 寄存器,RXNE 置为 1;
- 在单字节通信时,FE 没有中断产生,但由于 RXNE 位置 1 产生中断,可通过 RXNE 中断服务对 FE 进行判断。在多缓冲器通信情况下,如果 USART_CR3 寄存器中 EIE 位被置位的话,将产生中断;
- 顺序执行对 USART_SR 和 USART_DR 寄存器的读操作,可复位 FE 位。

8.3.3 校验控制

设置 USART_CR1 寄存器上的 PCE 位,可以使能奇偶控制(发送时生成一个奇偶位,接收时进行奇偶校验)。根据 M 位定义的帧长度和是否启用校验,USART 的帧格式如表 8-2 所示。

表 8-2 启用/不启用校验时的数据帧格式

M 位	PCE 位	USART 帧
0	0	∣起始位 ∣8 位数据 ∣停止位 ∣
0	1	∣起始位 ∣7 位数据 ∣奇偶检验位 ∣停止位 ∣
1	0	∣起始位 ∣9 位数据 ∣停止位 ∣
1	1	∣起始位 ∣8 位数据 ∣奇偶检验位 ∣停止位 ∣

偶校验指的是校验位使得一帧中的 7 或 8 个数据位以及校验位中 1 的个数为偶数。奇校验指的是校验位使得一帧中的 7 或 8 个数据位以及校验位中 1 的个数为奇数。例如数据为 00110101,有 4 个 1,如果选择偶校验,校验位将是 0。如果选择奇校验,校验位将是 1。

如果启用校验,写进数据寄存器 TDR 的数据的最后一位被校验位替换后发送出去,如果奇偶校验失败,状态寄存器 USART_SR 寄存器中的 PE 标志被置 1,如果控制寄存器 USART_CR1 寄存器的 PEIE 被置 1,则产生一个中断。

8.3.4 硬件流控制

利用 nCTS 输入和 nRTS 输出可以控制两个设备间的串行数据流。通过将控制寄存器 UASRT_CR3 中的 RTSE 和 CTSE 置 1 可以分别独立地使能 RTS 和 CTS 流控制。

1. RTS 流控制

如图 8-15 所示,如果 RTS 流控制被使能,只要 USART 接收器准备好接收新的数据,nRTS 就变成有效(低电平)。当接收寄存器内有数据到达时,nRTS 被置无效(高电平),由此表明希望在当前帧结束时停止数据传输。

2. CTS 流控制

如图 8-16 所示,如果 CTS 流控制被使能,发送器在发送下一帧前检查 nCTS 输入。如果 nCTS 有效(低电平),则下一个数据被发送,否则下一帧数据不被发出去。若 nCTS 在传

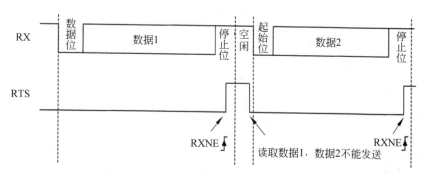

图 8-15　RTS 流控制时序

输期间被变成无效（高电平），当前的传输完成后停止发送。在启用 CTS 流控制时，只要 nCTS 线的输入状态发生变化，硬件就自动设置 CTSIF 状态位为 1。如果设置了 USART_CT3 寄存器的 CTSIE 位，则产生中断。

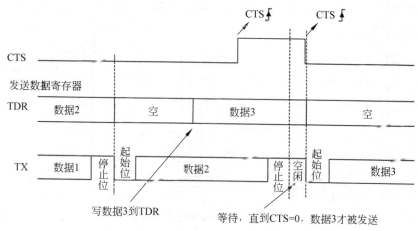

图 8-16　CTS 流控制时序

8.3.5　USART 中断请求

如表 8-3 所示，USART 控制器内部有多达 10 个中断事件，每个事件都有一个中断使能位用于决定是否可以向 NVIC 发起中断请求。各种中断事件被连接到同一个中断向量，其连接关系如图 8-17 所示。

表 8-3　USART 中断源

中断事件	事件标志	使能位
发送数据寄存器空	TXE	TXEIE
CTS 标志	CTS	CTSIE

续表

中 断 事 件	事 件 标 志	使 能 位
发送完成	TC	TCIE
接收数据就绪可读	RXNE	RXNEIE
检测到数据溢出	ORE	RXNEIE
检测到空闲线路	IDLE	IDLEIE
奇偶检验错	PE	PEIE
断开标志	LBD	LBDIE
DMA 多缓存区通信下的噪声标志、溢出错误和帧错误	NE 或 ORT 或 FE	EIE

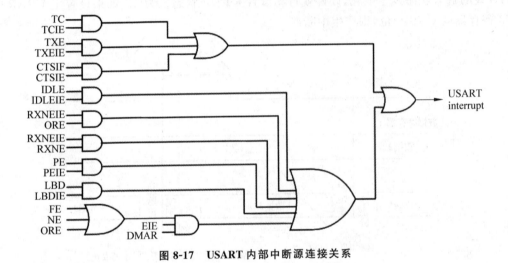

图 8-17　USART 内部中断源连接关系

8.4　USART 寄存器

USART 控制器的寄存器如表 8-4 所示。

表 8-4　USART 控制器寄存器

寄存器名称	地址偏移量	功　　能	复 位 值
状态寄存器(USART_SR)	0x00	状态标志位	0x00C0 0000
数据寄存器(USART_DR)	0x04	发送和接收数据	0xXXXX XXXX
波特率寄存器(USART_BRR)	0x08	配置传输波特率因子	0x0000 0000
控制寄存器(USART_CR1)	0x0C	配置发送、接收及中断	0x0000 0000

寄存器名称	地址偏移量	功　能	复　位　值
控制寄存器(USART_CR2)	0x10	配置停止位、地址、同步时钟及 LIN	0x0000 0000
控制寄存器(USART_CR3)	0x14	配置采样、流控制、红外和 DMA	0x0000 0000
保护时间和分频寄存器(USART_GTPR)	0x18	配置智能卡和红外模式的保护时间和频率	0x0000 0000

1. 状态寄存器 USART_SR

状态寄存器 USART_SR 如图 8-18 所示,其有效域定义如下:

31	30	29	28	27	26	25	24	23	22	21	20	19	18	17	16
								Reserved							

15	14	13	12	11	10	9	8	7	6	5	4	3	2	1	0
		Reserved				CTS	LBD	TXE	TC	RXNE	IDLE	ORE	NF	FE	PE
						rc_w0	rc_w0	r	rc_w0	rc_w0	r	r	r	r	r

图 8-18　状态寄存器

CTS:CTS 标志位,该位为 0 表示 nCTS 状态线上没有变化,为 1 表示 nCTS 状态线上发生变化。如果设置了 CTSE 位,当 nCTS 输入变化状态时,该位被硬件置 1。由软件将其清 0。如果 USART_CR3 中的 CTSIE 为 1,则产生中断。

LBD:LIN 断开检测(LIN Break Detect),当探测到 LIN 断开时,该位由硬件置 1,由软件清 0。如果 USART_CR3 中的 LBDIE=1,则产生中断。

TXE:发送寄存器空标志位,当 TDR 寄存器中的数据被硬件转移到移位寄存器的时候,该位被硬件置 1。如果 USART_CR1 寄存器中的 TXEIE 为 1,则产生中断。对 USART_DR 的写操作,将该位清 0。该位为 0 表示数据还没有被转移到移位寄存器,为 1 表示数据已经被转移到移位寄存器。

TC:发送完成标志位,该位为 0 表示发送还未完成,1 表示发送完成。当包含有数据的一帧发送完成后,并且 TXE=1 时,由硬件将该位置 1。如果 USART_CR1 中的 TCIE 为 1,则产生中断。由软件序列清除该位(先读 USART_SR,然后写 USART_DR)。TC 位也可以通过写入 0 来清除(多缓存通信中使用)。

RXNE:读数据寄存器非空标志位 RXNE,该位为 0 表示数据没有收到,1 表示收到数据,可以读出。当 RDR 移位寄存器中的数据被转移到 USART_DR 寄存器中,该位被硬件置位。如果 USART_CR1 寄存器中的 RXNEIE 为 1,则产生中断。对 USART_DR 的读操作可以将该位清零。RXNE 位也可以通过写入 0 来清除(在多缓存通信中使用)。

IDLE:总线空闲标志位,该位为 0 表示没有检测到空闲总线,为 1 表示检测到空闲总线。当检测到总线空闲时,该位被硬件置 1。如果 USART_CR1 中的 IDLEIE 为 1,则产生中断。由软件序列清除该位(先读 USART_SR,然后读 USART_DR)。

ORE:过载错误标志位,该位为 0 表示没有过载错误,为 1 表示检测到过载错误。当 RXNE 仍然是 1 的时候,当前被接收在移位寄存器中的数据,需要传送至 RDR 寄存器时,硬件将该位置 1。如果 USART_CR1 中的 RXNEIE 为 1,则产生中断。由软件序列将其清零(先读 USART_SR,然后读 USART_CR)。该位被置位时,RDR 寄存器中的值不会丢失,但是移位寄存器中的数据会被覆盖。如果设置了 EIE 位,在多缓冲器通信模式下,ORE 标志置位会产生中断。

NE:噪声错误标志,该位为 0 表示没有检测到噪声,为 1 表示检测到噪声。在接收到的帧检测到噪音时,由硬件对该位置 1。由软件序列对其清 0(先读 USART_SR,再读 USART_DR)。该位不会产生中断,但因为它和 RXNE 一起出现,硬件会在设置 RXNE 标志时产生中断。在多缓冲区通信模式下,如果设置了 EIE 位,则设置 NE 标志时会产生中断。

FE:帧错误标志位 FE,该位为 0 表示没有检测到帧错误,为 1 表示检测到帧错误或者 break 符。当检测到同步错位、过多的噪声或者检测到断开符,该位被硬件置 1。由软件序列将其清零(先读 USART_SR,再读 USART_DR)。该位不会产生中断,但因为它和 RXNE 一起出现,硬件会在设置 RXNE 标志时产生中断。如果当前传输的数据既产生了帧错误,又产生了过载错误,硬件还是会继续该数据的传输,并且只设置 ORE 标志位。在多缓冲区通信模式下,如果设置了 EIE 位,则设置 FE 标志时会产生中断。

PE:校验错误标志位,该位为 0 表示没有奇偶校验错误,为 1 表示检测到奇偶校验错误。在接收模式下,如果出现奇偶校验错误,硬件对该位置 1。由软件序列对其清 0(依次读 USART_SR 和 USART_DR)。如果 USART_CR1 中的 PEIE 为 1,则产生中断。

2. 数据寄存器 USART_DR

数据寄存器如图 8-19 所示,由两个寄存器组成的,一个给发送用(TDR),一个给接收用(RDR),该寄存器兼具读和写的功能。TDR 寄存器提供了内部总线和输出移位寄存器之间的并行接口,RDR 寄存器提供了输入移位寄存器和内部总线之间的并行接口。

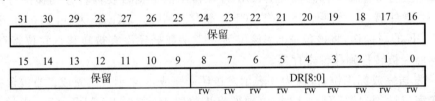

图 8-19　数据寄存器

数据寄存器的有效域为 DR[8:0],表示数据值,包含了发送或接收的数据。当使能校验位(USART_CR1 中 PCE 位被置位)进行发送时,写到 MSB 的值(根据数据的长度不同,MSB 是第 7 位或者第 8 位)会被后来的校验位取代。当使能校验位进行接收时,读到的 MSB 位是接收到的校验位。

3. 波特率配置寄存器 USART_BRR

波特率配置寄存器 USART_BRR 如图 8-20 所示,其有效域定义如下:

DIV_Mantissa[11:0]:USARTDIV 的整数部分,定义了 USART 分频器除法因子(USARTDIV)的整数部分。

DIV_Fraction[3:0]:USARTDIV 的小数部分,定义了 USART 分频器除法因子(USARTDIV)的小数部分。

31	30	29	28	27	26	25	24	23	22	21	20	19	18	17	16
Reserved															
15	14	13	12	11	10	9	8	7	6	5	4	3	2	1	0
DIV_Mantissa[11:0]												DIV_Fraction[3:0]			
rw	rw	rw	rw	rw	rw	rw	rw	rw	rw	rw	rw	rw	rw	rw	rw

图 8-20　波特率寄存器

4. 控制寄存器 USART_CR1

控制寄存器 USART_CR1 如图 8-21 所示,其有效域定义如下:

31	30	29	28	27	26	25	24	23	22	21	20	19	18	17	16
Reserved															
15	14	13	12	11	10	9	8	7	6	5	4	3	2	1	0
OVER8	Reserved	UE	M	WAKE	PCE	PS	PEIE	TXEIE	TCIE	RXNEIE	IDLEIE	TE	RE	RWU	SBK
rw	Res.	rw	rw	rw	rw	rw	rw	rw	rw	rw	rw	rw	rw	rw	rw

图 8-21　控制寄存器 1

OVER8:采样时钟选择位,该位为 1 表示采用发送/接收时钟的 8 分频作为波特率,为 0 表示采用发送/接收时钟的 16 分频作为波特率。

UE:USART 使能(USART enable),该位被置 0,表示禁用 USART 模块,在当前字节传输完成后 USART 的分频器和输出停止工作。置 1 表示 USART 模块使能。

M:字长,该位定义了数据字的长度,由软件对其置 1 和清 0,0 表示 8 个数据位,1 表示 9 个数据位,在数据传输过程中(发送或者接收时),不能修改这个位。

WAKE:静默模式唤醒方法,这位决定将 USART 从静默模式唤醒的方法,0 表示被空闲总线唤醒,1 表示被地址标记唤醒,由软件对该位置 1 和清 0。

PCE:检验控制使能(Parity control enable),0 表示禁止校验控制,1 表示使能校验控制。用该位选择是否进行硬件校验控制(对于发送来说就是校验位的产生;对于接收来说就是校验位的检测)。当使能了该位,在发送数据的最高位(如果 M=1,最高位就是第 9 位;如果 M=0,最高位就是第 8 位)插入校验位;对接收到的数据检查其校验位。一旦设置了该位,当前字节传输完成后,校验控制才生效。

PS:校验选择(Parity selection),当校验控制 PCE 置 1 后,PS 用于选择采用偶校验还是奇校验。0 表示偶校验,1 表示奇校验。

PEIE:PE 中断使能(PE interrupt enable),0 表示禁止产生中断,1 表示当 USART_SR 中的 PE 为 1 时,产生 USART 中断。

TXEIE:发送缓冲区空中断使能(TXE interrupt enable),0 表示禁止产生中断,1 表示当 USART_SR 中的 TXE 为 1 时,产生 USART 中断。

TCIE:发送完成中断使能(Transmission complete interrupt enable),0 表示禁止产生中断,1 表示当 USART_SR 中的 TC 为 1 时,产生 USART 中断。

RXNEIE:接收缓冲区非空中断使能(RXNE interrupt enable),0 表示禁止产生中断,1 表示当 USART_SR 中的 ORE 或者 RXNE 为 1 时,产生 USART 中断。

IDLEIE：IDLE 中断使能（IDLE interrupt enable），0 表示禁止产生中断，1 表示当 USART_SR 中的 IDLE 为 1 时，产生 USART 中断。

TE：发送使能（Transmitter enable），0 表示禁止发送，1 表示使能发送，当 TE 被设置后，在真正发送开始之前，有一个比特时间的延迟。

RE：接收使能（Receiver enable），0 表示禁止接收，1 表示使能接收，并开始搜寻 RX 引脚上的起始位。

RWU：接收唤醒（Receiver wakeup），该位用来决定是否把 USART 置于静默模式，0 表示处于正常工作模式，1 表示接收器处于静默模式，当唤醒序列到来时，硬件将其清零。

SBK：发送断开帧（Send break），使用该位来发送断开字符。0 表示没有发送断开字符，1 表示将要发送断开字符。

5. 控制寄存器 USART_CR2

控制寄存器 USART_CR2 如图 8-22 所示，其有效域定义如下：

31	30	29	28	27	26	25	24	23	22	21	20	19	18	17	16
Reserved															

15	14	13	12	11	10	9	8	7	6	5	4	3	2	1	0
Res.	LINEN	STOP[1:0]		CLKEN	CPOL	CPHA	LBCL	Res.	LBDIE	LBDL	Res.	ADD[3:0]			
	rw	rw	rw	rw	rw	rw	rw		rw	rw	rw	rw	rw	rw	rw

图 8-22　控制寄存器 2

LINEN：LIN 模式使能（LIN mode enable），0 表示禁止 LIN 模式，1 表示开启。

STOP：停止位（STOP bits），这 2 位用来设置停止位的位数，00 表示 1 个停止位，01 表示 0.5 个停止位，10 表示 2 个停止位，11 表示 1.5 个停止位，同步和异步串行模式智能使用 1 个或 2 个停止位。

CLKEN：时钟使能（Clock enable），该位用来使能 CK 引脚，0 表示禁止 CK 引脚，1 表示使能 CK 引脚。UART4 和 UART5 上不存在这一位。

CPOL：时钟极性（Clock polarity），在同步模式下，可以用该位选择 SLCK 引脚上时钟输出的极性。和 CPHA 位一起配合来产生需要的时钟/数据的采样关系，0 表示总线空闲时 CK 引脚上保持低电平，1 表示总线空闲时 CK 引脚上保持高电平。

CPHA：时钟相位（Clock phase），在同步模式下，可以用该位选择 SLCK 引脚上时钟输出的相位。0 表示在时钟的第一个边沿进行数据捕获，1 表示在时钟的第二个边沿进行数据捕获。

LBCL：最后一个字节的时钟控制，在同步模式下，使用该位来控制是否在 CK 引脚上输出最后发送的那个数据字节（MSB）对应的时钟脉冲，0 表示不输出，1 表示输出。UART4 和 UART5 没有 CPOL、CPHA 和 LBCL 域。

LBDIE：LIN 断开符检测中断使能（LIN break detection interrupt enable），断开符中断屏蔽（使用断开分隔符来检测断开符），0 表示禁止中断，1 表示 USART_SR 寄存器中的 LBD 为 1 就产生中断。

LBDL：LIN 断开符检测长度（LIN break detection length），该位用来选择是 11 位还

是 10 位的断开符检测,0 表示 10 位,1 表示 11 位。

ADD[3:0]:本设备的 USART 节点地址,在多处理器通信下的静默模式中使用的,使用地址标记来唤醒某个 USART 设备。

6. 控制寄存器 USART_CR3

控制寄存器 USART_CR3 如图 8-23 所示,其有效域定义如下:

31	30	29	28	27	26	25	24	23	22	21	20	19	18	17	16
							Reserved								

15	14	13	12	11	10	9	8	7	6	5	4	3	2	1	0
		Reserved		ONEBIT	CTSIE	CTSE	RTSE	DMAT	DMAR	SCEN	NACK	HDSEL	IRLP	IREN	EIE
				rw	rw	rw	rw	rw	rw	rw	rw	rw	rw	rw	rw

图 8-23　控制寄存器 3

ONEBIT:过采样使能位,为 1 表示只进行一次采样,为 0 表示进行三次采样。

CTSIE:CTS 中断使能 (CTS interrupt enable),0 表示禁止中断,1 表示 USART_SR 寄存器中的 CTS 为 1 时产生中断。UART4 和 UART5 上不存在这一位。

CTSE:CTS 使能 (CTS enable),0 表示禁止 CTS 硬件流控制,1 表示 CTS 模式使能,只有 nCTS 输入信号有效(拉成低电平)时才能发送数据。如果在数据传输的过程中,nCTS 信号变成无效,那么发完这个数据后,传输就停止下来。如果当 nCTS 为无效时,往数据寄存器里写数据,则要等到 nCTS 有效时才会发送这个数据。UART4 和 UART5 上不存在这一位。

RTSE:RTS 使能 (RTS enable),0 表示禁止 RTS 硬件流控制,1 表示 RTS 使能,只有接收缓冲区内有空余的空间时才请求下一个数据。当前数据发送完成后,发送操作就需要暂停下来。如果可以接收数据了,将 nRTS 输出置为有效(拉至低电平)。UART4 和 UART5 上不存在这一位。

DMAT:发送 DMA 使能(DMA enable Trasmit),0 表示禁止发送时的 DMA,1 表示使能发送时的 DMA;UART4 和 UART5 上不存在这一位。

DMAR:DMA 使能接收 (DMA enable receiver),0 表示禁止接收时 DMA,1 表示使能接收时的 DMA;UART4 和 UART5 上不存在这一位。

SCEN:智能卡模式使能 (Smartcard mode enable),该位用来使能智能卡模式,0 表示禁止,1 表示使能。

NACK:智能卡 NACK 使能 (Smartcard NACK enable),0 表示校验错误时,不发送 NACK,1 表示校验错误出现时发送 NACK。

HDSEL:半双工选择 (Half-duplex selection),选择单线半双工模式,1 表示选择半双工模式。

IRLP:红外低功耗 (IrDA low-power),该位用来选择普通模式还是低功耗红外模式,1 表示低功耗模式。

IREN:红外模式使能 (IrDA mode enable),1 表示使能红外模式。

EIE:错误中断使能 (Error interrupt enable),在多缓冲区通信模式下,当有帧错误、过载或者噪声错误时(USART_SR 中的 FE=1,或者 ORE=1,或者 NE=1)产生中断的使能位。0 表示禁止中断,1 表示只要 USART_CR3 中的 DMAR＝1,并且 USART_SR 中的 FE＝1,或者 ORE＝1,或者 NE＝1,则产生中断。

8.5　USART 数据传输配置

8.5.1　波特率计算

发送和接收方的波特率必须要配置为一致的数值,常用的波特率位 1200、2400、4800、9600、19200、57600、115200 等,其计算公式为:

$$TX/RX \ baud = \frac{f_{CK}}{8 \times (2 - OVER8) \times USARTDIV}$$

其中 f_{CK} 为总线时钟,OVER8 为 16 倍波特率/8 倍波特率选择,USARTDIV 为配置给波特率寄存器 USART_BRR 的值,由 12 位整数和 4 位小数表示。

OVER8＝0 时,USARTDIV ＝ DIV_Mantissa[11:0] ＋ DIV_Fraction[3:0]/16;

OVER8＝1 时,USARTDIV ＝ DIV_Mantissa[11:0] ＋ DIV_Fraction[2:0]/8。

例如,f_{CK}＝32MHz,采样时钟为 8 倍波特率,要配置波特率为 57600,则 USART_BRR 寄存器的值计算过程为:

$$USARTDIV = f_{CK}/baud/8 = 32M/57600/8 = 69.44$$

因此,DIV_Mantissa ＝ 69,DIV_Fraction＝0.44×8 ＝ 3.52,取值为 4。实际波特率与所需要的波特率存在偏差。波特率在 16MHz 和 32MHz 下的配置值如图 8-24 和图 8-25 所示。

16倍采样时钟（OVER8=0）						
波特率		$^fPCLK=16MHz$			$^fPCLK=32MHz$	
序号	需求波特率/kb/s	实际波特率/kb/s	波特率寄存器值	误差%	实际波特率/kb/s	波特率寄存器值	误差/%
1	1.2	1.2	833.3125	0	1.2	1666.6875	0
2	2.4	2.4	416.6875	0	2.4	833.3125	0
3	9.6	9.598	104.1875	0.02	9.601	208.3125	0.01
4	19.2	19.208	52.0625	0.04	19.196	104.1875	0.02
5	38.4	38.369	26.0625	0.08	38.415	52.0625	0.04
6	57.6	57.554	17.375	0.08	57.554	34.75	0.08
7	115.2	115.108	8.6875	0.08	115.108	17.375	0.08
8	230.4	231.884	4.3125	0.64	230.216	8.6875	0.08
9	460.8	457.143	2.1875	0.79	463.768	4.3125	0.64
10	921.6	941.176	1.0625	2.12	914.286	2.1875	0.79
11	2	NA	NA	NA	2000	1	0
12	4	NA	NA	NA	NA	NA	NA

图 8-24　16 倍波特率下的 USARTDIV 取值

8倍采样时钟（OVER8=1）						
波特率	^fPCLK=16MHz			^fPCLK=32MHz		
序号	需求波特率/kb/s	实际波特率/kb/s	波特率寄存器值	误差/%	实际波特率/kb/s	波特率寄存器值	误差/%
1	1.2	1.2	1666.625	0	1.2	3333.375	0
2	2.4	2.4	833.375	0	2.4	1666.625	0
3	9.6	9.598	208.375	0.02	9.601	416.625	0.01
4	19.2	19.208	104.125	0.04	19.196	208.375	0.02
5	38.4	38.369	52.125	0.08	38.415	104.125	0.04
6	57.6	57.554	34.75	0.08	57.554	69.5	0.08
7	115.2	115.108	17.375	0.08	115.108	34.75	0.08
8	230.4	231.884	8.625	0.64	230.216	17.375	0.08
9	460.8	457.143	4.375	0.79	463.768	8.625	0.64
10	921.6	941.176	2.125	2.12	914.286	4.375	0.79
11	2	2000	1	0	2000	2	0
12	4	NA	NA	NA	4000	1	0

图 8-25　8 倍波特率下的 USARTDIV 取值

8.5.2　异步双向通信模式配置

1）发送配置

- 通过在 USART_CR1 寄存器上置位 UE 位来激活 USART；
- 编程 USART_CR1 的 M 位来定义字长；
- 在 USART_CR2 中编程停止位 STOP 的位数；
- 利用 USART_BRR 寄存器选择要求的波特率；
- 如果采用多缓冲器通信，配置 USART_CR3 中的 DMA 使能位（DMAT），按多缓冲器通信中的描述配置 DMA 寄存器；
- 设置 USART_CR1 中的 TE 位，发送一个空闲帧作为第一次数据发送；
- 把要发送的数据写进 USART_DR 寄存器（此动作清除 TXE 位），重复此步骤发送其他数据；
- 在 USART_DR 寄存器中写入最后一个数据字后，要等待 TC=1，它表示最后一个数据帧的传输结束。当需要关闭 USART 或需要进入停机模式之前，需要确认传输结束，避免破坏最后一次传输。

2）接收配置

- 将 USART_CR1 寄存器的 UE 置 1 来激活 USART；

- 编程 USART_CR1 的 M 位定义字长;
- 在 USART_CR2 中编写停止位 STOP 的个数;
- 利用波特率寄存器 USART_BRR 选择希望的波特率;
- 如果需多缓冲器通信,选择 USART_CR3 中的 DMA 使能位(DMAR)。按多缓冲器通信所要求的配置 DMA 寄存器;
- 设置 USART_CR1 的 RE 位。激活接收器,使它开始寻找起始位。

8.6　USART 帧传输协议

串口发送数据时是面向字节的,接收方接收数据时也是面向字节的,实际应用中,收发数据往往都是面向帧(若干字节)的。若一个嵌入式微控制器通过串口往 PC 发送一帧 100 字节数据,由于数据的异步性,字节之间的间隔无法保证,PC 在调用系统 API 来接收数据时,往往不能一次性接收完 100 字节,可能第一次接收 5 字节,第二接收 10 字节,虽然最后都能收到 100 字节。但无法从时间上判断是否是一个完整的数据;如果微控制器发送两帧数据,并且这两帧数据之间的时间间隔非常短,PC 有可能无法区别出两帧数据的边界了,因此我们需要在链路层进行帧格式设计。

典型的串行链路帧协议有点到点传输协议 PPP(Point to Point Protocol)、高级链路控制协议 HDLC(High Data Link Control Protocol)以及面向工业应用的 MODBUS 协议等。

8.6.1　串行链路帧格式设计

为解决异步串行数发送时无法判断多字节流组成的数据帧的头和尾的问题,我们引入两个特殊字符,即帧起始字符 SOF、帧结束字符 EOF,在发送数据时,将多字节数据打包,头部加一个 SOF 字符,尾部加一个 EOF 字符,如图 8-26 所示,这样,接收端检测数据帧的 SOF 字符,一旦检测到 SOF,则认为一个新数据帧的开始,直到接收到 EOF 字符为止。

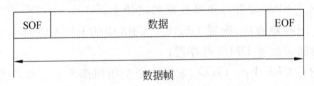

图 8-26　链路帧格式设计

在串行传输中,有两种传输格式,一种是字符传输,另一种是二进制传输;当采用字符传输时,我们可以定义两个不出现在数据中的特殊字符,如不可见字符制表符、分隔符等,这样可以解决上述帧识别的问题,但在二进制传输中,数据部分可能的取值范围为 0x00～0xFF,因此数据中可能会出现 SOF 或 EOF,这样会出现帧识别错误,如图 8-27 所示。

为解决二进制传输中的问题,我们引入一个转义字符,在发送端的数据中,如果出现了

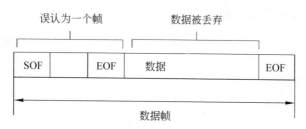

图 8-27 数据中出现 EOF 或 SOF 时帧识别错误

SOF 或 EOF,则插入一个转义字符 ESC 进行变换,若数据中出现了转义字符 ESC,则 ESC 也要进行转义,这样保证发送出去的数据帧中只有一个 SOF 和一个 EOF,接收方接收到数据后进行反转义,恢复数据,转义后的数据格式如图 8-28 所示。

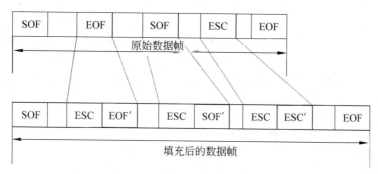

图 8-28 数据转以后的帧格式

1. PPP 协议的字符填充

PPP 协议中,SOF 和 EOF 均取值为 0x7e,ESC 取值为 0x7D,其转义规则如下:

- 如果数据中出现 0x7E,则插入一个 0x7D,将 0x7E 转变为 0x7D 0x7E^0x20 两个字符,即 0x7D 0x5E;
- 如果数据中出现 0x7D,则插入一个 0x7D,将 0x7D 转变为 0x7D 0x7D^0x20 两个字符,即 0x7D 0x5D;
- 如果数据中出现了小于 0x20 的数据,则将该数据转变成 0x7D 原始数据^0x20 两个字符。

^表示异或操作。一个典型例子如图 8-29 所示。

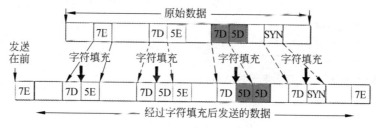

图 8-29 PPP 转义后的数据格式

PPP 数据的编码和解码算法如下：

```c
#define PPP_FRAME_FLAG        ( 0x7E )              /* 标识字符 */
#define PPP_FRAME_ESC         ( 0x7D )              /* 转义字符 */
#define PPP_FRAME_ENC         ( 0x20 )              /* 编码字符 */
int ppp_encode(unsigned char * in, int in_len, unsigned char * out, int * out_len)
{
    unsigned char * pi, * po;
    int i, tmp_len;
    pi =in;
    po =out;
    tmp_len =in_len;
    for(i =0; i <in_len; i++)
    {
        if( * pi ==PPP_FRAME_FLAG || * pi ==PPP_FRAME_ESC || * pi <0x20 )
        {
            * po =PPP_FRAME_ESC;
            po++;
            tmp_len++;
            * po = * pi ^ PPP_FRAME_ENC;
        }
        else
            * po = * pi;
        pi++;
        po++;
    }
    * out_len =tmp_len;
    return 0;
}
int ppp_decode(unsigned char * in, int in_len, unsigned char * out, int * out_len)
{
    unsigned char * pi, * po;
    int i, tmp_len;
    pi =in;
    po =out;
    tmp_len =in_len;
    for(i =0; i <in_len; i++)
    {
        if( * pi ==PPP_FRAME_ESC)
        {
            pi++;
            tmp_len--;
            * po = * pi ^ PPP_FRAME_ENC;
```

```
        i++;
    }
    else
        * po = * pi;
    pi++;
    po++;
}
* out_len = tmp_len;
return 0;
}
```

　　HDLC 协议的转义规则和 PPP 类似,只不过只进行 0x7E 和 0x7D 的转义,不对小于 0x20 的数据转义。除了底层转义外,HDLC 和 PPP 有帧格式定义,如图 8-30 所示。

HDLC

Flag	Address	Control	Data	FCS	Flag
1byte	1Byte	1/2bytes	1500bytes	2/4bytes	1byte

PPP

Flag	Address	Control	Protocol	Data	FCS	Flag
1byte	1Byte	1bytes	1/2bytes	1500bytes	2/4bytes	1byte

图 8-30　HDLC 和 PPP 帧格式定义

　　Flag 字段即为 SOF 和 EOF 字符,地址字段用来对通信设备进行寻址,Control 字段用于表示控制信息类型,PPP 中的 Protocol 字段用于表示 PPP 报文中封装的 payload(data 字段)的类型,最后的 FCS 字段为校验字节,用于对数据帧进行检错。

2. PPP/HDLC 的串口通信状态机

　　我们通常利用状态机来实现串行链路帧的发送和接收,图 8-31 是 HDLC 链路帧格式的发送和接收状态机,发送时,初始状态为空闲状态,首先发送 0x7E,进入帧头发送状态,发

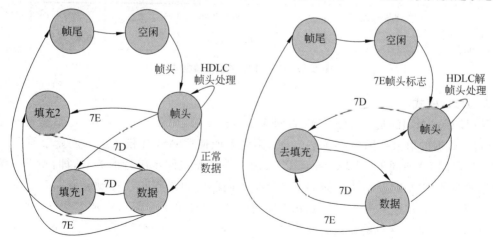

图 8-31　HDLC 串行发送和接收状态机

送完 Address、Control 后,进入数据发送状态(包括了 FCS),在帧头和数据发送过程中,若数据中出现了 0x7D 或 0x7E,则进入转义状态进行转义,发送完所有数据后,发送 0x7E 帧尾结束。

接收时,状态机处于空闲状态,检测到 0x7E,则进入帧头处理状态,紧接着进入数据状态,若数据和帧头中出现了 0x7D 则进入转义状态,接收到 0x7E 后,一个帧接收结束。

8.6.2　MODBUS 帧格式

MODBUS 是一种主从模式的工业现场总线协议,允许一个主机最多连接 247 个从属控制器,支持 RS-485、RS-232、RS-422 和以太网物理层接口,通常用于 PLC,DCS 以及智能仪表的现场总线连接。

MODBUS 的支持 ASCII、RTU 和 TCP 模式,通常使用 ASCII 码模式,每一个数据为一个 ASCII 字符,使用 7b 表示字符,加上 1 个奇偶校验位,串口需配置成 8b 模式,并对串行数据流进行 LRC 校验。另外一种常用的是 RTU 模式,即传输的是二进制数据,采用 CRC 校验,优点是相同传输波特率下,比 ASCII 模式传输数据密度高,速率快,但实现和控制相对较为复杂。

1. ASCII 模式

ASCII 模式下和 HDLC 类似,定义了一个起始字符':'和两个结束字符回车 CR、换行 LF 表示数据帧的开始和结尾,所传送数据都是 ASCII 字符,用十六进制表示,即所传输的数据是由 0123456789ABCDEF 等 16 个 ASCII 字符组成的。例如,在发送数据 63 时,则需要发送'6'和'3'两个字符。由于数据中不包含':'、回车、换行三个字符,因此无需进行转义。

ASCII 模式数据帧格式如图 8-32 所示。

起始字符	Device Address	Function Code	Data	LRC check	结束字符
:	2 字符	2 字符	数个字符	2 字符	2 字符 <CR> <LF>

图 8-32　ASCII 模式数据帧格式

2. RTU 模式

RTU 模式采用的是二进制数据,即每个数据占 8 位,加上一个校验位,串口需要配置成 9b 模式。数据的取值范围为 0x00～0xFF,因此不能使用 ASCII 模式下的起始字符和结束字符。RTU 模式不同于 HDLC 和 PPP,采用了一种类似同步串行的方式,即:RTU 规定每次数据的传输结束,是以未再接到下一个字符间隔时间来判断。其规定为 3.5 字符的通信时间,例如:通信速率为 9600b/s,每个字符含 8b 再加上 1 个起始位及 1 个停止位后,一个字符为 10b。3.5 字符的通信时间为 $(3.5 \times 10)/9600 = 0.00365s$,即在 3.65ms 内没有收到数据即认为是数据传输结束。

RTU 模式数据帧格式如图 8-33 所示。

开始间隔	Device Address	Function Code	Data	CRC check	结束间隔
T1-T2-T3-T4	8b	8b	Number of 8b	16b	T1-T2-T3-T4

图 8-33　RTU 模式数据帧格式

8.7　USART 函数库

8.7.1　寄存器定义

USART 寄存器结构 USART_TypeDef 的定义在 stm21L1xx.h 中：

```
typedef struct
{
    __IO uint16_t SR;                        //状态寄存器
    uint16_t RESERVED1;                      //保留
    __IO uint16_t DR;                        //数据寄存器
    uint16_t RESERVED2;                      //保留
    __IO uint16_t BRR;                       //波特率因子寄存器
    uint16_t RESERVED3;                      //保留
    __IO uint16_t CR1;                       //配置寄存器 1
    uint16_t RESERVED4;                      //保留
    __IO uint16_t CR2;                       //配置寄存器 2
    uint16_t RESERVED5;                      //保留
    __IO uint16_t CR3;                       //配置寄存器 3
    uint16_t RESERVED6;                      //保留
    __IO uint16_t GTPR;                      //保护时间和预分频寄存器
    uint16_t RESERVED7;                      //保留
} USART_TypeDef;
```

对于 STM32L152,通过如下定义可以确定 3 个 USART 的寄存器地址：

```
#define PERIPH_BASE ((uint32_t)0x40000000)
#define APB1PERIPH_BASE PERIPH_BASE
#define APB2PERIPH_BASE (PERIPH_BASE +0x10000)
#define AHBPERIPH_BASE (PERIPH_BASE +0x20000)
#define USART1_BASE (APB2PERIPH_BASE +0x3800)
#define USART2_BASE (APB1PERIPH_BASE +0x4400)
#define USART3_BASE (APB1PERIPH_BASE +0x4800)
```

```
#define USART1 ((USART_TypeDef *) USART1_BASE)
#define USART2 ((USART_TypeDef *) USART2_BASE)
#define USART3 ((USART_TypeDef *) USART3_BASE)
```

ST 提供了 NVIC 标准库函数，头文件位 stm32l1xx_uart.h，程序源代码位于 stm32l1xx_uart.c，USART_InitTypeDef 结构体用于串口的初始化配置，其定义如下：

```
typedef struct
{
    uint32_t USART_BaudRate;
    uint16_t USART_WordLength;
    uint16_t USART_StopBits;
    uint16_t USART_Parity;
    uint16_t USART_Mode;
    uint16_t USART_HardwareFlowControl;
} USART_InitTypeDef;
```

其中，USART_BaudRate 成员设置了 USART 传输的波特率，波特率的取值为 1200~4000000。

USART_WordLength 是一个帧中传输或者接收到的数据位数，其取值为：

- USART_WordLength_8b：8 位数据。
- USART_WordLength_9b：9 位数据。

USART_StopBits 定义了发送的停止位数目，其取值为：

- USART_StopBits_1：在帧结尾传输 1 个停止位。
- USART_StopBits_0.5：在帧结尾传输 0.5 个停止位。
- USART_StopBits_2：在帧结尾传输 2 个停止位。
- USART_StopBits_1.5：在帧结尾传输 1.5 个停止位。

USART_Parity 定义了奇偶模式，其取值为：

- USART_Parity_No：奇偶失能。
- USART_Parity_Even：偶模式。
- USART_Parity_Odd：奇模式。

USART_HardwareFlowControl 指定了硬件流控制模式使能还是失能，其取值为：

- USART_HardwareFlowControl_None：硬件流控制失能。
- USART_HardwareFlowControl_RTS：发送请求 RTS 使能。
- USART_HardwareFlowControl_CTS：清除发送 CTS 使能。
- USART_HardwareFlowControl_RTS_CTS：RTS 和 CTS 使能。

USART_Mode 指定了使能或者失能发送和接收模式，可同时使能发送或接收，其取值为：

- USART_Mode_Tx：发送使能。
- USART_Mode_Rx：接收使能。

USART 同步方式的时钟初始化配置结构体定义如下:

```
typedef struct
{
    uint16_t USART_Clock;
    uint16_t USART_CPOL;
    uint16_t USART_CPHA;
    uint16_t USART_LastBit;
} USART_ClockInitTypeDef;
```

USART_CLOCK 提示了 USART 时钟使能还是失能,其取值为:

- USART_Clock_Enable:时钟高电平活动。
- USART_Clock_Disable:时钟低电平活动。

USART_CPOL:USART_CPOL 指定了下 SLCK 引脚上时钟输出的极性,其取值为:

- USART_CPOL_IIigh:时钟高电平。
- USART_CPOL_Low:时钟低电平。

USART_CPHA 指定了下 SLCK 引脚上时钟输出的相位,和 CPOL 位一起配合来产生不同的时钟/数据的采样关系,其取值为:

- USART_CPHA_1Edge:时钟第一个边沿进行数据捕获。
- USART_CPHA_2Edge:时钟第二个边沿进行数据捕获。

USART LastBit 来控制是否在同步模式下,在 SCLK 引脚上输出最后发送的那个数据字(MSB)对应的时钟脉冲,其取值为:

- USART_LastBit_Disable:最后一位数据的时钟脉冲不从 SCLK 输出。
- USART_LastBit_Enable:最后一位数据的时钟脉冲从 SCLK 输出。

寄存器初始化结构体可以用来初始化同步串行模式或异步串行模式,每个成员的作用范围如表 8-5 所示。

表 8-5　同步和异步模式下的配置参数

成　　员	异 步 模 式	同 步 模 式
USART_BaudRate	X	X
USART_WordLength	X	X
USART_StopBits	X	X
USART_Parity	X	X
USART_HardwareFlowControl	X	X
USART_Mode	X	X
USART_Clock		X
USART_CPOL		X
USART_CPHA		X
USART_LastBit		X

8.7.2　USART 库函数

ST CMSIS 提供的 USART 主要 API 函数见表 8-6。

表 8-6　USART 主要函数

USART_DeInit	将外设 USARTx 寄存器重设为默认值
USART_Init	根据 USART_InitStruct 中指定的参数初始化外设 USARTx 寄存器
USART_StructInit	把 USART_InitStruct 中的每一个参数按默认值填入
USART_ClockInit	根据 USART_ClockInitStruct 进行时钟相关寄存器初始化
USART_ClockStructInit	把 USART_ClockInitStruct 中的每一个参数按默认值填入
USART_HalfDuplexCmd	使能或者失能 USART 半双工模式
USART_Cmd	使能或者失能 USART 外设
USART_DMACmd	使能或者失能指定 USART 的 DMA 请求
USART_OverSampling8Cmd	使能或失能 8 倍采样时钟
USART_OneBitMethodCmd	使能或失能过采样
USART_SendData	通过外设 USARTx 发送单个数据 USART
USART_ReceiveData	返回 USARTx 最近接收到的数据
USART_ITConfig	使能或者失能指定的 USART 中断
USART_GetFlagStatus	检查指定的 USART 标志位设置与否
USART_ClearFlag	清除 USARTx 的待处理标志位
USART_GetITStatus	检查指定的 USART 中断发生与否
USART_ClearITPendingBit	清除 USARTx 的中断待处理位
USART_SetAddress	设置 USART 节点的地址
USART_WakeUpConfig	选择 USART 的唤醒方式
USART_ReceiverWakeUpCmd	检查 USART 是否处于静默模式

1) USART_DeInit 函数

函数功能：将外设 USARTx 寄存器重设为复位值。

函数原型：void USART_DeInit(USART_TypeDef * USARTx)。

输入参数：USARTx：x 可以是 1,2,3,4,5,来选择 USART 外设。

示例：

```
USART_DeInit(USART1)/                                    /将 USART1 复位
```

2) USART_Init 函数

函数功能：根据 USART_InitStruct 中指定的参数初始化外设 USARTx 寄存器。

函数原型：void USART_Init(USART_TypeDef * USARTx, USART_InitTypeDef * USART_InitStruct)。

输入参数 USARTx：x 可以是 1,2,3,4,5,来选择 USART 外设。

输入参数 USART_InitStruct：指向结构 USART_InitTypeDef 的指针,包含了外设 USART 的配置信息。

示例：

```
USART_InitTypeDef USART_InitStructure;
USART_InitStructure.USART_BaudRate =9600;
USART_InitStructure.USART_WordLength =USART_WordLength_8b;
USART_InitStructure.USART_StopBits =USART_StopBits_1;
USART_InitStructure.USART_Parity =USART_Parity_Odd;
USART_InitStructure.USART_HardwareFlowControl =
                                    USART_HardwareFlowControl_RTS_CTS;
USART_InitStructure.USART_Mode =USART_Mode_Tx | USART_Mode_Rx;
USART_Init(USART1, &USART_InitStructure);
```

3) USART_StructInit 函数

函数功能：把 USART_InitStruct 中的每一个参数按默认值填入。

函数原型：void USART_StructInit(USART_InitTypeDef * USART_InitStruct)。

输入参数：USART_InitStruct：指向结构 USART_InitTypeDef 的指针,待初始化。

USART_InitStruct 默认值为：

```
USART_BaudRate:             9600
USART_WordLength:           USART_WordLength_8b
USART_StopBits:             USART_StopBits_1
USART_Parity:               USART_Parity_No
USART_HardwareFlowControl:  USART_HardwareFlowControl_None
USART_Mode:                 USART_Mode_Rx | USART_Mode_Tx
```

示例：

```
USART_InitTypeDef USART_InitStructure;
USART_StructInit(&USART_InitStructure);
```

4) USART_ClockInit 函数

函数功能：根据 USART_ClockInitStruct 参数初始化 USARTx 的时钟配置。

函数原型：void USART_ClockInit(USART_TypeDef * USARTx, USART_ClockInitTypeDef * USART_ClockInitStruct)。

输入参数 USARTx,用于指定 USART,x 取值范围为 1,2,3。

输入参数 USART_ClockInitStruct,指向 USART_ClockInitTypeDef 的指针,包含了

USART 同步模式下的时钟配置信息。

示例：

```
USART_ClockInitTypeDef * USART_ClockInitStruct;
USART_ClockInitStructure.USART_Clock =USART_Clock_Disable;
USART_ClockInitStructure.USART_CPOL =USART_CPOL_High;
USART_ClockInitStructure.USART_CPHA =USART_CPHA_1Edge;
USART_ClockInitStructure.USART_LastBit =USART_LastBit_Enable;
USART_ClockInit(&USART_ClockInitStructure);
```

5）USART_ClockStructInit 函数

函数功能：把 USART_ClockInitStruct 中的每一个参数按默认值填入。

函数原型：void USART_ClockStructInit（USART_ClockInitTypeDef * SART_ClockInitStruct）。

输入参数 USART_ClockInitStruct：指向 USART_ClockInitTypeDef 的指针，待初始化。

USART_InitStruct 默认值为：

```
USART_Clock        USART_Clock_Disable
USART_CPOL         USART_CPOL_Low
USART_CPHA         USART_CPHA_1Edge
USART_LastBit      USART_LastBit_Disable
```

示例：

```
USART_ClockInitTypeDef * USART_ClockInitStruct;
USART_ClockStructInit(&USART_ClockInitStructure);
```

6）USART_OverSampling8Cmd 函数

函数功能：启用或禁用 USART 的 8 倍采样时钟模式。

函数原型：void USART_OverSampling8Cmd（USART_TypeDef * USARTx, FunctionalState NewState）。

输入参数 USARTx：用于指定待配置的串口，x 的取值范围为 1,2,3,4,5。

输入参数 NewState：用于使能或禁用 8 倍采样时钟，取值为 ENABLE 或 DISABLE。

该函数必须在 USART_Init 之前调用。示例如下：

```
USART_OverSampling8Cmd(USART1,ENABLE);
```

7）USART_OneBitMethodCmd 函数

函数功能：用于使能或禁用过采样功能。

函数原型：void USART_OneBitMethodCmd（USART_TypeDef * USARTx, FunctionalState NewState）。

输入参数 USARTx：用于指定待配置的串口，x 的取值范围为 1,2,3,4,5。

输入参数 NewState：用于使能或禁用过采样，取值为 ENABLE 或 DISABLE。

示例：

```
USART_OneBitMethodCmd(USART1,ENABLE);
```

8) USART_Cmd 函数

函数功能：使能或者失能 USART 外设。

函数原型：void USART_Cmd(USART_TypeDef * USARTx, FunctionalState NewState)。

输入参数 USARTx：x 可以是 1,2 或者 3，来选择 USART 外设。

输入参数 NewState：外设 USARTx 的新状态，参数取值为：ENABLE 或者 DISABLE。

示例：

```
USART_Cmd(USART1, ENABLE);
```

9) USART_DMACmd 函数

函数功能：使能或者失能指定 USART 的 DMA 请求。

函数原型：USART_DMACmd(USART_TypeDef * USARTx, uint16_t USART_DMAReq, FunctionalState NewState)。

输入参数 USARTx：用于指定待配置的串口，x 的取值范围为 1,2,3,4,5。

输入参数 USART_DMAreq：指定 DMA 请求，取值为：

- USART_DMAReq_Tx 发送 DMA 请求。
- USART_DMAReq_Rx 接收 DMA 请求。

输入参数 NewState：USARTx DMA 请求源的新状态，取值为 ENABLE 或者 DISABLE。

示例：

```
USART_DMACmd(USART2, USART_DMAReq_Rx | USART_DMAReq_Tx, ENABLE);
```

10) USART_SendData 函数

函数功能：发送一个字节的数据。

函数原型：void USART_SendData(USART_TypeDef * USARTx, uint16_t Data)。

输入参数 USARTx：用于指定待配置的串口，x 的取值范围为 1,2,3,4,5。

输入参数 Data：待发送的数据。

示例：

```
USART_SendData(USART3, 0x26);
```

11) USART_ReceiveData 函数

函数功能：返回 USARTx 最近接收到的数据。

函数原型：uint16_t USART_ReceiveData(USART_TypeDef * USARTx)。

输入参数 USARTx：用于指定待配置的串口，x 的取值范围为 1,2,3,4,5。

返回值：接收到的数据。

示例：

```
uint16_t RxData =USART_ReceiveData(USART2);
```

12）USART_ITConfig 函数

函数功能：使能或者失能指定的 USART 中断。

函数原型：void USART_ITConfig(USART_TypeDef * USARTx, uint16_t USART _IT, FunctionalState NewState)。

输入参数 USARTx：用于指定待配置的串口，x 的取值范围为 1，2，3，4，5。

输入参数 USART_IT：待使能或者失能的 USART 中断源，其取值为：

- USART_IT_PE　　　　奇偶错误中断
- USART_IT_TXE　　　发送中断
- USART_IT_TC　　　　传输完成中断
- USART_IT_RXNE　　接收中断
- USART_IT_IDLE　　　空闲总线中断
- USART_IT_LBD　　　LIN 中断检测中断
- USART_IT_CTS　　　CTS 中断
- USART_IT_ERR　　　错误中断

输入参数 NewState：外设 USARTx 的新状态，参数取值为 ENABLE 或者 DISABLE。

示例：

```
USART_ITConfig(USART1, USART_IT_Transmit, ENABLE);
```

13）USART_GetFlagStatus 函数

函数功能：检查指定的 USART 标志位设置与否。

函数原型：FlagStatus USART_GetFlagStatus(USART_TypeDef * USARTx, uint16 _t USART_FLAG)。

输入参数 USARTx：用于指定待配置的串口，x 的取值范围为 1，2，3，4，5。

输入参数 USART_FLAG：待检查的 USART 标志位，取值为：

- USART_FLAG_CTS　　　CTS 标志位
- USART_FLAG_LBD　　　LIN 中断检测标志位
- USART_FLAG_TXE　　　发送数据寄存器空标志位
- USART_FLAG_TC　　　　发送完成标志位
- USART_FLAG_RXNE　　接收数据寄存器非空标志位
- USART_FLAG_IDLE　　　空闲总线标志位
- USART_FLAG_ORE　　　溢出错误标志位
- USART_FLAG_NE　　　　噪声错误标志位
- USART_FLAG_FE　　　　帧错误标志位
- USART_FLAG_PE　　　　奇偶错误标志位

返回值：待检查的标志位的状态,SET 或 RESET。

示例：

```
FlagStatus Status =USART_GetFlagStatus(USART1, USART_FLAG_TXE);
```

14) USART_ ClearFlag 函数

函数功能：清除 USARTx 的待处理标志位。

函数原型：void USART_ClearFlag(USART_TypeDef * USARTx, uint16_t USART_FLAG)。

输入参数 USARTx：用于指定待配置的串口,x 的取值范围为 1,2,3,4,5。

输入参数 USART_FLAG：待清除的 USART 标志位,取值和 USART_GetFlagStatus 的 USART_FLAG 相同。

示例：

```
USART_ClearFlag(USART1,USART_FLAG_OR);
```

15) USART_ GetITStatus 函数

函数功能：检查指定的 USART 中断发生与否。

函数原型：ITStatus USART_GetITStatus(USART_TypeDef * USARTx, uint16_t USART_IT)。

输入参数 USARTx：用于指定待配置的串口,x 的取值范围为 1,2,3,4,5。

输入参数 USART_IT：待检查的 USART 中断源,取值为：

- USART_IT_PE　　　　奇偶错误中断
- USART_IT_TXE　　　　发送中断
- USART_IT_TC　　　　发送完成中断
- USART_IT_RXNE　　　接收中断
- USART_IT_IDLE　　　空闲总线中断
- USART_IT_LBD　　　　LIN 中断探测中断
- USART_IT_CTS　　　　CTS 中断
- USART_IT_ORE　　　　溢出错误中断
- USART_IT_NE　　　　噪音错误中断
- USART_IT_FE　　　　帧错误中断

返回值：USART_IT 的新状态,SET 或 RESET。

示例：

```
ITStatus ErrorITStatus =USART_GetITStatus(USART1, USART_IT_ORE);
```

16) USART_ ClearITPendingBit 函数

函数功能：清除 USARTx 的中断待处理位。

函数原型：void USART_ClearITPendingBit(USART_TypeDef * USARTx, uint16_t

USART_IT）。

输入参数 USARTx：用于指定待配置的串口，x 的取值范围为 1，2，3，4，5。

输入参数 USART_IT：待检查的 USART 中断源，取值和 USART_GetITStatus 函数 USART_IT 参数相同。

示例：

```
USART_ClearITPendingBit(USART1,USART_IT_OverrunError);
```

17）USART_SetAddress 函数

函数功能：设置 USART 设备的地址，用于多主机通信。

函数原型：void USART_SetAddress（USART_TypeDef * USARTx, uint8_t USART_Address）。

输入参数 USARTx：用于指定待配置的串口，x 的取值范围为 1，2，3，4，5。

输入参数 USART_Address：USART 设备的地址。

示例：

```
USART_SetAddress(USART2, 0x5);
```

18）USART_WakeUpConfig 函数

函数功能：选择 USART 的唤醒方式，用于多主机通信。

函数原型：void USART_WakeUpConfig（USART_TypeDef * USARTx, uint16_t USART_WakeUp）。

输入参数 USARTx：用于指定待配置的串口，x 的取值范围为 1，2，3，4，5。

输入参数 USART_WakeUp：USART 的唤醒方式，取值为：

- USART_WakeUp_IdleLine　　　　空闲总线唤醒
- USART_WakeUp_AddressMark　　地址标记唤醒

示例：

```
USART_WakeUpConfig(USART1, USART_WakeUpIdleLine);
```

19）USART_ReceiverWakeUpCmd 函数

函数功能：检查 USART 是否处于静默模式，用于多主机通信。

函数原型：void USART_ReceiverWakeUpCmd（USART_TypeDef * USARTx, FunctionalState Newstate）。

输入参数 USARTx：用于指定待配置的串口，x 的取值范围为 1，2，3，4，5。

输入参数 NewState：USART 静默模式的新状态，参数取值为 ENABLE 或者 DISABLE。

示例：

```
USART_ReceiverWakeUpCmd(USART3, DISABLE);
```

8.8　USART 案例

8.8.1　串口寄存器操作案例

1）串口初始化函数 USART_Init 的实现

```
void USART_Init(USART_TypeDef * USARTx, USART_InitTypeDef * USART_InitStruct)
{
  uint32_t tmpreg = 0x00, apbclock = 0x00;
  uint32_t integerdivider = 0x00;
  uint32_t fractionaldivider = 0x00;
  RCC_ClocksTypeDef RCC_ClocksStatus;
  tmpreg = USARTx->CR2;
  tmpreg &= (uint32_t)~((uint32_t)USART_CR2_STOP); //清除 STOP 域
  //根据参数 USART_StopBits 设置 STOP 域 value
  tmpreg |= (uint32_t)USART_InitStruct->USART_StopBits;
  //将配置参数写入控制寄存器 2
  USARTx->CR2 = (uint16_t)tmpreg;
  tmpreg = USARTx->CR1;
  //清除 M、PCE、PS、TE 和 RE 域
  tmpreg &= (uint32_t)~((uint32_t)CR1_CLEAR_MASK);
  //根据输入参数设置 M、PCE、PS、TE 和 RE 域
  tmpreg   |= (uint32_t)USART_InitStruct->USART_WordLength
         | USART_InitStruct->USART_Parity |USART_InitStruct->USART_Mode;
  //将配置参数写入控制寄存器 1
  USARTx->CR1 = (uint16_t)tmpreg;
  //配置控制寄存器 3
  tmpreg = USARTx->CR3;
  //清除 CTSE 和 RTSE
  tmpreg &= (uint32_t)~((uint32_t)CR3_CLEAR_MASK);
  //根据输入参数 USART_HardwareFlowControl 配置 CTSE 和 RTSE 域
  tmpreg |= USART_InitStruct->USART_HardwareFlowControl;
  USARTx->CR3 = (uint16_t)tmpreg;
  //波特率寄存器配置,首先获取总线时钟
  RCC_GetClocksFreq(&RCC_ClocksStatus);
  //USART1 连接在 APB2,获取 APB2 总线时钟
  if (USARTx == USART1)
      apbclock = RCC_ClocksStatus.PCLK2_Frequency;
  else //其余连接在 APB1,获取 APB1 总线时钟
```

```
    apbclock =RCC_ClocksStatus.PCLK1_Frequency;
  if ((USARTx->CR1 & USART_CR1_OVER8) !=0)
  //8 倍波特率采样时钟配置下计算整数部分
   integerdivider=((25 * apbclock) / (2 * (USART_InitStruct->USART_BaudRate)));
  else //16 倍波特率采样时钟配置下计算整数部分
  integerdivider= ((25 * apbclock) / (4 * (USART_InitStruct->USART_BaudRate)));
  tmpreg =(integerdivider / 100) <<4;
  //小数部分计算
  fractionaldivider = integerdivider - (100 * (tmpreg >>4));
  //8 倍波特率采样时钟
  if ((USARTx->CR1 & USART_CR1_OVER8) !=0)
     tmpreg |=((((fractionaldivider * 8) +50) / 100)) & ((uint8_t)0x07);
  else //16 倍波特率采样时钟
   tmpreg |=((((fractionaldivider * 16) +50) / 100)) & ((uint8_t)0x0F);
   //写入波特率寄存器
  USARTx->BRR = (uint16_t)tmpreg;
}
```

2) USART_SendData 函数的实现

```
void USART_SendData(USART_TypeDef * USARTx, uint16_t Data)
{
  //数据最长为 9b,因此与 0x1FF 进行位与操作
  USARTx->DR = (Data & (uint16_t)0x01FF);
}
```

8.8.2　串口配置基本流程

1) 配置 I/O

```
//设置 Tx 引脚为推拉输出模式
GPIO_InitStructure.GPIO_Pin =GPIO_Pin_9 | GPIO_Pin_2;
GPIO_InitStructure.GPIO_Speed =GPIO_Speed_40MHz;
GPIO_InitStructure.GPIO_Mode =GPIO_Mode_AF;
GPIO_InitStructure.structure.GPIO_OType=_GPIO_OType_PP;
GPIO_Init(GPIOA, &GPIO_InitStructure);
//设置 Rx 引脚
GPIO_InitStructure.GPIO_Pin =GPIO_Pin_10 | GPIO_Pin_3;
GPIO_InitStructure.GPIO_Mode =GPIO_Mode_AF;
GPIO_InitStructure.GPIO_Pupd =GPIO_Pupd_Nopull;
GPIO_Init(GPIOA, &GPIO_InitStructure);
RCC_APB2PeriphClockCmd(RCC_APB2Periph_USART1, ENABLE);
```

2) 配置 UART

```
void USART3_Configuration(void)
{
    USART_InitTypeDef USART_InitStructure;
    USART_InitStructure.USART_BaudRate =115200;              //设置波特率
    USART_InitStructure.USART_WordLength =USART_WordLength_8b;  //数据长度 8 位
    USART_InitStructure.USART_StopBits =USART_StopBits_1;     //一个停止位
    USART_InitStructure.USART_Parity =USART_Parity_No;        //无奇偶校验
    USART_InitStructure.USART_HardwareFlowControl
                        =USART_HardwareFlowControl_None;      //无非硬件流控制
    USART_InitStructure.USART_Mode=USART_Mode_Tx|USART_Mode_Rx;
    //允许接收和发送
    USART_Init(USART3,&USART_InitStructure);
    //配置接收中断
    USART_ITConfig(USART3, USART_IT_RXNE, ENABLE);
    //使能串口
    USART_Cmd(USART3, ENABLE);
}
```

3) 配置 NVIC

```
void NVIC_Configuration(void)
//使能串口中断,同时要设置中断的优先级
NVIC_InitStructure.NVIC_IRQChannel=USART1_IRQn;
NVIC_InitStructure.NVIC_IRQChannelPreemptionPriority=0;
NVIC_InitStructure.NVIC_IRQChannelSubPriority=0;
NVIC_InitStructure.NVIC_IRQChannelCmd=ENABLE;
//使能串口中断
NVIC_Init(&NVIC_InitStructure)
```

4) 中断函数 USART1_IRQHandler

```
Void USART3_IRQHandler(void)
{
    Unsigned char k=0,buf1=0;
    if(USART_GetITStatus(USART3,USART_IT_RXNE))
    {   //判断是否为接收数据中断
        buf1=USART_ReceiveData(USART3);
        USART_ClearITPendingBit(USART3,USART_FLAG_TC);
    }
}
```

8.8.3 PC 串口通信案例

1) 查询方式发送数据

```
void USART_SendString(uint8_t * in)
```

```
{
    for(uint8_t i=0;in[i]!='\0';i++)
    {
        USART_Send(USART2,in[i]);
        while (USART_GetFlagStatus(USART2, USART_FLAG_TC) ==RESET);
    }
}
```

2) 中断方式发送数据

```
uint8_t CmdBuffer[3]={'a','b','c'};
uint8_t TxIndex=0;
USART_ITConfig(USARTx, USART_IT_TXE, ENABLE);
while(1);
```

中断服务程序:

```
void USARTx_IRQHandler(void)
{
    if (USART_GetITStatus(USARTx, USART_IT_TXE) ==SET)
    {
        USART_SendData(USARTx, CmdBuffer[TxIndex++]);
        if (TxIndex ==0x03)
            USART_ITConfig(USARTx, USART_IT_TXE, DISABLE);
    }
}
```

3) 串口 printf 输出

```
#include <stdio.h>
int main(void)
{
    //配置串口
    USART_InitStructure.USART_BaudRate =115200;
    USART_InitStructure.USART_WordLength =USART_WordLength_8b;
    USART_InitStructure.USART_StopBits =USART_StopBits_1;
    USART_InitStructure.USART_Parity =USART_Parity_No;
    USART_InitStructure.USART_HardwareFlowControl=
                                        USART_HardwareFlowControl_None;
    USART_InitStructure.USART_Mode =USART_Mode_Rx | USART_Mode_Tx;
    //TX RX GPIO 配置
    GPIO_InitTypeDef GPIO_InitStructure;
    RCC_AHBPeriphClockCmd(RCC_AHBPeriph_GPIOD, ENABLE);        //使能 UART 时钟
    RCC_APB1PeriphClockCmd(RCC_APB1Periph_USART2, ENABLE);     //配置 USART_Tx 引脚
    GPIO_PinAFConfig(GPIOD, GPIO_Pin Source 5, GPIO_AF_USART2);//配置 USART_Rx 引脚
    GPIO_PinAFConfig(GPIOD, GPIO_Pin Source 6, GPIO_AF_USART2);
```

```
    //配置 USART Tx I/O 复用推挽
    GPIO_InitStructure.GPIO_Pin =GPIO_Pin_5;
    GPIO_InitStructure.GPIO_Mode =GPIO_Mode_AF;
    GPIO_InitStructure.GPIO_Speed =GPIO_Speed_40MHz;
    GPIO_InitStructure.GPIO_OType =GPIO_OType_PP;
    GPIO_InitStructure.GPIO_PuPd =GPIO_PuPd_UP;
    GPIO_Init(GPIOD, &GPIO_InitStructure);
    //配置 USART Rx I/O 复用推挽
    GPIO_InitStructure.GPIO_Pin =GPIO_Pin_6;
    GPIO_Init(GPIOD, &GPIO_InitStructure);
    USART_Init(USART2, USART_InitStruct);              //初始化串口
    USART_Cmd(USART2, ENABLE);                         //使能串口
    //调用 printf 输出
    printf("\n\rUSART Printf Example\n\r");
    //判断 TC,等待 printf 传输完成
    while (USART_GetFlagStatus(USART2, USART_FLAG_TC) ==RESET);
    while (1);
}
//重定向 printf 的输出
int fputc(int ch, FILE * f)
{
    USART_SendData(USART2, (uint8_t) ch);
    //等待数据寄存器为空,可继续写入下一个字符
    while (USART_GetFlagStatus(EVAL_COM1, USART_FLAG_TXE) ==RESET);
    return ch;
}
```

8.8.4　状态机多字节数据帧发送和接收案例

数据通信规范采用 HDLC 规范进行数据发送,数据格式为:

7e	type	data	crc1	crc2	7e

发送数据定义:

```
typedef struct _TxMsg {
    uint8_t type;
    uint8_t data1;
    uint8_t data2;
} Tx_Msg ;
typedef Tx_Msg * Tx_MsgPtr;
```

接收数据定义：

```
typedef struct _MsgRcvEntry {
    uint8_t Length;
    Tx_Msg Msg;
    uint16_t CRC;
} Rx_Msg;
```

发送和接收数据缓冲区：

```
Tx_Msg gSendBuf={65,1,2};
Rx_Msg gRcvBuf;
```

转义字符及数据中的 type 类型定义：

```
enum {
    HDLC_MTU         = (sizeof(Tx_Msg)),
    HDLC_FLAG_BYTE      =0x7e,
    HDLC_CTLESC_BYTE   =0x7d,
    PROTO_ACK          =64,
    PROTO_PACKET_ACK   =65,
    PROTO_PACKET_NOACK =66,
    PROTO_UNKNOWN       =255
};
```

发送状态机状态定义：

```
enum {
    TXSTATE_IDLE,
    TXSTATE_TYPE,
    TXSTATE_DATA,
    TXSTATE_ESC,
    TXSTATE_FCS1,
    TXSTATE_FCS2,
    TXSTATE_ENDFLAG,
    TXSTATE_FINISH,
    TXSTATE_ERROR
};
```

接收状态机状态定义：

```
enum {
    RXSTATE_NOSYNC,
    RXSTATE_TYPE,
    RXSTATE_DATA,
    RXSTATE_ESC
};
```

状态机和变量初始化：

```
gRcvBuf.Length = 0;
uint8_t gTxState = TXSTATE_IDLE;
uint8_t gTxByteCnt = 0;
uint8_t gTxLength = 0;
uint16_t gTxRunningCRC = 0;
uint8_t * gpsend = (uint8_t *) (&gSendBuf);
uint8_t gRxState = RXSTATE_NOSYNC;
uint8_t gRxHeadIndex = 0;
uint8_t gRxTailIndex = 0;
uint8_t gRxByteCnt = 0;
uint16_t gRxRunningCRC = 0;
uint8_t * gpRxBuf = (uint8_t *) (& gRcvBuf.Tx_Msg);
```

主函数：

```
main(){
  //配置串口
  usart2config();
  //发送 0x7E,使能 TC 中断
  gTxLength = sizeof(gSendBuf);
  gTxState = TXSTATE_TYPE;
  USART_Send(USART2,HDLC_FLAG_BYTE);
  USART_IT_Config(USART2, USART_IT_TC,ENABLE);
  USART_IT_Config(USART2, USART_IT_RXNE,ENABLE);
  while(1);
}
```

中断处理函数：

```
void USARTx_IRQHandler(void){
  uint8_t nextByte=0;
  if (USART_GetITStatus(USART2, USART_IT_TC) ==SET){
    switch (gTxState) {
    case TXSTATE_TYPE:
      gTxState = TXSTATE_DATA;
      nextByte = * gpsend++;
      gTxRunningCRC = crcByte(gTxRunningCRC, nextByte);
      USART_Send(USART2, nextByte);
      gTxByteCnt++
      break;
    case TXSTATE_DATA:
      nextByte = * gpsend++;
      gTxRunningCRC = crcByte(gTxRunningCRC,nextByte);
```

```
      gTxByteCnt++;
      if (gTxByteCnt >=gTxLength)
        gTxState =TXSTATE_FCS1;
      TxArbitraryByte(nextByte);
      break;
    case TXSTATE_ESC:
      TxResult =USART_Send(USART2,(gTxEscByte ^ 0x20));
      gTxState =gPrevTxState;
      break;
    case TXSTATE_FCS1:
      nextByte = (uint8_t)(gTxRunningCRC & 0xff);           // LSB
      gTxState =TXSTATE_FCS2;
      TxArbitraryByte(nextByte);
      break;
    case TXSTATE_FCS2:                                       // MSB
      nextByte = (uint8_t)((gTxRunningCRC >>8) & 0xff);
      gTxState =TXSTATE_ENDFLAG;
      TxArbitraryByte(nextByte);
      break;
    case TXSTATE_ENDFLAG:
      gTxState =TXSTATE_FINISH;
      TxResult =USART_Send(USART2,HDLC_FLAG_BYTE);
      break;
    case TXSTATE_FINISH:
    case TXSTATE_ERROR:
    default:
      break;
    }
  }
  if (USART_GetITStatus(USART2, USART_IT_RXNE) ==SET){
    uint8_t data =  USART_Receive(USART2);
    switch (gRxState) {
      case RXSTATE_NOSYNC:
      if ((data ==HDLC_FLAG_BYTE) && (gRcvBuf.Length ==0)) {
          gRxByteCnt =gRxRunningCRC =0;
          gRxState =RXSTATE_TPYE;
        }
        break;
      case RXSTATE_TPYE:
        * gpRxBuf++=data;
        gRxRunningCRC =crcByte(gRxRunningCRC,data);
        gRxState =RXSTATE_DATA;
        gRxByteCnt++;
```

```
          break;
      case RXSTATE_DATA:
        if (gRxByteCnt >HDLC_MTU) {
            gRxByteCnt =gRxRunningCRC =0;
            gRcvBuf.Length =0;
            gRxState =RXSTATE_NOSYNC;
         }
         else if (data ==HDLC_CTLESC_BYTE)
            gRxState =RXSTATE_ESC;
         else if (data ==HDLC_FLAG_BYTE) {             //收到结束字符
            if (gRxByteCnt >=2) {
                uint16_t usRcvdCRC = (gpRxBuf[(gRxByteCnt-1)] & 0xff);
                usRcvdCRC = (usRcvdCRC <<8) | (gpRxBuf[(gRxByteCnt-2)] & 0xff);
                if (usRcvdCRC ==gRxRunningCRC) {       //校验
                gRcvBuf.Length =gRxByteCnt -2;
                //PacketRcvd();判断接收数据进行下一步处理
                }
                 else
                   gRcvBuf.Length =0;
             }
             else {                                    //不够数
                 gRcvBuf.Length =0;
                 gRxState =RXSTATE_NOSYNC;
             }
             gRxByteCnt =gRxRunningCRC =0;
          }
        else {
            * gpRxBuf++=data;
            if (gRxByteCnt >=2)
                gRxRunningCRC =crcByte(gRxRunningCRC,gpRxBuf[(gRxByteCnt-2)]);
            gRxByteCnt++;
         }
       break;
   }
case RXSTATE_ESC:
   if (data ==HDLC_FLAG_BYTE) {
     gRxByteCnt =gRxRunningCRC =0;
     gMsgRcvTbl[gRxHeadIndex].Length =0;
     gMsgRcvTbl[gRxHeadIndex].Token =0;
     gRxState =RXSTATE_NOSYNC;
   }
else {
   data =data ^ 0x20;
```

```
        gpRxBuf[gRxByteCnt] =data;
        if (gRxByteCnt >=2) {
        gRxRunningCRC =crcByte(gRxRunningCRC,gpRxBuf[(gRxByteCnt-2)]);
    }
    gRxByteCnt++;
    gRxState =RXSTATE_INFO;
    }
    break;
  default:
    gRxState =RXSTATE_NOSYNC;
    break;
  }
    return SUCCESS;
}
//转义发送函数
uint8_t TxArbitraryByte(uint8_t Byte) {
    if ((Byte ==HDLC_FLAG_BYTE) || (Byte ==HDLC_CTLESC_BYTE)) {
      gPrevTxState =gTxState;
      gTxState =TXSTATE_ESC;
      gTxEscByte =Byte;
      Byte =HDLC_CTLESC_BYTE;
    }
      USART_Send(USART2,Byte);
    return 1;
  }
//crc 函数
uint16_t crcByte(uint16_t crc,uint8_t data)
{
    //此处省略 CRC 计算函数
}
```

第 9 章　　IIC 总线

【导读】　IIC 总线常用于微控制器和数字外设芯片之间的连接,是一种典型的同步总线,本章首先介绍了 IIC 总线的时序,然后对 STM32L152 的 IIC 总线控制器的内部结构,寄存器以及不同模式的发送和接收配置流程进行了介绍,最后介绍了 CMSIS 提供的典型寄存器操作库函数。针对 IIC 总线时序传输,本章还对典型外设 Flash、温度传感器的操作时序进行了案例说明。

9.1　IIC 总线概述

IIC(Inter Integrated-Circuit,也记为 I^2C 或 I2C)总线是由 PHILIPS 公司 1982 年提出的一种用于连接微控制器和低速外设的短距离串行总线标准,通信速率从最初的 100kHz 到 2016 年 I2C 第六版高达 5MHz。I2C 是两线制总线,由一根时钟线 SCL 和一个数据线 SDA 组成。

I2C 是支持多主设备和多从设备的单工总线,总线硬件连接简单,将不同 I2C 设备的 SCL 和 SDA 直接相连即可,在多设备的使用中,I2C 总线采用地址寻址方法识别索要操作的设备,避免了片选寻址的弊端,从而使硬件系统扩展更为灵活。I2C 协议简单,适用于低成本芯片作为接口,典型的 I2C 接口外设有:串行存储器、低速 ADC 和 DAC、RTC 以及 LCD 控制等。在 I2C 的基础上,衍生出来的子标准有系统管理总线 SMBus、电源管理总线 PMBus、智能平台管理接口 IPMI、显示数据通道 DDC 和高级电信计算架构 ATCA 等。

I2C 是单工通信总线,由主设备和从设备构成,任何能够进行发送和接收的设备都可以成为主设备,主设备能够产生时钟,发起和结束一次数据传输。一般应用中,一个主设备控制多个从设备,I2C 支持多个主设备工作,在总线上可以有多个主设备发起通信,若产生冲突,通过总线仲裁进行解决,即在任何时间点只能有一个主设备处于通信状态。

I2C 总线的主要优势如下:
- 两线制总线,占用 I/O 数量少;
- 总线上的所有设备通过软件寻址,每个设备具有唯一的地址;
- 设备连接为主/从关系,主机可以是主发送器或主接收器;
- 通过冲突检测和仲裁机制支持多主机通信;
- 总线传输带有 ACK 和 NACK 应答,能保证数据传输的可靠性;

- 支持多种速率：标准模式(Standard Mode)100kb/s、快速模式(Fast Mode)400kb/s、增
强快速模式(Fast Mode Plus)1Mb/s和高速模式(High Speed Mode)3.4Mb/s；极
速模式(Ultra-Fast Mode)，单向数据传输速率可达5Mb/s。

　　I2C只有数据和时钟两条线，在处理地址和应答时存在一定的开销，效率不如设备直接
相连的SPI总线。I2C的数据(SDA)和时钟(SCL)信号都是双向的，通过上拉电阻接到电
源(如图9-1所示)。两根线都为高电平时，总线处于空闲状态(IDLE)。I2C接口通过线与
功能实现多设备的总线连接，总线的每个信号接口都包括一个开漏输出和输入缓冲器。开
漏电路不能输出高电平，因此必须通过外接上拉电阻输出高电平。如果总线上有任何一个
设备接口输出低电平，则整个总线的状态表现为低电平，体现出逻辑与的特点，即I2C的线
与功能。线与功能的好处在于可以实现总线的仲裁控制。总线的控制权会交给最后一个输
出低电平的设备，其他设备(输出为高)通过检测总线上的电平状态(表现为低)，对比与自己
输出状态不一致，则自动退出对总线的控制请求。

　　开漏电路不适合长距离通信，信号线越长，信号的反射和振荡越强，从而影响总线的信
号完整性，总线速度越快，对于线上干扰的要求越高，I2C只适合电路板级的短距离通信。

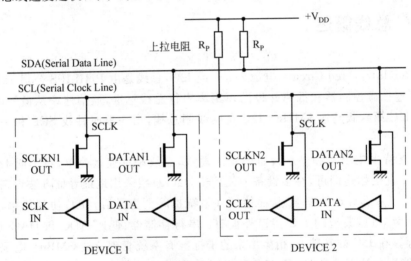

图 9-1　I2C 连接示意图

9.2　I2C 总线的基本操作

1. 数据有效性

　　I2C协议一般采用3V或5V作为高电平1，GND作为低电平0。每传输一比特数据
SDA，对应产生一个时钟脉冲SCL。当SCL为高时，SDA不允许变化；只有在SCL为低时，
SDA才可以变化，如图9-2所示。

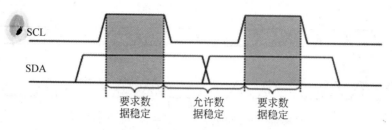

图 9-2　I2C 数据位的传输

2. 开始和结束条件

I2C 的两根线在空闲(IDLE)时均为高电平,SDA 和 SCL 的特定组合表示总线开始或结束一次数据传输,开始和结束的时序如图 9-3 所示。

(1) 开始条件 START(记为 S): SCL 为高时,SDA 由高变低。

(2) 结束条件 STOP(记为 P): SCL 为高时,SDA 由低变高。

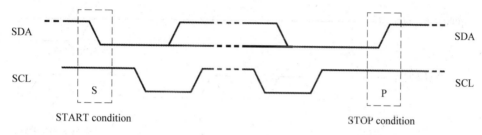

图 9-3　开始和结束条件

开始和结束条件总是由主机(Master)发起的。主机发出开始条件(START)后,总线处于忙的状态;主机发出结束条件(STOP)后,总线处于空闲状态(IDLE)。

在操作中,如果主机发出重复开始条件(Repeated START,记为 Sr)而非结束条件(STOP),则总线仍处于忙的状态。也就是说,重复开始条件(Sr)和开始条件(S)在功能上是相同的。判断开始或结束条件对于具有相应逻辑接口的设备相对简单,对于没有该接口的微控制器,需要在每个 SCL 周期内对 SDA 至少采样 2 次,才能正确检测到开始或结束条件。

3. 字节格式

SDA 上传输字节数据必须是 8 比特长度,每次传输不限定传输的字节数。每个字节(8位)数据传送完毕后紧接着应答信号(第 9 位,Acknowledge Bit)。数据传输过程中,先发送高位(MSB),再发送低位(LSB),如图 9-4 所示。如果在数据传输过程中,从机如果没有准备好接收或发送下一个字节(比如内部中断需要处理等),它可以通过拉低 SCL 强制主机进入等待状态。直到从机释放 SCL,主机才开始下一个字节的发送或接收。

4. 应答

I2C 协议规定数据传输过程必须包含应答。接收器通过应答位(ACK bit)通知发送的字节已被成功接收,发送器可以进行下一个字节的传输。主机产生传输应答的第 9 个时钟。主机的发送器在应答时钟周期内释放对 SDA 的控制,这样从机接收器可以通过将 SDA 拉

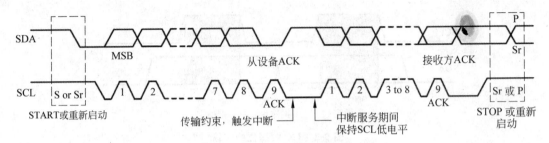

图 9-4　I2C 总线的数据传输

低通知发送器数据已被成功接收，如图 9-5 所示。

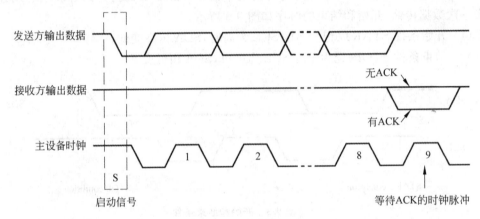

图 9-5　I2C 总线的数据应答

接收器发送 ACK 时，要保证 SCL 为高的同时，SDA 为低电平。如果在第 9 个时钟周期，SDA 为高，表明接收器无应答（NACK），主机可以据此发出结束条件（STOP）命令结束此次传输，或发起重传请求（Repeated START）重新传输数据。以下情况可能导致无应答（NACK）：

- 总线上没有对应地址的接收器件。
- 接收器件没有准备好与主机的通信。
- 接收器件无法解析读取的数据。
- 接收器件无法收取更多的数据。

在连续传输中，主机发送器发送数据，从机接收数据并发送 ACK，主机的接收器在读取了从机发出的最后一个字节数据后，发出 NACK 通知从发送器释放数据线 SDA，主机随后发起结束（STOP）指令完成一次连续数据的传输。

图 9-6 表示主机作为发送器和接收器在写和读情况下的数据格式（ACK/NACK）。

I2C 的一大特点是可以在同一条总线上接多个主机。两个及以上的主机同时发起传输请求时，需要通过某种机制确定哪个主机获得总线的使用权；另外，每个主机都独立产生时钟，时钟速率可能千差万别，这也需要某种机制解决时钟速率不一致的问题。这种机制就是时钟同步（Clock Synchronization）和仲裁（Arbitration）。在单主机的 I2C 系统中，不需要时

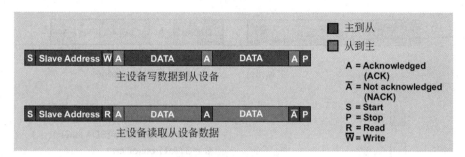

图 9-6　I2C 数据读写的格式

钟同步和仲裁。

5. 地址模式

I2C 的每一个从设备都具有一个设备地址,以便于在总线上连接多个从设备时对从设备进行寻址。I2C 规范有两种地址模式,7 位址模式和 10 位地址模式。

1)7 位地址系统

I2C 总线发送起始信号(START)后,发送的第一个字节由 7 位从设备地址和一位数据方向控制位 R/W 组成,如图 9-7 所示。

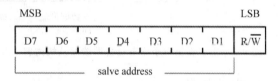

图 9-7　START 后的第一个字节格式

7 位的 I2C 设备地址由类型号和寻址码组成,其中 D7~D4 四位表示器件类型,器件类型是固定的,由 Philip 进行统一管理,D3~D1 是用户自定义的地址码,一般由电路连接不同的高低电平设置,由此可见,同一种类型的设备在 I2C 总线上最多只能连接 8 个。

D0 为数据方向控制位,D0＝1 表示主机读取从机设备,为 0 表示主机向从机发送数据。由读写位的特点可知对于 I2C 总线上的第一个字节,读操作都是奇数,写操作是偶数。

2)7 位地址的连续数据通信

主机发送开始条件后,可以连续进行多个字节的通信,直到主机发送结束条件(P)终止传输。主机也可以通过发起重复开始条件(Sr)进行一次新的传输,而不需要先产生结束条件(P)。

(1) 主机连续向从机发送数据,传输的方向不变。

如图 9-8 所示,主机发起开始条件,然后发送 7 位地址和一个低电平写控制位,立即改为从总线上读取状态,从机处于接收状态,读取总线地址,地址匹配后切换到发送模式向主机发送 ACK 确认,主机收到从机的应答(ACK)后,向从机发送第一个数据 DATA,并等待从机的 ACK 确认。主机发送 NACK,再发送结束条件(P),结束本次传输。

(2) 主机连续读取从机数据,传输方向不变。

如图 9-9 所示,主机发起开始条件,然后发送 7 位地址和一个高电平读控制位,立即改

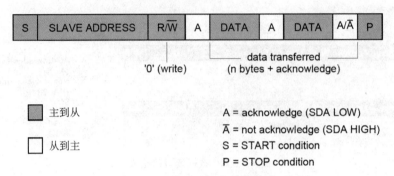

图 9-8　7 位地址主发从收模式

为从总线上读取状态,从机地址匹配后切换到发送模式向主机发送 ACK 确认,并开始发送第一个数据 DATA,主机收到从机的数据后,向从机发送 ACK 确认,并切换到接收模式接收从机的下一个数据。第一个 ACK 由从机发出,此后的 ACK 由主机发出。主机发送 NACK,再发送结束条件(P),结束本次传输。

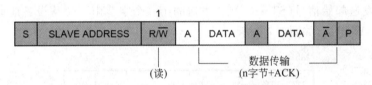

图 9-9　主机在第一个字节后立即读取从机内容

(3) 读写混合模式,传输方向改变。

如图 9-10 所示,混合模式中,若要改变传输方向,则需要重新发送起始条件和从设备地址及读写控制位。

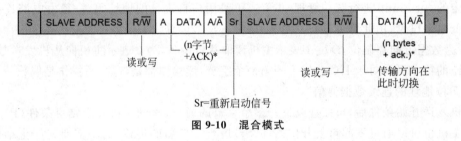

图 9-10　混合模式

3) 10 位地址模式

采用 10 位地址系统扩充了 I2C 系统的地址范围。7 位和 10 位地址设备可以共存于同一个 I2C 总线系统,并且可工作在所有速度模式。目前使用 10 位地址系统的 I2C 设备不多。

10 位从机地址由两个字节 16 位组成,如图 9-11 所示,地址表示为 11110xx xxxxxxxx,发送地址时,先发送高 7 位(包含 10 位地址的最高两位)bits[15:9],bit[8]用作读写方向控制位表明传输方向,此时总线上的所有从设备对比总线上第一个字节的前七位(1111 0XX)是否和自身地址一致,可能有一个以上设备会检测到地址匹配(因为只对比了 10 位地址的最高 2 位），它们都会产生响应 A1。收到 A1 后，主机发出 10 位地址的低 8 位（注意此次地址不包含读写方向控制位）bits[7：0]，所有上面响应的从机对比总线上第二个字节和它们各自地址的后八位（XXXX XXXX）是否一致。只有一个设备的地址匹配，并产生响应 A2。被寻址的从机一直受主机控制，直到 STOP 或 Sr 指向另外的地址。

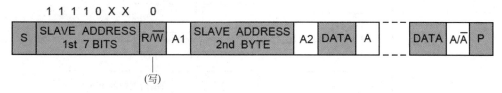

图 9-11　主发送器寻址从接收器（10 位地址空间）

在混合传输下，主接收器改变读写方向时，无需每次都发送两次地址，如图 9-12 所示，在发送起始条件和 10 位地址之后，若需要改变读写方向，只需重新发送起始条件和第一个 7bit 地址及传输方向控制位即可，从机一直占用总线，直到接收到 STOP 或 Sr 指向另一个从机地址。

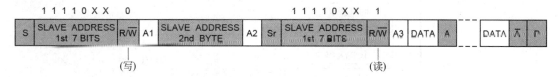

图 9-12　主接收器寻址从发送器（10 位地址空间）

从机地址中，0000000 0（R/W）表示通用广播地址，0000000 1（R/W）用于为不带 I2C 控制器的微处理器采用软件方式检测启动条件。

9.3　STM32L152 I2C 总线控制器

STM32L152 内部集成了两个独立的 I2C 总线控制器，I2C 总线控制器控制所有 I2C 总线特定的时序、协议、仲裁和定时，支持 CRC 码的生成和校验、系统管理总线 SMBus 和电源管理总线 PMBus 以及 DMA 传输，其主要特点为：

- 多主机功能：该模块既可做主设备也可做从设备。
- 可响应 2 个从地址的双地址能力。
- 产生和检测 7 位/10 位地址和广播呼叫。
- 支持标准速度（100kHz）和快速（高达 400kHz）两种模式。
- 支持多种状态标志和错误标志便于程序控制总线状态。
- 支持 2 个中断向量，用于地址/数据通信成功和错误处理。
- 可选的拉长时钟功能。
- 可配置的 PEC（信息包错误检测）的产生或校验。

- 兼容 SMBus 2.0。

I2C 控制器接收和发送数据,并将数据从串行转换成并行,或将并行转换成串行,接口通过数据引脚(SDA)和时钟引脚(SCL)连接,其内部结构如图 9-13 所示。

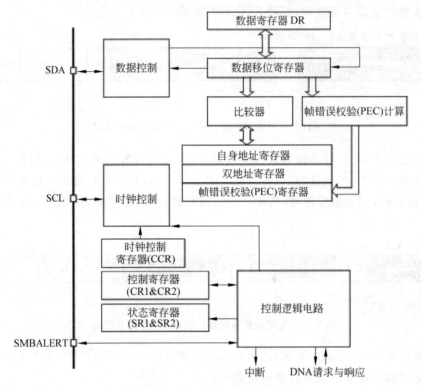

图 9-13　I2C 控制器内部结构

数据寄存器 DR 用于存储将要发送到 SDA 总线上的数据或者从 SDA 总线上读取的数据,数据通过一个移位寄存器进行发送或接收,发送数据时,数据寄存器的值被复制到移位寄存器,移位寄存器将 LSB 先送到总线上,直到 MSB 发送完成。接收时,当一个字节的所有位收到后,移位寄存器的数据被复制到数据寄存器 DR。

数据控制逻辑用于控制 SDA 的收发方向和 ACK 确认。比较器用于对从模式自身地址和主设备寻址发送的地址进行匹配,PEC 计算部分执行校验算法并和总线上的 PEC 数据进行比对。

控制逻辑电路通过时钟控制寄存器、控制寄存器对 I2C 的工作模式,时钟进行配置,维护状态寄存器,并向 CPU 发送中断和 DMA 请求。

I2C 控制器可以配置为下述 4 种模式中的一种运行:

- 从发送器模式。
- 从接收器模式。
- 主发送器模式。
- 主接收器模式。

MCU 启动后,I2C 默认地工作于从模式。I2C 控制器在接收到生成起始条件命令配置后自动地从从模式切换到主模式;当仲裁丢失或产生停止信号时,则从主模式切换到从模式。主模式时,I2C 接口启动数据传输并产生时钟信号。串行数据传输总是以起始条件开始并以停止条件结束。起始条件和停止条件都是在主模式下由软件控制产生。

从模式时,I2C 接口能识别它自己的地址(7 位或 10 位)和广播呼叫地址。软件能够控制开启或禁止广播呼叫地址的识别。

数据和地址按 8 位/字节进行传输,高位在前。跟在起始条件后的 1 或 2 个字节是地址(7 位模式为 1 个字节,10 位模式为 2 个字节)。地址只在主模式发送。在一个字节传输的 8 个时钟后的第 9 个时钟期间,接收器必须回送一个应答位(ACK)给发送器。软件可以开启或禁止应答(ACK),并可以设置 I2C 接口的地址(7 位、10 位地址或广播呼叫地址)。

9.4　I2C 寄存器描述

I2C 控制器的寄存器如表 9-1 所示。

表 9-1　I2C 控制器寄存器列表

寄存器名称	偏移量	功　　能	复　位　值
控制寄存器 1 I2C_CR1	0x00	起始信号、停止信号、使能等控制	0x0000 0000
控制寄存器 2 I2C_CR2	0x04	中断、DMA 和频率控制	0x0000 0000
自身地址寄存器 1 I2C_OAR1	0x08	从模式时的地址	0x0000 0000
自身地址寄存器 2 I2C_OAR2	0x0C	从模式时第二个地址	0x0000 0000
数据寄存器 I2C_DR	0x10	发送和接收数据	0x0000 0000
状态寄存器 1 I2C_SR1	0x14	接收、发送、地址匹配及错误状态	0x0000 0000
状态寄存器 1 I2C_SR2	0x18	主从、发送方向和忙状态指示	0x0000 0000
时钟控制寄存器 I2C_CCR	0x1C	SCLK 参数配置	0x0000 0000
Trise 寄存器 I2C_TRISE	0x20	电平边沿变化速度	0x0000 0000

1. 控制寄存器 1(I2C_CR1)

控制寄存器的有效域定义如图 9-14 所示。

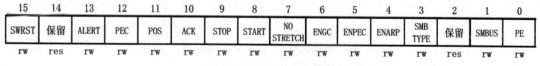

15	14	13	12	11	10	9	8	7	6	5	4	3	2	1	0
SWRST	保留	ALERT	PEC	POS	ACK	STOP	START	NO STRETCH	ENGC	ENPEC	ENARP	SMB TYPE	保留	SMBUS	PE
rw	res	rw	rw	rw	rw	rw	rw	rw	rw	rw	rw	rw	res	rw	rw

图 9-14　控制寄存器 CR1

SWRST(Software Reset):软件复位,该位被置 1 时,I2C 处于复位状态。
ALERT:SMBus 提醒,用于 SMBus 总线。

PEC(Packet Error Checking)：数据包出错检测。

POS(Position)：应答 ACK 的发送时机和 PEC 位置指示(用于数据接收)。

ACK：应答使能,0 表示无应答返回,1 表示在接收到一个字节后返回一个应答。

STOP：停止条件产生,该位置 1 表示产生一个停止条件,主模式下,在当前字节传输或在当前起始条件发出后产生停止条件,从模式下,在当前字节传输或释放 SCL 和 SDA 线后产生停止条件。该位可由软件设置,当检测到停止条件或超时错误时,硬件将自动清除该位。

START：起始条件产生,该位置 1 表示产生一个起始条件,主模式下设置该位为 1 将重复产生起始条件,从模式下,当总线空闲时产生起始条件。该位可由软件设置,当起始条件发出后该位由硬件自动清除。

NOSTRETCH：禁止时钟延长(从模式),该位用于当 ADDR 或 BTF 标志被置位,在从模式下禁止时钟延长,直到它被软件复位。

ENGC(General Call Enable)：广播呼叫使能,置 0 表示禁止广播呼叫。以非应答响应地址 00h,置 1 表示允许广播呼叫. 以应答响应地址 00h。

ENPEC(PEC Enable)：PEC 使能,置 0 禁止 PEC 计算,置 1 开启 PEC 计算。

ENARP(ARP Enable)：ARP 使能 置 0 禁止 ARP,置 1 使能 ARP。ARP 是 SMBus 功能。

SMBTYPE(SMBus Type)：SMBus 类型 0 表示 SMBus 设备,1 表示 SMBus 主机。

SMBUS(SMBus Mode)：SMBus 模式,置 1 表示启用 SMBus 模式,置 0 表示 I2C 模式。

PE(Peripheral enable)：I2C 模块使能,置 1 表示启用 I2C 模块。

2. 控制寄存器 2(I2C_CR2)

控制寄存器 2 的有效域定义如图 9-15 所示。

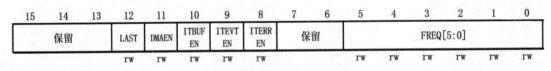

15	14	13	12	11	10	9	8	7	6	5	4	3	2	1	0
保留			LAST	DMAEN	ITBUF EN	ITEVT EN	ITERR EN	保留		FREQ[5:0]					
			rw	rw	rw	rw	rw			rw	rw	rw	rw	rw	rw

图 9-15　控制寄存器 CR2

LAST：DMA 最后一次传输,置 1 表示下一次 DMA 的 EOT 是最后的传输。

DMAEN(DMA Request Enable)：DMA 请求使能,0 表示禁止 DMA 请求,1 表示当 TxE=1 或 RxNE =1 时,允许 DMA 请求。

ITBUFEN(Buffer Interrupt Enable)：缓冲器中断使能,0 表示当 TxE=1 或 RxNE=1 时,不产生任何中断,1 表示当 TxE=1 或 RxNE=1 时,产生事件中断。

ITEVTEN(Event Interrupt Enable)：事件中断使能,置 0 禁止事件中断,置 1 允许事件中断。在下列条件下,将产生该中断：

-SB=1(主模式);　　　　　　　-ADDR=1(主/从模式)

-ADD10=1(主模式);　　　　　-STOPF=1(从模式)

-如果 ITBUFEN=1,TxE 事件为 1;　-如果 ITBUFEN=1,RxNE 事件为 1

-BTF=1,但是没有 TxE 或 RxNE 事件;

ITERREN(Error Interrupt Enable):出错中断使能 0 表示禁止出错中断,1 表示允许出错中断。如果 BERR＝1、ARLO＝1、AF＝1、OVR＝1、PECERR＝1、TIMEOUT、SMBAlert＝1,则产生中断。

FREQ[5:0]:I2C 模块时钟频率,时钟频率允许的范围为 2M～50MHz,但不能超过总线时钟。FREQ 取 000000 和大于 110010 的值表示禁用,000010～110010 分别表示 2MHz,3MHz,…,50MHz。

3. 自身地址寄存器 1(I2C_OAR1)

自身地址寄存器 1 的有效域定义如图 9-16 所示。

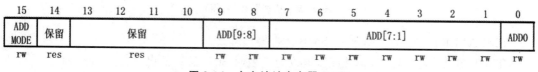

图 9-16　自身地址寄存器 OAR1

ADDMODE(Address Mode):从模式下寻址模式,0 表示 7 位地址,1 表示 10 位地址。

ADD[9:8]:从设备地址 9～8 位:7 位地址模式时无效,10 位地址时为地址的 9～8 位。

ADD[7:1]:从设备地址 7～1 位。

ADD0:从设备地址 0 位,7 位地址模式时用于表示读写方向位,10 位地址模式时为地址第 0 位。

4. 自身地址寄存器 2(I2C_OAR2)

自身地址寄存器 2 的有效域定义如图 9-17 所示。

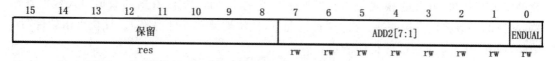

图 9-17　自身地址寄存器 OAR2

ADD2[7:1]:从设备地址 7～1 位。

ENDUAL(Dual Address Mode Enable):双地址模式使能位,置 0 表示在 7 位地址模式下,只有 OAR1 被识别,置 1 表示在 7 位地址模式下,OAR1 和 OAR2 都被识别。

5. 数据寄存器(I2C_DR)

数据寄存器有效域定义如图 9-18 所示。

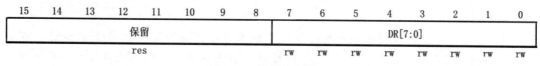

图 9-18　数据寄存器 DR

DR[7:0]:8 位数据寄存器,用于存放接收到的数据或放置用于发送到总线的数据,发送器模式:当写一个字节至 DR 寄存器时,自动启动数据传输。一旦传输开始(TxE=1),

如果能及时把下一个需传输的数据写入 DR 寄存器,I2C 模块将保持连续的数据流。接收器模式:接收到的字节被复制到 DR 寄存器(RxNE=1)。在接收到下一个字节(RxNE=1)之前读出数据寄存器,即可实现连续的数据传送。在从模式下,地址不会被复制进数据寄存器 DR,且硬件不管理写冲突,如果 TxE=0,仍能写入数据寄存器,此时数据会发生错误。

6. 状态寄存器 1(I2C_SR1)

状态寄存器 1 的有效域定义如图 9-19 所示。

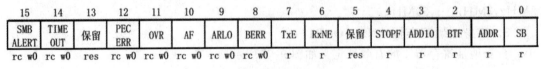

15	14	13	12	11	10	9	8	7	6	5	4	3	2	1	0
SMB ALERT	TIME OUT	保留	PEC ERR	OVR	AF	ARLO	BERR	TxE	RxNE	保留	STOPF	ADD10	BTF	ADDR	SB
rc w0	rc w0	res	rc w0	rc w0	rc w0	rc w0	rc w0	r	r	res	r	r	r	r	r

图 9-19　状态寄存器 SR1

SMBALERT (SMBusAlert):SMBus 告警提醒。

TIMEOUT:超时或 Tlow 错误,该位为 1 表明 SCL 处于低已达到 25ms(超时),或者主机低电平累积时钟扩展时间超 10ms(Tlow:mext),或从设备低电平累积时钟扩展时间超过 25ms。从模式下该位为 1 时从设备复位,硬件释放总线,主模式下设置该位,硬件发出停止条件。该位可由软件写 0 清除,或在 PE=0 时由硬件自动清除。

PECERR(PEC ERROR):在接收时发生 PEC 错误。0 表示无 PEC 错误,接收到 PEC 后接收器返回 ACK(如果 ACK=1);1 表示有 PEC 错误,接收到 PEC 后接收器返回 NACK(不管 ACK 是什么值)。该位可由软件写 0 清除,或在 PE=0 时由硬件自动清除。

OVR:过载/欠载标志,1 表示出现出现过载/欠载。当 NOSTRETCH=1,在接收模式中当收到一个新的字节时(包括 ACK 应答脉冲),数据寄存器里的内容还未被读出,则新接收的字节将丢失;在发送模式中当要发送一个新的字节时,却没有新的数据写入数据寄存器,同样的字节将被发送两次,在这两种情况下,该位被硬件置自动置 1。该位可由软件写 0 清除,或在 PE=0 时由硬件自动清除。

AF(Acknowledge Failure):应答失败,该位为 1 表示应答失败。当没有返回应答 ACK 时,硬件将该位自动置为 1。该位可由软件写 0 清除,或在 PE=0 时由硬件自动清除。

ARLO(Arbitration Lost):仲裁丢失(主模式),该位为 1 表明检测到仲裁丢失。当接口失去对总线的控制给另一个主机时,硬件将置该位为 1。该位可由软件写 0 清除,或在 PE=0 时由硬件自动清除。在 ARLO 事件之后,I2C 接口自动切换回从模式(M/SL=0)。

BERR(Bus Error):总线出错,该位为 1 表示起始条件或停止条件出错,当 IIC 总线检测到错误的起始或停止条件,硬件将该位置 1。该位可由软件写 0 清除,或在 PE=0 时由硬件自动清除。

TxE(Transmit Data Register Empty):数据发送寄存器为空标志,0 表示非空,1 表示空。在发送数据时,数据寄存器为空时该位被置 1,在发送地址阶段不设置该位。软件写数据到 DR 寄存器可清除该位;或者在发生一个起始或停止条件后、PE=0 时由硬件自动清除。如果收到一个 NACK,或下一个要发送的字节是 PEC(PEC=1),该位不被置位。

RxNE(Receive Data Register Empty):接收数据寄存器非空标志,1 表示非空,0 表示

空。在接收时,当数据寄存器不为空时该位被置1。在接收地址阶段,该位不被置位。软件对数据寄存器的读写操作清除该位,或当 PE＝0 时由硬件清除。

STOPF(Stop Detection Flag):从模式停止条件检测位,该位置 1 表示检测到停止条件。在一个应答之后(如果 ACK＝1),当从设备在总线上检测到停止条件时,硬件将该位置1。软件读取 SR1 寄存器后,对 CR1 寄存器的写操作将清除该位,或当 PE＝0 时,硬件清除该位。在收到 NACK 后,STOPF 位不被置位。

ADD10:主模式 10 位地址序列发送标志,该位置 1 表示主设备已经将从设备地址的第一个字节发送出去。在 10 位地址模式下,当主设备已经将地址的第一个字节发送出去时,硬件将该位置1。软件读取 SR1 寄存器后,对 CR1 寄存器的写操作将清除该位,或当 PE＝0 时,硬件清除该位。收到一个 NACK 后,ADD10 位不被置位。

BTF(Byte Transfer Finished):字节发送结束。0 表示字节发送未完成,1 表示字节发送结束。当 NOSTRETCH＝0 时,在下列情况下硬件将该位置1:

- 当收到一个新字节(包括 ACK 脉冲)且数据寄存器还未被读取(RxNE＝1)。
- 当一个新数据将被发送且数据寄存器还未被写入新的数据(TxE＝1)。

软件读取 SR1 寄存器后,对数据寄存器的读或写操作将清除该位;或在传输中发送一个起始或停止条件后,或当 PE＝0 时,由硬件清除该位。在收到一个 NACK 后,BTF 位不会被置位。

ADDR:主模式地址发送标记/从模式地址匹配标记。从模式中,该位置 0 表示地址不匹配或没有收到地址,当收到的地址与 OAR 寄存器中的地址匹配时硬件自动将该位置1;主模式中,该位为 0 表示地址发送没有结束,1 表示地址发送结束。10 位地址模式时,当收到地址的第二个字节的 ACK 后该位被置1;7 位地址模式时,当收到地址的 ACK 后该位被置1。在软件读取 SR1 寄存器后,对 SR2 寄存器的读操作将清除该位,或当 PE＝0 时,由硬件清除该位。

SB(Start Bit):主模式起始位标志,0 表示未发送起始条件,1 表示起始条件已发送。当发送出起始条件时该位被置1。软件读取 SR1 寄存器后,写数据寄存器的操作将清除该位,或当 PE＝0 时,硬件清除该位。

7. 状态寄存器 2(I2C_SR2)

状态寄存器 2 的有效域定义如图 9-20 所示。

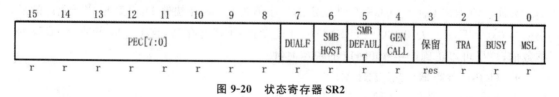

图 9-20　状态寄存器 SR2

PEC[7:0](Packet Error Checking):数据包出错检测,当 ENPEC＝1 时,PEC[7:0]存放内部的 PEC 的值。

DUALF(Dual Flag):从模式双地址标志,该位为 0 表示接收到的地址与 OAR1 内的内容相匹配,1 表示接收到的地址与 OAR2 内的内容相匹配。在产生一个停止条件或一个重复的起始条件时,或 PE=0 时,硬件将该位清除。

SMBHOST:SMBus 主机地址标志。

SMB DEFAULT:SMBus 默认地址标志。

GENCALL:广播呼叫地址标志。

TRA(Transmit/Receive):发送/接收标志,0 表示接收到数据,1 表示数据已发送。该位根据地址字节的 R/W 位来设定。在检测到停止条件(STOPF=1)、重复的起始条件或总线仲裁丢失(ARLO=1)后,或当 PE=0 时,硬件将其清除。

BUSY:总线忙标志,0 表示在总线上无数据通信,1 表示总线上正在进行数据通信。在检测到 SDA 或 SCl 为低电平时,硬件将该位置 1,当检测到停止条件时,硬件将该位清除。

MSL(Master Slave):主从模式,0 表示从模式,1 表示主模式,当总线配置为主模式(SB=1)时,硬件将该位置位;当总线上检测到一个停止条件、仲裁丢失(ARLO=1 时)或当 PE=0 时,硬件清除该位。

8. 时钟控制寄存器(I2C_CCR)

时钟控制寄存器的有效域定义如图 9-21 所示。

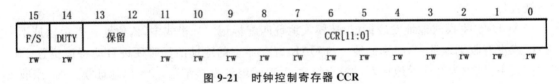

图 9-21　时钟控制寄存器 CCR

F/S(Fast/Standard Mode Selection):I2C 主模式选项,0 表示标准模式,1 表示快速模式。

DUTY:快速模式时的占空比,0 表示快速模式下 Tlow/Thigh = 2,1 表示快速模式下 Tlow/Thigh = 16/9。

CCR[11:0]:时钟系数,用于设置主模式下的 SCL 时钟。在 I2C 标准模式或 SMBus 模式下:$T_{high} = CCR \times T_{PCLK1}$,$T_{low} = CCR \times T_{PCLK1}$;在 I2C 快速模式下,如果 DUTY = 0,$T_{high} = CCR \times T_{PCLK1}$,$T_{low} = 2 \times CCR \times T_{PCLK1}$;如果 DUTY = 1,$T_{high} = 9 \times CCR \times T_{PCLK1}$,$T_{low} = 16 \times CCR \times T_{PCLK1}$。CCR 允许设定的最小值为 0x04,在快速 DUTY 模式下允许的最小值为 0x01;只有在关闭 I2C 时(PE = 0)才能设置 CCR 寄存器,且 F_{pclk} 应当是 10MHz 的整数倍,这样可以正确产生 400kHz 的快速时钟。

9. TRISE 寄存器(I2C_TRISE)

上升时间寄存器的有效域定义如图 9-22 所示。

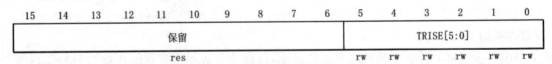

图 9-22　Trise 寄存器

TRISE[5∶0](Time of Rise)：在快速/标准模式下的最大上升时间，这些位必须设置为 I2C 总线规范里给出的最大的 SCL 上升时间，增长步幅为 1。例如：标准模式中最大允许 SCL 上升时间为 1000ns。如果在 I2C_CR2 寄存器中 FREQ[5∶0]中的值等于 0x08，则 TPCLK1 ＝125ns，故 TRISE[5∶0]中必须写入 09h(1000ns/125 ns ＝ 8＋1)。只有当 I2C 被禁用(PE＝0)时，才能设置 TRISE[5∶0]。

9.5　I2C 数据通信流程

9.5.1　I2C 从模式通信

默认情况下，I2C 接口总是工作在从模式。由从模式切换到主模式，需要产生一个起始条件。为了产生正确的时序，必须在 I2C_CR2 寄存器中设定该模块的输入时钟。输入时钟的频率在标准模式下至少是 2MHz，快速模式下至少 4MHz。

一旦检测到起始条件，I2C SDA 线上接收到的地址被送到移位寄存器。然后与芯片自己的地址 OAR1 和 OAR2(当 ENDUAL＝1 时)或者广播呼叫地址(当 ENGC＝1 时)相比较。

如果头段或地址不匹配，I2C 将其忽略并等待另一个起始条件。如果地址匹配，I2C 接口产生以下时序：

- 若启用 ACK(寄存器 I2C_CR1 的 ACK＝1)，则产生一个应答脉冲。
- 硬件自动设置 I2C_SR1 寄存器的 ADDR 位为 1，如果 I2C_CR2 中配置了 ITEVFEN＝1，则产生一个中断。
- 如果 I2C_OAR2 寄存器的 ENDUAL 位为 1，软件必须读 I2C_SR2 寄存器的 DUALF 位，以确认响应了哪个从地址。

在从模式下 I2C_SR2 的 TRA 位指示当前是处于接收器模式还是发送器模式。

1. 从模式下的发送

从模式下的发送指的是接收主设备的读请求，从设备向主设备主动发送数据。从模式下的发送流程如图 9-23 所示，图中 EVx 表示 I2C 通信过程中产生的事件，若设置了 ITEVFEN＝1，则会产生一个中断。

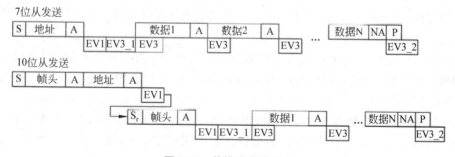

图 9-23　从模式发送时序

从发送器在接收到正确的设备地址,发送应答脉冲 A(启用 ACK)后,I2C 控制器产生事件 EV1,ADDR1 被置 1,读 I2C_SR1 寄存器然后再读 I2C_SR2 寄存器可清除 ADDR 位。

若此时移位寄存器和数据寄存器中均没有数据,TxE=1,此时产生事件 EV3_1,可将数据写入数据寄存器 DR。

写入数据寄存器 DR 后,TxE=0,此时移位寄存器为空,则数据立即从数据寄存器写入到移位寄存器,移位寄存器非空,TxE=1,产生事件 EV3;如果接收设备地址 R/W 方向控制位为 0,则从发送器将字节从 DR 寄存器经由内部移位寄存器发送到 SDA 线上。

一个数据发送完成后,从发送器接收主设备的应答脉冲(启用 ACK),若收到应答脉冲,TxE 位被硬件置 1,如果设置了 ITEVFEN 和 ITBUFEN 位,则产生一个中断。如果 TxE 位被置 1,且收到了 NACK(AF=1),产生事件 EV3_2,则从设备不会再向主设备发送数据,在下一个数据发送结束之前没有新数据写入到 I2C_DR 寄存器,则 BTF 位被置 1,在清除 BTF 之前 I2C 接口将保持 SCL 为低电平;读出 I2C_SR1 之后再写入 I2C_DR 寄存器将清除 BTF 位。

2. 从模式下的接收

从模式下的接收指的是主设备向从设备写数据,从设备不向主设备发送数据。从模式接收的流程如图 9-24 所示。在接收到地址(产生事件 EV1)并清除 ADDR 后,从接收器将通过内部移位寄存器从 SDA 线接收到的字节存进 DR 寄存器。I2C 接口在接收到每个字节后都执行下列操作:

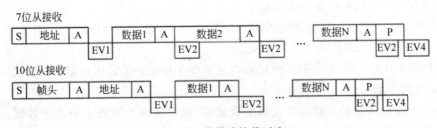

图 9-24 从模式接收时序

- 如果设置了 ACK 位,则产生一个应答脉冲。
- 硬件设置 RxNE=1(产生事件 EV2),如果设置了 ITEVFEN 和 ITBUFEN 位,则产生一个中断。

如果 RxNE 被置位,并且在接收新的数据结束之前 DR 寄存器未被读出,BTF 位被置位,在清除 BTF 之前 I2C 接口将保持 SCL 为低电平;读出 I2C_SR1 之后再写入 I2C_DR 寄存器将清除 BTF 位。

在传输完最后一个数据字节后,主设备产生一个停止条件,I2C 接口检测到这一条件时:设置 STOPF=1,产生事件 EV4,如果设置了 ITEVFEN 位,则产生一个中断。读 SR1 寄存器,再写 CR1 寄存器可清除 STOPF 位。

9.5.2　I2C 主模式通信

在主模式时,I2C 接口启动数据传输并产生时钟信号。串行数据传输总是以起始条件开始并以停止条件结束。当通过 START 位在总线上产生了起始条件,设备就进入了主模式。以下是主模式的操作顺序:

(1) 在 I2C_CR2 寄存器中设定该模块的输入时钟以产生正确的时序,输入时钟在标准模式下至少为 2MHz,快速模式下至少为 4MHz。

(2) 配置时钟控制寄存器。

(3) 配置上升时间寄存器。

(4) 编程 I2C_CR1 寄存器启动外设。

(5) 置 I2C_CR1 寄存器中的 START 位为 1,产生开始条件。

当 BUSY＝0 时,设置 START＝1,I2C 接口将产生一个开始条件并切换至主模式(M/SL 位置位)。在主模式下,设置 START＝1 将在当前字节传输完后由硬件产生一个重开始条件。

一旦发出开始条件,SB 位被硬件置为 1,产生事件 EV5,如果设置了 ITEVFEN 位,则产生一个中断。然后主设备写 DR 寄存器(从设备地址)清除 SB 位,等待读 SR1 寄存器。

(6) 在 10 位地址模式时,先发送一个头段序列,若收到一个响应 ACK,则 ADD10 位被硬件置位,产生事件 9,如果设置了 ITEVFEN 位,则产生一个中断。读 SR1 寄存器,再将第二个地址字节写入 DR 寄存器(清除 ADD10),若收到一个响应 ACK,则 ADDR 位被硬件置位,产生事件 EV6,如果设置了 ITEVFEN 位,则产生一个中断。主设备等待一次读 SR1 寄存器和读 SR2 寄存器清除 ADDR 位。

(7) 在 7 位地址模式时,只需送出一个地址字节。一旦该地址字节被送出,收到 ACK 响应,ADDR 位被硬件置为 1,产生事件 EV6,如果设置了 ITEVFEN 位,则产生一个中断。主设备等待一次读 SR1 寄存器和一次读 SR2 寄存器清除 ADDR 位。

根据送出从地址的最低位,主设备决定进入发送器模式还是进入接收器模式。在 7 位地址模式时,要进入发送器模式,主设备发送从地址时置最低位为 0,要进入接收器模式,主设备发送从地址时置最低位为 1。

在 10 位地址模式时,要进入发送器模式,主设备先送头字节 11110xx0(xx 代表 10 位地址中的最高 2 位),再发剩余的 8 位地址;要进入接收器模式,主设备先送头字节(11110xx0),再发剩余的 8 位地址,然后再重新发送一个开始条件,后面跟着头字节(11110xx1)。

TRA 位指示主设备是在接收器模式还是发送器模式。

1. 主模式下的发送

主模式下的发送时序如图 9-25 所示,在发送了地址和清除了 ADDR 位后,主设备通过内部移位寄存器将字节从 DR 寄存器发送到 SDA 线上。

若此时数据寄存器和移位寄存器为空,则 TxE＝1,产生事件 EV8_1,写入数据到数据

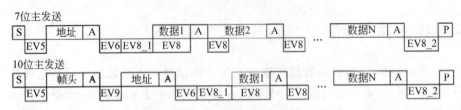

图 9-25   主模式下的发送时序

寄存器 DR 后，TxE＝0，此时由于移位寄存器为空，则数据立即被送到移位寄存器发送，TxE＝1，此时产生事件 EV8。当收到应答脉冲时，TxE 位被硬件置位，产生 EV8，如果 TxE 被置位并且在上一次数据发送结束之前没有写新的数据字节到 DR 寄存器，则 BTF 被硬件置位，产生事件 EV8_2，在清除 BTF 之前 I2C 接口将保持 SCL 为低电平；读出 I2C_SR1 之后再写入 I2C_DR 寄存器将清除 BTF 位。

在 DR 寄存器中写入最后一个字节后，通过设置 STOP 位产生一个停止条件，然后 I2C 接口将自动回到从模式（M/S 位清除）。

2. 主模式下的接收

主接收模式下，主设备向从设备发送起始信号和地址，然后接收从设备发来的数据。如图 9-26 所示，主设备首先发起起始信号，等待事件 EV5，然后发送地址和读命令，从设备返回 ACK 后产生 EV6 事件，清除 ADDR 之后，I2C 接口进入主接收器模式。在此模式下，I2C 接口从 SDA 线接收数据字节，并通过内部移位寄存器送至 DR 寄存器。在每个字节后，如果 ACK 位被置 1，发出一个应答脉冲，硬件设置 RxNE＝1，产生事件 EV7 如果设置了 INEVFEN 和 ITBUFEN 位，则会产生一个中断。如果 RxNE 位被置位，并且在接收新数据结束前，DR 寄存器中的数据没有被读走，硬件将设置 BTF＝1，在清除 BTF 之前 I2C 接口将保持 SCL 为低电平；读出 I2C_SR1 之后再读出 I2C_DR 寄存器将清除 BTF 位。

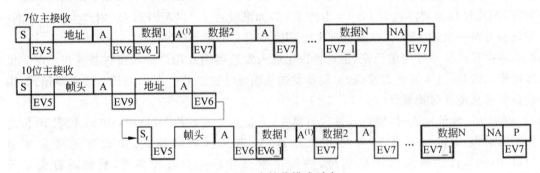

图 9-26   主接收模式时序

主设备在从从设备接收到最后一个字节后发送一个 NACK。接收到 NACK 后，从设备释放对 SCL 和 SDA 线的控制，主设备就可以发送下一个停止或重起始信号。为了在收到最后一个字节后产生一个 NACK 脉冲，在读倒数第二个数据字节之后（在倒数第二个 RxNE 事件之后）必须清除 ACK 位，并设置 STOP 位或者设置 START 位。如果只接收一个字节时，在第一个 EV6 事件要关闭应答和设置停止条件的产生位。在产生了停止条件后,I2C 接口自动回到从模式(M/SL 位被清除)。

9.5.3 总线通信错误

I2C 总线的通信可能会由于一些原因造成通信失败。

1. 总线错误(BERR)

在一个地址或数据字节传输期间,当 I2C 接口检测到一个外部的停止或起始条件则产生总线错误,BERR 位被置位为 1,如果设置了 ITERREN 位,则产生一个中断。

在主模式情况下,硬件不释放总线,同时不影响当前的传输状态。此时由软件决定是否要中止当前的传输。在从模式情况下,数据被丢弃,硬件释放总线:

(1) 如果是错误的开始条件,从设备认为是一个重启动,并等待地址或停止条件。

(2) 如果是错误的停止条件,从设备按正常的停止条件操作,同时硬件释放总线。

2. 应答错误(AF)

当接口检测到一个无应答位时,产生应答错误,AF 位被置位,如果设置了 ITERREN 位,则产生一个中断。主发送模式收到 NACK 时,需要产生一个停止条件,从发送模式收到 NACK 时,释放总线。

3. 仲裁丢失(ARLO)

多主设备通信情况下,当 I2C 接口检测到仲裁丢失时产生仲裁丢失错误,ARLO 位被硬件置位,如果设置了 ITERREN 位,则产生一个中断,I2C 接口自动回到从模式(M/SL 位被清除),释放总线。

4. 过载/欠载错误(OVR)

在从模式下,如果禁止时钟延长(NOSTRETCH=1),I2C 接口正在接收数据时,当它已经接收到一个字节(RxNE=1),但在 DR 寄存器中前一个字节数据还没有被读出,则发生过载错误。此时,最后接收的数据被丢弃;I2C 接口正在发送数据时,在下一个字节的时钟到达之前,新的数据还未写入 DR 寄存器(TxE=1),则发生欠载错误。此时,DR 寄存器中的前一个字节将被重复发出。过载和欠载时,用户需要自己控制发送端是否重发因接收端过载丢失的数据,还是接收端丢失因发送端欠载重复发送的数据。

如果允许时钟延长(NOSTRETCH=0),发送器模式下,如果 TxE=1 且 BTF=1,I2C 接口在传输前保持时钟线为低,以等待软件读取 SR1,然后把数据写进数据寄存器(缓冲器和移位寄存器都是空的);接收器模式:如果 RxNE=1 且 BTF=1,I2C 接口在接收到数据字节后保持时钟线为低,以等待软件读 SR1,然后读数据寄存器 DR(缓冲器和移位寄存器都是满的)。因此允许时钟延长实际上是一种流量控制的方法,可以解决过载和欠载问题。

9.5.4 中断请求

I2C 的中断源如表 9-2 所示。

表 9-2 I2C 中断请求表

中断事件	事件标志	开启控制位
起始位已发送(主)	SB	ITEVFEN
地址已发送(主)或地址匹配(从)	ADDR	
10 位头段已发送(主)	ADD10	
已收到停止(从)	STOPF	
数据字节传输完成	BTF	
接收缓冲区非空	RxNE	ITEVFEN 和 ITBUFEN
发送缓冲区空	TxE	
总线错误	BERR	ITERREN
仲裁丢失(主)	ARLO	
响应失败	AF	
过载/欠载	OVR	
PEC 错误	PECERR	
超时/Tlow 错误	TIMEOUT	
SMBus 提醒	SMBALERT	

三个中断开关 ITEVFEN、ITBUFEN、ITERREN 的关系如图 9-27 所示,如果要使用 TxE 和 RxNE,则需要打开 ITEVFEN 和 ITBUFEN。每个 I2C 控制器连接到 NVIC 的中断线有两个,分别是 IT_EVENT 和 IT_ERROR。

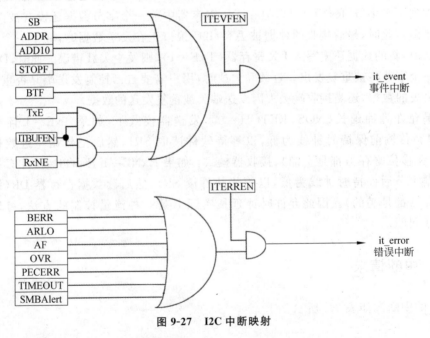

图 9-27 I2C 中断映射

I2C 用到的 I/O 引脚如表 9-3 所示。

表 9-3　IIC 外部引脚

I2C 引脚功能	I2C1 I/O 引脚	I2C2 I/O 引脚
I2C_SCL	PB6、PB8	PB10
I2C_SDA	PB7、PB9	PB11
I2C_SMBA	PB5	PB12

9.6　函数库

9.6.1　I2C 寄存器结构

I2C 寄存器结构，I2C_TypeDeff 在文件 stm32lxxx.h 中定义如下：

```
typedef struct
{
    __IO uint16_t CR1;              // I2C 控制寄存器 1
    uint16_t RESERVED0;
    __IO uint16_t CR2;              // I2C 控制寄存器 2
    uint16_t RESERVED1;
    __IO uint16_t OAR1;            // I2C 自身地址寄存器 1
    uint16_t RESERVED2;
    __IO uint16_t OAR2;            // I2C 自身地址寄存器 2
    uint16_t RESERVED3;
    __IO uint16_t DR;              // I2C 数据寄存器
    uint16_t RESERVED4;
    __IO uint16_t SR1;             // I2C 状态寄存器 1
    uint16_t RESERVED5;
    __IO uint16_t SR2;             // I2C 状态寄存器 2
    uint16_t RESERVED6;
    __IO uint16_t CCR;             // I2C 时钟控制寄存器
    uint16_t RESERVED7;
    __IO uint16_t TRISE;           // I2C 上升时间寄存器
    uint16_t RESERVED8;
} I2C_TypeDef;
```

2 个 I2C 外设声明于文件 stm32l1xx.h 中：

```
#define PERIPH_BASE ((uint32_t)0x40000000)
#define APB1PERIPH_BASE PERIPH_BASE
```

```
#define APB2PERIPH_BASE (PERIPH_BASE +0x10000)
#define AHBPERIPH_BASE (PERIPH_BASE +0x20000)
#define I2C1_BASE (APB1PERIPH_BASE +0x5400)
#define I2C2_BASE (APB1PERIPH_BASE +0x5800)
#define I2C1 (I2C_TypeDef * ) I2C1_BASE
#define I2C2 (I2C_TypeDef * ) I2C2_BASE
```

用于 I2C 寄存器初始化的 I2C_InitTypeDef 结构体定义于文件 stm32l1xx_i2c.h：

```
typedef struct
{
  Uint32_t I2C_ClockSpeed;
  uint16_t I2C_Mode;
  uint16_t I2C_DutyCycle;
  uint16_t I2C_OwnAddress1;
  uint16_t I2C_Ack;
  uint16_t I2C_AcknowledgedAddress;
} I2C_InitTypeDef;
```

其中 I2C_ClockSpeed 参数用来设置时钟频率，这个值不能高于 400kHz。

I2C_Mode 用于设置 I2C 的模式，其取值范围为：

- I2C_Mode_I2C   设置 I2C 为 I2C 模式
- I2C_Mode_SMBusDevice   设置 I2C 为 SMBus 设备模式
- I2C_Mode_SMBusHost   设置 I2C 为 SMBus 主控模式

I2C_DutyCycle 用以设置 I2C 的占空比，该参数只有在 I2C 工作在快速模式(时钟工作频率高于 100kHz)下才有意义，其取值范围为：

- I2C_DutyCycle_16_9   I2C 快速模式 Tlow/Thigh＝16/9
- I2C_DutyCycle_2   I2C 快速模式 Tlow/Thigh＝2

I2C_OwnAddress1 该参数用来设置第一个设备自身地址，它可以是一个 7 位地址或者一个 10 位地址。

I2C_Ack 使能或者失能应答(ACK)，其取值为：

- I2C_Ack_Enable   使能应答(ACK)
- I2C_Ack_Disable   失能应答(ACK)

I2C_AcknowledgedAddres 定义了应答 7 位地址还是 10 位地址，其取值范围为：

- I2C_AcknowledgeAddress_7bit   应答 7 位地址
- I2C_AcknowledgeAddress_10bit   应答 10 位地址

9.6.2　I2C 库函数

ST 提供的 I2C 标准函数库如表 9-4 所示。

表 9-4　I2C 函数列表

函　数　名	描　　　　述
I2C_DeInit	将外设 I2Cx 寄存器重设为默认值
I2C_Init	根据 I2C_InitStruct 中指定的参数初始化外设 I2Cx 寄存器
I2C_StructInit	把 I2C_InitStruct 中的每一个参数按默认值填入
I2C_Cmd	使能或者失能 I2C 外设
I2C_GenerateSTART	产生 I2Cx 传输 START 条件
I2C_GenerateSTOP	产生 I2Cx 传输 STOP 条件
I2C_AcknowledgeConfig	使能或者失能指定 I2C 的应答功能
I2C_OwnAddress2Config	设置指定 I2C 的自身地址 2
I2C_DualAddressCmd	使能或者失能指定 I2C 的双地址模式
I2C_GeneralCallCmd	使能或者失能指定 I2C 的广播呼叫功能
I2C_SoftwareResetCmd	使能或者失能指定 I2C 的软件复位
I2C_SMBusAlertConfig	驱动指定 I2Cx 的 SMBusAlert 引脚电平为高或低
I2C_ARPCmd	使能或者失能指定 I2C 的 ARP
I2C_StretchClockCmd	使能或者失能指定 I2C 的时钟延展
I2C_FastModeDutyCycleConfig	选择指定 I2C 的快速模式占空比
I2C_Send7bitAddress	向指定的从 I2C 设备传送地址字
I2C_SendData	通过外设 I2Cx 发送一个数据
I2C_ReceiveData	返回通过 I2Cx 最近接收的数据
I2C_NACKPositionConfig	2 字节接收时 NACK 的发送位置
I2C_TransmitPEC	使能或者失能指定 I2C 的 PEC 传输
I2C_PECPositionConfig	选择指定 I2C 的 PEC 位置
I2C_CalculatePEC	使能或者失能指定 I2C 的传输字 PEC 值计算
I2C_GetPEC	返回指定 I2C 的 PEC 值
I2C_DMACmd	使能或者失能指定 I2C 的 DMA 请求
I2C_DMALastTransferCmd	使下一次 DMA 传输为最后一次传输
I2C_ReadRegister	读取指定的 I2C 寄存器并返回其值
I2C_ITConfig	使能或者失能指定的 I2C 中断
I2C_CheckEvent	检查最近一次 I2C 事件是否是输入的事件
I2C_GetLastEvent	返回最近一次 I2C 事件
I2C_GetFlagStatus	检查指定的 I2C 标志位设置与否

函　数　名	描　　述
I2C_ClearFlag	清除 I2Cx 的待处理标志位
I2C_GetITStatus	检查指定的 I2C 中断发生与否
I2C_ClearITPendingBit	清除 I2Cx 的中断待处理位

在调用 I2C 库函数前,需要打开 I2C 总线时钟,调用 RCC_APB1PeriphClockCmd( )。

1) 函数 I2C_DeInit

功能描述:将外设 I2Cx 寄存器重设为默认值。

函数原型:void I2C_DeInit(I2C_TypeDef * I2Cx)。

输入参数 I2Cx:用来选择 I2C 外设,x 可以是 1 或者 2。

示例:

```
I2C_DeInit(I2C2);
```

2) 函数 I2C_Init

功能描述:根据 I2C_InitStruct 中指定的参数初始化外设 I2Cx 寄存器。

函数原型:void I2C_Init(I2C_TypeDef * I2Cx, I2C_InitTypeDef * I2C_InitStruct)。

输入参数 I2Cx:用来选择 I2C 外设,x 可以是 1 或者 2。

输入参数 I2C_InitStruct:指向结构 I2C_InitTypeDef 的指针。

示例:

```
I2C_InitTypeDef I2C_InitStructure;
I2C_InitStructure.I2C_Mode =I2C_Mode_SMBusHost;
I2C_InitStructure.I2C_DutyCycle = I2C_DutyCycle_2;
I2C_InitStructure.I2C_OwnAddress1 = 0x03A2;
I2C_InitStructure.I2C_Ack = I2C_Ack_Enable;
I2C_InitStructure.I2C_AcknowledgedAddress =
I2C_AcknowledgedAddress_10bit;
I2C_InitStructure.I2C_ClockSpeed =200000;
I2C_Init(I2C1, &I2C_InitStructure);
```

3) 函数 I2C_StructInit

功能描述:把 I2C_InitStruct 中的每一个参数按默认值填入。

函数原型:void I2C_StructInit(I2C_InitTypeDef * I2C_InitStruct)。

输入参数 I2C_InitStruct,指向结构 I2C_InitTypeDef 的指针,待初始化。

I2C_InitStruct 各个成员的默认值为:

- I2C_Mode　　　　　　　　I2C_Mode_I2C
- I2C_DutyCycle　　　　　　I2C_DutyCycle_2
- I2C_OwnAddress1　　　　　0

- I2C_Ack   I2C_Ack_Disable
- I2C_AcknowledgedAddres   I2C_AcknowledgedAddress_7bit
- I2C_ ClockSpeed   5000

示例：

```
I2C_InitTypeDef I2C_InitStructure;
I2C_StructInit(&I2C_InitStructure);
```

4) 函数 I2C_Cmd

功能描述：使能或者禁用 I2C 外设。

函数原型：void I2C_Cmd(I2C_TypeDef * I2Cx, FunctionalState NewState)。

输入参数 I2Cx：用来选择 I2C 外设，x 可以是 1 或者 2。

输入参数 NewState：外设 I2Cx 的状态，取值为 ENABLE 或者 DISABLE。

示例：

```
I2C_Cmd(I2C1,ENABLE);
```

5) 函数 I2C_GenerateSTART

功能描述：产生 I2Cx 的 START 信号。

函数原型：void I2C_GenerateSTART(I2C_TypeDef * I2Cx, FunctionalState NewState)。

输入参数 I2Cx：用来选择 I2C 外设，x 可以是 1 或者 2。

输入参数 NewState, I2Cx START 条件的状态，取值为 ENABLE 或者 DISABLE。

示例：

```
I2C_GenerateSTART(I2C1,ENABLE);
```

6) 函数 I2C_GenerateSTOP

功能描述：产生 I2Cx 的 STOP 信号。

函数原型：void I2C_GenerateSTOP(I2C_TypeDef * I2Cx, FunctionalState NewState)。

输入参数 I2Cx：用来选择 I2C 外设，x 可以是 1 或者 2。

输入参数 NewState：表示 I2Cx STOP 条件的新状态，取值为 ENABLE 或者 DISABLE。

示例：

```
I2C_GenerateSTOP(I2C2,ENABLE);
```

7) 函数 I2C_AcknowledgeConfig

功能描述：使能或者失能指定 I2C 控制器的应答功能。

函数原型：void I2C_AcknowledgeConfig(I2C_TypeDef * I2Cx, FunctionalState NewState)。

输入参数 I2Cx：用来选择 I2C 外设，x 可以是 1 或者 2。

输入参数 NewState：表示 I2Cx STOP 条件的状态，取值为 ENABLE 或者 DISABLE。

示例：

```
I2C_AcknowledgeConfig(I2C1,ENABLE);
```

8）I2C_OwnAddress2Config 函数

功能描述：配置 I2C 自身地址 2。

函数原型：void I2C_OwnAddress2Config(I2C_TypeDef * I2Cx, uint8_t Address)。

输入参数 I2Cx：用来选择 I2C 外设，x 可以是 1 或者 2。

输入参数 Address：I2C 的 7 位地址自身地址 2 的值。

示例：

```
I2C_OwnAddress2Config(I2C1,0x31);
```

9）I2C_DualAddressCmd 函数

功能描述：使能或禁用 I2C 的双地址模式。

函数原型：void I2C_DualAddressCmd(I2C_TypeDef * I2Cx, FunctionalState NewState)。

输入参数 I2Cx：用来选择 I2C 外设，x 可以是 1 或者 2。

输入参数 NewState，表示 I2Cx 双地址模式的状态，取值为 ENABLE 或者 DISABLE。

示例：

```
I2C_DualAddressCmd(I2C1,ENABLE);
```

10）函数 I2C_SoftwareResetCmd

功能描述：使能或者禁用指定 I2C 的软件复位。

函数原型：I2C_SoftwareResetCmd(I2C_TypeDef * I2Cx, FunctionalState NewState)。

输入参数 I2Cx：用来选择 I2C 外设，x 可以是 1 或者 2。

输入参数 NewState 为软件复位的新状态，取值为 ENABLE 或者 DISABLE。

示例：

```
I2C_SoftwareResetCmd(I2C1,ENABLE);
```

11）函数 I2C_StretchClockCmd

功能描述：使能或者禁用指定 I2C 的时钟延长功能。

函数原型：void I2C_StretchClockCmd(I2C_TypeDef * I2Cx,FunctionalState NewState)。

输入参数 I2Cx：用来选择 I2C 外设，x 可以是 1 或者 2。

输入参数 NewState 为时钟延长功能的状态，取值为 ENABLE 或者 DISABLE。

示例：

```
I2C_StretchClockCmd(I2C1,ENABLE);
```

12）函数 I2C_FastModeDutyCycleConfig

功能描述：选择指定 I2C 的快速模式占空比。

函数原型：void I2C_FastModeDutyCycleConfig(I2C_TypeDef * I2Cx, uint16_t I2C_DutyCycle)。

输入参数 I2Cx：用来选择 I2C 外设，x 可以是 1 或者 2。

输入参数 I2C_DutyCycle 用来指定快速模式占空比，其取值为：

- I2C_DutyCycle_16_9　　I2C 快速模式 Tlow/Thigh = 16/9
- I2C_DutyCycle_2　　　　I2C 快速模式 Tlow/Thigh = 2

示例：

```
I2C_FastModeDutyCycleConfig(I2C2, I2C_DutyCycle_16_9);
```

13）函数 I2C_Send7bitAddress

功能描述：向指定的从 I2C 设备传送地址字。

函数原型：void I2C_Send7bitAddress(I2C_TypeDef * I2Cx, uint8_t Address, uint8_t I2C_Direction)。

输入参数 I2Cx：用来选择 I2C 外设，x 可以是 1 或者 2。

输入参数 Address 为待传输的从 I2C 设备地址。

输入参数 I2C_Direction 用于设置指定的 I2C 设备工作为发送模式还是接收模式，其取值为：

- I2C_Direction_Transmitter　选择发送模式
- I2C_Direction_Receiver　　　选择接收模式

示例：

```
I2C_Send7bitAddress(I2C1, 0xA8, I2C_Direction_Transmitter);
```

14）函数 I2C_SendData

功能描述：通过外设 I2Cx 发送一个数据。

函数原型：void I2C_SendData(I2C_TypeDef * I2Cx, uint8_t Data)。

输入参数 I2Cx：用来选择 I2C 外设，x 可以是 1 或者 2。

输入参数 Data 为待发送的数据。

示例：

```
I2C_SendData(I2C2,0x5D);
```

15）函数 I2C_ReceiveData

功能描述：返回通过 I2Cx 最近接收的数据。

函数原型：uint8_t I2C_ReceiveData(I2C_TypeDef * I2Cx)。

输入参数 I2Cx：用来选择 I2C 外设，x 可以是 1 或者 2。

示例：

```
uint8_t ReceivedData;
ReceivedData =I2C_ReceiveData(I2C1);
```

16）函数 I2C_NACKPositionConfig

功能描述：在主模式接收时，两个字节读取下确认 ACK 的发送时机。

函数原型：uint8_t I2C_ReceiveData(I2C_TypeDef * I2Cx)。

输入参数 I2Cx：用来选择 I2C 外设，x 可以是 1 或者 2。

输入参数 I2C_NACKPosition，指定 NACK 的发送位置，其取值为：

- I2C_NACKPosition_Next　　　下一个字节接收后发 NACK
- I2C_NACKPosition_Current　　当前字节接收后发 NACK

示例：

```
I2C_NACKPositionConfig(I2C1,I2C_NACKPosition_Next);
```

17) 函数 I2C_ ReadRegister

功能描述：读取指定的 I2C 寄存器并返回其值。

函数原型：uint16_t I2C_ReadRegister(I2C_TypeDef * I2Cx，uint8_t I2C_Register)。

输入参数 I2Cx：用来选择 I2C 外设，x 可以是 1 或者 2。

输入参数 I2C_Register 指定待读取的 I2C 寄存器，其取值为：I2C_Register_CR1、I2C_Register_CR2、I2C_Register_OAR1、I2C_Register_OAR2、I2C_Register_DR、I2C_Register_SR1、I2C_Register_SR2、I2C_Register_CCR、I2C_Register_TRISE。

返回值为被读取的寄存器值。

示例：

```
uint16_t RegisterValue;
RegisterValue =I2C_ReadRegister(I2C2, I2C_Register_CR1);
```

18) 函数 I2C_ITConfig

功能描述：使能或者禁用指定的 I2C 中断。

函数原型：void I2C_ITConfig(I2C_TypeDef * I2Cx，uint16_t I2C_IT，FunctionalState NewState)。

输入参数 I2Cx：用来选择 I2C 外设，x 可以是 1 或者 2。

输入参数 I2C_IT 为待使能或者禁用的 I2C 中断源，可以取一个或者多个取值的组合作为该参数的值。

- I2C_IT_BUF　缓存中断屏蔽。
- I2C_IT_EVT　事件中断屏蔽。
- I2C_IT_ERR　错误中断屏蔽。

输入参数 NewState 表示 I2Cx 中断的新状态，取值为 ENABLE 或 DISABLE。

示例：

```
I2C_ITConfig(I2C2, I2C_IT_BUF | I2C_IT_EVT,ENABLE);
```

19) 函数 I2C_GetLastEvent

功能描述：返回最近一次 I2C 事件。

函数原型：uint32_t I2C_GetLastEvent(I2C_TypeDef * I2Cx)。

输入参数 I2Cx：用来选择 I2C 外设，x 可以是 1 或者 2。

返回值为最近一次 I2C 事件,事件定义见表 9-5。

示例:

```
uint32_t Event;
Event = I2C_GetLastEvent(I2C1);
```

表 9-5　I2C 事件定义

I2C_Event	描　　述
I2C_EVENT_SLA VE_RECEIVER_ADDRESS_MA TCHED	EV1
I2C_EVENT_SLAVE_TRANSMITTER_ADDRESS_MATCHED	EV1
I2C_EVENT_SLAVE_RECEIVER_SECONDADDRESS_MATCHED	EV1
I2C_EVENT_SLAVE_TRANSMITTER_SECONDADDRESS_MA TCHED	EV1
I2C_EVENT_SLAVE_GENERALCALLADDRESS_MATCHED	EV1
I2C_EVENT_SLA VE_BYTE_RECEIVED	EV2
I2C_EVENT_SLAVE_BYTE_TRANSMITTED	EV3
I2C_EVENT_SLAVE_ACK_FAILURE	EV3~1
I2C_EVENT_SLA VE_STOP_DETECTED	EV4
I2C_EVENT_MASTER_MODE_SELECT	EV5
I2C_EVENT_MASTER_RECEIVER_MODE_SELECTED	EV6
I2C_EVENT_MASTER_TRANSMITTER_MODE_SELECTED	EV6
I2C_EVENT_MASTER_BYTE_RECEIVED	EV7
I2C_EVENT_MASTER_BYTE_TRANSMITTED	EV8
I2C_EVENT_MASTER_MODE_ADDRESS10	EV9

20) 函数 I2C_CheckEvent

功能描述:检查最近一次 I2C 事件是否是输入的事件。

函数原型:ErrorStatus I2C_CheckEvent(I2C_TypeDef * I2Cx, uint32_t I2C_EVENT)。

输入参数 I2Cx:用来选择 I2C 外设,x 可以是 1 或者 2。

输入参数 I2C_Event 用于指定待检查的事件,其取值见表 9-5。

返回值 ErrorStatus 取值为 SUCCESS 或 ERROR,如果是 SUCCESS 表明所检查的事件是最近一次 I2C 事件,ERROR 表明最近一次 I2C 事件不是所检查的事件。

示例:

```
ErrorStatus Status;
Status = I2C_CheckEvent(I2C1,I2C_EVENT_MSTER_BYTE_RECEIVED);
```

21) 函数 I2C_GetFlagStatus

功能描述：检查指定的 I2C 标志位设置与否。

函数原型：FlagStatus I2C_GetFlagStatus(I2C_TypeDef * I2Cx, uint32_t I2C_FLAG)。

输入参数 I2Cx 用来选择 I2C 外设，I2C_FLAG 用于指定待检查的 I2C 标志位，其取值范围如表 9-6 所示。

返回值为 I2C_FLAG 的状态，取值范围为 SET 或 RESET。

表 9-6　I2C_FLAG 的取值

I2C_FLAG	描　述
I2C_FLAG_DUALF	双标志位(从模式)
I2C_FLAG_SMBHOST	SMBus 主报头(从模式)
I2C_FLAG_SMBDEFAULT	SMBus 缺省报头(从模式)
I2C_FLAG_GENCALL	广播报头标志位(从模式)
I2C_FLAG_TRA	发送/接收标志位
I2C_FLAG_BUSY	总线忙标志位
I2C_FLAG_MSL	主/从标志位
I2C_FLAG_SMBALERT	SMBus 报警标志位
I2C_FLAG_TIMEOUT	超时或者 Tlow 错误标志位
I2C_FLAG_PECERR	接收 PEC 错误标志位
I2C_FLAG_OVR	溢出/不足标志位(从模式)
I2C_FLAG_AF	应答错误标志位
I2C_FLAG_ARLO	仲裁丢失标志位(主模式)
I2C_FLAG_BERR	总线错误标志位
I2C_FLAG_TXE	数据寄存器空标志位(发送端)
I2C_FLAG_RXNE	数据寄存器非空标志位(接收端)
I2C_FLAG_STOPF	停止标志位(从模式)
I2C_FLAG_ADD10	10 位报头发送(主模式)
I2C_FLAG_BTF	字传输完成标志位
I2C_FLAG_ADDR	地址发送标志位(主模式)或地址匹配标志位(从模式)ADDR
I2C_FLAG_SB	起始位标志位(主模式)

示例：

```
Flagstatus Status;
Status =I2C_GetFlagStatus(I2C2,I2C_FLAG_AF);
```

22）函数 I2C_ClearFlag

功能描述：清除 I2Cx 的待处理标志位。

函数原型：void I2C_ClearFlag(I2C_TypeDef * I2Cx，uint32_t I2C_FLAG)。

输入参数 I2Cx 用来选择 I2C 外设，I2C_FLAG 为待清除的 I2C 标志位，取值见表 9-6。但 DUALF，SMBHOST，SMBDEFAULT，GENCALL，TRA，BUSY，MSL，TXE 和 RXNE 不能被本函数清除。

示例：

```
I2C_ClearFlag(I2C2, I2C_FLAG_STOPF);
```

23）函数 I2C_GetITStatus

功能描述：检查指定的 I2C 中断发生与否。

函数原型：ITStatus I2C_GetITStatus(I2C_TypeDef * I2Cx，uint32_t I2C_IT)。

输入参数 I2Cx 用来选择 I2C 外设，I2C_IT 为待检查的 I2C 中断源，其取值见表 9-7。

返回值为 I2C_IT 的状态，取值为 SET 或者 RESET。

表 9-7 I2C_IT 值

I2C_IT	描　述
I2C_IT_SMBALERT	SMBus 报警标志位
I2C_IT_TIMEOUT	超时或者 Tlow 错误标志位
I2C_IT_PECERR	接收 PEC 错误标志位
I2C_IT_OVR	溢出/不足标志位（从模式）
I2C_IT_AF	应答错误标志位
I2C_IT_ARLO	仲裁丢失标志位（主模式）
I2C_IT_BERR	总线错误标志位
I2C_IT_STOPF	停止探测标志位（从模式）
I2C_IT_ADD10	10 位报头发送（主模式）
I2C_IT_BTF	字传输完成标志位
I2C_IT_ADDR	地址发送标志位（主模式）与地址匹配标志位（从模式）ADDR
I2C_IT_SB	起始位标志位（主模式）

示例：

```
ITstatus Status;
Status = I2C_GetITStatus(I2C1, I2C_IT_OVR);
```

24）函数 I2C_ClearITPendingBit

功能描述：清除 I2Cx 的中断待处理位

函数原型：void I2C_ClearITPendingBit(I2C_TypeDef * I2Cx，uint32_t I2C_IT)。

输入参数 I2Cx 用来选择 I2C 外设,I2C_IT 指定待清除的 I2C 中断源,取值见表 9-6。
示例:

```
I2C_ClearITPendingBit(I2C2, I2C_IT_TIMEOUT);
```

9.7　I2C 案例

9.7.1　I2C 寄存器操作案例

1) I2C_Init 函数的实现

```
void I2C_Init(I2C_TypeDef* I2Cx, I2C_InitTypeDef* I2C_InitStruct)
{
  uint16_t tmpreg =0, freqrange =0;
  uint16_t result =0x04;
  uint32_t pclk1 =8000000;
  RCC_ClocksTypeDef  rcc_clocks;
  // CR2 寄存器配置
  tmpreg =I2Cx->CR2;                    //获取 CR2 的值
  // 清除频率字段 FREQ[5:0]
  tmpreg &=(uint16_t)~((uint16_t)I2C_CR2_FREQ);
  // 配置频率字段,首选获取 APB1 总线时钟
  RCC_GetClocksFreq(&rcc_clocks);
  pclk1 =rcc_clocks.PCLK1_Frequency;
  //将时钟值除以 1M,得到一个整数,作为 FREQ[5:0]的配置,实际频率即为总线频率
  freqrange =(uint16_t)(pclk1 / 1000000);
  tmpreg |=freqrange;
  //写会到 CR2 寄存器中,频率配置完成
  I2Cx->CR2 =tmpreg;
  // CCR 寄存器配置,配置前首先禁用 I2C
  I2Cx->CR1 &=(uint16_t)~((uint16_t)I2C_CR1_PE);
  //将 tmpreg 清 0,即 F/S, DUTY 和 CCR[11:0] 均置为 0
  tmpreg =0;
  //标准模式下的配置
  if (I2C_InitStruct->I2C_ClockSpeed <=100000)
  {
    //通过时钟频率计算 CCR 的值,最小值为 4
    result =(uint16_t)(pclk1 / (I2C_InitStruct->I2C_ClockSpeed <<1));
    if (result <0x04)
      result =0x04;
    tmpreg |=result;            //写入 CCR
```

```
        //配置上升沿时间为 I2C 的 FREQ 字段值+1,即最大上升时间为:1000ns
        I2Cx->TRISE =freqrange +1;
    }
    //如果是快速模式,PCLK1 必须是 10 MHz 的整数倍 (FREQ 字段配置)
    else                    //(I2C_InitStruct->I2C_ClockSpeed <=400000)
    { //快速模式下需要配置占空比,不同占空比计算 CCR 的值不一样
      if (I2C_InitStruct->I2C_DutyCycle ==I2C_DutyCycle_2)
      {
        result =(uint16_t)(pclk1 / (I2C_InitStruct->I2C_ClockSpeed * 3));
      }
      else                    //I2C_InitStruct->I2C_DutyCycle ==I2C_DutyCycle_16_9
      {
          result =(uint16_t)(pclk1 / (I2C_InitStruct->I2C_ClockSpeed * 25));
          result |=I2C_DutyCycle_16_9;
      }
      //CCR 最小值不能小于 1
      if ((result & I2C_CCR_CCR) ==0)
        result |=(uint16_t)0x0001;
      //设置快速模式位和最大上升时延
      tmpreg |=(uint16_t)(result | I2C_CCR_FS);
      I2Cx->TRISE =(uint16_t)(((freqrange * (uint16_t)300) / (uint16_t)1000) +
(uint16_t)1);
    }
    //写入 CCR,使能 I2C
    I2Cx->CCR =tmpreg;
    I2Cx->CR1 |=I2C_CR1_PE;
    //CR1 寄存器配置
    tmpreg =I2Cx->CR1;
    //清除 ACK, SMBTYPE 和 SMBUS 位
    tmpreg &=CR1_CLEAR_MASK;
    //根据 I2C_Mode value 和 I2C_Ack value 配置 CR1 寄存器
    tmpreg |=(uint16_t)((uint32_t)I2C_InitStruct->I2C_Mode
            | I2C_InitStruct->I2C_Ack);
    I2Cx->CR1 =tmpreg;
    // OAR1 寄存器配置
    I2Cx->OAR1 =(I2C_InitStruct->I2C_AcknowledgedAddress
            | I2C_InitStruct->I2C_OwnAddress1);
}
```

9.7.2　I2C 基本配置

1）基本配置流程

- 使能时钟 RCC_APB1PeriphClockCmd(RCC_APB1Periph_I2Cx，ENABLE)；

- 使能 SDA，SCL 所使用的 GPIO 端口时钟 RCC_AHBPeriphClockCmd()；
- 使用 GPIO_PinAFConfig()将 GPIO 和 I2C 复用功能进行映射；
- 配置 GPIO：复选功能，输出模式，类型为开漏，调用 GPIO_Init()初始化；
- 通过配置模式，占空比、地址、ACK 等参数，调用 I2C_Init()初始化；
- 如有必要可以单独调用 I2C_AcknowledgeConfig()、I2C_DualAddressCmd()、I2C_FastModeDutyCycleConfig()等函数进行配置；
- 如需中断，配置 NVIC 相应的中断源，并调用 I2C_ITConfig()开启所需的中断；
- 如需 DMA，需要调用 DMA_Init()、I2C_DMACmd()或 I2C_DMALastTransferCmd()；
- 调用 I2C_Cmd()使能 I2C。

2）基本配置案例

使用库函数实现 I2C 的配置和读写时序的三个函数如下：

```
void RCC_Configuration(void)
{
    GPIO_InitTypeDef GPIO_InitStructure;
    I2C_InitTypeDef I2C_InitStructure;
    RCC_AHBPeriphClockCmd(RCC_AHBPeriph_GPIOB,ENABLE);
    RCC_AHB1PeriphClock(RCC_APB1Periph_I2C1,ENABLE);
    GPIO_InitStructure.GPIO_Pin =GPIO_Pin_7 | GPIO_Pin_6;
    GPIO_InitStructure.GPIO_Speed=GPIO_Speed_40MHz;
    GPIO_InitStructure.GPIO_Mode=GPIO_Mode_AF;
    GPIO_InitStructure.GPIO_OType=GPIO_OType_OD;
    GPIO_Init(GPIOB,&GPIO_InitStructure);
    GPIO_PinAFConfig(GPIOB,GPIO_PinSource7,GPIO_AF_I2C1);
    GPIO_PinAFConfig(GPIOB,GPIO_PinSource6,GPIO_AF_I2C1);
    I2C_InitStructure.I2C_Mode=I2C_Mode_I2C;
    I2C_InitStructure.I2C_DutyCycle=I2C_DutyCycle_2;
    I2C_InitStructure.OwnAddress1 =0xA3;
    I2C_InitStructure.I2C_Ack=I2C_Ack_Enable;
    I2C_InitStructure.I2C_AcknowledgedAddress=I2C_AcknowledgedAddress_7bit;
    I2C_InitStructure.I2C_ClockSpeed =200000;
    I2C_Init(I2C1,&I2C_InitStructure);
    I2C_Cmd(I2C1,ENABLE);
}
unsigned char I2C_ReadByte(unsigned char Address)
{    //等待 I2C 不忙
    while(I2C_GetFlagStatus(I2C1, I2C_FLAG_BUSY));
    I2C_GenerateSTART(I2C1, ENABLE);                                    //重新发送
    while(!I2C_CheckEvent(I2C1, I2C_EVENT_MASTER_MODE_SELECT));         //EV5
    I2C_Send7bitAddress(I2C1, Address, I2C_Direction_Receiver);        //发送地址
    //EV6
    while(!I2C_CheckEvent(I2C1, I2C_EVENT_MASTER_RECEIVER_MODE_SELECTED));
```

```
        //关闭应答和停止条件产生
        I2C_AcknowledgeConfig(I2C1, DISABLE);
        I2C_GenerateSTOP(I2C1, ENABLE);
        //等待 EV7
        while(!(I2C_CheckEvent(I2C1, I2C_EVENT_MASTER_BYTE_RECEIVED)));
        return = I2C_ReceiveData(I2C1);
}
void I2C_WriteByte(unsigned char buff, unsigned char Address)
{
        //产生起始条件
        I2C_GenerateSTART(I2C1,ENABLE);
        while(!I2C_CheckEvent(I2C1, I2C_EVENT_MASTER_MODE_SELECT));
        //向设备发送设备地址
        I2C_Send7bitAddress(I2C1,Address,I2C_Direction_Transmitter);
        //等待 ACK
    while(!I2C_CheckEvent(I2C1, I2C_EVENT_MASTER_TRANSMITTER_MODE_SELECTED));
    I2C_SendData(I2C1, buff);
    //发送完成
    while(!I2C_CheckEvent(I2C1, I2C_EVENT_MASTER_BYTE_TRANSMITTED));
    //产生结束信号
     I2C_GenerateSTOP(I2C1, ENABLE);
}
```

9.7.3 模拟 I2C 实现

在很多情况下,我们经常使用 GPIO 来模拟 I2C 的时序,这样的方式使得程序的移植更为方便。在 I/O 模拟时,I2C 的总线无需一定要上拉电阻,可以将 I/O 配置为推挽模式。建议配置成开漏,配置上拉电阻,这样无需对端口进行输入输出切换。

```
#define I2C_SLAVE_ADDRESS7 0xA6
#define I2C_SCL_0 GPIO_ResetBits(GPIOB,GPIO_Pin_10)
#define I2C_SCL_1 GPIO_SetBits(GPIOB,GPIO_Pin_10)
#define I2C_SDA_0 GPIO_ResetBits(GPIOB,GPIO_Pin_11)
#define I2C_SDA_1 GPIO_SetBits(GPIOB,GPIO_Pin_11)
#define I2C_SDA_STAT GPIO_ReadInputDataBit(GPIOB,GPIO_Pin_11)
#define I2C_ACK 0
#define I2C_NACK 1
#define I2C_READY 0
#define I2C_BUSY 1
#define I2C_ERROR 3
void NOP(void)
{
```

```
    uint8_t i =5;
    while(i--);
}
void TWI_Initialize(void)          //没有上拉电阻将 SDA 和 SCL 设置成推挽输出
{
    GPIO_InitTypeDef GPIO_InitStructure;
    GPIO_InitStructure.GPIO_Speed=GPIO_Speed_10MHz;
    GPIO_InitStructure.GPIO_OType=GPIO_OType_PP;
    GPIO_InitStructure.GPIO_Pin=GPIO_Pin_10 | GPIO_Pin_11;
    GPIO_Init(GPIOB,&GPIO_InitStructure);
}
uint8_t I2C_Start(void)
{
    I2C_SDA_1;
    NOP();
    I2C_SCL_1;
    NOP();
    I2C_SDA_0;
    NOP();
    I2C_SCL_0;
    NOP();
    return I2C_READY;
}
void I2C_STOP(void)
{
    I2C_SDA_0;
    NOP();
    I2C_SCL_1;
    NOP();
    I2C_SDA_1;
    NOP();
}
uint8_t I2C_SendByte(uint8_t data)
{
    uint8_t i,err;
    I2C_SCL_0;
    for(i=0;i<8;i++)
    {
        if(data&0x80)
            I2C_SDA_1;
        else
            I2C_SDA_0;
        data<<=1;
```

```
        NOP();                                  //产生一个上升沿
        I2C_SCL_1;
        NOP();
        I2C_SCL_0;
        NOP();
    }
    I2C_SDA_1;                                  //接收从机应答
    NOP();
    I2C_SCL_1;
    NOP();
    while(I2C_SDA_STAT)
    {
        err++;
        if(err>250)
        {
            I2C_SCL_0;
            I2C_SDA_1;
            return I2C_NACK;
        }
    }
    I2C_SCL_0;
    I2C_SDA_1;
    return I2C_ACK;
}
uint8_t I2C_RecieveByte(void)
{
    uint8_t i,data;
    I2C_SDA_1;
    I2C_SCL_0;
    data=0;
    for(i=0;i<8;i++)
    {
        I2C_SCL_1;
        NOP();
        data<<=1;
        if(I2C_SDA_STAT)
            data|=0x01;
        I2C_SCL_0;
        NOP();
    }
    return data;
}
```

9.7.4 串行 Flash 通信

I2C 的基本时序能够实现两个设备之间的通信,但在实际应用中,我们通常用 MCU 作为主设备去和一些从设备进行数据交换,这些从设备的操作通常需要传输多个字节,例如图 9-28 所示的 SPI 接口串行 Flash AT24C02,存储大小为 256 字节共计 2kb,每个字节均可以随机进行读写访问,此时对于该设备的访问,我们需要两个地址,一个为 I2C 设备地址,用于在 I2C 总线上对 AT24C02 进行寻址,AT24C02 的设备地址的高四位为 1010,低三位由芯片外围的电路连接决定(A2、A1、A0 的电平);另一个地址为 Flash 的存储地址,即要读写 AT24C02 的 256 个单元的某一个单元。

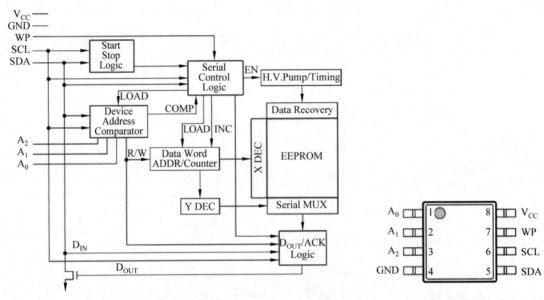

图 9-28 AT24C02 Flash 芯片

AT24C02 的操作时序见图 9-29。当需要往 Flash 写入数据时,我们首先发送 I2C 设备地址匹配 AT24C02,然后要发送 Flash 的写入地址,最后跟随一个或多个需要写入的数据,如图 9-29 的写单个存储字节和写多个存储字节所示。当需要从 Flash 读数据时,首先发送 I2C 地址匹配 AT24C02,此时我们需要先把要读的 Flash 地址写到 AT24C02,AT24C02 即可准备所要读的地址的数据,由于从设备无法主动发起数据,因此需要主设备再次发送 I2C 设备地址切换读写方向,发送一个读命令,从设备匹配地址后将准备好的数据发送到主设备,如图 9-29 所示的读单个字节和读多个字节时序。

程序实现的伪代码如下:

```
uint8_t E2promWriteByte( uint16_t flash_addr, uint8_t data )
{
    I2CStart();
```

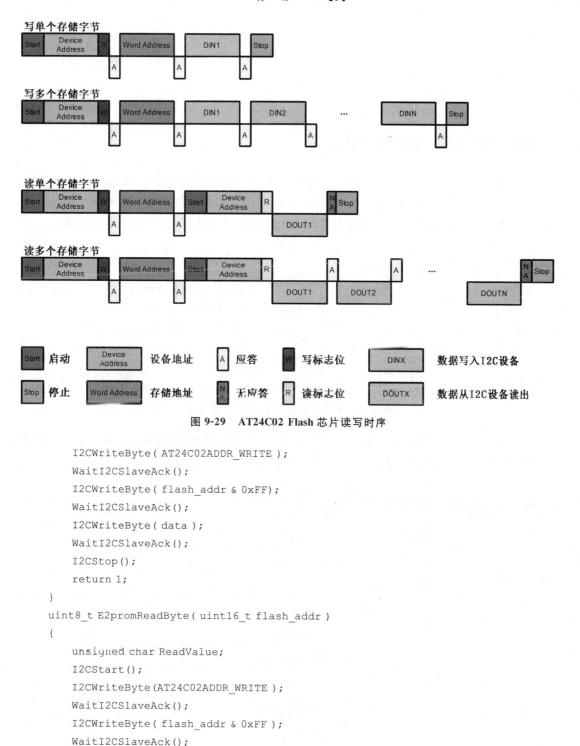

图 9-29　AT24C02 Flash 芯片读写时序

```
        I2CWriteByte( AT24C02ADDR_WRITE );
        WaitI2CSlaveAck();
        I2CWriteByte( flash_addr & 0xFF);
        WaitI2CSlaveAck();
        I2CWriteByte( data );
        WaitI2CSlaveAck();
        I2CStop();
        return 1;
    }
    uint8_t E2promReadByte( uint16_t flash_addr )
    {
        unsigned char ReadValue;
        I2CStart();
        I2CWriteByte(AT24C02ADDR_WRITE );
        WaitI2CSlaveAck();
        I2CWriteByte( flash_addr & 0xFF );
        WaitI2CSlaveAck();
        I2CStart();                              //切换方向
        I2CWriteByte(AT24C02ADDR_READ );
```

```
        WaitI2CSlaveAck();
        ReadValue = I2CReadByte();                //读数据
        I2CStop();
        return ReadValue;
    }
```

9.7.5　ADT7420 温度传感器通信

　　ADT7420 是一款 I2C 接口的数字温度传感器,可以通过 I2C 直接读取到转换后的温度值,其电路连接如图 9-30 所示,SCL 和 SDA 总线连接了两个上拉电阻,A0 和 A1 接到了低电平。ADT7420 设备地址的高四位为 1001,因此图 9-30 连接时,设备地址为 1001000。

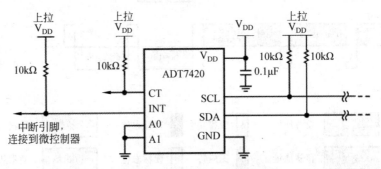

图 9-30　温度传感器 ADT7420 总线连接

　　ADT7420 内部有多个寄存器用于温度值的存储和传感器配置,如表 9-8 所示,要读写这些寄存器,需要指定寄存器的地址,这和 Flash 的读写时序类似。

表 9-8　ADT7420 寄存器

寄存器地址	描　　述	上电默认值
0x00	温度值最高有效字节	0x00
0x01	温度值最低有效字节	0x00
0x02	状态	0x00
0x03	配置	0x00
0x04	T_{HIGH} 设定点高有效字节	0x20(64℃)
0x05	T_{HIGH} 设定点低有效字节	0x00(64℃)
0x06	T_{LOW} 设定点高有效字节	0x05(10℃)
0x07	T_{LOW} 设定点低有效字节	0x00(10℃)
0x08	T_{CRIT} 设定点高有效字节	0x49(147℃)
0x09	T_{CRIT} 设定点低有效字节	0x80(147℃)

寄存器地址	描 述	上电默认值
0x0A	T_{HYST} 设定点	0x05(5℃)
0x0B	ID	0xCB
0x2F	软件复位	0xXX

图 9-31 为对 ADT7420 的寄存器进行写的时序,首先发送 I2C 设备地址,方向为写,地址匹配后,主设备发送 8 位的寄存器地址,随后将需要写入该寄存器的数据发送给从设备,以 STOP 结束传输。

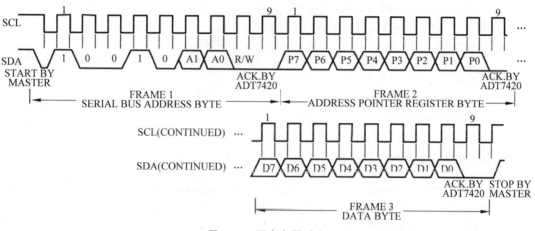

图 9-31 写寄存器时序

图 9-32 为对 ADT7420 的寄存器进行读的时序,首先发送 I2C 设备地址,方向为写,地址匹配后,主设备发送 8 位的寄存器地址,ADT7420 给出响应后,根据寄存器地址准备数据,主设备需要切换方向,重新发送 I2C 地址并将方向切换到读,ADT7420 匹配后将准备好

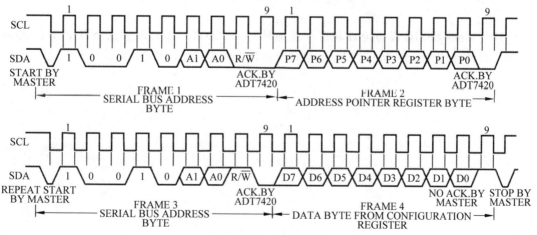

图 9-32 读寄存器时序

的数据发送给主设备,读完最后一个数据后,主设备发送一个 NACK 和 STOP,完成一次数据的读操作。

温度转换的函数如下:

```
float ADT7420_GetTemperature(void)
{
    uint8_t  msbTemp = 0;
    uint8_t  lsbTemp = 0;
    uint8_t  temp    = 0;
    float    tempC   = 0;
    msbTemp = ADT7420_GetRegisterValue(0x00);
    lsbTemp = ADT7420_GetRegisterValue(0x01);
    temp = ((uint16_t)msbTemp << 8) + lsbTemp;
    if(temp & 0x8000)                          //负温度
        tempC = (float)((int32_t)temp - 65536) / 128;
    else
    tempC = (float)temp / 128;
    return tempC;
}
```

其中,读取温度寄存器的函数实现如下:

```
uint8_t ADT7420_GetRegisterValue(uint8_t registerAddress)
{
    uint8_t registerValue = 0;
    I2C_Write(ADT7420_ADDRESS, &registerAddress, 1, 0);
    // 设备地址,寄存器地址,写入数据个数,是否发送停止
    I2C_Read(ADT7420_ADDRESS, &registerValue, 1, 1);
    // 设备地址,读到的数据值,读数据的个数,是否发送停止位
    return registerValue;
}
```

I2C_Write 将 I2C 设备地址和寄存器地址写到 ADT7420,并不发送 STOP,I2C_Read 将 I2C 设备地址发送到 ADT7420,读取寄存器数据并发送 STOP 结束。

第 10 章　SPI

【导读】　SPI 是快速同步串行总线,多用于数字外设之间的连接,本章首先介绍了 SPI 总线的概念和时序,然后对 STM32L152 的 SPI 总线控制器的内部结构,寄存器以及发送和接收流程进行了介绍,最后介绍了 CMSIS 提供的典型寄存器操作库函数。针对 SPI 总线时序传输,本章以温度传感器的操作时序为例进行了案例说明。

10.1　SPI 总线概述

SPI(Serial Peripheral Interface)总线是一种同步串行传输总线,允许主机以全双工与外围设备进行高速数据通信,主要用于嵌入式系统短距离通信。SPI 总线由摩托罗拉公司 80 年代后期提出,成为业界标准,但不同公司的处理器的实现细节可能有所不同,主要体现在寄存器定义、数据格式等。SPI 通常为四线制,因此也叫做四线串行总线,以区别单总线、双线和二线串行总线。

四线 SPI 支持全双工通信,采用由一个主设备管理的主从(master-slave)架构,主设备发起读写命令,通过片选信号与多个从设备进行通信。相对于 I2C 总线和 USART 总线,其主要优点为:

- 支持全双工通信。
- 总线驱动性能较好,可以支持 100MHz 以上的高速应用。
- 协议支持 8/16b 字长,可根据应用特点灵活选择字长。
- 硬件连接简单,只需四根信号线(也可支持三线传输),相比 I2C 不需要仲裁。
- 从设备使用主设备时钟,且由片选选通从设备,无须寻址。

SPI 总线缺点如下:

- 片选选择不同从设备导致多从设备时需要更多的 I/O。
- 没有数据流控制,只能通过降低时钟匹配传输速度。
- 没有从设备接收数据 ACK。
- 典型应用只支持单主控。
- 相比于 RS-232、RS-422、RS-485 和 CAN,SPI 传输距离较短。

SPI 以其简单高效被大多数嵌入式处理器作为标准外设控制器集成到 MCU 中,一些典型外设也采用 SPI 总线接口,如 SD 卡、LCD 显示屏、串行 Flash 存储、RTC 芯片、振动、压力等传感器。

10.2   SPI 总线控制器架构

10.2.1   接口信号和连接方式

SPI 协议定义四根信号线,分别为:

- SCK(Serial Clock):串行时钟,作为主设备的输出,从设备的输入。
- MOSI(Master Output,Slave Input):主设备输出/从设备输入,用于主模式发送数据,从模式接收数据。
- MISO(Master Input,Slave Output):主设备输入/从设备输出,用于主模式接收数据,从模式发送数据。
- NSS(Slave Select):从设备片选信号。

其中 MISO 方向为从设备到主设备,其余三个信号均为主设备到从设备。在支持三线 SPI 的控制器中,在三线双向模式下,主设备的 MOSI 和从设备的 MISO 作为双向 I/O 使用。

四线 SPI 主设备和从设备的硬件连接如图 10-1 所示。MOSI 脚相互连接,MISO 脚相互连接。这样,数据在主设备和从设备之间串行地传输。

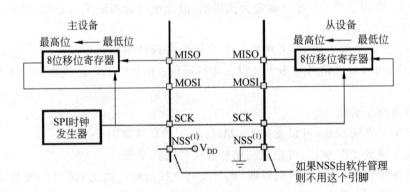

图 10-1   主从 SPI 设备的连接示意图

SPI 规定了两个 SPI 设备之间通信必须由主设备来控制从设备。从设备的时钟由主设备通过 SCK 引脚提供给从设备,从设备本身不能产生或控制 Clock。数据传输由主设备发起,主设备通过 MOSI 脚把数据发送给从设备,从设备通过 MISO 引脚回传数据,这意味全双工通信的数据输出和数据输入是用同一个时钟信号同步控制的。从设备在接收主设备的控制信号前,主设备首先通过 NSS 对从设备进行片选。图 10-1 中,只有两个设备连接,主设备的 NSS 连接到高电平,NSS 对于主设备不起作用,从设备的 NSS 连接到低电平,即一直选通该从设备。

　　一个主设备通过片选可以控制多个从设备,让主设备可以单独地与特定从设备通信,避免数据线上的冲突。当需要连接多个从设备时,可以通过多片选或者菊花链方式进行连接。

　　(1)多片选连接方式:从设备的 NSS 引脚可以由主设备的任意一个标准 I/O 引脚来驱动,通常使用多个 I/O 口分别连接到从设备的 NSS 进行控制。如图 10-2 所示,所有从设备的 SCK、MOSI、MISO 都是连在一起,每个从设备都需要单独的片选信号,主设备每次只能选择其中一个从设备进行通信。由于每个设备都需要单独的片选信号,会占用较多的 I/O 资源,可以使用译码器电路或者采用菊花链方式。

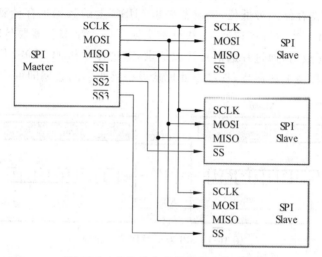

图 10-2　多片选方式控制多个从设备

　　(2)菊花链连接方式:多片选方式占用较多的 I/O,只用一个 NSS 控制时,可以连接成如图 10-3 所示的电路,不同于图 10-2 的共享 MOSI 和 MISO 总线,菊花链方式下,所有从设备连接到一个 NSS 片选上,主设备 MOSI 连接到第一个从设备,第一个从设备的 MISO 连接到第二个从设备的 MOSI,依次连接,最后一个从设备的 MISO 连接到主设备的

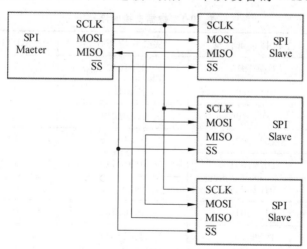

图 10-3　菊花链方式控制多个从设备

MISO,形成一个闭环。数据通过主设备发送,所有的从设备依次接收数据并向下传递。

由于 SPI 是全双工通信,因此,主从设备在数据通信过程中不能只充当一个发送者或者接收者,而是在每个时钟周期内主从设备都会发送并接收一个比特的数据,相当于设备间交换了一比特数据。其内部实现结构如图 10-4 所示,主从设备中均有一个移位寄存器用于存放所要传输的数据,在主设备的时钟控制下同步进行操作。在同一个时钟周期,主设备将自己移位寄存器中的最高位 MSB 通过 MOSI 送出,所有低位数据向高位移动 1 位,从设备将自己的最高位通过 MISO 送出,并将自己移位寄存器中的数据向高位移动 1 位,将 MOSI 上的来自主设备的数据存储到最低位;主设备采集 MISO 上的数据也存储到自己移位寄存器的最低位,这样循环 8 个时钟周期后,主从设备交换了一个字节。需要传输多个字节时,重复上述过程,传输完成后,通过片选信号释放从设备,这样主机的 MOSI 信号将被从设备忽略。单向传输时也保持上述流程,程序不处理从设备接收到的数据即可。

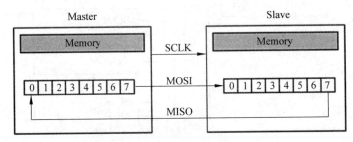

图 10-4　SPI 双向数据传输原理

表 10-1 为数据交换的时序案例。初始状态,主机发送数据 0xAA 到从机,从机发送数据 0x55 到主机,数据都送到了移位寄存器中。当第一个时钟边沿到达时,两个移位寄存器同时进行移位,将高位 MSB 的数据发送到数据线,在第二个时钟边沿到达时,将数据线 MOSI 和 MISO 同时存储到各自的移位寄存器,实现了一个数据位的交换。8 个时钟周期后,完成一个字节的数据交换。

表 10-1　数据交换时序

时钟脉冲	主机移位寄存器	从机移位寄存器	MISO	MOSI
0	10101010	01010101	0	0
1 上	0101010x	1010101x	0	1
1 下	01010100	10101011	0	1
2 上	1010100x	0101011x	1	0
2 下	10101001	01010110	1	0
3 上	0101001x	1010110x	0	1
3 下	01010010	10101101	0	1
4 上	1010010x	0101101x	1	0

时钟脉冲	主机移位寄存器	从机移位寄存器	MISO	MOSI
4 下	10100101	01011010	1	0
5 上	0100101x	1011010x	0	1
5 下	01001010	10110101	0	1
6 上	1001010x	0110101x	1	0
6 下	10010101	01101010	1	0
7 上	0010101x	1101010x	0	1
7 下	00101010	11010101	0	1
8 上	0101010x	1010101x	1	0
8 下	01010101	10101010	1	0

10.2.2　传输模式和时序

在数据传输的过程中,主从设备必须在下一次数据传输之前将接收到的数据采样保存。SPI 的数据采样的时机和时钟的相位可以由两个控制信号 CPOL 和 CPHA 灵活进行配置。

CPOL(Clock Polarity):决定在没有数据传输时时钟的空闲状态电平是高电平还是低电平,该信号为 1 时 SCK 引脚在空闲状态保持高电平,为 0 时 SCK 引脚在空闲状态保持低电平。

CPHA(Clock Phase):定义 SPI 数据采样的时机,该信号为 1 时数据采样发生在时钟 SCK 的第二个边沿(CPOL 位为 0 时就是下降沿,CPOL 位为 1 时就是上升沿),为 0 时数据采样发生在时钟 SCK 的第一个边沿(CPOL 位为 0 时就是上升沿,CPOL 位为 1 时就是下降沿)。

根据 CPOL 和 CPHA 的组合,将 SPI 可以分成 4 种传输模式,如表 10-2 所示,分别记为 SPI0、SPI1、SPI2 和 SPI3,其具体时序如图 10-5 所示。主从设备进行 SPI 通信时,要确保它们的传输模式设置相同。

表 10-2　四种传输模式

模　　式	CPOL	CPHA
SPI0	0	0
SPI1	0	1
SPI2	1	0
SPI3	1	1

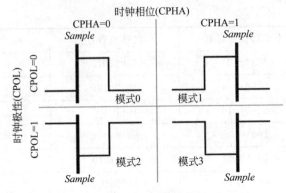

图 10-5　四种时序模式

图 10-6 为 SPI 传输的 4 种模式的时序。

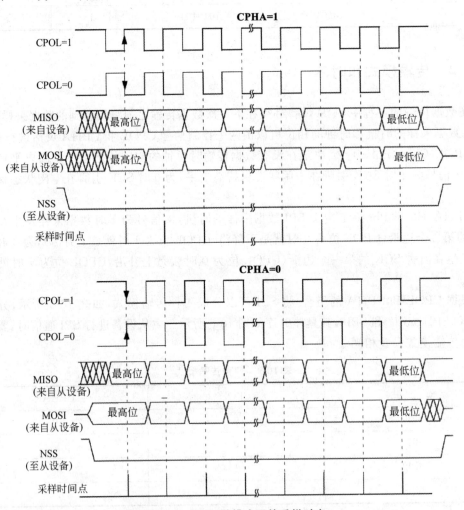

图 10-6　SPI 4 种模式下的采样时序

CPHA＝1 时：

- 在 SCK 第二个时钟边沿采样和锁存数据。
- 在 SCK 第三个时钟边沿,将上个时钟边沿锁存的数据写入移位寄存器。
- 以此类推,数据在偶数边沿锁存,在奇数边沿写入移位寄存器。
- 经过 8/16 个时钟边沿后,串行传输的数据全部写入移位寄存器,完成主从设备的数据交换。

CPHA＝0 时：

- SCK 的第一个时钟边沿采样和锁存数据。
- 在 SCK 的第二个时钟边沿,上个时钟边沿锁存的数据写入移位寄存器。
- 以此类推,数据在奇数边沿锁存,在偶数边沿写入移位寄存器。
- 经过 8/16 个时钟边沿后,串行传输的数据全部写入移位寄存器,完成主从设备的数据交换。

10.2.3　STM32L15x SPI 总线控制器

STM32L15x 系列微控制器有两个独立的 SPI 控制器,SPI1 连接在 APB2 总线上,SPI2 连接在 APB1 总线上,对于 STM32L15x 的 APB1 和 APB2 总线频率最高都支持到 32MHz,因此两个 SPI 控制器在最高通信速率上没有区别。

STM32L15x SPI 总线控制器支持 4 线和 3 线连接,8/16 位可选数据帧,支持多主模式,最大时钟频率为 APB 总线频率的 1/2,同时支持 8 种预分频系数。主从模式下 NSS 可以由软件或硬件管理,主从模式可动态切换,支持硬件 CRC,可编程数据传输顺序、DMA 传输以及专用的中断和总线状态标志位。其内部结构如图 10-7 所示。

如图 10-7 所示,SPI 控制器由接收和发送缓冲区,移位寄存器、波特率发生器、主控电路、通信电路以及控制和状态寄存器构成。波特率发生器用于控制时钟 SCK,其主要由 CR1 寄存器的分频因子 BR 和极性相、位控制信号 CPOL、CPHA 进行配置。主控电路用于确定 SPI 的双工/单工,3/4 线连接模式等,控制移位寄存器的时序,移位寄存器的数据输出次序(高位优先还是低位优先)由 CR1 寄存器的 LSBFIRST 决定。接收缓冲区用于存储从 MISO 发来的数据,发送缓冲区用于存储向 MOSI 总线发送的数据。通信电路用于管理片选信号 NSS、主从模式选择和 CRC 校验、中断和总线状态等。

STM32L15x 的每个 SPI 的 NSS 可以配置为输入,也可以配置为输出,可以通过 CR2 寄存器的 SSOE 控制。配置为输入时,NSS 的电平信号用于控制 SPI 控制器自己,配置为输出时,NSS 的信号发送给从设备进行片选,当配置为输出时,只有一个设备为主设备,其余设备均为从设备,不支持多主设备工作。SPI 控制器的外部接口 NSS 引脚连接到 SPI 控制器内部时的电路结构如图 10-8 所示,实际控制 SPI 片选的是内部 NSS,其有两个来源,分别为外部 NSS 引脚和内部寄存器 SSI 位,CR1 寄存器的 SSM 用于控制内部 NSS 的信号来源。

当 SSM 选通 SSI 作为内部 NSS 信号来源时,称为软件 NSS 管理模式,此时外部 NSS

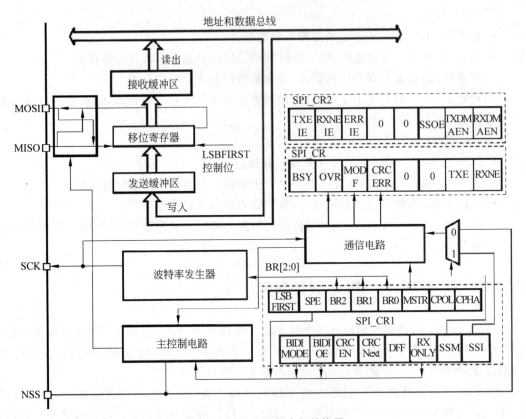

图 10-7　SPI 控制器内部结构图

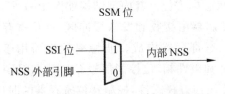

图 10-8　NSS 引脚选择内部电路

引脚无效,可以作为普通 GPIO 使用。当 SPI 工作在主模式时,SSI 需置为 1,当 SPI 工作在从设备模式下时,SSI 需配置为 0。例如,将微控制器集成的 SPI1 和 SPI2 控制器分别作为主设备和从设备连接进行数据传输,此时可配置 SPI1 SSI 位为 1,SPI2 的 SSI 为 0,无需连接 NSS 引脚。一般情况下,外设多为从设备,此时将 SPI 配置为主设备、软件管理模式,NSS 外部引脚作为 GPIO 控制从设备的片选,需要通过额外的 GPIO 控制对从设备进行片选。

　　当 SSM 选通 NSS 外部引脚作为内部 NSS 信号源时,称为 NSS 硬件管理模式。硬件管理模式下,当 NSS 配置为输出时,主设备一旦开始数据传输,自动将 NSS 置为 0,此时片选连接到 NSS 的其他设备均成为从设备接收数据(注意,NSS 信号不会自动变为 1)。硬件模式只用于多主设备下,当一个主设备发送数据时,它会自动拉低 NSS 信号,以通知所有其他的设备它是主设备,如果它不能拉低 NSS,这意味着总线上有另外一个主设备在通信,这时将产生一个硬件失败错误(Hard Fault)。

10.3　SPI 寄存器说明

SPI 控制器的寄存器如表 10-3 所示。

表 10-3　SPI 寄存器列表

寄存器名称	偏移量	功　能	复位值
控制寄存器 1(SPI_CR1)	0x00	控制寄存器 1,用于配置帧格式、波特率、时钟以及三线、四线模式	0x0000 00C0
控制寄存器 2(SPI_CR2)	0x04	控制寄存器 2,中断和 DMA 管理	0x0000 0000
状态寄存器(SPI_SR)	0x08	状态寄存器,发送寄存器空、接收寄存器空等状态控制	0x0000 0000
数据寄存器(SPI_DR)	0x0C	发送和接收数据	0x0000 0000
CRC 多项式寄存器(SPI_CRC)	0x10	校验方法选择	0x0000 XXXX
RX CRC 寄存器(SPI_RXCRCR)	0x14	CRC 校验值	0x0000 0000
TX CRC 寄存器(SPI_TXCRCR)	0x18	CRC 校验值	0x0000 0000

1. SPI 控制寄存器 1(SPI_CR1)

控制寄存器 SPI_CR1 的有效域定义如图 10-9 所示。

15	14	13	12	11	10	9	8	7	6	5	4	3	2	1	0
BIDI MODE	BIDI OE	CRC EN	CRC NEXT	DFF	RX ONLY	SSM	SSI	LSB FIRST	SPE	BR [2:0]			MSTR	CPOL	CPHA
rw	rw	rw	rw	rw	rw	rw	rw	rw	rw	rw	rw	rw	rw	rw	rw

图 10-9　控制寄存器 CR1

BIDIMODE(Bidirectional Mode Enable):单线双向数据模式使能域,用于配置 3 线/4 线 SPI 模式,0 表示双线单向模式,即全双工,1 表示单线双向模式,即半双工。

BIDIOE(Bidirectional Output Enable):双向模式下的输出使能,和 BIDIMODE 位一起决定在单线双向模式下数据的输出方向,置为 0 时 SPI 为接收数据,置为 1 时发送数据。单线双向模式下,主设备 MOSI 连接到从设备 MISO 引脚,通过控制 BIDIOE 实现输入和输出的切换。

CRCEN(CRC Enable):硬件 CRC 校验使能,置为 1 启用 CRC 计算。配置该位时需关闭 SPI(SPE 置为 0),且该位只能在全双工模式下使用。

CRCNEXT(Transmit CRC next):下一个发送 CRC,该位置为 1 时,SPI 将 CRC 寄存器中值通过移位寄存器发出,置为 0 时将发送缓冲区的数据发出。在启用 CRC 的情况下,当发送完最后一个数据后,将该位置 1,SPI 控制器自动发送 CRC 校验数据。

DFF(Data Frame Format)：数据帧格式域，该位置 0 表示使用 8 位数据帧格式进行发送/接收；置 1 表示使用 16 位数据帧格式进行发送/接收。配置该位时需要关闭 SPI。

RXONLY(Receive Only)：只接收，该位和 BIDIMODE 位一起决定在"双线单向"模式下的传输方向。置 0 表示全双工，置 1 表示只接收不发送。

SSM(Software Slave Management)：软件从设备管理，用于控制内部 NSS 信号的来源，置 1 时，启用软件从设备管理，内部 NSS 引脚上的电平由寄存器中 SSI 位的值决定。

SSI(Internal Salve Select)：内部从设备选择，该位只在 SSM 位为 1 时有效，用于配置内部 NSS 引脚的电平。

LSBFIRST：帧格式控制，0 表示先发送 MSB，1 表示先发送 LSB。

SPE(SPI Enable)：SPI 使能，置 0 禁止 SPI 设备，置 1 开启 SPI 设备。

BR[2：0](Buadrate Control)：波特率控制，三个二进制编码 000～111 分别表示 SPI 的 CLK 为 APB 总线时钟的 2、4、8、16、32、64、128、256 分频。

MSTR(Master Selection)：主设备选择，用于配置 SPI 工作在主设备模式（置为 1）还是从设备模式（置为 0）。

CPOL(Clock polarity)：时钟极性，和 CPHA 位组合用于选择 SPI 时序模式，该位为 0 表示空闲状态时 SCK 保持低电平，为 1 表示空闲状态时 SCK 保持高电平。

CPHA(Clock Phase)：时钟相位，该位置 0 表示数据采样从第一个时钟边沿开始；置 1 表示数据采样从第二个时钟边沿开始。

2. SPI 控制寄存器 2(SPI_CR2)

控制寄存器 SPI_CR2 的有效域定义如图 10-10 所示。

15	14	13	12	11	10	9	8	7	6	5	4	3	2	1	0
			Reserved					TXEIE	RXNEIE	ERRIE	FRF	Res.	SSOE	TXDMAEN	RXDMAEN
								rw	rw	rw	rw		rw	rw	rw

图 10-10　控制寄存器 CR2

TXEIE(Tx Buffer Empty Interrupt Enable)：发送缓冲区空中断使能，用于配置 SPI 数据传输完成中断，置 0 表示禁止 TXE 中断，置 1 表示允许 TXE 中断。

RXNEIE(Rx Buffer Not Empty Interrupt Enable)：接收缓冲区非空中断使能，用于配置 SPI 数据接收中断，置 0 表示禁止 RXNE 中断，置 1 表示允许 RXNE 中断。

ERRIE(Error Interrupt Enable)：错误中断使能，用于控制当 SPI 传输出现校验错误、溢出、模式错误等时是否产生中断，0 禁止，1 允许。

SSOE(NSS Output Enable)：NSS 引脚的输入输出控制，0 表示 NSS 引脚为输入，1 表示 NSS 引脚为输出。

TXDMAEN(Tx DMA Enable)：发送缓冲区 DMA 使能，当该位被置 1 时，SPI_SR 寄存器中的发送完成标志 TXE 一旦被置 1 就发出 DMA 请求；该位置 0 不启用 DMA 传输。

RXDMAEN(Rx DMA Enable)：接收缓冲区 DMA 使能，当该位被置 1 时，SPI_SR 寄

存器中的 RXNE 标志一旦被置 1 就发出 DMA 请求;该位置 0 不启用 DMA 传输。

3. SPI 状态寄存器(SPI_SR)

控制寄存器 SPI_SR 的有效域定义如图 10-11 所示,包括:

15	14	13	12	11	10	9	8	7	6	5	4	3	2	1	0
			Reserved				FRE	BSY	OVR	MODF	CRC ERR	UDR	CHSIDE	TXE	RXNE
							r	r	r	r	rc_w0	r	r	r	r

图 10-11　状态寄存器 SR

BSY:忙标志,由硬件控制,该位为 0 表示 SPI 不忙,为 1 表示 SPI 正忙于通信,或者发送缓冲非空。SPI 开始传输时 BSY 被自动置 1,当传输结束、关闭 SPI 时被置 0,如果不是连续通信,在每个数据(8 位或 16 位)传输完成后之间,BSY 标志被自动置 0;当通信是连续时,主模式下 BSY 在整个传输期间保持为高电平,从模式下在每个数据传输完成之后被自动置 0,下一个数据开始时自动置 1。

OVR:溢出标志,当主设备已经发送了数据字节,而从设备还没有清除前一个数据字节产生的 RXNE 时,即为溢出错误。该位为 1 表示出现溢出错误,发生溢出错误时硬件自动置 1,需要软件进行清除。

MODF(Mode Fault):主模式失效错误,该位为 1 表示出现主模式被迫变更为从模式,发生模式错误时硬件自动置 1,需要软件进行清除。

CRCERR(CRC Error):CRC 错误标志,该位为 1 表示收到的 CRC 值和 SPI_RXCRCR 寄存器中的值不匹配。该位由硬件置位,由软件写 0 复位。

TXE(Tx Empty):发送缓冲为空,0 表示发送缓冲非空;1 表示发送缓冲为空,可以写下一个待发送的数据进入缓冲器中。当写入 SPI_DR 时,TXE 标志被清除。

RXNE(Rx Not Empty):接收缓冲非空,0 表示接收缓冲为空;1 表示在接收缓冲器中包含有效的接收数据。读 SPI 数据寄存器可以清除此标志。

FRE、UDR 和 CHSIDE 三个域在 SPI 模式下无效。

4. SPI 数据寄存器(SPI_DR)

数据寄存器如图 10-12 所示,DR 是一个 16 位寄存器,用于存储待发送或者已经收到的数据,数据寄存器 DR 实际对应两个缓冲区:一个用于写的发送缓冲和另外一个用于读的接收缓冲。写操作将数据写到发送缓冲区;读操作将返回接收缓冲区里的数据。

15	14	13	12	11	10	9	8	7	6	5	4	3	2	1	0
							DR[15:0]								
rw	rw	rw	rw	rw	rw	rw	rw	rw	rw	rw	rw	rw	rw	rw	rw

图 10-12　数据寄存器 DR

寄存器 SPI_CR1 的 DFF 位对数据帧格式的选择,DFF 为 0 时数据帧格式为 8 位,发送和接收缓冲器只会用到 SPI_DR[7:0],其余位为 0。DFF 为 1 时,缓冲器使用整个数据寄存器 SPI_DR[15:0]。

5. SPI CRC 多项式寄存器（SPI_CRCPR）

CRC 多项式寄存器的有效域定义如图 10-13 所示，该寄存器包含了 CRC 计算时用到的多项式。其复位值为 0x0007，根据应用可以设置其他数值。

15	14	13	12	11	10	9	8	7	6	5	4	3	2	1	0
CRCPOLY[15:0]															
rw	rw	rw	rw	rw	rw	rw	rw	rw	rw	rw	rw	rw	rw	rw	rw

图 10-13　CRC 计算多项式寄存器

6. SPI Rx CRC 寄存器（SPI_RXCRCR）

接收数据 CRC 寄存器的有效域定义如图 10-14 所示，RXCRC[15：0]：接收 CRC 寄存器，在启用 CRC 计算时，RXCRC[15：0]中包含了依据收到的字节计算的 CRC 数值。当在 SPI_CR1 的 CRCEN 位写入'1'时，该寄存器被复位。CRC 计算使用 SPI_CRCPR 中的多项式。

15	14	13	12	11	10	9	8	7	6	5	4	3	2	1	0
RXCRC[15:0]															
r	r	r	r	r	r	r	r	r	r	r	r	r	r	r	r

图 10-14　接收数据 CRC 计算值

当数据帧格式被设置为 8 位时，仅低 8 位参与计算，并且按照 CRC8 的方法进行；当数据帧格式为 16 位时，寄存器中的所有 16 位都参与计算，并且按照 CRC16 的标准。

7. SPI Tx CRC 寄存器（SPI_TXCRCR）

发送数据 CRC 寄存器的有效域定义如图 10-15 所示，TxCRC[15：0]：发送 CRC 寄存器，在启用 CRC 计算时，TXCRC[15：0]中包含了依据将要发送的字节计算的 CRC 数值。当在 SPI_CR1 中的 CRCEN 位写入'1'时，该寄存器被复位。CRC 计算使用 SPI_CRCPR 中的多项式。

15	14	13	12	11	10	9	8	7	6	5	4	3	2	1	0
TXCRC[15:0]															
r	r	r	r	r	r	r	r	r	r	r	r	r	r	r	r

图 10-15　发送数据 CRC 计算值

10.4　SPI 通信流程

在进行 SPI 通信之前，首先要确定 SPI 的主从工作模式，一般情况下，MCU 被配置成主设备模式和其他外设进行数据通信，如果 MCU 作为从设备连接到其他设备上，需要将 MCU 的 SPI 配置为从设备模式。无论是 MCU 配置成主模式还是从模式，都需要根据所连接的从设备或主设备的配置进行参数配置。

10.4.1 SPI 双工通信模式配置

1. 从模式配置

在从设备模式下，SCK 引脚用于接收从主设备来的串行时钟，SPI_CR1 寄存器中 BR[2：0]的设置不影响数据传输速率。从设备模式的配置步骤如下：

- 设置 DFF 位以定义数据帧格式为 8 位或 16 位。
- 根据主设备的 CPOL 和 CPHA 时序要求，选择相同的 CPOL 和 CPHA 配置来定义数据传输和串行时钟之间的相位关系。
- 配置 SPI_CR1 寄存器中的 LSBFIRST 位确保帧格式与主设备相同。
- 配置 I/O 方向，MOSI 为输入，MISO 为输出，SPI CR2 中的 SSOE 置为 0（NSS 引脚为输入）。
- 选择 NSS 的模式，若 NSS 连接到 GND 或主设备的 NSS 或 I/O 引脚，则选用硬件模式。若 NSS 未连接，则配置 NSS 软件模式，设置 SPI_CR1 寄存器中的 SSM 位并清除 SSI 位。
- 如果启用接收和发送中断，配置 SPI_CR2 寄存器的 TXEIE 和 RXNEIE，若启用 DMA 传输中断，配置 TXDMAIE 和 RXDMAIE。
- 清除 SPI_CR1 寄存器 MSTR 位、设置 SPE 位，启动 SPI 工作。

2. 主模式配置

在主设备模式下，主设备在 SCK 脚输出串行时钟。

- 通过 SPI_CR1 寄存器的 BR[2：0]位定义串行时钟波特率。
- 选择 CPOL 和 CPHA 位，定义数据传输和串行时钟间的相位关系。
- 设置 DFF 位来定义 8 位或 16 位数据帧格式。
- 配置 SPI_CR1 寄存器的 LSBFIRST 位定义帧格式。
- 配置引脚 I/O，MOSI 配置为输出，MISO 配置为输入。
- 配置 NSS 引脚的输入输出模式，输入硬件模式下，NSS 脚连接到高电平；输入软件模式下，需设置 SPI_CR1 寄存器的 SSM 位和 SSI 位；输出模式下，置 SSOE 位为 1。
- 设置 MSTR 位和 SPE 位，启动 SPI 传输。

3. 主从模式下的数据发送与接收流程

主模式下，当写入数据到 SPI_DR 寄存器（发送缓冲器）后，传输开始；在发送第一个数据位时，数据被并行地从发送缓冲器传送到 8 位的移位寄存器中，然后按顺序被串行地移位送到 MOSI 引脚上；MSB 在先还是 LSB 在先，取决于 SPI_CR1 寄存器中的 LSBFIRST 位的设置。数据从发送缓冲器传输到移位寄存器时 TXE 标志将被置位，如果设置了 SPI_CR1 寄存器中的 TXEIE 位，将产生中断。与此同时，在 MISO 引脚上接收到的数据，按顺序被串行地移位进入 8 位的移位寄存器中。

从模式下，当从设备接收到时钟信号并且第一个数据位出现在它的 MOSI 时，数据通信开始，MOSI 上传输第一个数据位时，发送缓冲器中的数据被并行地传送到移位寄存器，随后 MOSI 的数据位依次移动进入移位寄存器,移位寄存器中的数据依次被发送到 MISO 引脚上;在 SPI 主设备开始数据传输之前,从设备需在发送寄存器中提前写入要发送的数据。当发送缓冲器中的数据传输到移位寄存器时,SPI_SP 寄存器的 TXE 标志被置 1,写入 SPI_DR 寄存器 TXE 被清 0。如果设置了 SPI_CR2 寄存器的 TXEIE 位,将会产生中断。

　　无论工作在何种模式,SPI 控制器在最后一个采样时钟边沿后,将移位寄存器中的数据传送到接收缓冲器,SPI_SR 寄存器中的 RXNE 标志被置 1,表明接收数据已就绪。读 SPI_DR 寄存器时,SPI 设备返回这个接收缓冲器的数值并将 RXNE 位置 0。如果设置了 SPI_CR2 寄存器中的 RXNEIE 位,则产生中断。

　　在发送和接收的过程中,SPI 处于通信状态是 BSY 标志被置 1,可以通过 BSY 信号判断传输是否完成。从模式下,一旦传输开始,如果下一个将发送的数据被放进了发送缓冲器,就可以维持一个连续的传输流,如图 10-16 所示,配置 LSB 优先,CPOL＝CPHA＝1,主设备发送 0xF1、0xF2、0xF3,从设备发送 0xA1、0xA2、0xA3。在将数据 0xF1 写入到数据寄存器后,TXE 标志被自动置 0,SPI 检测 SCK 时钟沿,在第一个下降沿,主模式下将会立即将 0xF1 写入发送缓冲器并将最低位发送到 MOSI 总线,BSY 标志被置 1,此时 SPI_DR 寄存器可以接收下一个将要被发送的数据,TXE 标志被自动置 1。在第一个上升沿,SPI 锁存 MISO 总线的 0xA1 的最低位电平信号,在第二个下降沿时,将 MISO 的信号写入移位寄存器最低位并在 MOSI 总线上送出 0xF1 的第二位,移位寄存器右移 1 位。在第 8 个时钟周期后,一个字节传输完成,BSY 标志被自动置 0,数据已被保存到接收缓冲区,RXNE 标志被自动置 1。第 9 个时钟周期,SPI 开始进行数据 0xF2 的发送和 0xA2 的接收。写发送缓冲

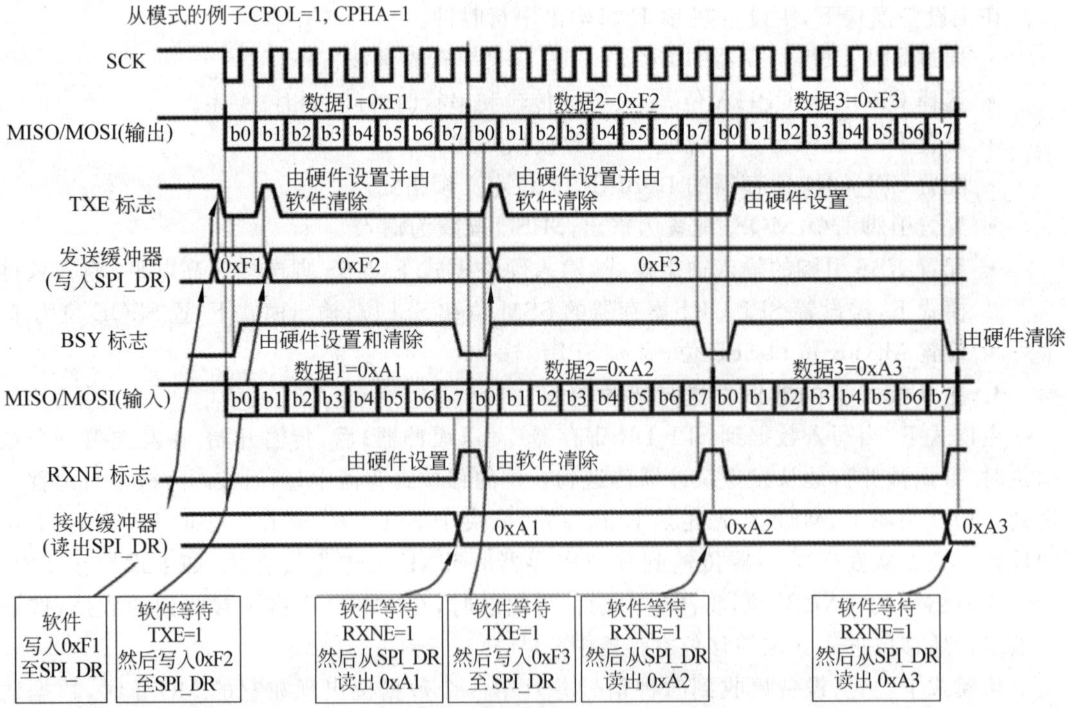

图 10-16　全双工从模式数据发送

器之前,需确认 TXE 标志应该为 1,否则新的数据会覆盖已经在发送缓冲器中的数据。主模式的时序和从模式类似,如图 10-17 所示,不同之处在于 BSY 信号在连续进行数据发送时一直保持高电平,直到所有数据发送结束,而从模式下 BSY 信号在每接收到一个主设备数据后被置为 0,下一个数据到达时又被置为 1。

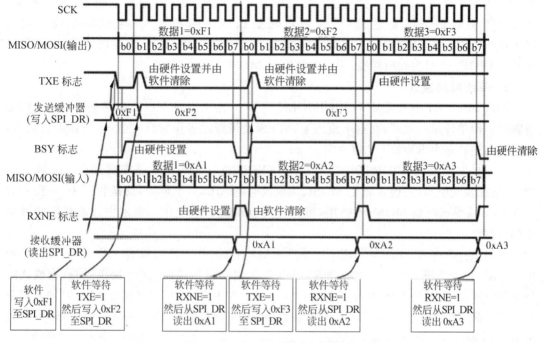

图 10-17　全双工主模式数据发送

全双工模式下发送和接收的处理流程如下:

- 设置 SPE 位为 1,使能 SPI 模块。
- 在 SPI_DR 寄存器中写入第一个要发送的数据。
- 等待 TXE=1,然后写入第二个要发送的数据。
- 等待 RXNE=1,然后读出 SPI_DR 寄存器并获得第一个接收到的数据,读 SPI_DR 的同时清除了 RXNE 位。重复步骤 3、4,发送后续的数据同时接收 $n-1$ 个数据。
- 等待 RXNE=1,然后接收最后一个数据。
- 等待 TXE=1,在 BSY=0 之后关闭 SPI 模块。
- 如果开启了发送和接收中断,可以利用中断服务程序读写数据。

10.4.2　SPI 单工/半双工通信

在有些系统中,为节省 I/O 数量或者某些设备操作中主要以单向传输为主(如液晶屏),可以采用三线 SPI 接法。三线 SPI 只能实现单工/半双工通信,具体分为两种模式:

- 单线双向模式：1 条时钟线和 1 条双向数据线。
- 单线单向模式：1 条时钟线和 1 条单向数据线，只接收或只发送。

1. 单线双向模式

设置 SPI_CR1 寄存器中的 BIDIMODE 位为 1 启用单线双向模式。在这个模式下，SCK 引脚作为时钟，主设备使用 MOSI 引脚，从设备使用 MISO 引脚作为数据通信，即主设备 MOSI 和从设备 MISO 直接连接。传输的方向由 SPI_CR1 寄存器里的 BIDIOE 控制。当该位置 1 时数据线是输出（主设备发送数据），否则是输入（主设备接收数据）。BIDIMODE=1 并且 BIDIOE=1 时为双向发送，主设备数据线 MOSI 为输出，BIDIMODE=1 并且 BIDIOE=0 时为双向接收，主设备数据线 MOSI 为输入。

2. 单线单向模式

设置 SPI_CR1 寄存器中的 BIDIMODE 位为 0，且主设备 MOSI 连接到从设备 MISO 引脚时启用单线单向模式，在这个模式下，SPI 模块可以或者作为只发送，或者作为只接收，接收和发送状态由 RXONLY 位决定。

单向只发送模式（BIDIMODE=0 并且 RXONLY=0）：只发送模式和全双工模式类似，数据在发送引脚（主模式时是 MOSI、从模式时是 MISO）上传输，而接收引脚（主模式时是 MISO、从模式时是 MOSI）不使用，可以作为通用的 I/O 使用。程序中忽略接收缓冲器中的数据。

单向只接收模式（BIDIMODE=0 并且 RXONLY=1）：通过设置 SPI_CR2 寄存器的 RXONLY 位为 1 进入单向只接收模式，SPI 的输出功能被关闭，此时发送引脚（主模式时是 MOSI、从模式时是 MISO）可以作为 I/O 使用。在主设备中，一旦使能 SPI，即进入接收状态，BSY 标志始终置 1，关闭 SPI 时停止接收；在从设备中，一旦设备被片选（NSS=0）且 SCK 有时钟脉冲，SPI 处于接收状态。

全双工模式是双线单向模式，和单工的单线单向模式的区别在于，在单线单向模式下，主设备 MOSI 和从设备 MISO 连接，双线单向模式下，主从设备的 MOSI、MISO 分别和 MOSI、MISI 连接。

3. 单线模式数据发送与接收流程

单线只发送过程使用 BSY 位等待传输的结束，如果数据连续发送，从模式下的时序流程如图 10-18 所示。

- 设置 SPE 位为 1，使能 SPI 模块。
- 在 SPI_DR 寄存器中写入第一个要发送的数据。
- 等待 TXE=1，然后写入第二个要发送的数据；重复步骤 3，发送后续的数据。
- 写入最后一个数据到 SPI_DR 寄存器之后，等待 TXE=1；然后等待 BSY=0，完成数据传输。

主模式下的单线只发送和从模式下的区别在于在连续发送时 BSY 一直为高电平，不连续发送时与从模式单线只发送时序相同。

单向只接收模式的传输过程如图 10-19 所示，BSY 信号不起作用：

- 在 SPI_CR2 寄存器中，设置 RXONLY=1。

从模式下的例子CPOL=1, CPHA=1

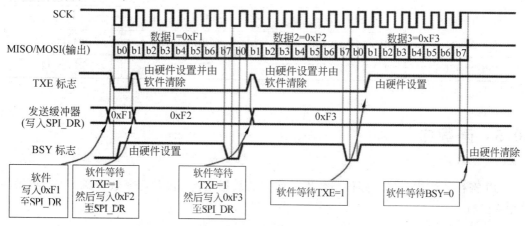

图 10-18　从模式单线只发送

例子配置：CPOL=1, CPHA=1, RXONLY=1

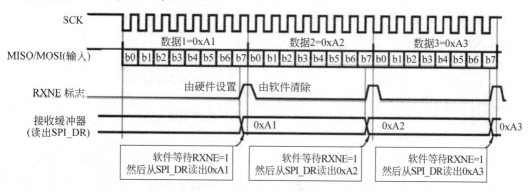

图 10-19　单线只接收模式

- 设置 SPE＝1，使能 SPI 模块：

  ◆ 主模式下立刻产生 SCK 信号，在关闭 SPI(SPE＝0)之前不断地接收串行数据；

  ◆ 从模式下，当 SPI 主设备拉低 NSS 信号并产生 SCK 时钟时，接收串行数据。

- 等待 RXNE＝1，然后读出 SPI DR 寄存器以获得收到的数据(同时会清除 RXNE 位)。重复此步骤接收所有数据。

单线双向传输的流程其发送过程和单线单向发送类似，接收过程和单线单向接收类似。
SPI 专用 GPIO 引脚如表 10-4 所示。

表 10-4　SPI GPIO 引脚

SPI 引脚功能	SPI1 I/O 引脚	SPI2 I/O 引脚	SPI3 I/O 引脚
SPI_NSS	PA4、PA15、PE12	PB12、PD0	PA15
SPI_SCK	PA5、PB3、PE13	PB13、PD1	PB3、PC10

SPI 引脚功能	SPI1 I/O 引脚	SPI2 I/O 引脚	SPI3 I/O 引脚
SPI_MISO	PA6、PA11、PB4、PE14	PB14、PD3	PB4、PC11
SPI_MOSI	PA7、PA12、PB5、PE15	PB15、PD4	PB5、PC12

10.5　函数库

SPI 寄存器结构描述了固件函数库所使用的数据结构，固件库函数介绍了 ST 提供的典型库函数。

10.5.1　SPI 寄存器结构

SPI 寄存器结构，SPI_TypeDeff 在文件 stm32l1xx.h 中定义如下：

```
typedef struct
{
    __IO uint16_t CR1;                    // SPI 控制寄存器 1
    uint16_t RESERVED0;
    __IO uint16_t CR2;                    // SPI 控制寄存器 2
    uint16_t RESERVED1;
    __IO uint16_t SR;                     // SPI 状态寄存器
    uint16_t RESERVED2;
    __IO uint16_t DR;                     // SPI 数据寄存器
    uint16_t RESERVED3;
    __IO uint16_t CRCPR;                  // SPI CRC 多项式寄存器
    uint16_t RESERVED4;
    __IO uint16_t RXCRCR;                 // SPI 接收 CRC 寄存器
    uint16_t RESERVED5;
    __IO uint16_t TXCRCR;                 // SPI 发送 CRC 寄存器
    uint16_t RESERVED6;
} SPI_TypeDef;
```

2 个 SPI 外设声明文件 stm32l1xx.h：

```
#define PERIPH_BASE ((uint32_t)0x40000000)
#define APB1PERIPH_BASE PERIPH_BASE
#define APB2PERIPH_BASE (PERIPH_BASE +0x10000)
#define AHBPERIPH_BASE (PERIPH_BASE +0x20000)
#define SPI1_BASE (APB2PERIPH_BASE +0x3000)
#define SPI2_BASE (APB1PERIPH_BASE +0x3800)
```

```
#define SPI1 ((SPI_TypeDef *) SPI1_BASE)
#define SPI2 ((SPI_TypeDef *) SPI2_BASE)
```

SPI_InitTypeDef 定义于文件 stm32l1xx_spi.h,用于寄存器的初始化。

```
typedef struct
{
  uint16_t SPI_Direction;
  uint16_t SPI_Mode;
  uint16_t SPI_DataSize;
  uint16_t SPI_CPOL;
  uint16_t SPI_CPHA;
  uint16_t SPI_NSS;
  uint16_t SPI_BaudRatePrescaler;
  uint16_t SPI_FirstBit;
  uint16_t SPI_CRCPolynomial;
} SPI_InitTypeDef;
```

其中,SPI_Direction 设置了 SPI 单向或者双向的数据模式,取值为:

- SPI_Direction_2Lines_FullDuplex   SPI 设置为双线双向全双工
- SPI_Direction_2Lines_RxOnly   SPI 设置为双线单向接收
- SPI_Direction_1Line_Rx   SPI 设置为单线双向接收
- SPI_Direction_1Line_Tx   SPI 设置为单线双向发送

SPI_Mode 设置了 SPI 工作模式,取值为:

- SPI_Mode_Master   设置为主 SPI
- SPI_Mode_Slave   设置为从 SPI

SPI_DataSize 设置了 SPI 的数据大小,取值为:

- SPI_DataSize_16b   SPI 发送接收 16 位帧结构
- SPI_DataSize_8b   SPI 发送接收 8 位帧结构

SPI_CPOL 选择了串行时钟的默认值,取值为:

- SPI_CPOL_High   时钟悬空高
- SPI_CPOL_Low   时钟悬空低

SPI_CPHA 设置了位捕获的时钟活动沿的位置,取值为:

- SPI_CPHA_2Edge   数据捕获于第二个时钟沿
- SPI_CPHA_1Edge   数据捕获于第一个时钟沿

SPI_NSS 指定了 NSS 信号由硬件(NSS 引脚)还是软件(使用 SSI 位)管理,取值为:

- SPI_NSS_Hard   NSS 由外部引脚管理
- SPI_NSS_Soft   内部 NSS 信号有 SSI 位控制

SPI_BaudRatePrescaler 用来定义波特率预分频的值,这个值用以设置发送和接收的 SCK 时钟,取值为 SPI_BaudRatePrescalerX,其中 X 取值范围为 2、4、8、16、32、64、128、256,分别表示波特率预分频值为 X。

SPI_FirstBit 指定了数据传输从 MSB 位还是 LSB 位开始，取值为：

- SPI_FisrtBit_MSB　　　　　　　数据传输从 MSB 位开始
- SPI_FisrtBit_LSB　　　　　　　数据传输从 LSB 位开始

SPI_CRCPolynomial 定义了用于 CRC 值计算的多项式，默认值为 7。

10.5.2　SPI 库函数

SPI 库函数列表如表 10-5 所示。

表 10-5　SPI 库函数列表

函　数　名	描　　述
SPI_I2S_DeInit	将外设 SPIx 寄存器重设为默认值
SPI_Init	根据 SPI_InitStruc 中指定的参数初始化外设 SPIx 寄存器
SPI_StructInit	把 SPI_InitStruct 中的参数按默认值填入
SPI_DataSizeConfig	配置 8 位/16 位数据传输
SPI_Cmd	使能或者失能 SPI 外设
SPI_I2S_ITConfig	使能或者失能指定的 SPI 中断
SPI_DMACmd	使能或者失能指定 SPI 的 DMA 请求
SPI_I2S_SendData	通过外设 SPIx 发送一个数据
SPI_I2S_ReceiveData	返回通过 SPIx 最近接收的数据
SPI_NSSInternalSoftwareConfig	为选定的 SPI 软件配置内部 NSS 引脚
SPI_SSOutputCmd	使能或者失能指定的 SPI SS 输出
SPI_BiDirectionalLineConfig	选择指定 SPI 在双向模式下的数据传输方向
SPI_I2S_GetFlagStatus	检查指定的 SPI 标志位设置与否
SPI_I2S_ClearFlag	清除 SPIx 的待处理标志位
SPI_I2S_GetITStatus	检查指定的 SPI 中断发生与否
SPI_I2S_ClearITPendingBit	清除 SPIx 的中断待处理位
SPI_CalculateCRC	计算 CRC
SPI_TransmitCRC	传输 CRC
SPI_GetCRC	获取接收 CRC

在操作 SPI 控制器之前，需要打开 SPI 总线时钟，对 SPI1，调用 RCC_APB2PeriphClock-Cmd()，对 SPI2 调用 RCC_APB1PeriphClockCmd()。

1）函数 SPI_I2S_DeInit

功能描述：将外设 SPIx 寄存器重设为默认值。

函数原型：void SPI_I2S_DeInit(SPI_TypeDef * SPIx)。

输入参数 SPIx 用来选择 SPI 外设。

示例：

```
SPI_I2S_DeInit(SPI2);
```

2）函数 SPI_Init

功能描述：根据 SPI_InitStruct 中指定的参数初始化外设 SPIx 寄存器。

函数原型：void SPI_Init(SPI_TypeDef * SPIx, SPI_InitTypeDef * SPI_InitStruct)。

输入参数 SPIx 用来选择 SPI 外设，SPI_InitStruct 为指向结构 SPI_InitTypeDef 的指针，包含了外设 SPI 的配置信息。

示例：

```
SPI_InitTypeDef SPI_InitStructure;
SPI_InitStructure.SPI_Direction =SPI_Direction_2Lines_FullDuplex;
SPI_InitStructure.SPI_Mode =SPI_Mode_Master;
SPI_InitStructure.SPI_DatSize =SPI_DatSize_16b;
SPI_InitStructure.SPI_CPOL =SPI_CPOL_Low;
SPI_InitStructure.SPI_CPHA =SPI_CPHA_2Edge;
SPI_InitStructure.SPI_NSS =SPI_NSS_Soft;
SPI_InitStructure.SPI_BaudRatePrescaler =SPI_BaudRatePrescaler_128;
SPI_InitStructure.SPI_FirstBit =SPI_FirstBit_MSB;
SPI_InitStructure.SPI_CRCPolynomial =7;
SPI_Init(SPI1, &SPI_InitStructure);
```

3）函数 SPI_StructInit

功能描述：把 SPI_InitStruct 中的每一个参数按默认值填入。

函数原型：void SPI_StructInit(SPI_InitTypeDef * SPI_InitStruct)。

输入参数：SPI_InitStruct：指向结构 SPI_InitTypeDef 的指针，待初始化。默认值为：

SPI_Direction	SPI_Direction_2Lines_FullDuplex
SPI_Mode	SPI_Mode_Slave
SPI_DataSize	SPI_DataSize_8b
SPI_CPOL	SPI_CPOL_Low
SPI_CPHA	SPI_CPHA_1Edge
SPI_NSS	SPI_NSS_Hard
SPI_BaudRatePrescaler	SPI_BaudRatePrescaler_2
SPI_FirstBit	SPI_FirstBit_MSB
SPI_CRCPolynomial	

示例：

```
SPI_InitTypeDef SPI_InitStructure;
SPI_StructInit(&SPI_InitStructure);
```

4) 函数 SPI_Cmd

功能描述：使能或者失能 SPI 外设。

函数原型：void SPI_Cmd(SPI_TypeDef * SPIx, FunctionalState NewState)。

输入参数 SPIx 用于选择 SPI 外设，NewState 用于设置外设 SPIx 的状态，取值为 ENABLE 或者 DISABLE。

示例：

```
SPI_Cmd(SPI1, ENABLE);
```

5) 函数 SPI_I2S_ITConfig

功能描述：使能或者失能指定的 SPI 中断。

函数原型：void SPI_I2S_ITConfig(SPI_TypeDef * SPIx, uint16_t SPI_I2S_IT, FunctionalState NewState)。

输入参数 SPIx 用来选择 SPI 外设，SPI_I2S_IT 为待使能或者失能的 SPI 中断源，其取值为：

- SPI_IT_TXE   发送缓存空中断屏蔽
- SPI_IT_RXNE   接收缓存非空中断屏蔽
- SPI_IT_ERR   错误中断屏蔽

输入参数 NewState 为 SPIx 中断的状态，取值为 ENABLE 或者 DISABLE。

示例：

```
SPI_I2S_ITConfig(SPI2, SPI_IT_TXE, ENABLE);
```

6) 函数 SPI_I2S_SendData

功能描述：通过外设 SPIx 发送一个数据。

函数原型：void SPI_I2S_SendData(SPI_TypeDef * SPIx, uint16_t Data)。

输入参数 SPIx 用来选择 SPI 外设，Data 为待发送的数据。

示例：

```
SPI_I2S_SendData(SPI1, 0xA5);
```

7) 函数 SPI_I2S_ReceiveData

功能描述：返回通过 SPIx 最近接收的数据。

函数原型：uint16_t SPI_I2S_ReceiveData(SPI_TypeDef * SPIx)。

输入参数 SPIx 用来选择 SPI 外设。

示例：

```
uint16_t ReceivedData;
ReceivedData = SPI_I2S_ReceiveData(SPI2);
```

8) 函数 SPI_NSSInternalSoftwareConfig

功能描述：为选定的 SPI 进行软件内部 NSS 引脚配置。

函数原型：void SPI_NSSInternalSoftwareConfig(SPI_TypeDef * SPIx, uint16_t SPI_NSSInternalSoft)。

输入参数 SPIx 用于选择 SPI 外设，SPI_NSSInternalSoft 为 SPI NSS 内部状态，其取值范围为：

- SPI_NSSInternalSoft_Set　　　　内部设置 NSS 引脚高电平
- SPI_NSSInternalSoft_Reset　　　内部重置 NSS 引脚低电平

示例：

```
SPI_NSSInternalSoftwareConfig(SPI1, SPI_NSSInternalSoft_Set);
SPI_NSSInternalSoftwareConfig(SPI2, SPI_NSSInternalSoft_Reset);
```

9）函数 SPI_SSOutputCmd

功能描述：使能或者失能指定的 SPI NSS 引脚输出。

函数原型：void SPI_SSOutputCmd(SPI_TypeDef * SPIx, FunctionalState NewState)。

输入参数 SPIx 用来选择 SPI 外设，NewState 为 SPI NSS 引脚输出的状态，取值为 ENABLE 或者 DISABLE。

示例：

```
SPI_SSOutputCmd(SPI1, ENABLE);
```

10）函数 SPI_BiDirectionalLineConfig

功能描述：选择指定 SPI 在双向模式下的数据传输方向。

函数原型：SPI_BiDirectionalLineConfig(SPI_TypeDef * SPIx, uint16_t SPI_Direction)。

输入参数：SPIx 用来选择 SPI 外设，SPI_Direction 选择 SPI 在双向模式下的数据传输方向，取值为：

- SPI_Direction_Tx　　　　选择 Tx 发送方向
- SPI_Direction_Rx　　　　选择 Rx 接受方向

示例：

```
SPI_BiDirectionalLineConfig(SPI_Direction_Tx);
```

11）函数 SPI_I2S_GetFlagStatus

功能描述：检查指定的 SPI 标志位设置与否。

函数原型：FlagStatus SPI_GetFlagStatus(SPI_TypeDef * SPIx, uint16_t SPI_I2S_FLAG)。

输入参数 SPIx 用于选择 SPI 外设，SPI_I2S_FLAG 为待检查的 SPI 标志位，包括：

- SPI_FLAG_BSY　　　　忙标志位
- SPI_FLAG_OVR　　　　超出标志位

- SPI_FLAG_MODF   模式错位标志位
- SPI_FLAG_CRCERR   CRC 错误标志位
- SPI_FLAG_TXE   发送缓存空标志位
- SPI_FLAG_RXNE   接受缓存非空标志位

返回值为 SPI_I2S_FLAG 的状态,值为 SET 或者 RESET。

12)函数 SPI_I2S_ClearFlag

功能描述:清除 SPIx 的待处理标志位。

函数原型:void SPI_I2S_ClearFlag(SPI_TypeDef * SPIx, uint16_t SPI_I2S_FLAG)。

输入参数 SPIx 用于选择 SPI 外设,SPI_I2S_FLAG 为待清除的 SPI 标志位,取值与 SPI_I2S_GetFlagStatus 的 SPI_I2S_FLAG 相同,但是,不能清除标志位 BSY,TXE 和 RXNE,这三个标志位由硬件清零。

示例:

```
SPI_I2S_ClearFlag(SPI2, SPI_FLAG_OVR);
```

13)函数 SPI_I2S_GetITStatus

功能描述:检查指定的 SPI 中断发生与否。

函数原型:ITStatus SPI_I2S_GetITStatus(SPI_TypeDef * SPIx, uint8_t SPI_I2S_IT)。

输入参数 SPIx 用来选择 SPI 外设,SPI_I2S_IT 指定待检查的 SPI 中断源,包括:

- SPI_IT_OVR   超出中断标志位
- SPI_IT_MODF   模式错误标志位
- SPI_IT_CRCERR   CRC 错误标志位
- SPI_IT_TXE   发送缓存空中断标志位
- SPI_IT_RXNE   接受缓存非空中断标志位

返回值为 SPI_I2S_IT 的新状态,值为 SET 或 RESET。

示例:

```
ITStatus Status;
Status =SPI_I2S_GetITStatus(SPI1, SPI_IT_OVR);
```

14)函数 SPI_I2S_ClearITPendingBit

功能描述:清除 SPIx 的中断待处理位。

函数原型:void SPI_I2S_ClearITPendingBit(SPI_TypeDef * SPIx, uint8_t SPI_I2S_IT)。

输入参数 SPIx 用于选择 SPI 外设,SPI_I2S_IT 为待清除的 SPI 中断源,与 SPI_I2S_Get_ITStatus 函数的第二个参数取值相同,中断标志位 BSY,TXE 和 RXNE 由硬件重置。

示例:

```
SPI_I2S_ClearITPendingBit(SPI2, SPI_IT_CRCERR);
```

10.6　SPI 案例

10.6.1　SPI 寄存器操作案例

1) SPI_Iint 函数实现

```
void SPI_Init(SPI_TypeDef * SPIx, SPI_InitTypeDef * SPI_InitStruct)
{
  uint16_t tmpreg =0;
  //CR1 寄存器配置
  tmpreg =SPIx->CR1;
  //清除 BIDIMode, BIDIOE, RxONLY, SSM, SSI, LSBFirst, BR, MSTR, CPOL 和 CPHA
  tmpreg &=CR1_CLEAR_MASK;
  //根据 SPI_Direction 配置 BIDImode, BIDIOE 和 RxONLY 字段
  //根据 SPI_Mode 和 SPI_NSS 设置 SSM, SSI 和 MSTR 字段
  //根据 SPI_FirstBit 设置 LSBFirst
  //根据 SPI_BaudRatePrescaler 设置 BR 字段
  //根据 SPI_CPOL 和 SPI_CPHA 设置 CPOL 和 CPHA 字段
  tmpreg |=(uint16_t)((uint32_t)SPI_InitStruct->SPI_Direction
          |SPI_InitStruct->SPI_Mode | SPI_InitStruct->SPI_DataSize
          |SPI_InitStruct->SPI_CPOL | SPI_InitStruct->SPI_CPHA
          |SPI_InitStruct->SPI_NSS  | SPI_InitStruct->SPI_BaudRatePrescaler
          |SPI_InitStruct->SPI_FirstBit);
  SPIx->CR1 =tmpreg;
  //配置 CRC 多项式寄存器
  SPIx->CRCPR =SPI_InitStruct->SPI_CRCPolynomial;
}
```

2) 中断状态读取函数实现

```
ITStatus SPI_I2S_GetITStatus(SPI_TypeDef * SPIx, uint8_t SPI_I2S_IT)
{
  ITStatus bitstatus =RESET;
  uint16_t itpos =0, itmask =0, enablestatus =0;
  //根据 SPI_I2S_IT 的定义获取状态寄存器对应的中断状态字段的位置
  //例如 TXE 中断定义为 0x71,7 表示中断控制 TXEIE 的位置,1 表示 SR 寄存器 TXE 标志的位置
  itpos =0x01 <<(SPI_I2S_IT & 0x0F);
  //根据输入的中断源计算中断开关的字段位置
  itmask =SPI_I2S_IT >>4;
  itmask =0x01 <<itmask;
  //判断中断源所对应的中断开关字段是否被打开
```

```
enablestatus = (SPIx->CR2 & itmask) ;
//如果允许中断且状态寄存器对应的状态位为 1,则返回 SET,否则返回 RESET
if (((SPIx->SR & itpos) != (uint16_t)RESET) && enablestatus)
  bitstatus = SET;
else
  bitstatus = RESET;
return bitstatus;
}
```

10.6.2　SPI 函数库案例

1）基本配置流程

- 调用 RCC_APB2PeriphClockCmd（RCC_APB2Periph_SPI1，ENABLE）或 RCC_APB1Periph ClockCmd（RCC_APB1Periph_SPI2，ENABLE）使能 SPI1 和 SPI2 的时钟。
- 调用 RCC_AHBPeriphClockCmd（）使能 SCK，MOSI，MISO，NSS 引脚对应的 GPIO 端口时钟。
- 调用 GPIO_PinAFConfig（）将 I/O 与复选功能进行映射。
- 配置 GPIO 引脚为复选功能，上拉或下拉输出，调用 GPIO_Init 进行初始化。
- 配置极性、相位、波特率分频，主从模式等，通过 SPI_Init（）进行初始化。
- 配置 NVIC，使能相应中断，调用 SPI_ITConfig（）开启 SPI 中断源。
- 调用 SPI_Cmd（）启用 SPI。
- 也可以通过调用 SPI_BiDirectionalLineConfig（）配置三线模式，SPI_NSSInternalSoftwareConfig（）配置 NSS 引脚，SPI_DataSizeConfig（）配置数据位宽以及调用 SPI_SSOutputCmd（）设置 NSS 的输入输出状态。

2）库函数配置案例

```
void SPI_INIT()
{
  SPI_InitTypeDef SPI_InitStructure;
  GPIO_InitTypeDef GPIO_InitStructure;
  SPI_Cmd(SPI2,DISABLE);
  RCC_AHBPeriphClockCmd(RCC_AHBPeriph_GPIOB, ENABLE);    //使能 GPIOB 时钟
  RCC_APB1PeriphClockCmd(RCC_APB1Periph_SPI2, ENABLE);
  GPIO_InitStructure.GPIO_Pin = GPIO_Pin_15;             // 初始化指定引脚
  GPIO_InitStructure.GPIO_Mode = GPIO_Mode_AF;
  GPIO_InitStructure.GPIO_OType = GPIO_OType_PP;
  GPIO_InitStructure.GPIO_PuPd = GPIO_PuPd_NOPULL;
  GPIO_InitStructure.GPIO_Speed = GPIO_Speed_40MHz;
  GPIO_Init(GPIOB, &GPIO_InitStructure);
```

```
GPIO_PinAFConfig(GPIOB, GPIO_PinSource15, GPIO_AF_SPI2);
GPIO_InitStructure.GPIO_Pin =GPIO_Pin_14;
GPIO_InitStructure.GPIO_Mode =GPIO_Mode_AF;
GPIO_InitStructure.GPIO_OType =GPIO_OType_PP;
GPIO_InitStructure.GPIO_PuPd =GPIO_PuPd_NOPULL
GPIO_InitStructure.GPIO_Speed =GPIO_Speed_40MHz;
GPIO_Init(GPIOB, &GPIO_InitStructure);
GPIO_PinAFConfig(GPIOB, GPIO_PinSource14, GPIO_AF_SPI2);
SPI_InitStructure.SPI_Direction=SPI_Direction_2Lines_FullDuplex;//全双工
SPI_InitStructure.SPI_Mode=SPI_Mode_Master;        //SPI 主设备
SPI_InitStructure.SPI_DataSize=SPI_DataSize_8b;  //SPI 传输数据 8 位
SPI_InitStructure.SPI_CPOL=SPI_CPOL_Low;          //时钟极性为低跳变到高采集数据
SPI_InitStructure.SPI_CPHA=SPI_CPHA_1Edge;        //时钟相位(第一个跳变沿采集数据)
SPI_InitStructure.SPI_NSS=SPI_NSS_Soft;           //软件片选方式
SPI_InitStructure.SPI_BaudRatePrescaler=SPI_BaudRatePrescaler_16;//1分频
SPI_InitStructure.SPI_FirstBit=SPI_FirstBit_MSB;//数据传输从 MSB 位开始
SPI_InitStructure.SPI_CRCPolynomial=7;            //设置 crc 多项式
SPI_Init(SPI2,&SPI_InitStructure);
SPI_SSOutputCmd(SPI2, ENABLE);                    //主模式,NSS 引脚输出
GPIO_InitStructure.GPIO_Pin =GPIO_Pin_12;
GPIO_InitStructure.GPIO_Mode=GPIO_OType_PP;
GPIO_Init(GPIOB, &GPIO_InitStructure);
SPI_Cmd(SPI2,ENABLE);
}
数据发送
while(1)
{
    while(SPI_I2S_GetFlagStatus(SPI2,SPI_I2S_FLAG_BSY )!=RESET);
    SPI_I2S_SendData(SPI2, 0x01);
    while(SPI_I2S_GetFlagStatus(SPI2,SPI_I2S_FLAG_BSY )!=RESET);
}
```

10.6.3　温度传感器 ADT7320 案例

　　和 I2C 一样,对于特定的外设,其数据的读写有特定的字节传输时序要求,ADT7320 是一款 SPI 接口的温度传感器,其结构如图 10-20 所示。其中,SCLK、DOUT、DIN 和 CS 为 SPI 总线接口,DIN 为 MOSI,DOUT 为 MISO。

　　ADT7320 内部有多个寄存器,用于存储温度值和对传感器芯片进行配置,因此在对传感器操作时,我们需要通过 SPI 总线向 ADT7320 发送一个命令字,命令字中定义了对寄存器的读写操作方向和所要访问的寄存器地址,在主设备向 ADT7320 发送命令字时,主设备收到的数据无效,命令字格式如图 10-21 所示。

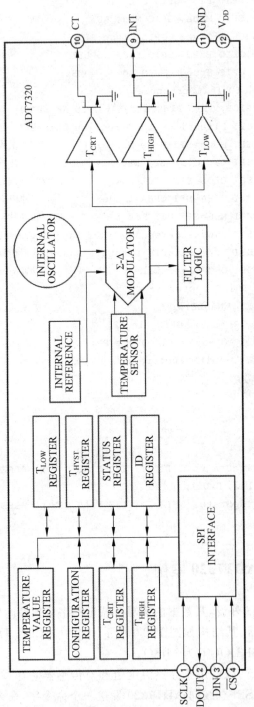

图 10-20　ADT7320 传感器芯片结构

C7	C6	C5	C4	C3	C2	C1	C0
0	R/$\overline{W}$	寄存器地址			0	0	0

图 10-21　命令字格式

ADT7320 向寄存器写一个字节的数据时序如图 10-22 所示,主设备首先发送命令字,命令字中 C6 置为 0,C5～C3 给出所要写的寄存器地址,然后紧接着主设备再发送一个字节的数据,从设备 ADT7320 发回的数据忽略。

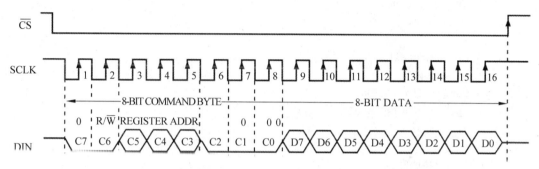

图 10-22　SPI 写寄存器时序

读寄存器值时,首先需要向 ADT7320 发送一个命令字,C6 置为 0,从机 ADT7320 的返回数据无效,然后主设备再向从设备发送一个任意数据,从设备将之前收到的命令字中寄存器地址所对应的数据发送到主设备,完成一次寄存器读操作,时序如图 10-23 所示。

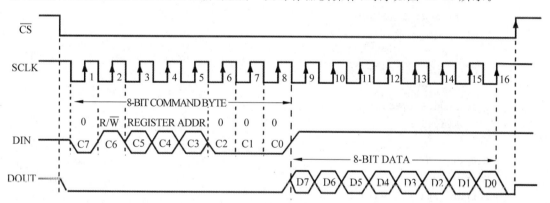

图 10-23　读寄存器时序

一个 I/O 模拟的读温度数值的函数实现如下:

```
unsigned int ReadFromADT7320ViaSPI(unsigned int reg_address)
{
    unsigned int   i;
    unsigned int spi_misoValue;
    unsigned int spi_Value;
```

```
    spi_Value = ( 0x78 & ((reg_address +8) <<3));        //命令字
    OutputBit(CS,1);
    OutputBit(SCL,1);
    OutputBit(CS,0);
    Delay(5);
    for(i=0;i<8;i++)                                      //发送命令字
    {
        OutputBit(SCL,0);
        if((spi_Value & 0x80)==0x80)
            OutputBit(DIN,1);
        else
            OutputBit(DIN,0);
        Delay(5);
        OutputBit(SCL,1);
        spi_Value = (spi_Value <<1);
        Delay(5);
    }
    //读取寄存器的值
    for(i=0;i<8;i++)
    {
        OutputBit(SCL,0);
        spi_misoValue = (spi_misoValue <<1);
        Delay(10);
        if(InputBit(DOUT) ==1)
            spi_misoValue |=0x0001;
        else
            spi_misoValue &=0xfffe;
        Delay(2);
        OutputBit(SCL,1);
        Delay(8);
    }
    OutputBit(SCL,1);
    OutputBit(CS,1);
    return  spi_misoValue;
}
```

第 11 章 模拟/数字转换

【导读】 在数据采集系统中,模数转换是至关重要的环节,在精度要求不高的情况下通常采用嵌入式微控制集成的模拟数字器实现模数转换。本章首先介绍模拟数字器采集的相关概念,然后对 STM32L152 片内集成 AD 的结构、寄存器和库函数使用方法进行了介绍,并对模拟数字器基本初始化和使用进行了案例阐述。

11.1 ADC 简介

1. 模拟信号和数字信号

模拟信号指信息参数在给定范围内表现为连续的信号,或在一段连续的时间间隔内,其代表信息的特征量可以在任意瞬间呈现为任意数值的信号,例如电压、电流与声音等。

数字信号指幅度的取值是离散的,幅值表示被限制在有限个数值之内。二进制码就是一种数字信号。二进制码受噪声的影响小,易于有数字电路进行处理,所以得到了广泛的应用。

2. 模拟数字转换器

模拟数字转换器(Analog-to-digital converter,ADC)是用于将模拟形式的连续信号转换为数字形式的离散信号的器件。典型的模拟数字转换器将模拟信号转换为表示一定比例电压值的数字信号。

通常的模数转换器是把经过与标准量比较处理后的模拟量转换成以二进制数值表示的离散信号的转换器,其工作原理如图 11-1 所示。输入的模拟信号 V(t) 在采样时钟 CP 的控制下将连续量转变成了离散量,两个离散的采样点之间的信号由取样保持电路负责保持前

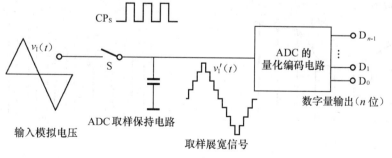

图 11-1 ADC 采样原理

一个采样点的电压。这样将"光滑"的模拟信号变成了"齿状"的取样展宽信号,对该信号和参考信号进行比较,衡量其大小,即可输出二进制编码,类似于十进制到二进制的转换。故任何一个模数转换器都需要一个参考模拟量作为转换的标准,比较常见的参考标准为最大的可转换信号大小,而输出的数字量则表示输入信号相对于参考信号的大小。

3. AD 采样过程

A/D 转换过程是通过取样、保持、量化和编码这四个步骤完成的采样样和保持主要由采样保持器来完成,量化编码由 A/D 转换器完成。

1)采样

采样是对模拟信号进行周期性抽样取值的过程,采样将连续的模拟信号分解成许多个离散点。如图 11-2 所示,采样开关在采样时钟的控制下对输入信号进行采样,为了保证采样后的信号能恢复模拟信号的特征,采样的时钟必须满足奈奎斯特采样定律,即采样频率应不小于输入模拟信号频谱中最高频率的两倍:Fsample $>=$ 2 * Fmax_signal。

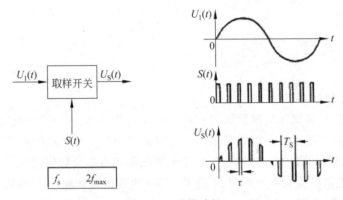

图 11-2 采样过程

2)保持

保持,即将采样点的电压信号保持一段时间。因为后续的量化过程需要一定的时间 τ,对于随时间变化的模拟输入信号,要求瞬时采样值在时间 τ 内保持不变,这样才能保证转换的正确性和转换精度,这个过程就是保持。如图 11-3 所示,采样保持后,原来连续模拟信号变成了阶梯形的连续信号。

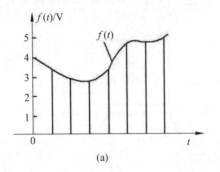

(a)

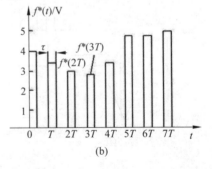

(b)

图 11-3 采样保持过程

3）量化

量化是对输入信号的幅值按照量化单位进行离散处理的过程。即采样将时间轴进行了离散化，量化将采样信号的幅值经过舍入或截尾的方法进行离散化，变为只有有限个有效数字的数。若取信号可能出现的最大值 A，令其分为 D 个间隔，则每个间隔长度为 R=A/D，R 称为量化增量或量化步长，当采样信号落在某一小间隔内，经过舍入或截尾方法而变为有限值时，则产生量化误差，ADC 的量化位数一般采用 8，12，16，24 位，量化位数越大，分辨率越高，量化误差越小。

4）编码

编码是将一系列模拟信号采样和量化后用数字信号给描述出来的过程，这个数字信号序列就是编码。

4. ADC 的性能指标

衡量一个 ADC 的性能指标包括：

1）分辨率

分辨率（Resolution）是指 ADC 转化器所能分辨的模拟信号的最小变化值，分辨率的高低取决于量化位数，n 位的量化下，数字量变化一个最小量时模拟信号的变化量为：Vmax $* 1/2^n$。例如 8 位的 AD，可以描述 256 个刻度的精度（2 的 8 次方），在它测量一个 0~5V 电压信号时，它的分辨率是 5V 除以 256，0.02V，即最小单位 0.02V。

2）转换速率

转换速率（Conversion Rate）是完成一次从模拟转换到数字的 A/D 转换所需的时间，转换速率决定了采样频率的最大值，因此间接影响了输入模拟信号的信号频率的最大值。不同类型的 ADC 转换速率不同，积分型 ADC 一次转化在毫秒级、逐次比较型 ADC 一次转换在微秒级，并行比较型 ADC 可以达到纳秒级。

3）量程

量程是 A/D 转换的输入信号电压范围，一般为 0~5V、0~10V、−5~+5V、−10~+10V，可以根据具体的输入信号进行调整。

4）信号连接方式

A/D 转换的输入信号可以采用单端方式或差分方式。单端方式的信号共用一个模拟地，抗干扰能力较差，但能提供更多的输入通道；查分方式每个通道需要两个引脚，信号之间互不影响，可对差分信号进行采集，抗干扰能力强。

5）量化误差

量化误差（Quadratuer Error）是指由于对模拟信号进行量化而产生的误差，量化结果和被量化模拟量的差值，显然量化位数越多，量化的相对误差越小，A/D 的量化误差为 1 或 1/2 的最小量化步长（取决于量化时的舍入方式是截断还是四舍五入），如图 11-4 所示，最差情况下是一个量化步长，最好情况是 1/2 量化步长。

6）偏移误差

偏移误差（Offset Error）是指输入信号为零时输出信号不为零引起的误差值，一般以满量程电压值的百分比表示。大多数的偏移误差是由温度引起的，可以通过外部电路进行调零。

7）满刻度误差

满刻度误差（Full Scale Error）也叫增益误差，满度输出时对应的输入信号与理想输入

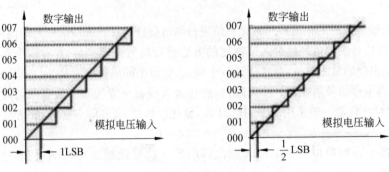

图 11-4　量化误差

信号值之差,也采用满量程电压值的百分比表示。

8) 线性度

线性度(Linearity)指在没有偏移和增益误差的情况下,实际转换器的转移函数与理想直线的最大偏移。线性误差是由 ADC 特性随输入信号幅度变化引起的,因此不能补偿。

5. A/D 转换器类型

A/D 转换器主要分为积分型、逐次逼近型、并行比较型/串并行型、Σ-Δ 调制型、电容阵列逐次比较型及压频变换型等。

1) 积分型

积分型 A/D 工作原理是将输入电压转换成时间(脉冲宽度信号)或频率(脉冲频率),然后由定时器/计数器获得数字值。其优点是用简单电路就能获得高分辨率,但缺点是由于转换精度依赖于积分时间,因此转换速率极低。初期的单片 A/D 转换器大多采用积分型,现在逐次比较型已逐步成为主流。

2) 逐次逼近型

逐次逼近型 A/D 由一个比较器和 D/A 转换器通过逐次比较逻辑构成,从 MSB 开始,顺序地对每一位将输入电压与内置 D/A 转换器输出进行比较,经 n 次比较而输出数字值。其电路规模属于中等。其优点是速度较高、功耗低,在低分辨率(<12 位)时价格便宜,但高精度(>12 位)时价格很高。

3) 并行比较型/串并行比较型

并行比较型 A/D 采用多个比较器,仅作一次比较而实行转换,又称 Flash(快速)型。由于转换速率极高,n 位的转换需要 $2n-1$ 个比较器,因此电路规模也极大,价格也高,只适用于视频 A/D 转换器等速度特别高的领域。

串并行比较型 A/D 结构上介于并行比较型和逐次逼近型之间,最典型的是由 2 个 $n/2$ 位的并行型 A/D 转换器配合 D/A 转换器组成,用两次比较实行转换,所以称为 Half flash(半快速)型。还有分成三步或多步实现 A/D 转换的叫做分级(Multistep/Subrangling)型 A/D,而从转换时序角度又可称为流水线型 A/D,现代的分级型 A/D 中还加入了对多次转换结果作数字运算而修正特性等功能。这类 A/D 速度比逐次比较型高,电路规模比并行型小。

4) Σ-Δ 调制型

Σ-Δ 型 A/D 由积分器、比较器、1 位 DA 转换器和数字滤波器等组成。原理上近似于积分型,将输入电压转换成时间(脉冲宽度)信号,用数字滤波器处理后得到数字值。电路的数字部分基本上容易单片化,因此容易做到高分辨率。主要用于音频和测量。

5)电容阵列逐次比较型

电容阵列逐次比较型 A/D 在内置 D/A 转换器中采用电容矩阵方式,也可称为电荷再分配型。一般的电阻阵列 D/A 转换器中多数电阻的值必须一致,在单芯片上生成高精度的电阻并不容易。如果用电容阵列取代电阻阵列,可以用低廉成本制成高精度单片 A/D 转换器。最近的逐次比较型 A/D 转换器大多为电容阵列式的。

6)压频变换型

压频变换型(Voltage-Frequency Converter)是通过间接转换方式实现模数转换的。其原理是首先将输入的模拟信号转换成频率,然后用计数器将频率转换成数字量。从理论上讲这种 A/D 的分辨率几乎可以无限增加,只要采样的时间能够满足输出频率分辨率要求的累积脉冲个数的宽度。其优点是分辨率高、功耗低、价格低,但是需要外部计数电路共同完成 A/D 转换。

6. 逐次逼近型 ADC 的工作原理

图 11-5 为逐次逼近型的结构图。这种 A/D 转换器是以 D/A 转换器为基础,加上比较器、逐次逼近寄存器、置数选择逻辑电路及时钟等组成。

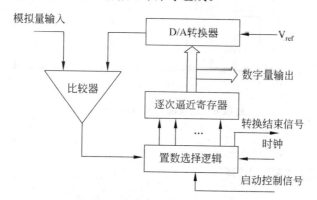

图 11-5　逐次逼近型电路结构图

其转换原理如图 11-6 所示。在启动信号控制下,首先置数选择逻辑电路,给逐次逼近寄存器最高位置 1,经 D/A 转换成模拟量后与输入模拟量进行比较,电压比较器给出比较结果。如果输入量大于或等于经 D/A 变换后输出的量,则比较器为 1,否则为 0,置数选择逻辑电路根据比较器输出的结果,修改逐次逼近寄存器中的内容,使其经 D/A 变换后的模拟量逐次逼近输入模拟量。这样经过若干次修改后的数字量,便是 A/D 转换结果的量。

逼近型 A/D 大多采用二分搜索法,即首先取允许电压最大范围的 1/2 值与输入电压值进行比较,也就是首先最高为 1,其余位为 0。如果搜索值在此范围内,则再取范围的 1/2 值,即次高位置 1。如果搜索值不在此范围内,则应以搜索值的最大允许输入电压值的另外 1/2 范围,即最高位为 0,依次进行下去,每次比较将搜索范围缩小 1/2,具有 n 位的 A/D 变换,经 n 次比较,即可得到结果。因此,必须在 A/D 转换结束后才能从逐次逼近寄存器中取出数字量。为此 D/A 芯片专门设置了转换结束信号引脚,向 CPU 发转换结束信号,通知 CPU 读取转换后的数字量,CPU 可以通过中断或查询方式检测 A/D 转换结束信号,并从 A/D 芯片的数据寄存器(即图 10-9 中逐次逼近寄存器)中取出数字量。逐次逼近法变换速度较快,所以集成化的 A/D 芯片多采用上述方法,STM32L152 内部集成的 ADC 便是逐次逼近型 ADC。

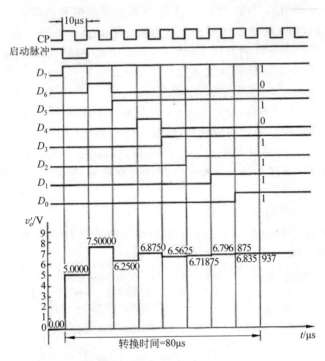

图 11-6　逐次逼近型 ADC 转换原理

11.2　STM32L152 ADC

STM32 内部集成了一个 12 位的逐次逼近型模拟数字转换器,最多支持 42 个通道,可以测量 40 个外部引脚的信号和 2 个内部信号,每个通道支持单次、连续、扫描或间断模式,转换结果以左对齐或右对齐方式存储在 16 位数据寄存器中。在给定的系统时钟驱动下,ADC 转换默认以最快速度执行,同时支持动态电源管理,旨在 ADC 转换期间供电,以降低功耗,其主要特征为:

- 12 位、10 位、8 位、6 位可配置的量化位数。
- 转换结束、注入转换结束和发生模拟看门狗事件、溢出事件时产生中断。
- 支持单次和连续转换模式。
- 支持可编程通道次序的自动扫描模式。
- 转换结果支持左对齐或右对齐方式。
- 每个 ADC 通道支持单独的采样时间配置。
- 规则通道和注入通道均有外部触发选项。

- ADC 转换时间：最大转换速率 $1\mu s$（ADCCLK＝16MHz）到 $4\mu s$（ADCCLK＝4MHz）。
- 可设置的自动关机模式以降低功耗。
- ADC 供电要求：高速 $2.4\sim3.6$V，低速 1.8V。
- ADC 输入范围：VREF－≤VIN≤VREF＋。

其内部结构如图 11-7 所示。

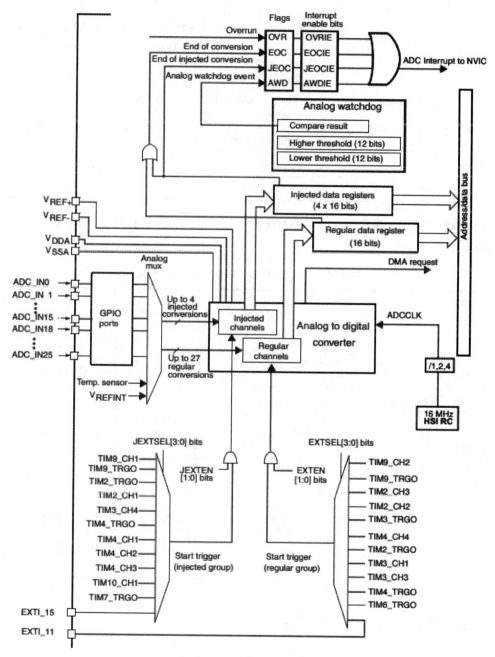

图 11-7 ADC 内部结构图

ADC 对外的接口见表 11-1 所示。一般情况下，VDD 小于 3.6V，VSS 接地，相对应的，VDDA 小于 3.6V，VSSA 也接地，模拟输入信号不要超过 VDD。

表 11-1 ADC 接口定义

名称	信号类型	注解
VREF+	输入，模拟参考正极	ADC 使用的参考电压，全速 ADCCLK = 16MHz，VREF+ = VDDA≥2.4V；中速 ADCCLK = 8MHz 要求 VREF+ = VDDA ≥1.8V，若 VREF+ ≠ VDDA，则 VREF+需大于 2.4V；低速 ADCCLK=4MHz，VREF+需大于 1.8V
VDDA	输入，模拟电源	等效于 VDD 的模拟供电电源，全速要求 2.4V≤VDDA≤VDD(3.6V)，中低速要求 1.8V≤VDDA≤VDD(3.6V)
VREF-	输入，模拟参考负极	ADC 使用的负极参考电压，VREF-=VSSA
VSSA	输入，模拟电源地	等效于 VSS 的模拟电源地
ADC_INx	模拟输入信号	21~40 通道模拟输入通道

STM32L152 内部集成了 1 个 ADC，支持 21 个外部通道，可以作为 ADC 输入的 GPIO 引脚如表 11-2 所示。

表 11-2 STM32L152RET6 的 ADC 外部引脚

ADC_INx	GPIO	ADC_INx	GPIO
ADC_IN0	PA0	ADC_IN11	PC1
ADC_IN1	PA1	ADC_IN12	PC2
ADC_IN2	PA2	ADC_IN13	PC3
ADC_IN3	PA3	ADC_IN14	PC4
ADC_IN4	PA4	ADC_IN15	PC5
ADC_IN5	PA5	ADC_IN18	PB12
ADC_IN6	PA6	ADC_IN19	PB13
ADC_IN7	PA7	ADC_IN20	PB14
ADC_IN8	PB0	ADC_IN21	PB15
ADC_IN9	PB1	ADC_IN0b	PB2
ADC_IN10	PC0		

11.2.1 STM32L152 ADC 功能

STM32L52RET6 带 1 个 ADC 控制器，一共支持 23 个通道，包括 21 个外部和 2 个内部信号源,内部信号源 ADC_IN16 和 ADC_IN17 分别被连接到了温度传感器和内部参照电压 VREFINT 上。

1. ADC 供电控制

通过设置 ADC_CR2 寄存器的 ADON 位可给 ADC 上电。当第一次设置 ADON 位时,它将 ADC 从断电状态下唤醒。通过清除 ADON 位可以停止转换,并将 ADC 置于断电模式。在这个模式中,ADC 几乎不耗电。ADC 上电后,上电延迟一段时间后(tSTAB)当 SWSTART、JSWSTART 位或者外部触发信号到达时,ADC 启动转换。

为降低功耗,当 ADC 转换就绪时(ADONS=1),ADC 自动对电源进行管理,通过 ADC_CR1 寄存器的 PDI 和 PDD 位,在 ADC 没有转换时自动进入掉电状态。PDI 用于配置 ADC 在等待软件或外部信号触发转换的状态是否自动掉电,PDD 用于表示两个转换之间的延迟内 ADC 是否自动掉电。

2. ADC 时钟配置

从图 11-8 可以看出,ADC 的模拟部分时钟(即采样时钟)来源独立于总线时钟,采用内部高速时钟 HSI,HSI 最高 16MHz,即无论 MCU 主频多少,ADC 的最高速率为 16MHz。

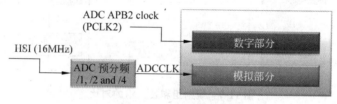

图 11-8　ADC 时钟

ADC 的工作时钟为 ADCCLK,ADCCLK 通过 ADC 预分频器可以对 HSI 时钟进行分频:

- 1 分频时为全速,ADCCLK＝16MHz;
- 2 分频时为中速,ADCCLK＝8MHz;
- 4 分频时为低速,ADCCLK＝4MHz;

ADC 控制器挂接在 APB2 总线上,数字部分的数据交互需要使用总线时钟,由于 ADC 采样时钟可能会高于总线时钟,此时有可能引起 ADC 采集的数据无法及时被 CPU 取走,可以通过注入延迟等方法降低数据采集的速度。ADC 的总线接口通常由时钟控制器提供的 ADCCLK 时钟和 PCLK2(APB2 时钟)同步。RCC 控制器为 ADC 时钟提供一个专用的可编程预分频器。

3. ADC 通道选择

STM32 的 ADC 控制器有很多通道,所以模块通过内部的模拟多路开关,可以切换到不同的输入通道并进行转换。在任意多个通道上以任意顺序进行的一系列转换构成成组转换。例如,可以如下顺序完成转换:通道 3、通道 8、通道 2、通道 2、通道 0、通道 2、通道 2、通道 15。STM32 特别地加入了多种成组转换的模式,可以由程序设置好之后,对多个模拟通道自动地进行逐个地采样转换。它们可以组织成两组:规则通道组和注入通道组。

(1)规则组由多达28个转换组成。规则通道和它们的转换顺序在ADC_SQRx寄存器中选择。规则组中转换的总数应写入ADC_SQR1寄存器的L[3：0]位中。

(2)注入组由多达4个转换组成。注入通道和它们的转换顺序在ADC_JSQR寄存器中选择。注入组里的转换总数目应写入ADC_JSQR寄存器的L[1：0]位中。

如果ADC_SQRx或ADC_JSQR寄存器在转换期间被更改，当前的转换被清除，一个新的启动脉冲将发送到ADC以转换新选择的组。

规则组和注入组的关系如图11-9所示。规则通道组的转换是按照既定的序列正常执行，而注入通道组的转换则是打断规则组的执行优先执行的一组转换，类似于程序和中断服务程序。

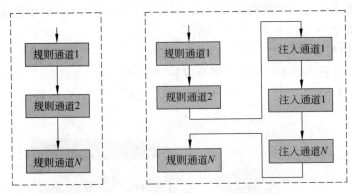

图11-9 规则组和注入组的对比

4. 注入通道管理

注入通道可以通过软件或外部触发进行注入，也可以通过软件设置自动注入。

(1)触发注入：使用触发注入时，必须清除ADC_CR1寄存器的JAUTO位，具体方式如下：

- 利用外部触发或通过设置ADC_CR2寄存器的JSWSTART位，启动一组注入通道的转换；
- 如果在规则通道转换期间产生一外部注入触发，当前转换被复位，注入通道序列被以单次扫描方式进行转换。
- 恢复上次被中断的规则组通道转换。

如果在注入转换期间产生一规则事件，注入转换不会被中断，但是规则序列将在注入序列结束后被执行。

(2)自动注入：如果设置了JAUTO位，在规则组通道之后，注入组通道被自动转换。这可以用来转换在ADC_SQRx和ADC_JSQR寄存器中设置的最多31个转换序列。自动注入模式中，必须禁止注入通道的外部触发，如果除JAUTO位外还设置了CONT位，规则通道至注入通道的转换序列被连续执行。

5. ADC转换方式

ADC支持四种转换模式：单通道单次转换、单通道连续转换、多通道单次转换、多通道连续转换,其关系如图 11-10 所示。

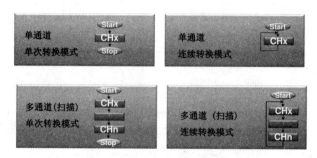

图 11-10　四种转换模式

1) 单次转换模式

单次转换模式下,ADC 只执行一次转换。该模式下 ADC_CR2 寄存器的 CONT 为 0,当设置 ADC_CR2 寄存器的 SWSTART 位(规则通道)或 JSWSTART 位(注入通道)或者外部触发时(规则、注入通道均可)转换开始,转换完成后 ADC 停止。

- 如果一个规则通道被转换:

— 转换数据被储存在 16 位 ADC_DR 寄存器中;

— EOC(转换结束)标志被设置;

— 如果设置了 EOCIE,则产生中断。

- 如果一个注入通道被转换:

— 转换数据被储存在 16 位的 ADC_DRJ1 寄存器中;

— JEOC(注入转换结束)标志被设置;

— 如果设置了 JEOCIE 位,则产生中断。

2) 连续转换模式

在连续转换模式中,当前面 ADC 转换一结束马上就启动另一次转换。此模式可通过外部触发启动或通过设置 ADC_CR2 寄存器上的 ADON 位启动,此时 CONT 位是 1。

- 如果一个规则通道被转换:

— 转换数据被储存在 16 位的 ADC_DR 寄存器中;

— EOC(转换结束)标志被设置;

— 如果设置了 EOCIE,则产生中断。

转换通道在 SQR5 寄存器的 SQ1[4∶0]中指定。注入通道无法进行连续转换,只有注入通道被配置成规则通道之后的连续转换模式时(JAUTO=1)才能进行注入通道转换:

— 转换数据被储存在 16 位的 ADC_DRJ1 寄存器中

— JEOC(注入转换结束)标志被设置;

— 如果设置了 JEOCIE 位,则产生中断。

转换时序如图 11-11 所示。

3) 扫描模式

扫描模式用于对一组模拟通道进行转换。扫描模式可通过设置 ADC_CR1 寄存器的

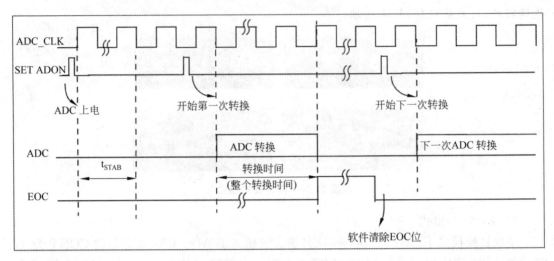

图 11-11　ADC 转换时序

SCAN 位来选择。一旦这个位被设置，ADC 扫描所有被 ADC_SQRX 寄存器（规则通道）或 ADC_JSQR（注入通道）选中的所有通道。在每个组的每个通道上执行单次转换。在每个转换结束时，同一组的下一个通道被自动转换。如果设置了 CONT＝1，则转换不会在选择组的最后一个通道上停止，而是再次从选择组的第一个通道继续转换，即多通道连续扫描模式，否则为多通道单次扫描模式。规则通道的每一组转换完成后状态寄存器 ADC_SR 的 EOC 清零，每个规则组的通道转换完后状态寄存器 ADC_SR 的 EOC 位置 1。如果在使用扫描模式的情况下使用中断，会在最后一个通道转换完毕后才会产生中断。而连续转换，是在每次转换后，都会产生中断。

4）间断模式

间断模式是一种特殊的扫描模式，对于规则组通道，此模式通过设置 ADC_CR1 寄存器上的 DISCEN 位激活。它可以用来执行一个子序列的 n 次转换（$n \leqslant 8$），此转换是 ADC_SQRx 寄存器所选择的转换序列的一部分。数值 n 由 ADC_CR1 寄存器的 DISCNUM[2：0]位给出。

一个外部触发信号可以启动 ADC_SQRx 寄存器中描述的下一轮 n 次转换，直到此序列所有的转换完成为止。所有的规则组的子序列转换完成后，下次开始从第一个子序列开始转换，总的序列长度由 ADC_SQR1 寄存器的 L[3：0]定义。例如：$n＝3$，被转换的通道＝ 0、1、2、3、6、7、9、10。

- 第一次触发：转换的序列为 0、1、2；
- 第二次触发：转换的序列为 3、6、7；
- 第三次触发：转换的序列为 9、10，并产生 EOC 事件；
- 第四次触发：转换的序列 0、1、2。

对于注入组，此模式通过设置 ADC_CR1 寄存器的 JDISCEN 位激活。在一个外部触发事件后，该模式用于执行 ADC_JSQR 寄存器的一个子序列的 n 次转换（$n \leqslant 3$），n 由 ADC_

CR1 寄存器的 DISCNUM[2：0]位给出。

一个外部触发信号可以启动 ADC_JSQR 寄存器选择的下一个通道序列的转换,直到序列中所有的转换完成为止。总的序列长度由 ADC_JSQR 寄存器的 JL[1：0]位定义,例如 $n=1$,被转换的通道=1、2、3。

- 第一次触发:通道 1 被转换;
- 第二次触发:通道 2 被转换;
- 第三次触发:通道 3 被转换,并且产生 EOC 和 JEOC 事件;
- 第四次触发:通道 1 被转换。

规则组转换的另一个例子如图 11-12 所示。ADC_SQR1 的值为:0、1、2、4、5、8、9、11、12、13、14、15;间隔转换的通道数量为 3。

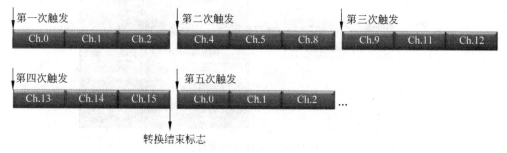

图 11-12 规则通道转换案例

6. 数据对齐

ADC 转换的数据保存在数据寄存器,数据寄存器 16 位,但 ADC 最高支持到 12 位,因此数据的存储可以以左对齐或右对齐的方式,如图 11-13 和图 11-14 所示,ADC_CR2 寄存器中的 ALIGN 位选择转换后数据储存的对齐方式。

注入组

SEXT	SEXT	SEXT	SEXT	D11	D10	D9	D8	D7	D6	D5	D4	D3	D2	D1	D0

规则组

0	0	0	0	D11	D10	D9	D8	D7	D6	D5	D4	D3	D2	D1	D0

图 11-13 数据左对齐

注入组

SEXT	D11	D10	D9	D8	D7	D6	D5	D4	D3	D2	D1	D0	0	0	0

规则组

D11	D10	D9	D8	D7	D6	D5	D4	D3	D2	D1	D0	0	0	0	0

图 11-14 数据右对齐

对于注入组通道,转换的数据值已经减去了用户在 ADC_JOFRx 寄存器中定义的偏移量,因此结果可以是一个负值,SEXT 位是扩展的符号值。对于规则组通道,不需减去偏移值,因此只有 12 个位有效。

7. 通道采样时间

ADC 使用若干 ADC_CLK 周期对输入电压采样,采样周期数目可以通过 ADC_SMPRx(x=0、1、2)寄存器中的 SMP[2:0]位更改。每个通道可以分别用不同的时间采样。总的转换时间 TCONV=采样时间+转换时间。每个通道的转换时间由 SMP[2:0]决定,其取值为 4、9、16、24、48、96、192、384 倍的 ADCCLK 周期,如图 11-15 所示。

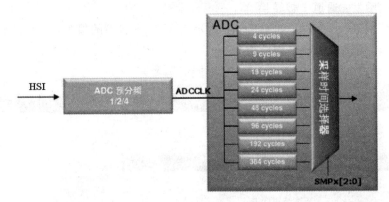

图 11-15 采样周期设置

转换周期与 ADC 的转换位数有关,如图 11-16 所示,当 ADC 分辨率为 12 位时,转换时间为 12 个 ADCCLK 周期,6 位的分辨率时转换时间最短可达 7 个 ADCCLK 周期。因此一个次 ADC 转换的时间例子如下:若 ADCCLK=16MHz,采样时间为 4 个周期,则:

分辨率	转换时间($T_{Conversion}$)
12 bit	12 Cycles
10 bit	11 Cycles
8 bit	9 Cycles
6 bit	7 Cycles

图 11-16 转换时间

- 12 位分辨率 Tconv = 4+12 = 16 周期=$1\mu s$。
- 10 位分辨率 Tconv = 4+11 = 15 周期=937.5ns。
- 8 位分辨率 Tconv = 4+9 = 13 周期=812.5ns。
- 6 位分辨率 Tconv = 4+7 = 11 周期=685ns。

这样,我们可以对 ADC 转换通道次序、采样时间和采样次数进行灵活的配置,例如,对 0、2、8、4、7、3、3、3 和 11 通道配置不同的采样时间进行转换,其中通道 3 进行 3 次采样,如图 11-17 所示。

8. 外部触发转换

如图 11-7 下方所示,规则通道、注入通道的转换可以由外部事件触发(比如定时器捕捉、EXTI 线)。如果设置了 EXTEN[1:0]或 JEXTEN[1:0]控制位不为 0,则外部事件就能够触发转换。EXTSEL[3:0]和 JEXTSEL[3:0]控制位允许应用程序选择 16 个可能的事件中的某一个,可以触发规则和注入组的采样。触发信号可以选择上升沿、下降沿或双沿触发。EXTSEL 和 JEXTSEL 的外部事件如表 11-3 所示。

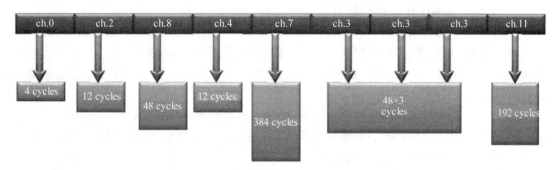

图 11-17　多通道采样时间配置案例

表 11-3　外部触发事件定义

触发事件	类　型	EXTSEL[3：0]	JEXTSEL[3：0]
TIM9_CC1	内部定时器	—	0000
TIM9_CC2	内部定时器	0000	—
TIM9_TRGO	内部定时器	0001	0001
TIM2_CC3	内部定时器	0010	—
TIM2_CC2	内部定时器	0011	—
TIM2_CC1	内部定时器	—	0011
TIM3_TRGO	内部定时器	0100	—
TIM4_CC1	内部定时器	—	0110
TIM4_CC2	内部定时器	—	0111
TIM4_CC3	内部定时器	—	1000
TIM4_CC4	内部定时器	0101	—
TIM2_TRGO	内部定时器	0110	0010
TIM3_CC1	内部定时器	0111	—
TIM3_CC3	内部定时器	1000	—
TIM3_CC4	内部定时器	—	0100
TIM4_TRGO	内部定时器	1001	0101
TIM10_CC1	内部定时器	—	1001
TIM7_TRGO	内部定时器	—	1010
TIM6_TRGO	内部定时器	1010	—
EXTI line11	外部 I/O 引脚	1111	—
EXTI line15	外部 I/O 引脚	—	1111

9. 低速转换的硬件冻结和延迟注入

ADC 的转换时钟不采用 APB 时钟,APB 时钟用于 MCU 和 ADC 之间的数据访问,当 APB 时钟太慢,不能满足 ADC 转换速率时,可以引入延迟以降低转换速率。在每个规则通道和注入组之后插入延迟,在延迟期间,ADC 转换的触发信号被忽略。注入组和规则组之间转换时不插入任何延迟,即:

- 如果在规则通道转换期间发生注入,则注入通道转换立即开始;
- 如果被注入通道打断后的规则通道要恢复执行,则立即启动,因为延时已经在上一个规则通道转换完成后添加了。

规则通道的延迟时序如图 11-18 所示,启用延迟后,在每次规则转换结束之前插入一个延迟,以便 CPU 在下一个转换完成前有时间读取 ADC_DR 中的转换数据。延迟的事件长度由 ADC_CR2 寄存器的 DELS[2:0]域指定。

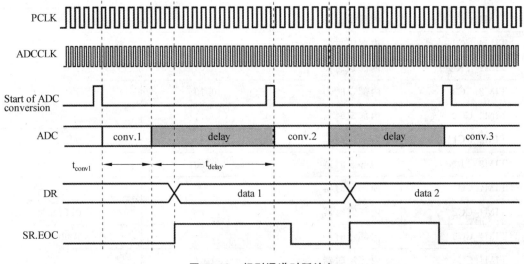

图 11-18　规则通道时延注入

自动注入转换序列后插入延迟的时序如图 11-19 所示,启用时延后,会在每个注入转换序列的末尾插入延迟。最多可以保存 5 个 ADC 转换的数据(1 个规则通道 ADC_DR 和 4 个注入通道 ADC_JDRx),延迟的长度由 ADC_CR2 寄存器的 DELS[2:0]位配置。

配置延迟长度时有两种模式,ADC 冻结模式下,即 DELS[2:0]= 001 时,之前通道的所有数据处理完成后才能开始一个新的转换,即规则通道转换,读取 ADC_DR 寄存器或 EOC 后位已被清除;注入通道转换,JEOC 位被清除时。当配置成 ADC 延迟插入模式,即 DELS[2:0]> 001 的情况下,新转换只能在上一次转换结束,若干 APB 周期后才能开始。

10. ADC 功耗控制

STM32L152 ADC 支持上电和断电管理,以便减少 ADC 在不进行转换时的功耗,ADC 断电的时间包括:

- 注入延迟的时间(当 PDD 位置 1 时),当注入延迟结束时,ADC 自动通电;
- ADC 等待触发事件时(PDI 位置 1 时),ADC 在下一次触发事件到达时上电。

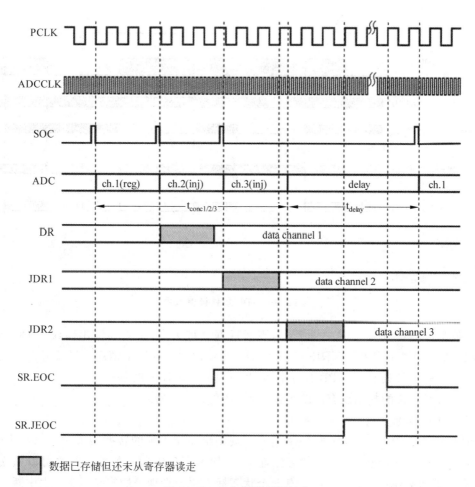

PCLK

ADCCLK

SOC

ADC ｜ ch.1(reg) ｜ ch.2(inj) ｜ ch.3(inj) ｜ delay ｜ ch.1

$t_{conc1/2/3}$　t_{delay}

DR ｜ data channel 1

JDR1 ｜ data channel 2

JDR2 ｜ data channel 3

SR.EOC

SR.JEOC

▨ 数据已存储但还未从寄存器读走

图 11-19　注入通道时延注入

在实际启动转换之前,ADC 需要一定的时间才能启动,在使用自动通断电控制之前,必须考虑到 ADC 上电的启动延迟。因此,采用扫描模式对一组通道进行转换然后断电的方式相比于单个通道转换断电效率更高。对于给定的转换序列,必须在启动之前启用 ADCCLK 时钟直到 EOC 位(或注入时的 JEOC 位)置 1 为止。

图 11-20 为不同情况下的 ADC 断电和上电时序。

11. 模拟看门狗

ADC 的模拟看门狗用于检查电压是否越界,如果被 ADC 转换的模拟电压低于低阈值或高于高阈值,AWD 模拟看门狗状态位被置 1。若 ADC_CR1 寄存器的 AWDIE 位允许产生相应中断则产生模拟看门狗中断。阈值位于 ADC_HTR 和 ADC_LTR 寄存器的最低 12 个有效位中(与对齐模式无关)。

12. 溢出错误检测

溢出检测时钟被启用,只有规则通道转换才会引起溢出错误,在一次 ADC 转换结束时,结果存储在中间缓冲区中直到它被传送到数据寄存器 ADC_DR,如果新的转换数据在

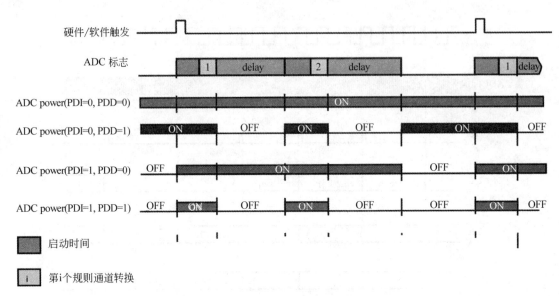

图 11-20　ADC 功耗管理模式

上一个数据传输到 ADC_DR 之前到达,则新数据会被丢弃,检测到溢出错误,ADC_SR 寄存器的 OVR 位置 1,如果 OVRIE 位置 1,则产生溢出中断。以下情况会导致溢出错误:

(1) ADCCLK 时钟和 APB 时钟不匹配,也没有正确注入时延;

(2) ADC_DR 的数据没有及时被读走,导致数据寄存器非空。

13. ADC 中断

ADC 的中断源有多个,如表 11-4 所示。规则组和注入组的转换结束时可以产生中断,当模拟看门狗状态位置 1 或溢出状态位置 1 时,均可产生中断。各种中断源可以独立灵活配置,除此之外,ADC_SR 寄存器还有 5 个状态标志用于管理 ADC,但不能产生中断。

- JCNR(注入通道未准备好)。
- RCNR(规则通道未准备好)。
- ADONS(ADON 状态)。
- JSTRT(注入组通道的转换开始)。
- STRT(规则组通道的转换开始)。

表 11-4　ADC 中断源

中 断 源	中 断 标 记	中断使能位
规则组转换结束	EOC	EOCIE
注入组转换结束	JEOC	JEOCIE
模拟看门狗	AWD	AWDIE
溢出错误	OVR	OVRIE

各种状态和中断的关系如图 11-21 所示。

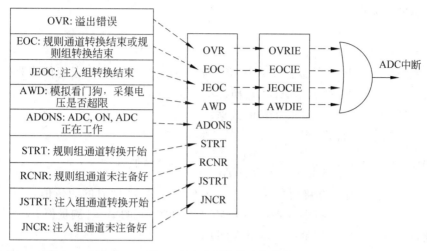

图 11-21　中断和状态标记

11.2.2　温度和电压转换

如图 11-22 所示,ADC 内部两个通道 ADC_IN16 和 ADC_IN17 分别连接到了内置温度传感器和内部参考电源上,可以通过 ADC_CCR 寄存器的 TSVREFFE 位进行使能。

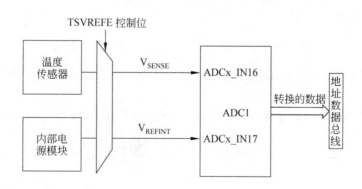

图 11-22　温度和电压测量内部连接通道

温度传感器可以用来测量 MCU 的温度(TA)。温度传感器在内部和 ADC_IN16 输入通道相连接,此通道把传感器输出的电压转换成数字值,不使用时可以将传感器置成掉电模式。温度传感器输出电压随温度线性变化而变化,温度变化曲线的偏移在不同芯片上会有不同,芯片之间温度的测量值可能会有较大差异,ST 在自定义存储区给出了每个芯片的温度的参考测量值 TS_CAL2 和 TS_CAL1,可以通过参考值补偿测量精度。

内部参考电压(VREFINT)为 ADC 和比较器提供一个稳定的参考电压,VREFINT 内部连接到 ADC_IN17 输入通道,该电压位 1.2V,同样,电压的准确值因芯片而异,可以通过读取 ST 自定义存储区的寄存器获得该电压的精确值。

1）读温度的流程

- 选择 ADC1_IN16 输入通道；
- 选择采样时间大于 $4\mu s$；
- 设置 ADC_CCR 寄存器的 TSVREFE 位，唤醒掉电模式下的温度传感器；
- 通过设置 ADON 位启动 ADC 转换；
- 读 ADC 数据寄存器 ADC_DR 的数据；
- 利用下列公式得出温度：

$$\text{Temperature} = \frac{110℃-30℃}{\text{TS\_CAL2}-\text{TS\_CAL1}}\times(\text{TS\_DATA}-\text{TS\_CAL1})+30℃$$

其中，TS_CAL2 时 110 度时的测量值，TS_CAL1 是 30 度时的测量值，可以通过读取 TS_CAL2 和 TS_CAL1 寄存器获得，TS_DATA 为通道 16 的 ADC 测量值。

2）通过内部参考电压测量系统供电 VDDA

ADC 采样中，微控制器的 VDDA 电源电压可能会发生变化（如电池供电的情况），因此 STM32 内部嵌入了一个参考电压 VREFINT，并将其连接到 ADC_IN17 上，针对每个芯片，其在 VDDA＝3V 下参考电压的 ADC 校准值保存在 ST 自定义存储区，由此我们可以通过采样 VREFINT 电压反推 VDDA 电压。实际的 VDDA 电压计算方法为：VDDA ＝ 3 * VREFINT_CAL / VREFINT_DATA，其中，VREFINT_CAL 是 VREFINT 的校准值，VREFINT_DATA 是 ADC_IN17 的采样值。

一般 ADC 采样的范围是 0～VDDA，对于每个 ADC 通道，我们需要将 ADC 采样值转换为实际电压，其转换共识为：

$$V_{\text{CHANNELx}} = \frac{V_{\text{DDA}}}{\text{FULL\_SCALE}}\times\text{ADC\_DATA}_x$$

其中，FULL_SCALE 指的是 ADC 输出的最大值，跟分辨率有关，例如 12 比特的分辨率，FULL_SCALE ＝ $2^{12}-1=4095$。

结合上述 VDDA 的计算和校准方法，我们可以得到每个通道的实际电压的校准公式：

$$V_{\text{CHANNELx}} = \frac{3V\times\text{VREFINT\_CAL}\times\text{ADC\_DATA}_x}{\text{VREFINT\_DATA}\times\text{FULL\_SCALE}}$$

11.3　ADC 寄存器

ADC 涉及的寄存器如表 11-5 所示。

表 11-5　ADC 寄存器

寄存器名称	地址偏移量	作　　用	默认值
ADC_SR	0x00	ADC 状态标志	0x00000000
ADC_CR1	0x04	控制寄存器，设置扫描模式、中断允许等	0x00000000

寄存器名称	地址偏移量	作　　用	默认值
ADC_CR2	0x08	控制寄存器,设置数据对齐方式、转换模式等	0x00000000
ADC_SMPR1~ADC_SMPR3	0x0c~0x14	配置 ADC 各通道的采样时间	0x00000000
ADC_JOFR1~ADC_JOFR4	0x18~0x24	配置 ADC 注入通道数据偏移量	0x00000000
ADC_HTR	0x28	模拟看门狗超限高阈值	0x00000000
ADC_LTR	0x2c	模拟看门狗超限低阈值	0x00000000
ADC_SQR1~ADC_SQR5	0x30~0x40	规则通道的数量和通道序列	0x00000000
ADC_JSQR	0x44	注入通道的数量和通道序列	0x00000000
ADC_JDR1~ADC_JDR4	0x48~0x54	存储注入通道转换数据	0x00000000
ADC_DR	0x58	存储规则通道转换数据	0x00000000
ADC_SMPR0	0x5c	ADC_IN30 和 ADC_IN31 采样时间	0x00000000
ADC_CSR	0x300	ADC_SR 的镜像	0x00000000
ADC_CCR	0x304	配置分频及内部温度、电压使能	0x00000000

1. ADC 状态寄存器 ADC_SR

ADC 状态寄存器用于标记 ADC 转换过程中的状态量,其有效域定义如图 11-23 所示。

图 11-23　ADC 状态寄存器

JCRN:注入通道未就绪,该位在 JSQR 寄存器被写后由硬件设置或清除,0 表示注入通道未就绪,1 表示就绪。

RCNR:规则通道未就绪,该位在 SQRx 寄存器被写后由硬件设置或清除,0 表示注入规则通道未就绪,1 表示就绪。

ADONS:ADC 开启状态,该位由硬件设置或清除,用于表示 ADC 是否准备好可以开始转换;0 表示 ADC 还未准备好,1 表示 ADC 可以开始一个转换。

OVR:溢出错误标记,该位为 1 表示有溢出错误产生,0 表示没有溢出错误;当规则通道转换数据丢失时,该位由硬件自动置1,可以通过软件清0。

STRT:规则通道开始位,该位由硬件在规则通道转换开始时设置,由软件清除。0 表示规则通道转换未开始;1 表示规则通道转换已开始。

JSTRT:注入通道开始位,该位由硬件在注入通道组转换开始时设置,由软件清除。0

表示注入通道组转换未开始,1表示注入通道组转换已开始。

JEOC:注入通道转换结束位,该位由硬件在所有注入通道组转换结束时设置,由软件清除,0表示转换未完成,1表示转换完成。

EOC:转换结束位,该位由硬件在(规则或注入)通道组转换结束时设置,由软件清除或由读取ADC_DR时清除,0表示转换未完成,1表示转换完成。

AWD:模拟看门狗标志位,该位由硬件在转换的电压值超出了ADC_LTR和ADC_HTR寄存器定义的范围时设置,由软件清除,0表示没有发生模拟看门狗事件,1表示发生模拟看门狗事件。

2. ADC控制寄存器ADC_CR1

控制寄存器ADC_CR1用于设置扫描模式、中断允许等配置,其有效域定义如图11-24所示。

31	30	29	28	27	26	25	24	23	22	21	20	19	18	17	16
Reserved					OVRIE	RES[1:0]		AWDEN	JAWDEN	Reserved				PDI	PDD
					rw	rw	rw	rw	rw					rw	rw
15	14	13	12	11	10	9	8	7	6	5	4	3	2	1	0
DISCNUM[2:0]			JDISCEN	DISCEN	JAUTO	AWDSGL	SCAN	JEOCIE	AWDIE	EOCIE	AWDCH[4:0]				
rw	rw	rw	rw	rw	rw	rw	rw	rw	rw	rw	rw	rw	rw	rw	rw

图11-24　控制寄存器ADC_CR1

OVRIE:溢出错误中断使能,1表示启用溢出中断,当OVR=1时,产生一个ADC中断,0表示禁用溢出中断。

RES[1:0]:分辨率设置,00~11分别表示12位、10位、8位和6位的分辨率,这些位必须在ADON=1时配置。

AWDEN:在规则通道上开启模拟看门狗,0表示禁用模拟看门狗,1表示使用。

JAWDEN:在注入通道上开启模拟看门狗,0表示禁用模拟看门狗,1表示使用。

PDI:空闲期间掉电,当ADON=1,该位置1表示在没有转换的时候ADC掉电,等待下一个触发事件,否则为不断电。

PDD:延迟期间掉电,当ADON=1时,该位置1表示在两个转换之间注入的延迟期间,ADC断电,否则为不断电。

DISCNUM[2:0]:间断模式通道计数,软件通过这些位定义在间断模式下,收到外部触发后转换规则通道的数目,编码000~111分别表示1~8个通道。

JDISCEN:开启或关闭注入通道组的间断模式,0表示禁用间断模式,1表示允许。

DISCEN:开启或关闭规则通道组上的间断模式,0表示禁用间断模式,1表示允许。

JAUTO:开启或关闭规则通道组转换结束后自动注入通道组转换,0表示关闭,1表示开启。

AWDSGL:开启或关闭由AWDCH[4:0]位指定的通道上的模拟看门狗功能,0表示在所有的通道上使用模拟看门狗,1表示在单一通道上使用模拟看门狗。

SCAN：开启或关闭扫描模式，在扫描模式中，转换通道来自 ADC_SQRx 或 ADC_JSQRx 寄存器，0 表示关闭扫描模式，1 表示使用扫描模式。该位只能在 ADON＝0 时设置。如果分别设置了 EOCIE 或 JEOCIE 位，只在最后一个通道转换完毕后才会产生 EOC 或 JEOC 中断。JEOCIE：用于禁止或允许所有注入通道转换结束后产生中断。1 表示允许 JEOC 中断，当硬件设置 JEOC 位时产生中断。

AWDIE：用于禁止或允许模拟看门狗产生中断，0 表示禁止，1 表示允许。在扫描模式下，如果看门狗检测到超范围的数值时，如果设置该位，中止 AD 转换。

EOCIE：用于禁止或允许转换结束后产生中断，0 表示禁止，1 表示允许，当硬件设置 EOC 位时产生中断。

AWDCH[4：0]：用于选择模拟看门狗保护的输入通道，00000～11010 分别表示 ADC 模拟输入通道 0～ADC 模拟输入通道 26。

3. ADC 控制寄存器 ADC_CR2

控制寄存器 ADC_CR2 用于设置数据对齐方式、连续转换位、ADC 启动位、外部触发转换等，其有效域定义如图 11-25 所示。

31	30	29	28	27	26	25	24	23	22	21	20	19	18	17	16
Res	SWST ART	EXTEN		EXTSEL[3:0]				Res.	JSWST ART	JEXTEN		JEXTSEL[3:0]			
	rw	rw	rw	rw	rw	rw	rw		rw	rw	rw	rw	rw	rw	rw

15	14	13	12	11	10	9	8	7	6	5	4	3	2	1	0
Reserved				ALIGN	EOCS	DDS	DMA	Res.	DELS			Res.	ADC_C FG	CONT	ADON
				rw	rw	rw	rw		rw	rw	rw		rw	rw	rw

图 11-25　控制寄存器 ADC_CR2

SWSTART：开始转换规则通道，由软件设置该位以启动转换，转换开始后硬件马上清除此位。如果在 EXTSEL[2：0] 位中选择了 SWSTART 为触发事件，该位用于启动一组规则通道的转换，0 表示复位状态，1 表示开始转换规则通道。

EXTEN[1：0]：规则通道外部触发使能，由软件设置或清除，用于配置外部触发的方式，00 表示禁用外部触发，01 表示上升沿触发，10 表示下降沿触发，11 表示双沿触发，该域只能在 ADONS＝1 时配置为有效。

EXTSEL[3：0]：规则通道外部触发源选择，具体配置见表 11-3。

JSWSTART：开始转换注入通道，由软件设置该位以启动转换，软件可清除此位或在转换开始后硬件马上清除此位。如果在 JEXTSEL[2：0] 位中选择了 JSWSTART 为触发事件，该位用于启动一组注入通道的转换，0 表示复位状态，1 表示开始转换注入通道。

JEXTEN[1：0]：注入通道外部触发使能，由软件设置或清除，用于配置外部触发的方式，00 表示禁用外部触发，01 表示上升沿触发，10 表示下降沿触发，11 表示双沿触发，该域只能在 ADONS＝1 时配置为有效。

JEXTSEL[3：0]：注入通道外部触发源选择，具体配置见表 11-3。

ALIGN：数据对齐，0 表示右对齐，1 表示左对齐。

EOCS：EOC 标记置位选择，0 表示在所有规则组通道转换完成后 EOC 置 1,1 表示规则组的每个通道转换完后 EOC 置 1。

DDS：DMA 请求选择，0 表示上一个数据转换完后不产生 DMA 请求,1 表示只要数据转换，就发起 DMA 请求。

DMA：直接存储器访问模式使能，0 表示不使用 DMA 模式,1 表示使用 DMA 模式。

DELS[2：0]：时延选择。该域用于选择所要注入的延迟的长度。000 表示不注入延迟,001 表示延迟的时间为直到转换完的数据被读走（规则通道的读数据寄存器或 EOC=0,注入通道的 JEOC=0）,010-111 分别表示延迟时长为：7、15、21、63、127、255 个 APB 的时钟周期。在使用 DELS 配置时注意,延迟的最小值为：如果 APB 的时钟小于 ADC 时钟的 1/2,最少 15 个 APB 周期；如果 APB 时钟大于 ADC 时钟的 1/2 但小于 ADC 时钟,则最少为 7 个 APB 周期。

ADC_CFG：用于选择 ADC 的配置,使用 A 面或 B 面,0 表示使用 A 面,对应的 ADC 通道为 ADC_IN0 ～ ADC_IN31;1 表示使用通道 B 面,对应的 ADC 输入通道为 ADC_IN0b ～ ADC_IN31b。

CONT：连续转换,如果设置了此位,则转换将连续进行直到该位被清除,0 表示单次转换模式,置 1 表示连续转换模式。

ADON：A/D 转换器开关,当该位为 0 时,写入 1 将把 ADC 从断电模式下唤醒；当该位为 1 时,写入 1 将启动转换。需注意,在转换器上电至转换开始有一个延迟 tSTAB,具体值参考 STM32L152 数据手册。

4. ADC 采样时间寄存器 ADC_SMPRx(x=1,2,3,4)

ADC_SMPRx 寄存器用于设置 ADC 各通道的采样时间,共有四个寄存器,ADC_SMPR4 寄存器的有效域定义如图 11-26 所示。每个通道使用 3 位,每个寄存器可以表示 9 个通道。

31	30	29	28	27	26	25	24	23	22	21	20	19	18	17	16
Reserved		SMP9[2:0]			SMP8[2:0]			SMP7[2:0]			SMP6[2:0]			SMP5[2:1]	
		rw	rw	rw	rw	rw	rw	rw	rw	rw	rw	rw	rw	rw	rw

15	14	13	12	11	10	9	8	7	6	5	4	3	2	1	0
SMP5[0]	SMP4[2:0]			SMP3[2:0]			SMP2[2:0]			SMP1[2:0]			SMP0[2:0]		
rw	rw	rw	rw	rw	rw	rw	rw	rw	rw	rw	rw	rw	rw	rw	rw

图 11-26　ADC_SMPR4 寄存器

SMPx[2：0]：用于独立地选择每个通道的采样时间。在采样周期中通道选择位必须保持不变。000-111 分别表示 4、9、16、24、48、96、192、384 个 ADC 时钟周期。

5. ADC 注入通道数据偏移寄存器 ADC_JOFRx(x=1,2,3,4)

注入通道数据偏移寄存器用于设置 ADC 注入通道数据偏移量,共有 4 个注入通道,因此有 4 个寄存器,寄存器的有效域定义如图 11-27 所示。

JOFFSETx[11：0]：注入通道 x 的数据偏移,当转换注入通道时,这些位定义了用于从原始转换数据中减去的数值。转换的结果可以在 ADC_JDRx 寄存器中读出。

31	30	29	28	27	26	25	24	23	22	21	20	19	18	17	16
Reserved															

15	14	13	12	11	10	9	8	7	6	5	4	3	2	1	0
Reserved				JOFFSETx[11:0]											
				rw	rw	rw	rw	rw	rw	rw	rw	rw	rw	rw	rw

图 11-27　注入通道数据偏移寄存器

6. ADC 看门狗高/低阈值寄存器(ADC_HTR、ADC_LRT)

看门狗阈值寄存器包括高阈值寄存器 ADC_HTR 和低阈值寄存器 ADC_LTR,用于设置 ADC 模拟看门狗的高低阈值。两个寄存器的有效域定义如图 11-28 所示。

31	30	29	28	27	26	25	24	23	22	21	20	19	18	17	16
Reserved															

15	14	13	12	11	10	9	8	7	6	5	4	3	2	1	0
Reserved				HT[11:0]											
				rw	rw	rw	rw	rw	rw	rw	rw	rw	rw	rw	rw

31	30	29	28	27	26	25	24	23	22	21	20	19	18	17	16
Reserved															

15	14	13	12	11	10	9	8	7	6	5	4	3	2	1	0
Reserved				LT[11:0]											
				rw	rw	rw	rw	rw	rw	rw	rw	rw	rw	rw	rw

图 11-28　看门狗阈值寄存器

HT[11:0]和 LT[11:0]分别用于定义模拟看门狗的阈值高限和低限。

7. ADC 规则通道序列寄存器 ADC_SQRx(x=1,2,3,4,5)

规则通道序列寄存器用于设置规则通道序列长度、对应序列中各个转换的通道编号(最多 28 个)。该寄存器有 5 个,每个通道占用 5 位用于表示一个通道编号,其中 ADC_SQR1 寄存器还有一个 L[4:0]域,其余的 4 个寄存器只有 SQx[4:0]域。ADC_SQR1 的有效域定义如图 11-29 所示。

31	30	29	28	27	26	25	24	23	22	21	20	19	18	17	16
Reserved							L[4:0]					SQ28[4:1]			
							rw	rw	rw	rw	rw	rw	rw	rw	rw

15	14	13	12	11	10	9	8	7	6	5	4	3	2	1	0
SQ28[0]	SQ27[4:0]					SQ26[4:0]					SQ25[4:0]				
rw	rw	rw	rw	rw	rw	rw	rw	rw	rw	rw	rw	rw	rw	rw	rw

图 11-29　规则通道序列寄存器 1

L[4:0]:规则通道序列的长度,用于指定总共配置了多少个通道,00000~11011 分别表示 1、2、… 28 个通道。

SQx[4:0]:规则序列中的第 x 个转换的通道编号。

8. ADC 注入序列寄存器 ADC_JSQR

注入序列寄存器用于设置注入通道序列长度、对应序列中各个转换的通道编号(最多 4 个),其有效域定义如图 11-30 所示。

31	30	29	28	27	26	25	24	23	22	21	20	19	18	17	16
Reserved										JL[1:0]		JSQ4[4:1]			
										rw	rw	rw	rw	rw	rw

15	14	13	12	11	10	9	8	7	6	5	4	3	2	1	0
JSQ4[0]	JSQ3[4:0]					JSQ2[4:0]					JSQ1[4:0]				
rw	rw	rw	rw	rw	rw	rw	rw	rw	rw	rw	rw	rw	rw	rw	rw

图 11-30 注入序列寄存器

JL[1：0]：注入通道序列长度，用于指定注入通道转换序列中的通道数目，00～11 分别表示 1～4 个通道。

JSQx[4：0]：注入序列中的第 x 个转换通道的编号。

如果 JL[1：0]的长度小于 4,则转换的序列顺序是从(4－JL)开始。例如：JL＝3,则转换序列是 JSQ1[4：0]、JSQ2[4：0]、JSQ3[4：0]、JSQ4[4：0]；如果 JL＝2,则 ADC 的转换序列是 JSQ2[4：0]、JSQ3[4：0]、JSQ4[4：0]。

9. ADC 注入数据寄存器 ADC_JDRx(x＝1,2,3,4)

注入数据寄存器用于存放 ADC 注入通道转换后的数据,最多有 4 个注入通道,因此有 4 个注入数据寄存器,其有效域定义如图 11-31 所示。

31	30	29	28	27	26	25	24	23	22	21	20	19	18	17	16
Reserved															

15	14	13	12	11	10	9	8	7	6	5	4	3	2	1	0
JDATA[15:0]															
r	r	r	r	r	r	r	r	r	r	r	r	r	r	r	r

图 11-31 注入数据寄存器

JDATA[15：0]：注入转换的数据,只读,存储注入通道的转换结果。数据是左对齐或右对齐。

10. ADC 规则数据寄存器 ADC_DR

规则数据寄存器用于存放 ADC 规则通道转换后的数据,所有规则通道共享一个数据寄存器,其有效域定义如图 11-32 所示。

31	30	29	28	27	26	25	24	23	22	21	20	19	18	17	16
Reserved															

15	14	13	12	11	10	9	8	7	6	5	4	3	2	1	0
DATA[15:0]															
r	r	r	r	r	r	r	r	r	r	r	r	r	r	r	r

图 11-32 规则数据寄存器

DATA[15：0]：规则转换的数据,只读,包含了规则通道的转换结果。数据是左对齐或右对齐。

11. ADC 采样时间寄存器 ADC_SMPR0

采样时间寄存器 0 用于配置通道 ADC 通道 30 和通道 31 的采样时间,不是所有的 STM32L152 系列都有 30 和 31 通道。

12. ADC 通用状态寄存器 ADC_CSR

通用状态寄存器提供 ADC 状态寄存器的镜像，其有效域定义如图 11-33 所示，所有域只读且不允许清除，而是通过对 ADC_SR 寄存器的相应位写 0 来清除。

31	30	29	28	27	26	25	24	23	22	21	20	19	18	17	16
								Reserved							

15	14	13	12	11	10	9	8	7	6	5	4	3	2	1	0
			Reserved						ADONS1	OVR1	STRT1	JSTRT1	JEOC 1	EOC1	AWD1
									r	r	r	r	r	r	r

图 11-33　通用状态寄存器

ADONS1：ADC_SR 寄存器中 ADONS 位的副本。

OVR1：ADC_SR 寄存器中 OVR 位的副本。

STRT1：ADC_SR 寄存器中 STRT 位的副本。

JSTRT1：ADC_SR 寄存器中 JSTRT 位的副本。

JEOC1：ADC_SR 寄存器中 JEOC 位的副本。

EOC1：ADC_SR 寄存器中 EOC 位的副本。

AWD1：ADC_SR 寄存器中 AWD 位的副本。

13. ADC 通用控制寄存器 ADC_CCR

该寄存器用于配置 ADC 的采样时钟预分频和内部温度、电压使能，其有效域定义如图 11-34 所示。

31	30	29	28	27	26	25	24	23	22	21	20	19	18	17	16
			Reserved					TSVREFE			Reserved			ADCPRE[1:0]	
								rw						rw	rw

15	14	13	12	11	10	9	8	7	6	5	4	3	2	1	0
								Reserved							

图 11-34　通用控制寄存器

TSVREFE：用于开启或禁止温度传感器和 VREFINT 通道。0 表示禁止，1 表示启用。

ADCPRE[1：0]：ADC 的预分频系数，00 表示 HSI 不分频，01 表示 2 分频，10 表示 4 分频，11 保留。

11.4　ADC 寄存器结构及 ADC 库函数

ADC 寄存器结构描述了固件函数库所使用的数据结构，固件库函数介绍了 ST 提供的典型库函数。

11.4.1　ADC 寄存器结构

ADC 寄存器结构，ADC_TypeDeff 和 ADC_Common_TypeDef 在文件 stm32l1xx. h 中定义如下：

```
typedef struct
{
  __IO uint32_t SR;
  __IO uint32_t CR1;
  __IO uint32_t CR2;
  __IO uint32_t SMPR1;
  __IO uint32_t SMPR2;
  __IO uint32_t SMPR3;
  __IO uint32_t JOFR1;
  __IO uint32_t JOFR2;
  __IO uint32_t JOFR3;
  __IO uint32_t JOFR4;
  __IO uint32_t HTR;
  __IO uint32_t LTR;
  __IO uint32_t SQR1;
  __IO uint32_t SQR2;
  __IO uint32_t SQR3;
  __IO uint32_t SQR4;
  __IO uint32_t SQR5;
  __IO uint32_t JSQR;
  __IO uint32_t JDR1;
  __IO uint32_t JDR2;
  __IO uint32_t JDR3;
  __IO uint32_t JDR4;
  __IO uint32_t DR;
  __IO uint32_t SMPR0;
} ADC_TypeDef;
typedef struct
{
  __IO uint32_t CSR;
  __IO uint32_t CCR;
} ADC_Common_TypeDef;
```

ADC 外设声明于文件 stm32l1xx. h：

```
#define PERIPH_BASE            ((uint32_t)0x40000000)
#define APB1PERIPH_BASE PERIPH_BASE
```

```
#define APB2PERIPH_BASE          (PERIPH_BASE +0x10000)
#define AHBPERIPH_BASE           (PERIPH_BASE +0x20000)
#define ADC1_BASE                (APB2PERIPH_BASE +0x2400)
#define ADC_BASE                 (APB2PERIPH_BASE +0x2700)
#define ADC1                     ((ADC_TypeDef * ) ADC1_BASE)
#define ADC                      ((ADC_Common_TypeDef * ) ADC_BASE)
```

ADC_InitTypeDef 和 ADC_CommonInitTypeDef 定义于文件 stm32l1xx_adc.h,用于寄存器的初始化。

```
typedef struct
{
  uint32_t ADC_Resolution;               //分辨率
  FunctionalState ADC_ScanConvMode;      //是否扫描模式
  FunctionalState ADC_ContinuousConvMode; //是否连续转换
  uint32_t ADC_ExternalTrigConvEdge;     //外部触发信号边沿
  uint32_t ADC_ExternalTrigConv;         //外部触发信号
  uint32_t ADC_DataAlign;                //对其模式
  uint8_t  ADC_NbrOfConversion;          //转换通道数量
}ADC_InitTypeDef;
typedef struct
{
  uint32_t ADC_Prescaler;                //分频系数
}ADC_CommonInitTypeDef;
```

ADC_Resolution 用于指定转换的分辨率,其取值为: ADC_Resolution_12b、ADC_Resolution_10b、ADC_Resolution_8b、ADC_Resolution_6b,分别表示 12 位、10 位、8 位和 6 位分辨率。

ADC_ScanConvMode 用于指定是否启用扫描模式,其取值为: ENABLE 和 DISABLE。

ADC_ContinuousConvMode 用于指定是否是连续转换,其取值为: ENABLE 和 DISABLE。

ADC_ExternalTrigConvEdge 用于指定外部触发信号的边沿,其取值为: ADC_ExternalTrigConvEdge_None、ADC_ExternalTrigConvEdge_Rising、ADC_ExternalTrigConvEdge_Falling、ADC_ExternalTrigConvEdge_RisingFalling

ADC_ExternalTrigConv 用于指定外部触发信号,规则组的触发信号定义为:
- ADC_ExternalTrigConv_T2_CC3
- ADC_ExternalTrigConv_T2_CC2
- ADC_ExternalTrigConv_T2_TRGO
- ADC_ExternalTrigConv_T3_CC1
- ADC_ExternalTrigConv_T3_CC3

- ADC_ExternalTrigConv_T3_TRGO
- ADC_ExternalTrigConv_T4_CC4
- ADC_ExternalTrigConv_T4_TRGO
- ADC_ExternalTrigConv_T6_TRGO
- ADC_ExternalTrigConv_T9_CC2
- ADC_ExternalTrigConv_T9_TRGO
- ADC_ExternalTrigConv_Ext_IT11

注入组的触发信号为：

- ADC_ExternalTrigInjecConv_T2_TRGO
- ADC_ExternalTrigInjecConv_T2_CC1
- ADC_ExternalTrigInjecConv_T3_CC4
- ADC_ExternalTrigInjecConv_T4_TRGO
- ADC_ExternalTrigInjecConv_T4_CC1
- ADC_ExternalTrigInjecConv_T4_CC2
- ADC_ExternalTrigInjecConv_T4_CC3
- ADC_ExternalTrigInjecConv_T7_TRGO
- ADC_ExternalTrigInjecConv_T9_CC1
- ADC_ExternalTrigInjecConv_T9_TRGO
- ADC_ExternalTrigInjecConv_T10_CC1
- ADC_ExternalTrigInjecConv_Ext_IT15

ADC_DataAlign 用于指定数据对齐模式，其取值为：ADC_DataAlign_Right、ADC_DataAlign_Left。

ADC_Prescaler 用于指定 ADC 采样时钟的预分频系数，其取值为：ADC_Prescaler_Div1、ADC_Prescaler_Div2、ADC_Prescaler_Div4。

11.4.2　ADC 库函数

ST 提供的 ADC 库函数如表 11-6 所示。

表 11-6　ADC 库函数

函　　　　数	功　　　能
ADC_DeInit	初始化寄存器为复位值
ADC_Init	根据初始化模板 ADC_InitTypeDef 初始化 ADC 寄存器
ADC_StructInit	将 ADC_InitTypeDef 初始化变量设为默认值
ADC_CommonInit	根据初始化模板 ADC_CommonInitTypeDef 初始化 ADC 寄存器

续表

函　数	功　能
ADC_CommonStructInit	将 ADC_CommonInitTypeDef 初始化变量设为默认值
ADC_Cmd	启动或停止 ADC
ADC_BankSelection	ADC 输入引脚 A、B 面选择
ADC_PowerDownCmd	断电控制
ADC_DelaySelectionConfig	时延配置
ADC_AnalogWatchdogCmd	启用或停止模拟看门狗
ADC_AnalogWatchdogThresholdsConfig	模拟看门狗高低阈值配置
ADC_AnalogWatchdogSingleChannelConfig	模拟看门狗通道配置
ADC_TempSensorVrefintCmd	使能内部温度和参考电压通道
ADC_RegularChannelConfig	规则组通道配置
ADC_SoftwareStartConv	启动转换
ADC_GetSoftwareStartConvStatus	获取转换状态
ADC_EOCOnEachRegularChannelCmd	配置每次规则组通道产生 EOC
ADC_ContinuousModeCmd	连续转换模式
ADC_DiscModeChannelCountConfig	间断模式通道数量配置
ADC_DiscModeCmd	使能间断模式
ADC_GetConversionValue	获取转换结果
ADC_DMACmd	启用 DMA
ADC_DMARequestAfterLastTransferCmd	配置 DMA 的产生时机
ADC_InjectedChannelConfig	注入通道配置
ADC_InjectedSequencerLengthConfig	注入通道序列长度设置
DC_SetInjectedOffset	注入通道偏移量
ADC_ExternalTrigInjectedConvConfig	注入通道外部触发配置
ADC_ExternalTrigInjectedConvEdgeConfig	诸如通道外部触发信号边沿设置
ADC_SoftwareStartInjectedConv	启动注入通道转换
ADC_GetSoftwareStartInjectedConvCmd	获取注入通道转换状态
ADC_AutoInjectedConvCmd	启用自动注入
ADC_InjectedDiscModeCmd	使能注入通道间断模式
ADC_GetInjectedConversionValue	获取注入通道转换值
ADC_ITConfig	配置 ADC 中断源

函　　　数	功　　　能
ADC_GetFlagStatus	获取状态标志结果
ADC_ClearFlag	清除状态位
ADC_GetITStatus	获取中断源
ADC_ClearITPendingBit	清除中断源

1) 函数 ADC_DeInit

函数功能：初始化 ADC1 寄存器为复位值。

函数原型：void ADC_DeInit(ADC_TypeDef * ADCx)。

输入参数 ADCx：需要初始化的 ADC 外设，取值为 ADC1。

2) 函数 ADC_Init

函数功能：根据 ADC_InitStruct 指定的参数初始化 ADC1 寄存器。

函数原型：void ADC_Init(ADC_TypeDef * ADCx，ADC_InitTypeDef * ADC_InitStruct)。

输入参数 ADCx：需要初始化的 ADC 外设，取值为 ADC1。

输入参数 ADC_InitStruct：指向 ADC_InitTypeDef 结构体的指针。

3) 函数 ADC_StructInit

函数功能：使用默认值初始化 ADC_InitStruct 成员。

函数原型：void ADC_StructInit(ADC_InitTypeDef * ADC_InitStruct)。

输入参数 ADC_InitStruct：指向 ADC_InitTypeDef 结构的指针。

默认值为：

```
ADC_Resolution =ADC_Resolution_12b;
ADC_ScanConvMode =DISABLE;
ADC_ContinuousConvMode =DISABLE;
ADC_ExternalTrigConvEdge =ADC_ExternalTrigConvEdge_None;
ADC_ExternalTrigConv =ADC_ExternalTrigConv_T2_CC2;
ADC_DataAlign =ADC_DataAlign_Right;
ADC_NbrOfConversion =1;
```

4) 函数 ADC_CommonInit

函数功能：根据 ADC_CommonInitStruct 指定的参数初始化 ADC 外设。

函数原型：void ADC_CommonInit(ADC_CommonInitTypeDef * ADC_CommonInitStruct)。

输入参数 ADC_CommonInitStruct：指向 ADC_CommonInitTypeDef 结构的指针。

5) 函数 ADC_CommonStructInit

函数功能：使用默认值初始化 ADC_CommonInitStruct 成员。

函数原型：void ADC_CommonStructInit(ADC_CommonInitTypeDef * ADC_CommonInitStruct)。

输入参数 ADC_CommonInitStruct：指向 ADC_CommonInitTypeDef 结构的指针。

默认值 ADC_Prescaler ＝ ADC_Prescaler_Div1。

6）函数 ADC_Cmd

函数功能：启用或停止 ADC。

函数原型：void ADC_Cmd(ADC_TypeDef * ADCx, FunctionalState NewState)。

输入参数 ADCx：要控制的 ADC 外设，取值为 ADC1。

输入参数 NewState：ADC 的状态，取值为 ENABLE 或 DISABLE。

7）函数 ADC_BankSelection

函数功能：选择 ADC 输入通道来源。

函数原型：void ADC_BankSelection(ADC_TypeDef * ADCx, uint8_t ADC_Bank)。

输入参数 ADCx：要控制的 ADC 外设，取值为 ADC1。

输入参数 ADC_Bank：要选择的 ADC 输入通道，取值为 ADC_Bank_A 和 ADC_Bank_B，当选用 ADC_Bank_A 时，ADC 通道为 ADC_IN0～ADC_IN31，当选用 ADC_Bank_B 时，ADC 通道为 ADC_IN0b～ADC_IN31b。

8）函数 ADC_PowerDownCmd

函数功能：在注入延迟或空闲期间启用或禁用 ADC 掉电功能。

函数原型：void ADC_PowerDownCmd(ADC_TypeDef * ADCx, uint32_t ADC_PowerDown, FunctionalState NewState)。

输入参数 ADCx：要控制的 ADC 外设，取值为 ADC1。

输入参数 ADC_PowerDown：ADC 掉电配置，取值范围为：

- ADC_PowerDown_Delay：ADC 在延迟阶段断电。
- ADC_PowerDown_Idle：ADC 在空闲阶段关闭。
- ADC_PowerDown_Idle_Delay：ADC 在延迟和空闲阶段断电。

输入参数 NewState：ADCx 掉电的新状态，取值为 ENABLE 或 DISABLE。

9）函数 ADC_DelaySelectionConfig

函数功能：配置 ADC 注入延迟的大小。

函数原型：void ADC_DelaySelectionConfig(ADC_TypeDef * ADCx, uint8_t ADC_DelayLength)。

输入参数 ADCx：要控制的 ADC 外设，取值为 ADC1。

输入参数 ADC_DelayLength：注入的延迟长度，取值为：

- ADC_DelayLength_None：没有延迟；
- ADC_DelayLength_Freeze：延迟到读取转换后的数据；
- ADC_DelayLength_7Cycles：延迟长度等于 7 个 APB 时钟周期；
- ADC_DelayLength_15Cycles：延迟长度等于 15 个 APB 时钟周期；
- ADC_DelayLength_31Cycles：延迟长度等于 31 个 APB 时钟周期；
- ADC_DelayLength_63Cycles：延迟长度等于 63 个 APB 时钟周期；
- ADC_DelayLength_127Cycles：延迟长度等于 127 个 APB 时钟周期；

- ADC_DelayLength_255Cycles：延迟长度等于 255 个 APB 时钟周期。

10）函数 ADC_TempSensorVrefintCmd

函数功能：启用/禁用 ADC 与温度传感器和 Vrefint 源之间的内部连接。

函数原型：void ADC_TempSensorVrefintCmd(FunctionalState NewState)。

输入参数 NewState：温度传感器和 Vrefint 是否连接，取值为 ENABLE 或 DISABLE。

11）函数 ADC_RegularChannelConfig

函数功能：为所选 ADC 规则通道配置其对应的规则组序号及其采样时间。

函数原型：void ADC_RegularChannelConfig(ADC_TypeDef * ADCx，uint8_t ADC_Channel，uint8_t Rank，uint8_t ADC_SampleTime)。

输入参数 ADCx：要控制的 ADC 外设，取值为 ADC1。

输入参数 ADC_Channel：要配置的 ADC 通道，取值为 ADC_Channel_x(x＝0～27)或 ADC_Channel_xb(x＝0～12)。

输入参数 Rank：所要配置的通道在规则组通道的次序，取值范围为 1～28。

输入参数 ADC_SampleTime：所选择通道的采样时间，取值范围为：

- ADC_SampleTime_4Cycles：采样时间等于 4 个周期；
- ADC_SampleTime_9Cycles：采样时间等于 9 个周期；
- ADC_SampleTime_16Cycles：采样时间等于 16 个周期；
- ADC_SampleTime_24Cycles：采样时间等于 24 个周期；
- ADC_SampleTime_48Cycles：采样时间等于 48 个周期；
- ADC_SampleTime_96Cycles：采样时间等于 96 个周期；
- ADC_SampleTime_192Cycles：采样时间等于 192 个周期；
- ADC_SampleTime_384Cycles：采样时间等于 384 个周期。

12）函数 ADC_SoftwareStartConv

函数功能：软件配置启动规则通道的转换。

函数原型：void ADC_SoftwareStartConv(ADC_TypeDef * ADCx)。

输入参数 ADCx：要控制的 ADC 外设，取值为 ADC1。

13）函数 ADC_GetSoftwareStartConvStatus

函数功能：获取所选的 ADC 规则转换软件启动的状态值。

函数原型：FlagStatus ADC_GetSoftwareStartConvStatus(ADC_TypeDef * ADCx)。

输入参数 ADCx：要控制的 ADC 外设，取值为 ADC1。

返回值：ADC 开始转换或没有转换，取值为 SET 或 RESET。

14）函数 ADC_EOCOnEachRegularChannelCmd

函数功能：启用或禁用每次规则通道转换完成产生 EOC。

函数原型：void ADC_EOCOnEachRegularChannelCmd(ADC_TypeDef * ADCx，FunctionalState NewState)。

输入参数 ADCx：要控制的 ADC 外设，取值为 ADC1。

输入参数 NewState：所选 ADC EOC 标志是否在每次转换完后产生，取值为 ENABLE

或 DISABLE。

15）函数 ADC_ContinuousModeCmd

函数功能：启用或禁用 ADC 连续转换模式。

函数原型：void ADC_ContinuousModeCmd(ADC_TypeDef * ADCx，FunctionalState NewState)。

输入参数 ADCx：要控制的 ADC 外设，取值为 ADC1。

输入参数 NewState：ADC 连续转换功能的状态，取值为 ENABLE 或 DISABLE。

16）函数 ADC_DiscModeChannelCountConfig

函数功能：配置所选 ADC 规则通道组的间断模式。

函数原型：void ADC_DiscModeChannelCountConfig(ADC_TypeDef * ADCx，uint8_t Number)。

输入参数 ADCx：要控制的 ADC 外设，取值为 ADC1。

输入参数 Number：规则通道间断模式的转换通道数量，取值范围为 1～8。

17）函数 ADC_DiscModeCmd

函数功能：启用或禁用规则通道组的间断模式。

函数原型：void ADC _ DiscModeCmd（ADC _ TypeDef * ADCx，FunctionalState NewState)。

输入参数 ADCx：要控制的 ADC 外设，取值为 ADC1。

输入参数 NewState：间断模式的启用状态，取值为 ENABLE 或 DISABLE。

18）函数 ADC_GetConversionValue

函数功能：获取规则通道的 ADC 转换结果数据。

函数原型：uint16_t ADC_GetConversionValue(ADC_TypeDef * ADCx)。

输入参数 ADCx：要控制的 ADC 外设，取值为 ADC1。

返回值：ADC 数据转换结果。

19）函数 ADC_InjectedChannelConfig

函数功能：为所选 ADC 规则通道配置其对应的规则组序号及其采样时间。

函数原型：void ADC_InjectedChannelConfig(ADC_TypeDef * ADCx，uint8_t ADC_Channel，uint8_t Rank，uint8_t ADC_SampleTime)。

输入参数 ADCx：要控制的 ADC 外设，取值为 ADC1。

输入参数 ADC_Channel：要配置的 ADC 通道，取值为 ADC_Channel_x(x＝0～27)或 ADC_Channel_xb(x＝0～12)。

输入参数 Rank：所要配置的通道在规则组通道的次序，取值范围为 1～4。

输入参数 ADC _ SampleTime：所选择通道的采样时间，取值范围与 ADC _ RegularChannelConfig 函数的 ADC_SampleTime 相同。

20）函数 ADC_InjectedSequencerLengthConfig

函数功能：用于配置注入通道组的通道数量。

函数原型：void ADC_InjectedSequencerLengthConfig(ADC_TypeDef * ADCx，uint8 _t Length）。

　　输入参数 ADCx：要控制的 ADC 外设，取值为 ADC1。

　　输入参数 Length：注入组通道数量，取值范围为 1～4。

　　21）函数 ADC_SetInjectedOffset

　　函数功能：设置注入通道转换值的偏移量。

　　函数原型：void ADC_SetInjectedOffset（ADC_TypeDef * ADCx, uint8_t ADC_InjectedChannel, uint16_t Offset）。

　　输入参数 ADCx：要控制的 ADC 外设，取值为 ADC1。

　　输入参数 ADC_InjectedChannel：ADC 注入通道编号，取值范围为：

- ADC_InjectedChannel_1：已选择注入的 Channel1。
- ADC_InjectedChannel_2：已选择注入的 Channel2。
- ADC_InjectedChannel_3：已选择注入的 Channel3。
- ADC_InjectedChannel_4：已选择注入的 Channel4。

　　输入参数 Offset：所选 ADC 注入通道的偏移值，12 位。

　　22）函数 ADC_ExternalTrigInjectedConvConfig

　　函数功能：为注入通道转换配置 ADCx 外部触发源。

　　函数原型：void ADC_ExternalTrigInjectedConvConfig（ADC_TypeDef * ADCx, uint32_t ADC_ExternalTrigInjecConv）。

　　输入参数 ADCx：要控制的 ADC 外设，取值为 ADC1。

　　输入参数 ADC_ExternalTrigInjecConv：指定 ADC 转换的触发源，其取值与 ADC 初始化模板中 ADC_ExternalTrigConv 的取值相同。

　　23）函数 ADC_ExternalTrigInjectedConvEdgeConfig

　　函数功能：注入通道触发的外部触发沿配置。

　　函数原型：void ADC_ExternalTrigInjectedConvEdgeConfig（ADC_TypeDef * ADCx, uint32_t ADC_ExternalTrigInjecConvEdge）。

　　输入参数 ADCx：要控制的 ADC 外设，取值为 ADC1。

　　输入参数 ADC_ExternalTrigInjecConvEdge：指定 ADC 转换的触发源，其取值与 ADC 初始化模板中 ADC_ExternalTrigInjecConvEdge 的取值相同。

　　24）函数 ADC_SoftwareStartInjectedConv

　　函数功能：注入通道软件启动转换设置。

　　函数原型：void ADC_SoftwareStartInjectedConv（ADC_TypeDef * ADCx）。

　　输入参数 ADCx：要控制的 ADC 外设，取值为 ADC1。

　　25）函数 ADC_GetSoftwareStartInjectedConvCmdStatus

　　函数功能：获取注入通道软件启动转换的状态。

　　函数原型：FlagStatus ADC_GetSoftwareStartInjectedConvCmdStatus（ADC_TypeDef * ADCx）。

　　输入参数 ADCx：要控制的 ADC 外设，取值为 ADC1。

返回值为 ADC 是否已启动注入通道转换,取值范围为 SET 或 RESET。

26）函数 ADC_AutoInjectedConvCmd

函数功能：使能或禁用 ADC 在规则通道转换完后自动执行注入组转换功能。

函数原型：void ADC_AutoInjectedConvCmd（ADC_TypeDef * ADCx, FunctionalState NewState）。

输入参数 ADCx：要控制的 ADC 外设,取值为 ADC1。

输入参数 NewState：自动注入通道转换的状态,取值为 ENABLE 或 DISABLE。

27）函数 ADC_InjectedDiscModeCmd

函数功能：为指定的 ADC 外设启用或禁用注入组通道的间断模式。

函数原型：void ADC_InjectedDiscModeCmd（ADC_TypeDef * ADCx, FunctionalState NewState）。

输入参数 ADCx：要控制的 ADC 外设,取值为 ADC1。

输入参数 NewState：注入通道间断模式的状态,取值为 ENABLE 或 DISABLE。

28）函数 ADC_GetInjectedConversionValue

函数功能：获取指定 ADC 外设的注入通到转换结果。

函数原型：uint16_t ADC_GetInjectedConversionValue（ADC_TypeDef * ADCx, uint8_t ADC_InjectedChannel）。

输入参数 ADCx：要控制的 ADC 外设,取值为 ADC1。

输入参数 ADC_InjectedChannel：注入通道的编号,取值为：

- ADC_InjectedChannel_1：注入通道 Channel1；
- ADC_InjectedChannel_2：注入通道 Channel2；
- ADC_InjectedChannel_3：注入通道 Channel3；
- ADC_InjectedChannel_4：注入通道 Channel4。

29）函数 ADC_ITConfig

函数功能：启用或禁用指定的 ADC 中断。

函数原型：void ADC_ITConfig（ADC_TypeDef * ADCx, uint16_t ADC_IT, FunctionalState NewState）。

输入参数 ADCx：要控制的 ADC 外设,取值为 ADC1。

输入参数 ADC_IT：指定要启用或禁用的 ADC 中断源,取值为：

- ADC_IT_EOC：转换结束中断。
- ADC_IT_AWD：模拟看门狗中断。
- ADC_IT_JEOC：注入转换结束中断。
- ADC_IT_OVR：溢出中断。

输入参数 NewState：指定 ADC 中断的状态,取值为 ENABLE 或 DISABLE。

30）函数 ADC_GetFlagStatus

函数功能：检查指定的 ADC 标志是否设置。

函数原型：FlagStatus ADC_GetFlagStatus（ADC_TypeDef * ADCx, uint16_t ADC_

FLAG)。

输入参数 ADCx：要控制的 ADC 外设，取值为 ADC1。

输入参数 ADC_FLAG：指定要检查的标志，取值为：

- ADC_FLAG_AWD：模拟看门狗标志；
- ADC_FLAG_EOC：转换结束标志；
- ADC_FLAG_JEOC：注入组转换结束标志；
- ADC_FLAG_JSTRT：注入组转换开始标志；
- ADC_FLAG_STRT：规则组开始转换标志；
- ADC_FLAG_OVR：溢出标志；
- ADC_FLAG_ADONS：ADC ON 状态；
- ADC_FLAG_RCNR：规则通道转换未就绪；
- ADC_FLAG_JCNR：注入通道转换未就绪。

返回值：ADC_FLAG 的状态，取值为 SET 或 RESET。

31) 函数 ADC_ClearFlag

函数功能：清除 ADC 标志。

函数原型：void ADC_ClearFlag(ADC_TypeDef * ADCx，uint16_t ADC_FLAG)。

输入参数 ADCx：要控制的 ADC 外设，取值为 ADC1。

输入参数 ADC_FLAG：指定要清除的标志，取值为：ADC_FLAG_AWD、ADC_FLAG_EOC、ADC_FLAG_JEOC、ADC_FLAG_JSTRT、ADC_FLAG_STRT 和 ADC_FLAG_OVR。

32) 函数 ADC_GetITStatus

函数功能：检查指定的 ADC 中断是否发生。

函数原型：ITStatus ADC_GetITStatus(ADC_TypeDef * ADCx，uint16_t ADC_IT)。

输入参数 ADCx：要控制的 ADC 外设，取值为 ADC1。

输入参数 ADC_IT：指定要检查的中断源，取值为：

- ADC_IT_EOC：规则通道转换结束中断；
- ADC_IT_AWD：模拟看门狗中断；
- ADC_IT_JEOC：注入通道转换结束中断；
- ADC_IT_OVR：溢出中断。

返回值：ADC_IT 的状态，取值为 SET 或 RESET。

33) 函数 ADC_ClearITPendingBit

函数功能：清除指定的 ADC 中断挂起位。

函数原型：void ADC_ClearITPendingBit(ADC_TypeDef * ADCx，uint16_t ADC_IT)。

输入参数 ADCx：要控制的 ADC 外设，取值为 ADC1。

输入参数 ADC_IT：指定要清除的中断源，取值与函数 ADC_GetITStatus 的参数 ADC_IT 相同。

11.5　ADC 案例

11.5.1　ADC 寄存器操作案例

【例 11-1】　ADC_Init 函数的寄存器操作实现。

```
void ADC_Init(ADC_TypeDef * ADCx, ADC_InitTypeDef * ADC_InitStruct)
{
  uint32_t tmpreg1 = 0;
  uint8_t tmpreg2 = 0;
  //ADCx CR1 寄存器配置
  tmpreg1 = ADCx->CR1;                             //获取 ADCx CR1 寄存器值
  tmpreg1 &= CR1_CLEAR_MASK;                       //清除 RES 和 SCAN 域
  //根据 ADC_ScanConvMode 配置域,根据 ADC Resolution 配置 RES 域
  tmpreg1 |= (uint32_t)(((uint32_t)ADC_InitStruct->ADC_ScanConvMode <<8) |
          ADC_InitStruct->ADC_Resolution);
  ADCx->CR1 = tmpreg1;                             //写回到寄存器 ADCx CR1
  //配置 ADCx CR2 寄存器
  tmpreg1 = ADCx->CR2;                             //获取 ADCx CR2 寄存器值
  //清除 CONT, ALIGN, EXTEN and EXTSEL 域
  tmpreg1 &= CR2_CLEAR_MASK;
  //根据 ADC_DataAlign 配置 ALIGN 域,根据 ADC_ExternalTrigConvEdge 配置 EXTEB 域,
  //根据 ADC_ExternalTrigConv 配置 EXTSEL 域,根据 ADC_ContinuousConvMode 配置 CONT 域
  tmpreg1 |= (uint32_t)(ADC_InitStruct->ADC_DataAlign
          | ADC_InitStruct->ADC_ExternalTrigConv
          | ADC_InitStruct->ADC_ExternalTrigConvEdge
          | ((uint32_t)ADC_InitStruct->ADC_ContinuousConvMode <<1));
  ADCx->CR2 = tmpreg1;                             //写回寄存器 ADCx CR2
  //配置 ADCx SQR1 寄存器
  tmpreg1 = ADCx->SQR1;                            //获取寄存器 ADCx SQR1 的值
  tmpreg1 &= SQR1_L_RESET;                         //清除 L 域
  //根据 ADC_NbrOfConversion 配置规则组通道数量 L
  tmpreg2 |= (uint8_t)(ADC_InitStruct->ADC_NbrOfConversion - (uint8_t)1);
  tmpreg1 |= ((uint32_t)tmpreg2 <<20);
  ADCx->SQR1 = tmpreg1;                            //写回到寄存器 ADCx SQR1
}
```

【例 11-2】　ADC_Cmd 寄存器操作实现。

```
void ADC_Cmd(ADC_TypeDef * ADCx, FunctionalState NewState)
{
```

```
  if (NewState !=DISABLE)
    ADCx->CR2 |=(uint32_t)ADC_CR2_ADON;                    //设置 ADON 域给 ADC 上电
  else
    ADCx->CR2 &=(uint32_t)(~ADC_CR2_ADON);                 //关闭 ADC
}
```

11.5.2　ADC 库函数操作案例

1）ADC 配置流程：
- 配置 ADC 的 GPIO 为模拟输入；
- 使能 HSI 时钟，要等待 HSI 时钟开启；
- 使能 ADC 时钟；
- 配置 ADC 相关参数（转换精度，转换模式，字节对齐）；
- 配置 ADC 通道和采样时钟；
- 配置 ADC 采样频率（预分频参数）；
- 配置 ADC 中断向量相关参数；
- 开启 ADC 的 EOC 中断；
- 给 ADC 上电，并检测 ADC 是否准备好；
- 软件开启 ADC。

2）ADC 中断处理：
- 判断 EOC 中断标志位；
- 对 EOC 中断清零；
- 对转换数值处理；
- ADC 上电；
- 检测 ADONS 标志位，等待 ADC 准备好；
- 开启软件打开方式转换。

【例 11-3】　ADC 初始化配置。

```
void ADC_InitConfiguration(void)
{
  ADC_InitTypeDef ADC_InitStructure;
  RCC_HSICmd(ENABLE);
  while (RCC_GetFlagStatus(RCC_FLAG_HSIRDY) ==RESET);
  RCC_APB2PeriphClockCmd(RCC_APB2Periph_ADC1, ENABLE);
  RCC_AHBPeriphClockCmd(RCC_AHBPeriph_GPIOA, ENABLE);
  GPIO_InitStructure.GPIO_Speed=GPIO_Speed_40MHz;
  GPIO_InitStructure.GPIO_Pin =GPIO_Pin_5;
  GPIO_InitStructure.GPIO_Mode =GPIO_Mode_AN;
  GPIO_Init(GPIOA, &GPIO_InitStructure);
```

```
ADC_DeInit(ADC1);
ADC_StructInit(&ADC_InitStructure);
ADC_InitStructure.ADC_Resolution =ADC_Resolution_12b;
ADC_InitStructure.ADC_ScanConvMode =DISABLE;
ADC_InitStructure.ADC_ContinuousConvMode =ENABLE;
ADC_InitStructure.ADC_ExternalTrigConvEdge =ADC_ExternalTrigConvEdge_None;
ADC_InitStructure.ADC_DataAlign =ADC_DataAlign_Right;
ADC_InitStructure.ADC_NbrOfConversion =1;
ADC_Init(ADC1, &ADC_InitStructure);
ADC_DelaySelectionConfig(ADC1, ADC_DelayLength_Freeze);
ADC_PowerDownCmd(ADC1, ADC_PowerDown_Idle_Delay, ENABLE);
ADC_RegularChannelConfig(ADC1, ADC_Channel_5, 1, ADC_SampleTime_96Cycles );

//ADC_ITConfig(ADC1,ADC_IT_EOC,ENABLE);          //中断使能
ADC_Cmd(ADC1, ENABLE);
while (ADC_GetFlagStatus(ADC1, ADC_FLAG_ADONS) ==RESET);
}
```

启用 ADC 转换，读取数据的代码如下：

```
ADC_SoftwareStartConv(ADC1);
while (ADC_GetFlagStatus(ADC1, ADC_FLAG_EOC) ==RESET) ;
uint16_t  ADCdata =ADC_GetConversionValue(ADC1);
```

第 12 章 低功耗技术

【导读】 低功耗时 STM32L 系列处理器的优势,在物联网电池供电系统中对于处理器的功耗要求较高。本章首先介绍了处理器的动态功耗和静态功耗,然后针对 STM32L1xx 系列处理器的电压管理、时钟管理、低功耗模式进行了介绍,并对 PWR 控制器的寄存器、库函数及典型使用方法进行了介绍。

12.1 处理器功耗的构成/类型

电源对电子设备的重要性不言而喻,它是保证系统稳定运行的基础,在很多应用场合中都对电子设备的功耗要求非常苛刻,如某些传感器信息采集设备,仅靠小型的电池提供电源,要求工作长达数年之久,且期间不需要任何维护。由于智慧穿戴设备的小型化要求,电池体积不能太大导致容量也比较小,所以也很有必要从控制功耗入手,提高设备的续行时间。STM32L 系列针对低功耗处理进行了优化,有专门的电源管理和低功耗运行模式。

功耗的构成主要有动态功耗、静态功耗、浪涌功耗这三种。

12.1.1 动态功耗

动态功耗主要是外围电路的器件功耗,包括:开关功耗(翻转功耗)和短路功耗(内部功耗)。

1. 开关功耗

开关功耗指的是数字 CMOS 电路中,对负载电容进行充放电时消耗的功耗,比如对于图 12-1 的 CMOS 非门中,当 $V_{in}=0$ 时,上面的 PMOS 导通,下面的 NMOS 截止;V_{DD} 对负载电容 C_{load} 进行充电,充电完成后,V_{out} 的电平为高电平。

当 $V_{in}=1$ 时,上面的 PMOS 截止,下面的 NMOS 导通,负载电容通过 NMOS 进行放电,放电完成后,V_{out} 的电平为低电平。充放电形成了开关功耗,开关功耗 P_{switch} 的计算公式为:

$$P_{switch}=\frac{1}{2}V_{DD}^2 C_{load} T_r$$

其中，V_{DD} 为供电电压，C_{load} 为后级电路等效的电容负载大小，T_r 为输入信号的翻转频率。

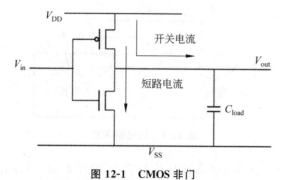

图 12-1　CMOS 非门

2. 短路功耗

短路功耗也称为内部功耗，在输入信号进行翻转时，信号的翻转不可能瞬时完成，因此 PMOS 和 NMOS 不可能总是一个截止另外一个导通，会存在一段时间，PMOS 和 NMOS 同时导通，从而导致电源 VDD 到地 VSS 之间就有短路电流，如图 12-2 的反向器电路所示。

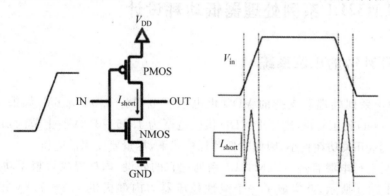

图 12-2　反相器电路的短路电流

短路功耗 P_{short} 的计算公式为：$P_{short} = V_{DD} T_r Q_x$。其中，$V_{DD}$ 为供电电压，T_r 为翻转频率，Q_x 为一次翻转过程中从电源流到地的电荷量。

动态功耗主要跟电源的供电电压、翻转频率和负载电容有关。

12.1.2　静态功耗

静态功耗主要是漏电流引起的功耗，CMOS 电路漏电流下图 12-3 所示，漏电流有下面几个部分组成：

- PN 结反向电流 I_1；
- 源极和漏极之间的亚阈值漏电流 I_2；
- 栅极漏电流，包括栅极和漏极之间的感应漏电流 I_3；

• 栅极和衬底之间的隧道漏电流 I_4。

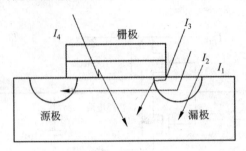

图 12-3   漏电流示意

静态功耗往往与工艺有关,静态功耗的计算公式为 $P_{peak} = V_{DD} I_{peak}$,其中,$I_{peak}$ 为泄漏电流。

处理器的总功耗中,动态功耗特别是开关功耗占据了约 80% 的来源,因此对于低功耗设计,主要示降低开关功耗,即调整处理器工作电压、工作频率。

12.2   STM32L1 系列处理器低功耗设计

12.2.1   STM32 的电源系统

STM32L1 系列处理器支持的 VDD 供电电压范围为 $1.8 \sim 3.6V$,如果不支持 BOR (brown out reset)欠压复位,则要求 VDD 供电范围为 $1.65 \sim 3.6V$。上节的功耗分析我们得知,电压越小,开关功耗越小,因此在低功耗模式下,尽量要使用低电压。

为了方便进行电源管理,STM32L1 系列把它的外设、内核等模块根据功能划分了供电区域,如图 12-4 所示,并集成了一个线性稳压器为内部提供 $1.2 \sim 1.8V$ 的电压,供电模块包括:

1) V_{DD}

V_{DD} 为外部 I/O 和内部稳压器提供电压,如果 BOR 无效,V_{DD} 电压范围为 $1.65 \sim 3.6V$。

2) Vcore

Vcore $= 1.2 \sim 1.8V$,Vcore 为数字外围设备、SRAM 和 Flash 提供电压。由内部稳压器产生,根据不同功耗状态,Vcore 范围是可选的(与 V_{DD} 相关)。

3) V_{DDA}

V_{DDA} 为外围模拟设备 ADC、DAC、复位模块、RC 振荡器和 PLL 提供电压,如果 BOR 无效,V_{DDA} 电压范围为 $1.65 \sim 3.6V$。使用 ADC 时,V_{DDA} 电压不能小于 $1.8V$。

4) $V_{REF}-$,$V_{ERF}+$

$V_{REF}+$ 为输入参考电压。只有在 LQFP144,UFBGA132,LQFP100,UFBGA100 和 TFBGA64 封装的才是有效的,其他封装情况下,默认连接到 V_{SSA} 和 V_{DDA} 上。

5）V_{LCD}

$V_{LCD}=2.5\sim3.6V$。LCD 控制器可由 V_{LCD} 外部接口或者内部嵌入式升压转换器提供电压。

STM32L1 系列处理器的电源分配特点为：

1）独立的 AD 和 DAC 转换器供给和参考电压

为了提高转换精度，ADC 和 DAC 有独立的电压供给，可以对数字电源滤波和隔离提供单独的 V_{DDA} 和 V_{SSA} 为 ADC 提供电压。

2）独立的 LCD 供给电压

V_{LCD} 可用于控制 LCD 的对比度。该电源可以采用外部电路供电，要求电压范围应为 $2.56\sim3.6V$，可以与 V_{DD} 无关，也可以连接到一个外部电容上，用于 MCU 的升压转换器软件控制 LCD 的电压。

3）电压调整器

线性电压调整器可用于所有数字电路（除了待机中的电路）。调整器的输出电压（Vcore）$1.2\sim1.8V$，可以通过编程设置为二种不同的范围。复位后，电压调整器被使能。可以配置为三种模式：主电压调节器模式 MR，低功耗运行 LPR 和待机模式。

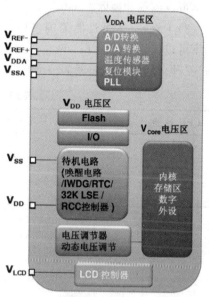

图 12-4 电源分配

- 在运行模式下，调整器处于主模式（MR），并为 Vcore 提供全功率供电（处理器核心、存储器、数字外设）；
- 在低功耗运行模式下，调整器处于低功耗模式（LWR），并为 Vcore 提供供电，维持寄存器及内部 SRAM 数据；
- 在睡眠模式下，调整器处于主模式（MR），并为 Vcore domain 提供供电，维持寄存器及内部 SRAM 的数据；
- 在低功耗睡眠模式下，调整器处于低功耗模式（LWR），并未 Vcore 提供供电，维持寄存器及内部 SRAM 数据；
- 在待机模式下，调整器处于关闭状态，除了待机电路之后，寄存器及 SRAM 中的数据都会丢失。

12.2.2 动态电压调节管理

动态电压调节管理是一项电源管理技术，根据不同的情况，增加或减少 Vcore 的电压。提高设备的性能或降低设备功耗。

根据应用情况可将处理器的电压范围分为三种：Range1、Range2 和 Range3。

（1）Range1 为高性能范围。电压调节器输出 $1.8V$ 电压（V_{DD} 电压为 $2.0V$）。在该范围内,Flash 编程和擦除操作均可操作。

（2）Range2 为中等性能范围,电压调节器输出 1.5V,Flash 存储器有效,但读取时间为中等,可以编程和擦除 Flash。

（3）Range3 为低性能范围,电压调节器输出 1.2V,Flash 存储器有效,但读取时间较慢,不可以编程和擦除 Flash。

三种区间的性能如表 12-1 所示,CPU 性能、V_{DD} 与 Vcore 之间的关系如图 12-5 所示。

表 12-1　不同电压范围的性能

CPU 性能	功耗	电压范围	电压值/V	最高频率/MHz	V_{DD}
高	高	1	1.8	32	2.0～3.6
中	中	2	1.5	16	1.65～3.6
低	低	3	1.2	4	1.65～3.6

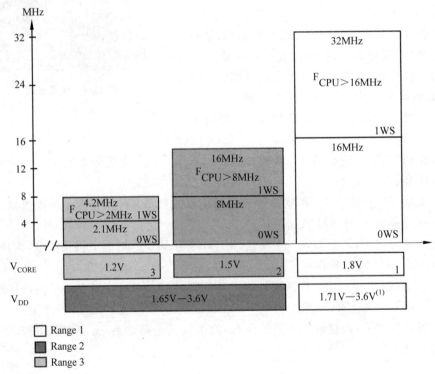

图 12-5　V_{DD}、Vcore 和处理器性能的关系

动态电压调节配置的流程如下:

- 检测 V_{DD} 以确认可使用哪些 ranges;
- 轮询 PWR_CSR 寄存器的 VOSF 位直到该位为 0;
- 通过配置 PWR_CR 寄存器的 VOS[12:11]位来配置电压范围;
- 轮询 VOSF 位直到该位为 0。

12.2.3　电源检测

STM32L1xx 内部集成了上电复位(POR)/掉电复位(PDR)、欠压复位(BOR)电路。当设备工作在 $1.8 \sim 3.6V$ 时，BOR 默认情况下是使能的，当 V_{DD} 电压降低到了 $1.8V$ 的阈值时，将引起复位。可以通过修改阈值或者关闭 BOR 使得 V_{DD} 的最小值为 $1.65V$。

BOR 的 5 种阈值可以通过选择字节进行配置。为了减少待机模式下的功耗，内部电压参考 VERFINT 可以自动关闭。当 V_{DD} 低于指定的阈值时(VPOR，VPDR，VBOR)，设备保持在复位模式，并且无需任何外部复位电路。

STM32L1xx 内嵌可编程的电压检测器，用于监测 V_{DD}/V_{DDA} 的电压和跟 VPVD 阈值进行比较。可以选择 7 种不同的 PVD。当 V_{DD}/V_{DDA} 低于或者高于 VPVD 阈值的时候会产生一个中断，中断可以例行的可以产生警告信息或者令 MCU 进入到安全的状态中，需要通过应用来使能 PVD。

1) 上电复位(POR)/掉电复位(PDR)

当上电时，V_{DD}/V_{DDA} 低于一个特定的阈值 VPOR 时，设备保持在复位状态，且不需要多余的外部复位电路。POR 默认是使能的，默认阈值为 $1.5V$。V_{DD} 下降到低于 VPDR 阈值时，PDR 让设备保持在复位状态。PDR 也是默认使能的，阈值为 $1.5V$。只有当 BOR 是无效时才可使用 POR 和 PDR。

2) 欠压复位(BOR)

当设备工作在 $1.65 \sim 3.6V$ 时，BOR 无效，电压检测用 POR/PDR。当设备工作在 $1.8 \sim 3.6V$ 时，BOR 在上电后使能，且其阈值 VBOR 为 $1.8V$。VBOR 可以通过选项字节进行修改，默认情况下为 Level 4：

- BOR Level 0(VBOR0)：复位阈值为：$1.69 \sim 1.80$ V。
- BOR Level 1(VBOR1)：复位阈值为：$1.94 \sim 2.1$ V。
- BOR Level 2(VBOR2)：复位阈值为：$2.3 \sim 2.49$ V。
- BOR Level 3(VBOR3)：复位阈值为：$2.54 \sim 2.74$ V。
- BOR Level 4(VBOR4)：复位阈值为：$2.77 \sim 3.0$ V。

当 V_{DD} 下降到低于所选择的 VBOR 阈值，则会产生复位。当 V_{DD} 上升到高于 VBOR 上限时，则会释放复位，设备启动。

3) 可编程电压检测器(PVD)

可以使用 PVD 来检测 VDD 电源，并与 PWR_CR 寄存器 PLS[2：0]定义的阈值进行比较，通过 PWR_CSR 寄存器的 PVODO 标志识别 VDD 是低于还是高于 PVD 阈值。该事件连接到了外部中断控制器的 EXTI16，若配置了 EXTI 寄存器则可产生中断。当 V_{DD} 上升到高于 PVD 阈值或者下降到低于 PVD 阈值时(与 EXTI16 上的边缘配置有关)会产生中断。可应用于通过中断服务处理紧急的关机任务。

4) 内部参考电压(VERFINT)

内部参考电压的功耗并不是可忽略的，为了减少功耗，可以通过 PWR_CR 寄存器的

ULP 位令内部参考电压失效。

12.2.4　低功耗模式

系统启动后默认处于运行模式,CPU 时钟由 HCLK 驱动。当 CPU 不需要保持在运行模式下时,可以进入多种低功耗模式。STM32L1 系列提供了五种低功耗模式:

- 低功耗运行模式:电压调节器处于低功耗模式,限制了时钟频率和可运行外设数量;
- 睡眠模式:Cortex-M3 停止,外设保持运行;
- 低功耗睡眠模式:Cortex-M3 停止,限制了时钟频率和可运行外设数量,电压调节器处于低功耗模式,RAM 掉电,Flash 停止;
- 停止模式:所有时钟停止,电压调节器继续运行,并处于低功耗模式;
- 待机模式:Vcore 掉电关机。

另外,可以通过减少系统时钟频率、关闭不使用的外设时钟减少运行时功耗。

各种低功耗模式的进入和换序条件如图 12-6 所示,不同低功耗模式的电流消耗如图 12-7 所示。

模式	进入	唤醒	对VCORE域时钟影响	对VDD域时钟影响	内部电源变换器	I/O 状态	唤醒延迟
低功耗运行模式	设置LPSDSR位和LPRUN位 + 设置系统时钟	恢复系统时钟和内部电源变换器的工作模式	无	无	低功耗模式	所有I/O口的状态和运行时保持一致	无
睡眠模式	WFI	任意中断	CPU时钟关闭,不影响其他时钟	无	正常模式		无
	WFE	唤醒事件					
低功耗睡眠模式	设置LPSDSR位 + WFI	任意中断		无	低功耗模式		电源变换器的改变时间+FLASH的唤醒时间
	设置LPSDSR位 + WFE	唤醒事件					
停止模式	设置PDDS和LPSDSR位 + 设置SLEEPDEEP位 + WFI 或 WFE	任意EXTI中断 (在EXTI寄存器中配置的内部或者外部中断源)	所有的VCORE域时钟都关闭	HSI, HSE和MSI都关闭	正常模式/低功耗模式		MSI RC的唤醒时间+电源变换器的唤醒时间 + FLASH的唤醒时间 唤醒的典型值为7.9us
待机模式	设置PDDS和 + 设置SLEEPDEEP位 + WFI 或 WFE	WKUP引脚的上升沿 或者RTC报警 (Alarm A 或者Alarm B)、RTC唤醒事件、RTC时间戳事件、RTC侵入事件、NRST引脚的外部复位、IWDG复位			关闭	所有I/O口都保持在高阻状态	V_{REFINT} 开的情况下唤醒典型值为57.2us V_{REFINT} 关的情况下唤醒典型值为2.4ms

图 12-6　不同模式的进入和唤醒条件

1. 低功耗模式下的时钟

1) 睡眠和低功耗睡眠模式

在睡眠和低功耗睡眠模式下,CPU 的时钟处于停止状态。寄存器接口时钟和所有外设

模式	STM32L15x典型值	STM32F10x 典型值
运行模式功耗 代码在Flash中运行，内核供电范围选择3，开外设时钟	230µA/MHz	-
运行模式功耗 代码在RAM中运行，内核供电范围选择3，开外设时钟	186µA/MHz	-
低功耗运行模式功耗 代码在RAM中运行，使用内部RC(32 kHz的MSI)，开外设时钟	10.4µA	-
睡眠模式功耗 代码在Flash中运行，主时钟频率为16 MHz，关所有外设时钟	650µA	-
睡眠模式功耗 代码在Flash中运行，主时钟频率为16 MHz，开所有外设时钟	2.5mA	-
低功耗睡眠模式功耗 代码在Flash中运行，主时钟频率为32 kHz，内部电源变换器工作在低功耗模式下，运行一个32 kHz的定时器	6.1µA	-
停止模式功耗 内部电源变换器工作在低功耗模式下，关闭低速/高速内部振荡器和高速外部振荡器，不使能独立看门狗	0.43µA w/o RTC 1.3µA w/ RTC	14 µA
待机模式功耗 使用低速内部振荡器，不使能独立看门狗，关闭RTC	0.27µA	2 µA
待机模式功耗 使能RTC	1.0 µA	-

图 12-7 不同模式的电流消耗及其和 F10x 系列的对比

时钟均可通过软件进行关闭。当处于低功耗睡眠模式时，RAM 接口时钟处于掉电状态。AHB 总线到 APB 总线的桥时钟可以通过硬件进行关闭。

2）停止和待机模式

在停止和待机模式下，系统时钟和所有高速时钟均是处于停止状态：

- PLL 无效；
- 内部 RC 16MHz(HSI)振荡器无效；
- 外部 1M～24MHz(HSE)振荡器无效；
- 内部 65kHZ～4MHz(MSI)振荡器无效。

当通过中断退出停止模式或者复位退出待机模式时，内部 MSI 被选择为系统时钟。当设备退出停止模式时，之前的 MSI 配置仍是有效的。当设备退出待机模式时，被重置为默认的 2MHZ。

运行模式下，可以通过降低系统时钟和关闭外设时钟降低功耗。外设时钟受以下寄存器 RCC_AHBENR、RCC_APB2ENR、RCC_APB1ENR 控制，在睡眠模式时，为了关闭外设时钟可以通过复位 RCC_AHBLPENR 和 RCC_APBxLPENR 相应的位。

2. 低功耗运行模式

在运行时，为了进一步减少功耗，电压调整器可以配置为低功耗模式，在该模式下，系统的频率不应超过 f_MSI Range1。

1）进入低功耗模式

- 通过 RCC_APBxENR 和 RCC_AHBENR 寄存器使能或者关闭每一个数字 IP

时钟；

- 系统时钟频率需要下降到不得超过 f_MSI Range1；
- 通过置位 LPRUN 和 LPSDSR 强制让调整器运行在低功耗模式下。

2）退出低功耗模式

- 配置调节器运行在主电压调节器模式；
- 如果有需要，开启 Flash 存储器；
- 按需要增加系统时钟频率。

3. 睡眠模式

1）进入睡眠模式

通过执行 WFI 或 WEF 可以进行到睡眠模式下，根据 Cortex-M3 SCR 寄存器的 SLEEPONEXIT 位，睡眠模式的进入机制有两种：

- 立即睡眠：如果 SLEEPONEXIT 被清除，当 WFI/WEF 指令被执行时，MCU 则进入睡眠模式；
- 异常退出睡眠：如果 SLEEPONEXIT 被置位，当最低优先级的 ISR 退出时，MCU 则进入睡眠模式。

2）退出睡眠模式

- 如果是通过 WFI 进入到睡眠模式的，发生任何能被 NVIC 所确认的外设中断均会将设备从睡眠模式中唤醒；
- 如果是通过 WEF 进入到睡眠模式的，一检测到有事件发生时，设备将从睡眠模式中唤醒。

4. 低功耗睡眠模式

1）进入低功耗睡眠模式

通过配置电压调整器处于低功耗模式，并且执行 WFI/WEF 指令，则可进入到低功耗睡眠模式。在该模式下，Flash 不可用，RAM 存储器可用。在该模式下，系统时钟频道不应高于 f_MSI Range1。只有当 Vcore 处于 Range2 时，才可进入低功耗睡眠模式。

低功耗睡眠同样有立即睡眠和异常退出睡眠两种模式，进入睡眠的流程为：

- 可通过控制位关闭 Flash，减少功耗；
- 通过 RCC_APBxENR 和 RCC_AHBENR 寄存器使能或者关闭每一个数字外设时钟；
- 必须减少系统时钟频率；
- 强制电压调节器进入到低功耗模式（LPSDSR 位）；
- 执行 WFI/WEF 指令以进入到睡眠模式。

2）退出低功耗睡眠模式

- 如果是通过 WFI 进入到睡眠模式的，发生任何能被 NVIC 所确认的外设中断均会将设备从睡眠模式中唤醒；
- 如果是通过 WEF 进入到睡眠模式的，一检测到有事件发生时，设备将从睡眠模式中唤醒。

5. 停止模式

停止模式基于 Cortex-M3 深度睡眠模式,电压调节器可以配置为正常或者低功耗模式。

在停止模式时,所有位于 Vcore 的时钟停止,PLL、MSI、HSI 和 HSE 均无效,内部 SRAM 和寄存器将被保留。为了在停止模式下获取更低功耗,内部 Flash 一般配置为低功耗模式,在进入停止模式前,可关闭 VREFINT,BOR,PVD 和温度传感器。在退出停止模式时通过软件设置使之前关闭的功能重新开启。

为了进一步减少停止模式下的功耗,通过配置 PWR_CR 寄存器的 LPSDSR 位内部电压调节器可以设置为低功耗模式,停止模式下,以下功能模块可以进行单独配置:

- 独立看门狗(IWDG):写其主要的寄存器或者硬件选项来启动 IWDG;
- 实时时钟(RTC):配置 RCC_CSR 寄存器的 RTCEN 位;
- 内部 RC 振荡器(LSI RC):配置 RCC_CSR 寄存器的 LSION 位;
- 外部 32.768kHZ 振荡器(LSE OSC):配置 RCC_CSR 寄存器的 LSEON 位。

ADC,DAC 或 LCD 在停止模式也会消耗能源,最好将 ADC_CR2 寄存器的 ADON 和 DAC_CR 寄存器的 ENx 位需要配置为 0。

当退出停止模式时会产生一个中断或者唤醒事件,MSI RC 振荡器被选择为系统时钟。

6. 待机模式

待机模式下会得到最低的功耗,电压调节器关闭,Vcore 关闭,PLL、MSI、HSI 和 HSE 失效。除了 RTC 寄存器、RTC 备份寄存器,待机电路外 SRAM 和寄存器上下文均被丢失。

12.3　功耗控制寄存器

1. PWR 功耗控制寄存器 PWR_CR

PWR 功耗控制寄存器的有效域定义如图 12-8 所示。

31	30	29	28	27	26	25	24	23	22	21	20	19	18	17	16
Reserved														

15	14	13	12	11	10	9	8	7	6	5	4	3	2	1	0
Res.	LPRUN	Res.	VOS[1:0]		FWU	ULP	DBP	PLS[2:0]			PVDE	CSBF	CWUF	PDDS	LPSDSR
	rw		rw	rw	rw	rw	rw	rw	rw	rw	rw	rc_w1	rc_w1	rw	rw

图 12-8　PWR 功耗控制寄存器

LPRUN:低功耗运行模式,当 LPRUN 位与 LPSDSR 位一起置 1 时,电压调节器从主模式切换到低功耗模式。否则,它仍处于主模式。0 表示主电压电压调节器模式,1 表示电压调节器低功耗模式。

VOS[1:0]:电压调整范围选择,00 表示禁止改变电压范围,01~11 分别表示 Range1~

Range3。

FWU、ULP：快速唤醒和超低功耗模式，该位与 ULP 位配合使用。如果 ULP＝0，则忽略 FWU；如果 ULP＝1 且 FWU＝1，则从低功耗模式退出时，将忽略 VREFINT 启动时间；如果 ULP＝1 且 FWU＝0，则仅在 VREFINT 准备就绪时退出低功耗模式。

DBP：禁用备份写保护，0 表示复位时禁止访问 RTC，RTC 备份和 RCC CSR 寄存器，1 表示允许。

PLS[2：0]：PVD 电平选择，000～110 分别表示 1.9V、2.1V、2.3V、2.5V、2.7V、2.9V、3.1V，111 表示 PVD 为外部输入模拟电压（内部与 VREFINT 比较），此时 PVD_IN 输入（PB7）必须配置为模拟输入。

PVDE：电源电压检测器使能，0 表示 PVD 禁用，1 表示启用。

CSBF：清除待机标志，写 1 表示清除 SBF 待机标志。

2. PWR 功耗控制/状态寄存器 PWR_CSR

PWR 功耗控制/状态寄存器的有效域定义如图 12-9 所示。

31	30	29	28	27	26	25	24	23	22	21	20	19	18	17	16
Reserved															

15	14	13	12	11	10	9	8	7	6	5	4	3	2	1	0
Reserved					EWUP3	EWUP2	EWUP1	Reserved		REG LPF	VOSF	VREFIN TRDYF	PVDO	SBF	WUF
					rw	rw	rw			r	r	r	r	r	r

图 12-9　PWR 功耗控制/状态寄存器

EWUP3～EWUP1：使能 WKUP 引脚 3～1，0 表示 WKUP 引脚 3～1 用于通用 I/O，1 表示 WKUP 引脚 3～1 用于从待机模式唤醒，强制输入下拉，WKUP 引脚 3～1 的上升沿将系统从待机模式唤醒。

REGLPF：调节器 LP 标志，当 MCU 处于低功耗运行模式时，该位由硬件置 1，当 MCU 退出低功耗运行模式时，该位保持为 1 直到电压调节器进入主模式。0 表示电压调节器在主模式下准备就绪，1 表示电压调节器处于低功耗模式。

VOSF：电压调节选择标志，在更改电压范围后，内部稳压器需要一定的时间，VOSF 位表示电压调节器已达到 VOS 位定义的电压电平，1 表示未达到。

VREFINTRDYF：内部参考电压（VREFINT）就绪标志位，0 表示 VREFINT 关闭，1 表示 VREFINT 准备就绪。

PVDO：PVD 输出，该位由硬件置 1 和清除。仅当 PVDE 位使能 PVD 时有效，0 表示 VDD 高于 PLS[2：0]位选择的 PVD 阈值，1 表示低于 PVD 阈值。

SBF：待机标志，该位由硬件置 1，仅由 POR/PDR 清除，或者通过设置 PWR 功率控制寄存器（PWR_CR）中的 CSBF 位置 1，0 表示设备未处于待机模式，1 表示处于待机模式。

WUF：唤醒标志，该位由硬件置 1，并由系统复位或通过设置 CWUF 位清零，0 表示没有发生唤醒事件，1 表示收到唤醒事件。

12.4　PWR 寄存器结构及库函数

12.4.1　PWR 寄存器结构

PWR 寄存器结构，PWR_TypeDeff 在文件 stm32l1xx.h 中定义如下：

```
typedef struct
{
    __IO uint32_t CR;
    __IO uint32_t CSR;
} PWR_TypeDef;
```

ADC 外设声明于文件 stm32l1xx.h：

```
#define PERIPH_BASE              ((uint32_t)0x40000000)
#define APB1PERIPH_BASE PERIPH_BASE
#define APB2PERIPH_BASE          (PERIPH_BASE + 0x10000)
#define AHBPERIPH_BASE           (PERIPH_BASE + 0x20000)
#define PWR_BASE                 (APB1PERIPH_BASE + 0x7000)
#define PWR                      ((PWR_TypeDef *) PWR_BASE)
```

12.4.2　PWR 库函数

PWR 库函数如表 12-2 所示。

表 12-2　PWR 库函数

函　　数	功　　能
PWR_DeInit	PWR 寄存器复位
PWR_RTCAccessCmd	RTC 备份写保护启用或禁用
PWR_PVDLevelConfig	PVD 参考电压设置
PWR_PVDCmd	PVD 启用或禁用
PWR_WakeUpPinCmd	启用或禁用唤醒引脚功能
PWR_FastWakeUpCmd	低功耗模式快速唤醒使能
PWR_UltraLowPowerCmd	启用或禁用内部参考电源低功耗模式
PWR_VoltageScalingConfig	设置 Vcore 电压范围
PWR_EnterLowPowerRunMode	进入低功耗运行模式

函　　　数	功　　　能
PWR_EnterSleepMode	进入休眠模式
PWR_EnterSTOPMode	进入停止模式
PWR_EnterSTANDBYMode	进入待机模式
PWR_GetFlagStatus	获取状态寄存器
PWR_ClearFlag	清除状态位

1) 函数 PWR_RTCAccessCmd

函数功能：启用或禁用对 RTC 和备份寄存器的访问。

函数原型：void PWR_RTCAccessCmd(FunctionalState NewState)。

输入参数 NewState：是否允许访问，取值范围为 ENABLE 或 DISABLE。

2) 函数 PWR_RTCAccessCmd

函数功能：配置电源电压检测器(PVD)的电压阈值。

函数原型：void PWR_PVDLevelConfig(uint32_t PWR_PVDLevel)。

输入参数 PWR_PVDLevel：PVD 电压值，取值范围为：

- PWR_PVDLevel_0：PVD 检测电平设置为 1.9V。
- PWR_PVDLevel_1：PVD 检测电平设置为 2.1V。
- PWR_PVDLevel_2：PVD 检测电平设置为 2.3V。
- PWR_PVDLevel_3：PVD 检测电平设置为 2.5V。
- PWR_PVDLevel_4：PVD 检测电平设置为 2.7V。
- PWR_PVDLevel_5：PVD 检测电平设置为 2.9V。
- PWR_PVDLevel_6：PVD 检测电平设置为 3.1V。
- PWR_PVDLevel_7：外部输入模拟电压(内部比较)。

3) 函数 PWR_PVDCmd

函数功能：启用或禁止电源电压检测器(PVD)。

函数原型：void PWR_PVDCmd(FunctionalState NewState)。

输入参数 NewState：是否启用 PVD，取值为 ENABLE 或 DISABLE。

4) 函数 PWR_WakeUpPinCmd

函数功能：启用或禁用 I/O 唤醒功能。

函数原型：void PWR_WakeUpPinCmd(uint32_t PWR_WakeUpPin, FunctionalState NewState)。

输入参数 PWR_WakeUpPin：指定要配置的 I/O 引脚，取值为 PWR_WakeUpPin_x(x=1, 2,3)。

输入参数 NewState：是否启用 I/O 作为唤醒引脚，取值为 ENABLE 或 DISABLE。

5）函数 PWR_WakeUpPinCmd

函数功能：启用或禁用 I/O 唤醒功能。

函数原型：void PWR_WakeUpPinCmd(uint32_t PWR_WakeUpPin，FunctionalState NewState)。

输入参数 PWR_WakeUpPin：指定要配置的 I/O 引脚，取值为 PWR_WakeUpPin_x(x＝1，2,3)。

输入参数 NewState：是否启用 I/O 作为唤醒引脚，取值为 ENABLE 或 DISABLE。

6）函数 PWR_VoltageScalingConfig

函数功能：配置电压调节器电压范围。

函数原型：void PWR_VoltageScalingConfig(uint32_t PWR_VoltageScaling)。

输入参数 PWR_VoltageScaling：指定电压范围，取值为 PWR_VoltageScaling_Rangex（x＝1,2,3)。

7）函数 PWR_EnterLowPowerRunMode

函数功能：是否进入低功耗运行模式。

函数原型：void PWR_EnterLowPowerRunMode(FunctionalState NewState)。

输入参数 NewState：是否进入低功耗运行模式，取值为 ENABLE 或 DISABLE。

8）函数 PWR_EnterSleepMode

函数功能：是否进入进入睡眠模式。

函数原型：void PWR_EnterSleepMode(uint32_t PWR_Regulator，uint8_t PWR_SLEEPEntry)。

输入参数 PWR_Regulator：休眠模式下的电压调节器状态，取值为：

• PWR_Regulator_ON：电压调节器开启；
• PWR_Regulator_LowPower：电压调节器低功耗模式。

输入参数 PWR_SLEEPEntry：指定是否使用 WFI 或 WFE 指令进入 SLEEP 模式。其取值为：

• PWR_SLEEPEntry_WFI：使用 WFI 指令进入休眠模式；
• PWR_SLEEPEntry_WFE：使用 WFE 指令进入休眠模式。

9）函数 PWR_EnterSTOPMode

函数功能：是否进入进入停止模式。

函数原型：void PWR_EnterSTOPMode(uint32_t PWR_Regulator，uint8_t PWR_STOPEntry)。

输入参数 PWR_Regulator：停止模式下的电压调节器状态，取值与 PWR_EnterSleepMode 函数的参数相同。

输入参数 PWR_STOPEntry：指定是否使用 WFI 或 WFE 指令进入 STOP 模式。其取值为：

• PWR_STOPEntry_WFI：使用 WFI 指令进入休眠模式；
• PWR_STOPEntry_WFE：使用 WFE 指令进入休眠模式。

10) 函数 PWR_EnterSTANDBYMode

函数功能：是否进入待机模式。

函数原型：void PWR_EnterSTANDBYMode(void)。

11) 函数 PWR_GetFlagStatus

函数功能：检查是否设置了指定的 PWR 标志。

函数原型：FlagStatus PWR_GetFlagStatus(uint32_t PWR_FLAG)。

输入参数 PWR_FLAG：指定要检查的标志，取值为：

- PWR_FLAG_WU：唤醒标志；
- PWR_FLAG_SB：待机标志；
- PWR_FLAG_PVDO：PVD 输出；
- PWR_FLAG_VREFINTRDY：内部电压参考就绪标志；
- PWR_FLAG_VOS：电压调节选择标志；
- PWR_FLAG_REGLP：电压调节器低功耗模式标志。

返回值 PWR_FLAG 为状态值，取值为 SET 或 RESET。

12) 函数 PWR_GetFlagStatus

函数功能：清除指定的 PWR 标志。

函数原型：void PWR_ClearFlag(uint32_t PWR_FLAG)。

输入参数 PWR_FLAG：指定要清除的标志，取值为：

- PWR_FLAG_WU：唤醒标志；
- PWR_FLAG_SB：待机标志；

12.5　PWR 案例

【例 12-1】　寄存器级操作案例。

```
PWR_EnterSTOPMode(uint32_t PWR_Regulator, uint8_t PWR_STOPEntry)
{
  uint32_t tmpreg =0;
  //配置 STOP 模式下的电压调节器
  tmpreg =PWR->CR;
  tmpreg &=CR_DS_MASK;                //清除 PDDS 和 LPDSR 域
  tmpreg |=PWR_Regulator;            //根据输入的 PWR_Regulator 设置 LPDSR 域
  PWR->CR =tmpreg;                   //配置值写回到控制寄存器 CR
  /* Set bit of Cortex System Control Register */
  SCB->SCR |=SCB_SCR_SLEEPDEEP;      //配置 Cortex-M3 系统控制寄存器的 SLEEPDEEP 域
  if(PWR_STOPEntry ==PWR_STOPEntry_WFI)  //选择停止模式的进入条件为 WFI
  {
    __WFI();                        //休眠,等待中断唤醒
```

```
    }
    Else                                    //进入条件为 WFE
    {
        __WFE();                            //休眠,等待事件发生
    }
    //清除 Cortex-M3 系统控制寄存器的 SLEEPDEEP 域
    SCB->SCR &=(uint32_t)~((uint32_t)SCB_SCR_SLEEPDEEP);
}
```

【例 12-2】　基于库函数的低功耗运行模式配置。

```
void LowPowerRunMode_Measure(void)
{
    //系统时钟 MSI Range0 (65kHz)
    RCC_DeInit();                                  //RCC 复位
    FLASH_SetLatency(FLASH_Latency_0);             //Flash 0 等待
    FLASH_PrefetchBufferCmd(DISABLE);              //禁止预取
    FLASH_ReadAccess64Cmd(DISABLE);                //禁止 64 位访问
    //使能 PWR APB1 时钟
    RCC_APB1PeriphClockCmd(RCC_APB1Periph_PWR, ENABLE);
    //选择电压调节器为 Range2 (1.5V)
    PWR_VoltageScalingConfig(PWR_VoltageScaling_Range2);
    //等待电压调节器稳定
    while(PWR_GetFlagStatus(PWR_FLAG_VOS) !=RESET);
    RCC_HCLKConfig(RCC_SYSCLK_Div2);          // HCLK =SYSCLK/2 =32kHz
    RCC_PCLK2Config(RCC_HCLK_Div1);           // PCLK2 =HCLK
    RCC_PCLK1Config(RCC_HCLK_Div1);           // PCLK1 =HCLK
    RCC_MSIRangeConfig(RCC_MSIRange_0);       // MSI 设置为 65.536kHz
    RCC_SYSCLKConfig(RCC_SYSCLKSource_MSI);   // MSI 作为系统时钟源
    while (RCC_GetSYSCLKSource() !=0x00) ;
    //配置所有的 GPIO 为模拟,减少功耗
    RCC_AHBPeriphClockCmd(RCC_AHBPeriph_GPIOA | RCC_AHBPeriph_GPIOB |
    RCC_AHBPeriph_GPIOC | RCC_AHBPeriph_GPIOD | RCC_AHBPeriph_GPIOE |
    RCC_AHBPeriph_GPIOH | RCC_AHBPeriph_GPIOF | RCC_AHBPeriph_GPIOG, ENABLE);
    GPIO_InitStructure.GPIO_Mode =GPIO_Mode_AN;
    GPIO_InitStructure.GPIO_Speed =GPIO_Speed_40MHz;
    GPIO_InitStructure.GPIO_PuPd =GPIO_PuPd_NOPULL;
    GPIO_InitStructure.GPIO_Pin =GPIO_Pin_All;
    GPIO_Init(GPIOC, &GPIO_InitStructure);
    GPIO_Init(GPIOD, &GPIO_InitStructure);
    GPIO_Init(GPIOE, &GPIO_InitStructure);
    GPIO_Init(GPIOH, &GPIO_InitStructure);
    GPIO_Init(GPIOF, &GPIO_InitStructure);
    GPIO_Init(GPIOG, &GPIO_InitStructure);
```

```
GPIO_Init(GPIOA, &GPIO_InitStructure);
GPIO_Init(GPIOB, &GPIO_InitStructure);
//关闭GPIO时钟

RCC_AHBPeriphClockCmd(RCC_AHBPeriph_GPIOA | RCC_AHBPeriph_GPIOB |
RCC_AHBPeriph_GPIOC | RCC_AHBPeriph_GPIOD | RCC_AHBPeriph_GPIOE |
RCC_AHBPeriph_GPIOH | RCC_AHBPeriph_GPIOF | RCC_AHBPeriph_GPIOG, DISABLE);
//进入低功耗运行模式
PWR_EnterLowPowerRunMode(ENABLE);
while(PWR_GetFlagStatus(PWR_FLAG_REGLP) ==RESET);
//此时进入LP模式
//退出LP RUN模式
PWR_EnterLowPowerRunMode(DISABLE);
while(PWR_GetFlagStatus(PWR_FLAG_REGLP) !=RESET);
}
```

图 书 资 源 支 持

感谢您一直以来对清华版图书的支持和爱护。为了配合本书的使用,本书提供配套的资源,有需求的读者请扫描下方的"书圈"微信公众号二维码,在图书专区下载,也可以拨打电话或发送电子邮件咨询。

如果您在使用本书的过程中遇到了什么问题,或者有相关图书出版计划,也请您发邮件告诉我们,以便我们更好地为您服务。

我们的联系方式:

地　　址: 北京市海淀区双清路学研大厦 A 座 701

邮　　编: 100084

电　　话: 010-62770175-4608

资源下载: http://www.tup.com.cn

客服邮箱: tupjsj@vip.163.com

QQ: 2301891038(请写明您的单位和姓名)

用微信扫一扫右边的二维码,即可关注清华大学出版社公众号"书圈"。

资源下载、样书申请

书圈

扫一扫,获取最新目录

参 考 文 献

[1] Joseph Yiu. Cortex-M3 权威指南[M]. 宋岩,译. 北京：北京航空航天大学出版社,2009.

[2] 陈泽宇. 计算机组成与系统结构[M]. 北京：清华大学出版社,2009.

[3] Stmicroelectronics. RM0038：STM32L100xx，STM32L151xx，STM32L152xx and STM32L162xx advanced ARM-based 32-bit MCUs[EB/OL]. （2017-09-04）[2018-02-01]. https：//www. st. com/ content/ccc/resource/technical/document/reference_manual/cc/f9/93/b2/f0/82/42/57/CD00240193. pdf/files/CD00240193. pdf/jcr：content/translations/en. CD00240193. pdf.

[4] Stmicroelectronics. PM0056：STM32F10xxx/20xxx/21xxx/L1xxxx Cortex-M3 programming manual [EB/OL]. （2017-12-20）[2018-02-01]. https：//www. st. com/content/ccc/resource/technical/ document/programming _ manual/5b/ca/8d/83/56/7f/40/08/CD00228163. pdf/files/CD00228163. pdf/jcr：content/translations/en. CD00228163. pdf.

[5] ARM. Cortex-M3 Devices Generic User Guider[EB/OL]. [2018-02-01]. http：//infocenter. arm. com/help/topic/com. arm. doc. dui0552a/DUI0552A_cortex_m3_dgug. pdf.